工业和信息化部“十四五”规划教材
教育部高等学校材料类专业教学指导委员会规划教材

航空航天结构材料

李卫平　肖文龙　李　敏
王绍凯　陈海宁　马朝利　编著

北京航空航天大学出版社

内容简介

航空航天材料是一类非常特殊的材料，与军事应用密切相关，对现代工业产生深远影响。推动航空航天领域新材料新工艺的发展，必将引领和带动相关技术进步和产业发展，衍生出更广泛应用的新材料和新工艺。培养学生解决材料复杂工程应用问题的能力是材料专业本科生的毕业要求，为此，《航空航天结构材料》以航空航天领域的应用需求出发，突出航空航天结构材料的特点，帮助学生了解工程结构在“设计、材料、制造、服役、评价”五大核心技术上的关键问题，提高学生解决材料复杂工程应用问题的能力，为将来从事科学研究和教学工作奠定基础。

本书适用于材料科学与工程专业高年级本科生和研究生的专业学习，也可供有关科研人员参考使用。

图书在版编目(CIP)数据

航空航天结构材料 / 李卫平等编著. -- 北京 : 北京航空航天大学出版社，2022.1

ISBN 978-7-5124-3402-8

Ⅰ. ①航… Ⅱ. ①李… Ⅲ. ①航空材料—高等学校—教材②航天材料—高等学校—教材 Ⅳ. ①V25

中国版本图书馆 CIP 数据核字(2020)第 230813 号

航空航天结构材料

李卫平 肖文龙 李 敏 王绍凯 陈海宁 马朝利 编著

策划编辑 冯 颖 责任编辑 冯 颖 苏永芝

*

北京航空航天大学出版社出版发行

北京市海淀区学院路 37 号(邮编 100191) http://www.buaapress.com.cn

发行部电话:(010)82317024 传真:(010)82328026

读者信箱: goodtextbook@126.com 邮购电话:(010)82316936

北京富资园科技发展有限公司印装 各地书店经销

*

开本:787×1 092 1/16 印张:15 字数:403 千字

2022 年 1 月第 1 版 2025 年 11 月第 3 次印刷

ISBN 978-7-5124-3402-8 定价:43.00 元

前　言

航空航天事业所取得的巨大成就，与航空航天材料技术的发展和突破是密不可分的。航空航天飞行器在超高温、超低温、高真空、高应力、强腐蚀等极端条件下工作，除了依靠优化的结构设计之外，还有赖于材料所具有的优异特性和功能。航空航天材料在航空航天产品发展中具有极其重要的地位和作用。航空航天事业的发展也将推动航空航天材料朝着质量更高、品类更新、功能更强和更具经济实效的方向发展。

航空航天结构材料是航空航天产业发展的基础，主要用于制造飞行器的各种结构部件。2022 年 11 月 30 日，神舟十四号、神舟十五号两个乘组 6 名航天员在中国人自己的空间站里首次实现“太空会师”。习近平总书记指出：“探索浩瀚宇宙，发展航天事业，建设航天强国，是我们不懈追求的航天梦。”党的二十大报告对加快建设航天强国作出重要部署，为我国航天科技实现高水平自立自强指明了前进方向。

高性能航空航天结构材料对于减小结构质量、提高飞行器的结构效率、增加服役可靠性及延长寿命具有极为重要的作用，是航空航天材料的主要发展趋势。其高性能主要体现在轻质、高强度、高模量、高韧性、耐高温、耐低温、抗氧化、耐腐蚀等方面。培养解决材料复杂工程应用问题的能力是材料专业学生的毕业要求，本书从航空航天领域的应用需求出发，突出航空航天结构材料的特点，帮助学生了解工程结构在“设计、材料、制造、服役、评价”五大核心技术上的关键问题，提高学生解决材料复杂工程应用问题的能力，为将来从事科学研究和教学工作奠定基础。

本书包括绪论、金属结构材料、树脂基复合材料、航空航天结构材料的腐蚀与防护四篇，涵盖了航空航天结构材料的性能特点、先进的制造技术、高效的设计理念、可靠的性能评价方法以及特殊环境下的服役性能和寿命等丰富而全面的内容。本书注重材料专业大类培养及融合发展，全面、系统地介绍航空航天结构材料的基础知识和应用技术；注重专业知识与最新研究成果的融合，引入专业领域最新科研成果，结合大量典型案例，以应用需求牵引为特色，帮助学生提高解决复杂工程问题的能力。

本书编写人员分工如下：李卫平、陈海宁、刘慧丛负责第 1、8～10 章的编写和统稿；肖文龙、马朝利负责第 2～4 章的编写；王绍凯、李敏负责第 5～7 章的编写；课程组刘巡凯、郑新宇等同学在图表绘制、排版编辑等方面做了大量工作。

受限于作者之能力，本书的观点难免有不妥之处，恳请读者批评指正。

作　者
2023 年 3 月 1 日

前　言

目　　录

第一篇　绪　论

第二篇　金属结构材料

第三篇　树脂基复合材料

第四篇 航空航天结构材料的腐蚀与防护

全书内容思维导图

第一篇　绪　论

第1章　航空航天结构材料概述

本章思维导图

1.1　航空航天结构材料的发展现状

进入21世纪，航空航天已展现出更加广阔的发展前景，高水平或超高水平的航空航天活动更加频繁，其影响力不仅限于科学技术领域，还对政治、经济、军事以至人类社会活动产生更广泛和更深远的影响。应该指出，航空航天事业所取得的巨大成就，与航空航天材料技术的发展和突破是分不开的。材料是现代高新技术和产业的基础和先导，很大程度上是高新技术取得突破的前提条件，例如20世纪60年代高纯硅半导体材料的突破，使人类快速进入信息化时代。航空航天材料的发展对航空航天技术起到强有力的支撑和保障作用；反过来，航空航天技术的发展需求又极大地引领和促进了航空航天材料的发展。21世纪以来，航空航天事业的发展进入新阶段，它将推动航空航天材料朝着质量更高、品类更新、功能更强和更具经济实效的方向发展。

航空航天飞行器在超高温、超低温、高真空、高应力、强腐蚀等极端条件下工作，除了依靠优化的结构设计之外，还有赖于材料所具有的优异特性和功能。由此可见，航空航天材料在航空航天产品发展中具有极其重要的地位和作用。

按照使用范围，航空航天材料可分为结构材料和功能材料。航空航天结构材料主要用于制造飞行器的各种结构部件，如飞机的机体、航天器的承力筒、发动机外壳等，其作用主要是承受各种载荷，包括由自重造成的静态载荷和飞行中产生的动态载荷。出于现代高性能飞行发展的需要，结构/功能一体化和智能化也成为航空航天材料的重要发展方向。

18世纪60年代，欧洲工业革命使纺织工业、冶金工业、机器制造工业得到很大的发展，结束了人类只能利用自然材料向天空挑战的时代。1903年美国莱特兄弟制造出第一架装有活塞式航空发动机的飞机，当时使用的材料有木材(占47%)、钢(占35%)和布(占18%)，飞机的飞行速度只有16 km/h。1906年德国冶金学家发明了可以时效强化的硬铝，使制造全金属结构的飞机成为可能。20世纪40年代出现的全金属结构飞机的承载能力已大大增强，飞行速度超过了600 km/h。在合金强化理论的基础上发展起来的一系列高温合金使得喷气式发动机的性能得以不断提高。20世纪50年代钛合金的研制成功和应用对克服机翼蒙皮的"热障"问题起到了重大作用，飞机的性能大幅度提高，最大飞行速度达到了3倍声速。20世纪40年代初期出现的德国V-2火箭只使用了一般的航空材料。20世纪50年代以后，材料烧蚀防热理论的出现以及烧蚀材料的研制成功，解决了弹道导弹弹头的再入防热问题。20世纪60年代以来，随着航空航天材料性能的不断提高，一些飞行器部件使用了更先进的复合材料，如碳纤维或硼纤维增强的环氧树脂基复合材料、金属基复合材料等，来减轻结构重量。返回型航天器和航天飞机再入大气层时会遇到比弹道导弹弹头再入时间长得多的空气动力加热过程，但加热速度较慢，热流较小，采用抗氧化性能更好的碳-碳复合材料、陶瓷隔热瓦等特殊材料可以解决防热问题。

新型材料及改进型材料在军机结构减重中的重要性及发展趋势如图1-1所示。由图可知，与主动载荷控制及颤振抑制、自动化设计和先进结构概念等相比，新型及改进型材料在飞行器结构减重中占有主导地位，因此，比强度和比模量这些概念在航空航天领域具有更为重要的意义。

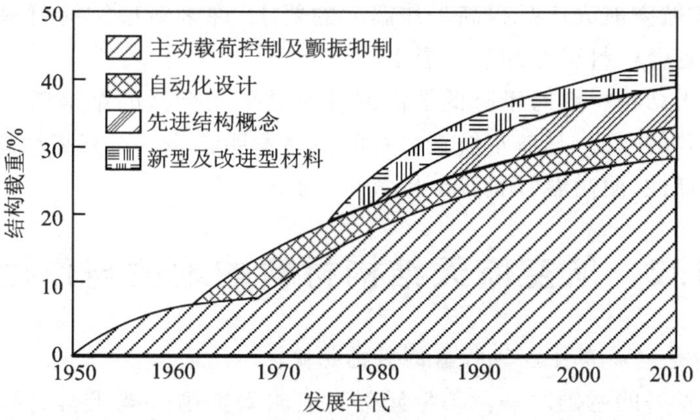

图 1-1 新型材料及改进型材料在军机结构减重中的重要性及发展趋势

高温材料是制约航空航天产品性能的另一类关键材料。飞机和发动机的发展对工作温度的需求如图 1-2 所示。

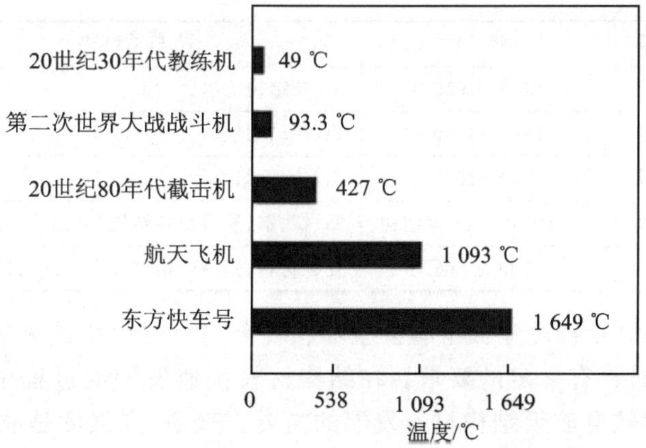

图 1-2 飞机和发动机发展对工作温度的需求

目前飞机蒙皮的最高温度达 1 000 ℃以上，而发动机的工作温度则高达近2 000 ℃，不同航空航天材料的耐温性如图 1-3 所示。

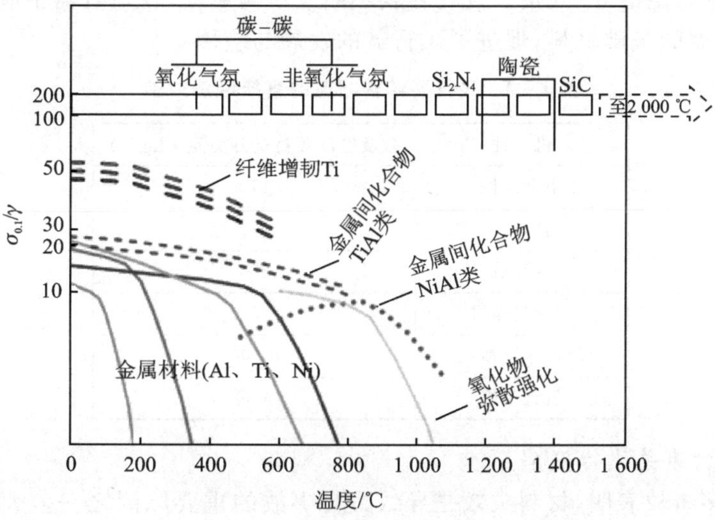

图 1-3 航空航天材料的耐温性

可见,为了支撑航空航天产品提高工作温度的要求,许多新型结构材料如金属间化合物、陶瓷、碳-碳及各种复合材料正在加速发展中。

高性能航空航天结构材料对于降低结构重量和提高飞行器的结构效率、服役可靠性及延长寿命具有极为重要的作用,是航空航天材料的主要发展趋势。而其高性能主要体现在轻质、高强度、高模量、高韧性、耐高温、耐低温、抗氧化、耐腐蚀等方面。

1.2 航空航天结构材料的地位与作用

1. 高性能材料是发展高性能飞行器的基础保障

材料是飞行器发展的基础之一。莱特兄弟制造的人类第一架飞机,标志着航空航天领域的起步。在100多年的发展中,机体材料从木、布结构发展到现在的复合材料、铝、钛、钢结构(见表1-1),为航空航天发展提供了高性能材料;而高性能材料的发展也为航空航天发展提供了基础保障。

表1-1 飞机机体材料发展阶段

发展阶段	年　代	机体结构
第1阶段	1903—1919年	木、布结构
第2阶段	1920—1949年	铝、钢结构
第3阶段	1950—1969年	铝、钛、钢结构
第4阶段	1970年—21世纪初	铝、钛、钢、复合材料结构(以铝为主)
第5阶段	21世纪初至今	复合材料、铝、钛、钢结构(以复合材料为主)

2. 轻质高强度结构材料对降低结构重量和提高经济效益的贡献显著

航空航天对结构材料有一定的要求。在结构材料快速发展的过程中,需要注重与经济效益相结合,这符合现代航空航天结构材料发展的需要。轻质、高强度是航空航天结构材料永远追求的目标,在追求轻质和减重方面可以说是“克克计较”,表1-2和图1-4表明了飞机减重产生的显著效益。碳纤维复合材料是20世纪60年代出现的新型轻质高强度结构材料,其比强度和比模量是目前所有航空航天材料中最高的。有数据表明:碳纤维复合材料的比强度和比刚度超出钢与铝合金的5～6倍。复合材料不断发展与革新,在飞行器中应用的比例越来越大,成为飞行器发展的基础材料,促进了飞行器的发展与应用。

表1-2 飞行器结构减重的直接经济效益

机　种	减重经济效益/(万美元·kg^{-1})
小型民机	110
直升机	660
战斗机	880
商用运输机	1 760
超声速运输机	6 600
航天飞机	66 000

3. 材料可靠性事关飞行安全

飞行史上很多事故表明,材料失效是导致飞行事故的重要原因之一。大到一个结构件的断裂,小到一个铆钉或密封圈的失效,都可能引发飞行事故。因此,航空航天结构材料的可靠

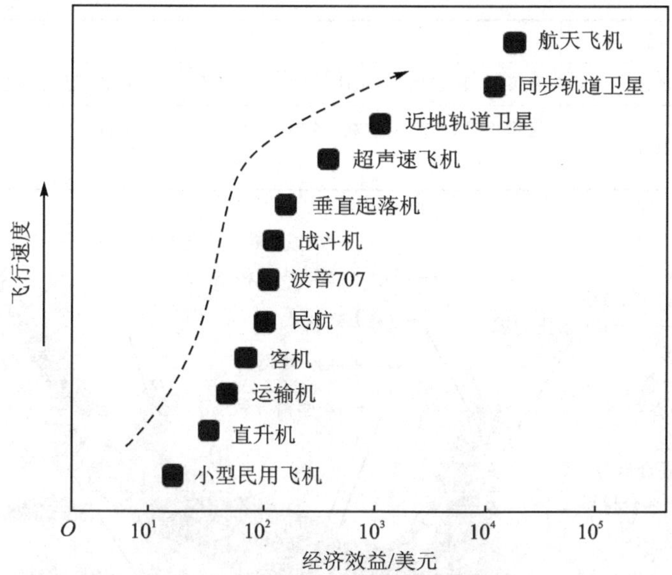

图 1-4　飞行器每减轻 1 kg 后所得经济效益与飞行速度的关系

性对于确保飞行安全至关重要。

4. 航空航天结构材料引领材料技术发展

航空航天领域对材料性能和质量要求极其严格，其产品制造技术复杂，成本居高不下，这些都严重制约了材料的应用和发展。由于飞行器要在各种极端环境条件下飞行，其材料所涉及的技术问题非常复杂，是材料领域争相研究的重点和热点。航空航天结构材料及其制备技术的突破，无疑对现代材料技术有着极强的引领和促进作用。如航空发动机对高温结构材料的需求强烈推动了高温合金、金属间化合物、陶瓷基和金属基复合材料、碳-碳复合材料以及金属陶瓷的迅速发展，应用于飞机结构的碳纤维增强复合材料，已迅速推广到其他领域。飞行器的轻质化推动了复合材料的发展，使材料复合化成为新材料的重要发展趋势之一。

1.3　航空航天结构材料的分类

目前，航空航天使用的结构材料主要包括以铝合金为代表的金属材料和先进复合材料。图 1-5 所示是 B777 飞机上不同材料的使用情况。

1. 常用金属材料

航空航天常用金属结构材料包括铝合金、镁合金、高强度钢、钛合金、铍及铍合金等，其特点是强度高、弹性模量高、稳定性好、加工工艺性能好、材料规格齐全等，通常用于本体结构、支撑结构、压力容器、各种连接件和机构零件，详细情况如表 1-3 所列。

表 1-3　航空航天常用金属结构材料

常用金属材料	特　点
铝合金	密度低，但强度较高，接近或超过优质钢，塑性好，可加工成各种型材，具有优良的导电性、导热性和抗蚀性
镁合金	密度低，但相对比强度、比刚度高，具有很好的减重作用
高强度钢	良好的综合力学性能，质量稳定，价格低廉

续表 1-3

常用金属材料	特　点
钛合金	密度低，比强度高，耐腐蚀性好，并具有超导、贮氢、记忆等优点
铍及铍合金	比密度低，弹性模量高，各向异性小，具有良好的减振效果，用于结构件，光学件

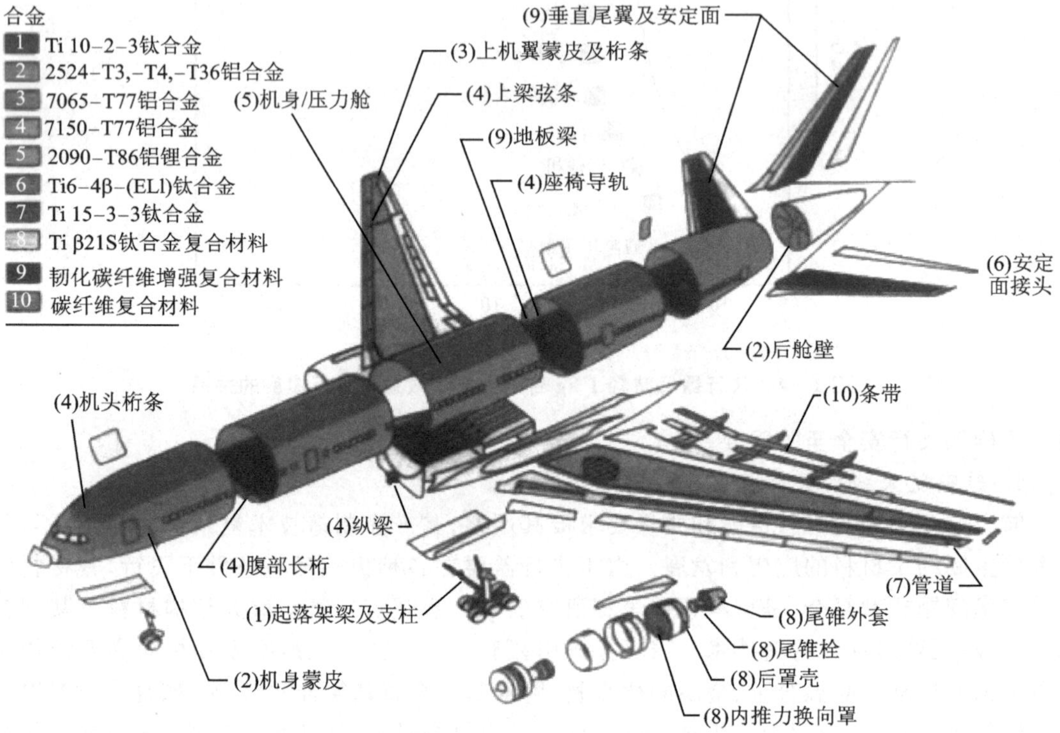

图 1-5　B777 不同部位的结构材料使用情况

2. 常用复合材料

20 世纪，美国开始在飞机构造的各个部件中使用复合材料，是最早在航空航天领域中的应用，是一次技术革新，也是产业发展的重要标志，为航空航天的发展起到重要的推动作用。复合材料的需求量在不断增大，其生产技术不断更新，以适应现代航空航天结构材料的需要。航天器结构件基本都是采用复合材料制作的，使用复合材料可减轻结构材料的重量，例如在同等结构器件中使用，复合材料与铝合金相比，重量一般可减轻 13%左右。

复合材料通常为连续相基体+增强体，由不同材料取长补短、协同作用，可产生单一材料所没有的新性能，如高的比模量、比强度值，良好的耐蚀性及可设计性等。常用的复合材料有纤维增强树脂基复合材料、颗粒增强金属基复合材料、纤维增强陶瓷基复合材料，它们在航空航天领域中的应用十分广泛，多用于卫星结构本体、太阳能电池阵结构、天线结构、杆及支架结构等。

树脂基复合材料的树脂基体以热固性树脂为主，常用纤维材料增强，其中碳纤维增强树脂基复合材料因高强度和高比模量、耐疲劳、导电导热性良好、热膨胀系数小、易加工成型、密度小等优点在空间结构中广泛应用。

金属基复合材料的基体主要为铝、镁、钛，增强材料一般可分为纤维、颗粒和晶须三类，其中铝基 SiC 是典型的颗粒增强金属基复合材料。图 1-6 所示为月球车轮子上的 SiC/Al 复合材料棘爪。金属基复合材料一般具有高强度比、高比刚度、良好的高温性能、低热膨胀系数、良好的尺寸稳定性和优异的导电导热性等优点。

图 1 - 6　月球车轮子上的 SiC/Al 复合材料棘爪

陶瓷基复合材料是一种兼有金属材料、陶瓷材料和碳化材料性能优点的热结构/功能一体化新型材料，克服了传统金属材料密度高、陶瓷材料脆性大和可靠性差、碳材料抗氧化性差和强度低等的缺点，其特性决定了能够满足航空航天器高速度、高精度、高搭载和长寿命要求。图 1 - 7 所示为陶瓷基复合材料的战略地位。

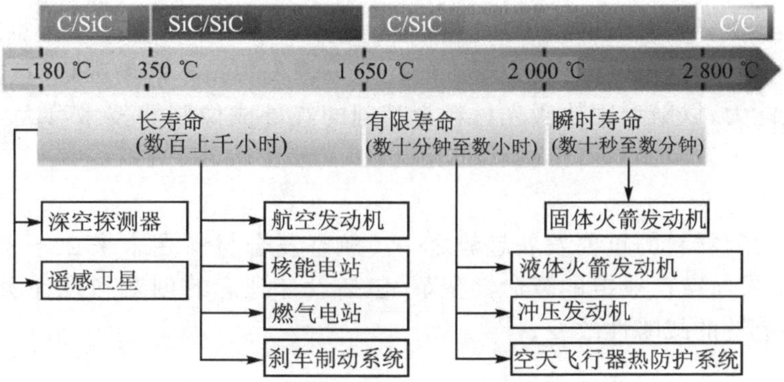

图 1 - 7　陶瓷基复合材料的战略地位

3. 结构功能材料

为了追求材料的结构/功能一体化，智能材料和超材料在航空航天中具有极好的应用前景。智能材料是一种能感知外部刺激，判断并适当处理且本身可执行的新型功能材料，是继天然材料、合成高分子材料、人工设计材料之后的第四代材料，将支撑未来高技术的发展。超材料是一些具有天然材料所没有的超常物理性质的人工复合结构或复合材料，通常在材料的关键物理尺寸的结构有序设计上，可以突破某些自然规律的限制，从而获得超常的材料功能。图 1 - 8 所示是形状记忆合金镜框，图 1 - 9 所示是压电陶瓷。

图 1-8　形状记忆合金镜框

图 1-9　压电陶瓷

1.4　航空航天结构材料的发展方向

航空航天结构材料的发展方向可归纳为以下几个方面。

1. 高性能

航空航天材料是航空航天行业发展的基础，高性能是航空航天材料的发展方向。比如，飞行器上应用的材料必须具有抗氧化、耐腐蚀、耐高温等特点，提高其所用复合材料的性能，就可提高飞行器件等的使用年限，从而更好地为航空航天事业服务。提升材料的性能，是航空航天材料研究的追求目标，也是航空航天产业发展的需要。

2. 特殊功能

材料在光、电、声、热、磁上的特殊功能是支撑某些关键技术以提高飞行器机动性能和突防能力的重要保证。例如，以红外材料为基础的光电成像夜视技术能增强坦克、装甲车、飞机、军舰及步兵的夜战能力，以新型固体激光材料为基础的红外成像制导技术可大大提高导弹的命中率和抗干扰能力。

3. 复合化

复合化已成为新材料的重要发展趋势之一。航空复合材料在未来 20～30 年将迎来新的发展时期，甚至引发航空产业链的革命性变革，包括设计理念的创新和设计团队知识的更新，以及航空产品供应链的战略性改变。

4. 智能化

智能化是航空航天材料发展的目标，也是航天航空产业发展的需要。航空航天产品在整个应用的过程中都是全自动化的，其在软件等控制下，可以实现自我控制、自我管理、自我调节、自我完善，这是航空航天技术发展的目标。

5. 整体化

整体化制造不仅可以减少机械装备的配件数量，节约材料加工工时，还能减少因装配失误埋下的安全隐患。

6. 低维化

低维化是指维数小于 3 的材料的应用，具体来说，包括二维（超薄膜）、一维（碳纳米管）和准零维（纳米颗粒）材料。其中碳纳米管在航空航天中的应用得到了广泛研究，其复合材料也取得了较大进展。

7. 低成本化

航空航天材料从过去单纯追求高性能发展到今天综合考虑性能和价格的平衡，低成本化贯穿材料、结构设计、制造、检测评价以及维护维修等全过程。各种低成本制造技术快速发展，尤其以树脂传递成型(RTM)为代表的液体成型技术和大型复杂构件的共固化/共胶接为代表的整体化成型技术等均得到了很大的发展。

总之，航空航天结构材料是航空航天产业发展的基础，航空航天技术的发展不仅是科技水平的标志，在一定环境下，对我国的政治、经济、军事等领域也会产生一定的影响。现在，世界各国都重视航空航天产业的发展，积极开展相关研究和研发工作，在提高航空航天技术发展的同时，也促进了其他产业的发展。

习　题

1. 为什么说“材料是现代高新技术和产业的基础和先导，很大程度上是高新技术取得突破的前提条件”？谈谈你对航空航天材料的认识。

2. 简述航空航天结构材料的地位及作用。

3. 航空航天结构材料的分类有哪些？分别应用于哪些地方？

4. 什么是复合材料？举例说明复合材料由哪些组分组成以及各组分的作用。

5. 简述航空航天结构材料未来的发展方向，并就其中一个方向具体分析。

6. 结合所学知识，简要说明如何评价一种材料的“高性能”以及怎样获得一种高性能的材料。

第二篇　金属结构材料

第 2 章　钛合金及钛基复合材料

本章思维导图

2.1　钛及钛合金的基本性质

2.1.1　钛的发现

钛最早的发现者是来自于英国的格雷戈尔(Reverend William Gregor)。他是一名牧师，也是一名业余的矿物学家。1791 年，他在英国马纳坎附近的一条小溪旁发现一些会被磁铁吸引的黑沙，并分析出里面含有一种无法鉴别的金属氧化物。格雷戈尔以所居住的区域将这种金属氧化物命名为 Menacearlite。四年后，德国化学家克拉普鲁斯在研究金红石时也发现了该种氧化物，并以希腊神 Titans 命名了其中的未知金属物质，中文音译为“钛”。在这之后近百年里，关于钛金属的提纯技术进展缓慢。1910 年，美国化学家 Hunter 从一种金属氧化物——二氧化钛中，用钠还原 $TiCl_4$ 制得纯度达 99.9%的金属钛。1940 年，卢森堡科学家 W. J. Kroll 用镁还原 $TiCl_4$ 制得了纯钛。从此，镁还原法(又称为 Kroll 法，克劳尔法)和钠还原法(又称为 Hunter 法，亨特法)成为生产海绵钛的工业方法。美国在 1948 年用镁还原法制出 2 t 海绵钛，开始了钛的工业化生产。

2.1.2　钛及钛合金的特性

1. 钛元素的理化性质

钛元素的化学符号为 Ti，原子序数为 22，位于元素周期表的第四周期的第四副族，相对原子质量为 47.87。钛是过渡元素，具有最外层电子未充满结构，其核外电子排布为 $1s^2 2s^2 p^6 3s^2 p^6 d^2 4s^2$。由于这种未充满的电子结构的存在，钛可以与原子半径相差约 20%范围内的其他元素形成固溶体。

钛的化学性质很活泼，在自然界以钛矿的形式存在，并且难以从矿石中提取，这也是钛金属元素早在 18 世纪就被发现，而在一百多年后才有了实际应用的原因。钛单质具有银白色金属光泽，常用金属热还原法生产海绵状的钛，它是各种钛材料的原料，因其形似海绵而被称为“海绵钛”，如图 2-1 所示。高温下钛的化学活性很强，能与卤素、氧、氮、碳、硫等元素发生剧烈反应；但是在常温下钛能与氧气在表面形成十分稳定的钝化膜，因此具有优异的钝化性能，表现出很好的耐腐蚀性，有“耐海水腐蚀之王”之称。

钛的密度低，延展性好，比强度高，熔点高，弹性模量低，导热性差，其密度高于锂、镁、铝而低于铁、铜、镍，比强度位于金属单质之首，弹性模量约为铁的一半，导热率只有铁的 1/6，铝的 1/16。图 2-2 所示为几种常见金属的密度，表 2-1 列举了钛的一些基本物理性质。

表 2-1　钛的基本物理性质

性　质	数　值
相对原子质量	47.87
点阵常数(BCC)/Å	$a=3.28\pm0.03$

续表 2-1

性　质	数　值
点阵常数(HCP)/Å	c=4.683 2±0.000 4,a=2.950 4±0.000 4
熔点/℃	1 688
沸点/℃	3 278
相变点/℃	882.5
密度/(g·cm^{-3})	4.5
原子半径 /nm	0.2
热导率/(W·m^{-1}·K^{-1})	19.2
热膨胀系数/(10^{-6}·K^{-1})	8.4
弹性模量/GPa	115

注:a、c 为点阵常数。

图 2-1　海绵钛

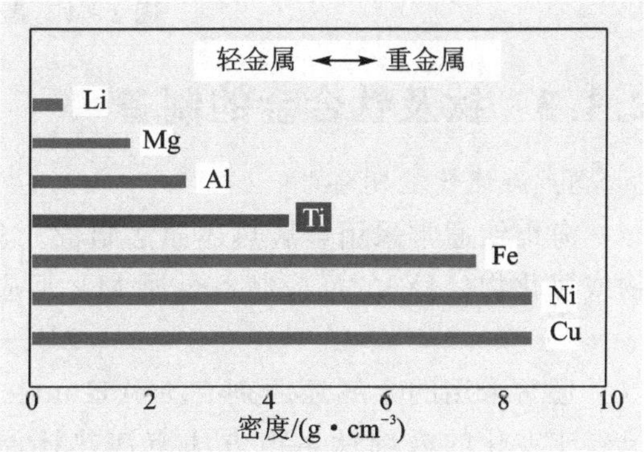

图 2-2　常见金属密度

2. 钛的晶体结构

钛具有两种同素异构体,纯钛的同素异构转变温度为 882 ℃。在相变温度之下,钛为 α 相,具有密排六方结构(HCP);在相变温度之上,钛为 β 相,具有体心立方结构(BCC),钛的两种同素异型结构 α 和 β 的晶体结构如图 2-3 所示(标出了密排面和密排方向)。

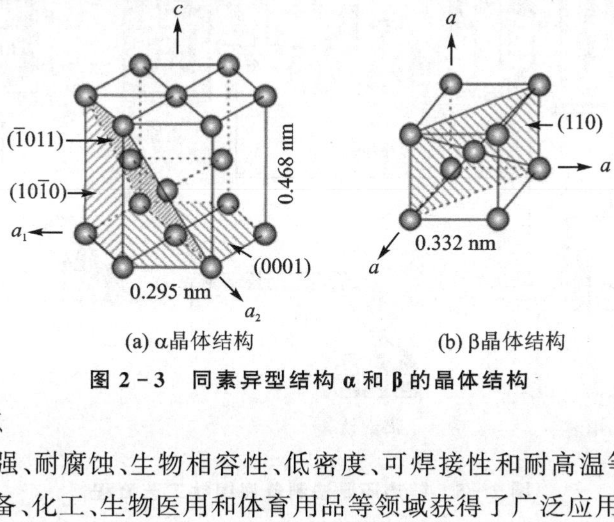

图 2-3　同素异型结构 α 和 β 的晶体结构

3. 钛合金的特点

钛合金具有高比强、耐腐蚀、生物相容性、低密度、可焊接性和耐高温等优良特性,在航空航天、舰船、国防武器装备、化工、生物医用和体育用品等领域获得了广泛应用,如图 2-4 所示。此外，钛合金还存在制备加工流程长、导热性能差、加工成本高等问题。

图 2-4　钛合金的典型应用领域

2.1.3　钛及钛合金的制备

1. 海绵钛的制备

海绵钛通常采用金属热还原法制备。金属热还原法是指利用金属还原剂(R)与金属氧化物或氯化物(MX)的反应制备金属 M。反应式为

$$MX + R \rightarrow RX + M \tag{2-1}$$

通常采用的金属还原剂有 Na(Hunter 法)、Mg(Kroll 法)、Li、Ca、Mn、Ba、Al 等。目前，已经工业化的海绵钛生产方法有镁热还原法(Kroll 法)和钠热还原法(Hunter 法)。其中，Kroll 法的工艺流程如图 2-5 所示，具体为：在惰性气体氩气的保护下，$TiCl_4$ 与 Mg 在钢制容器内反应生成 Ti 单质和 $MgCl_2$ 等副产物，反应温度一般在 800～900 ℃；大部分副产物 $MgCl_2$ 以及过量的 Mg 从反应器中分离出，但还原产物中仍含有少量 Mg 和 $MgCl_2$，用真空蒸

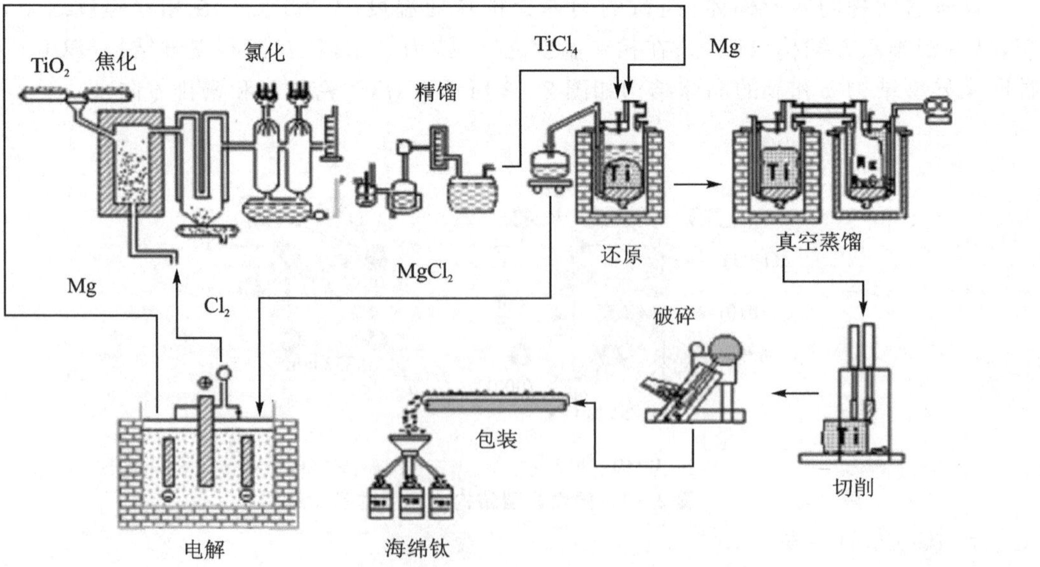

图 2-5　镁热还原法制备海绵钛工艺流程

馏法或酸浸法除去；反应产物 $MgCl_2$ 电解再生 Mg 和 Cl_2，循环利用。

2. 钛合金的熔炼

钛合金的熔炼主要有以下几种方法：真空自耗电弧炉熔炼法、非自耗真空电弧炉熔炼法、冷炉床熔炼法、冷埚熔炼法、电渣熔炼法。下面介绍真空自耗电弧炉熔炼法和冷埚熔炼法。

真空自耗电弧炉熔炼法（简称 VAR 法）通过真空电弧对电极进行持续熔炼。首先，将海绵钛和合金化元素混合后压制成块体，然后将上述块体焊接成电极，应用直流电源在电极和放于水冷套中的铜模底板之间产生电弧（起弧）。电弧产生的高热熔化了电极，而坩埚因为有水冷而未被熔化。随着电极的熔化，熔融的金属从电极上落入到坩埚底部，从坩埚底部开始形成铸锭。随着电弧下的熔池从坩埚底部的不断提升，熔化金属也不断凝固形成铸锭。为了提高铸锭的纯度和化学均匀性，通常将电极在自耗炉内经过二次或三次重熔制得锭坯。其工艺流程如图 2-6 所示。

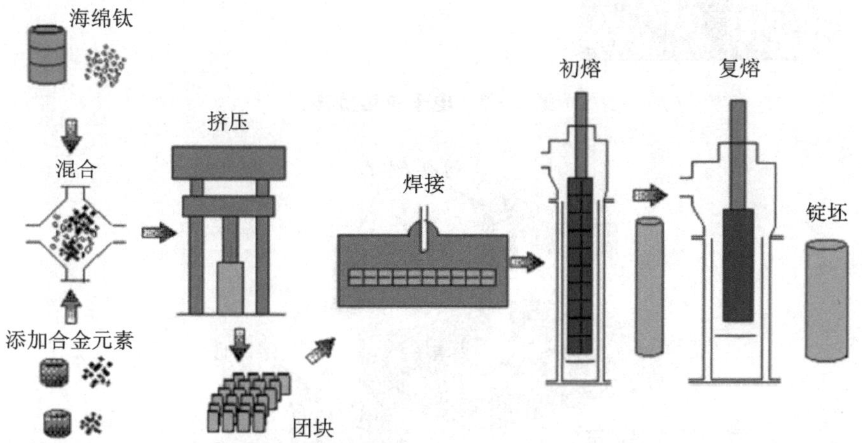

图 2-6　真空自耗电弧炉熔炼法

冷埚熔炼法（简称 CHM 法）主要包括电子束熔炼法和等离子束熔炼法。CHM 法最大的特点是将熔化、精炼和凝固过程的分离，即熔化的炉料进入冷炉床后先进行熔化，然后进入冷炉床的精炼区进行精炼，最后在结晶区凝固成锭。

电子束熔炼法起初是为了精炼高熔点的 Nb、Ta、Mo 等金属，其工作原理是以电子束作热源，水冷铜坩埚为冷床，利用高速电子的动能转换成热能使金属熔化、精炼、浇铸成锭。电子束熔炼法工艺流程图如图 2-7 所示。与真空电弧熔炼法相比，这种方法无需制备电极，缩短了原料准备时间；可以生产扁锭或空心锭，减少板材与管材生产时的后续加工，减少金属加工的损耗。但是，电子束熔炼法存在高蒸气压合金元素易挥发、化学成分难控制的问题。

等离子束熔炼法是利用等离子枪发射的集中和可控稳定化的等离子弧作为热源来熔融、精炼和重熔金属的一种新型熔炼方法。等离子束熔炼法的工艺过程如图 2-8 所示。它与真空电弧熔炼不同的是用等离子弧枪代替了电子束枪。等离子枪被安装在炉室项部的球窝接头中，球窝接头能使等离子枪在炉床内的熔化金属表面移动，以保持均匀加热。等离子弧与自由电弧不同，是一种压缩弧，能量集中。与自由电弧相比具有较好的稳定性、较大的长度和较广的扫描能力，而且熔炼是在惰性气氛下进行的，从而使它在熔炼、铸造领域中具备了特有的优势。

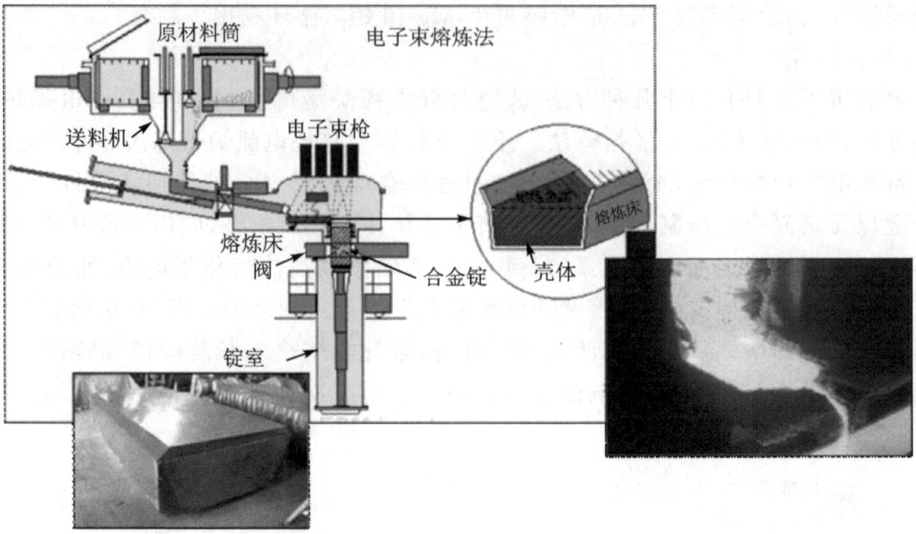

图 2-7 电子束熔炼法

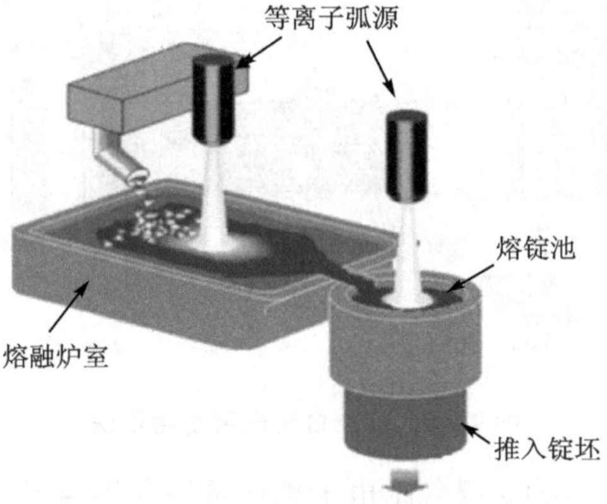

图 2-8 等离子束熔炼法

2.2 钛合金的合金化原理及分类

2.2.1 钛合金的合金化原理

目前为止，有十多种元素能与钛形成有实用价值的钛合金。不同合金元素对钛合金中的α相与β相起到不同的作用，可将这些合金元素分为三类：α相稳定元素、β相稳定元素和中性元素。铝、氧、碳、硼等元素可以提高同素异构转变温度，使钛合金形成α相的温度范围变大，因此被称为α稳定元素；钼、钒、铬、铁等元素可以降低同素异构转变温度，使钛合金形成β相的温度范围变大的同时也使β结构更稳定；而锆、锡等中性元素对同素异构转变温度影响不大。图 2-9 所示为中性元素、α稳定元素和β稳定元素与钛形成合金的二元相图。

不同合金元素的作用与其电子浓度（价电子数与原子的比值）有密切关系。一般来说，电子浓度小于 4 的元素能稳定α相，电子浓度大于 4 的元素能稳定β相。电子浓度小于 4 的元素，如 Al、Ga、C、O、N 等，提高β相变点，稳定α相；电子浓度大于 4 的元素，如 V、Mo、Nb、Ta 等，降低β相变点，稳定β相；电子浓度等于 4 的元素，对β相变点影响不大，如 Zr、Hf。

当 β 的稳定性不够时（亚稳态），在淬火、时效或应力作用下会形成马氏体 α′、α″和 ω 等亚稳相，其相变示意图如图 2－10 所示。这些亚稳相的形成会对钛合金的力学性能产生影响，如 ω 相会使钛合金的弹性模量升高。

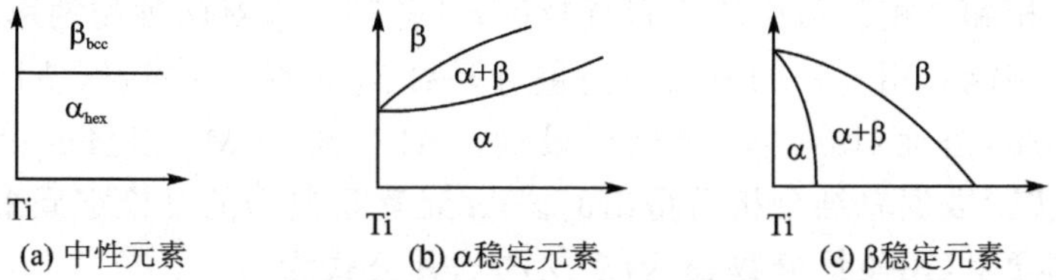

图 2－9　中性元素、α 稳定元素和 β 稳定元素与钛形成合金的二元相图

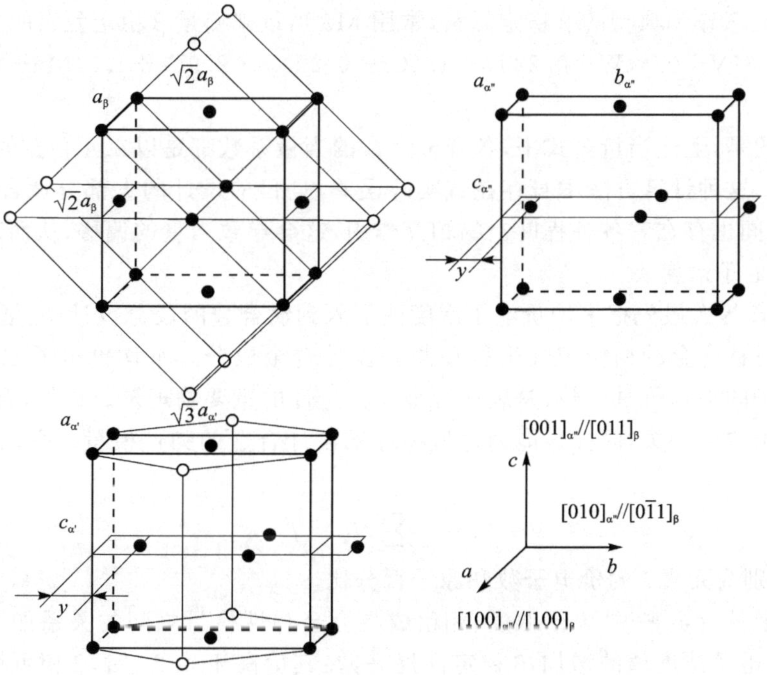

(a) β相转变为马氏体α′、α″相示意图

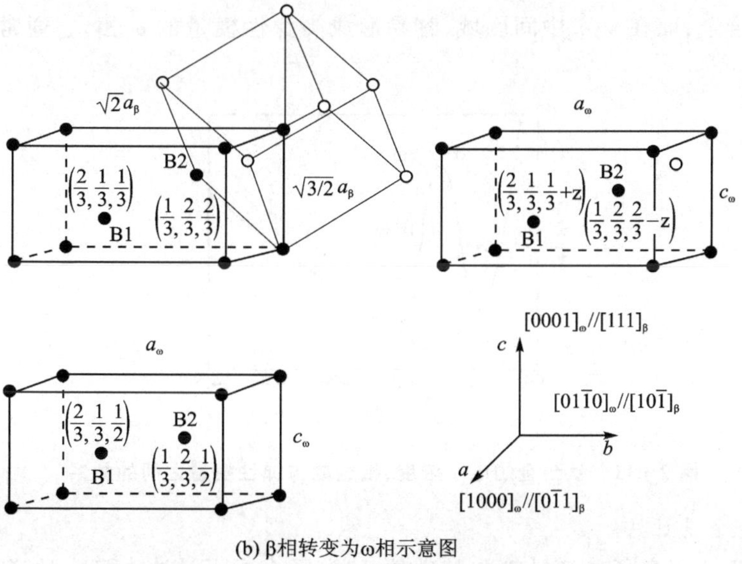

(b) β相转变为ω相示意图

图 2－10　β 相转变为马氏体 α′、α″相与 ω 相示意图

2.2.2 钛合金的设计方法

1. Al 和 Mo 当量经验方法

对钛合金中 α 相和 β 相起作用的元素有数种，且各种元素对两种相的影响程度各不相同，因此可将它们的影响能力用统一的方法来衡量，即 Al 当量和 Mo 当量，使用它们可以对合金的相稳定性进行预测，进而对合金成分进行设计。Al 当量和 Mo 当量的设计方法是经验方法，是通过对大量实验数据总结分析后得出的。Al 元素是典型的 α 稳定元素，常用 Al 当量来衡量 α 稳定元素的含量(用质量分数表示，后文同)，其公式为

$$[Al]_{eq}=Al+0.67Sn+0.17Zr+4Si+10O(\%) \tag{2-2}$$

同样，Mo 元素作为典型的 β 稳定元素，常用 Mo 当量来衡量 β 稳定元素的含量，其公式为

$$[Mo]_{eq}=Mo+0.67V+0.44W+0.22Ta+1.6Cr+0.28Nb+2.9Fe+1.54Mn+1.25Ni-Al(\%) \tag{2-3}$$

需要注意的是，上述当量公式中，各合金元素的当量系数都是以二元合金的实验结果为依据换算得到的。这种计算方法本身存在着实验误差，且目前设计的大部分钛合金都是多组元合金，各元素之间也存在着各种程度上的相互作用，这会导致当量的偏移，从而产生误差。

2. 平均价电子浓度法

Bagaryatski 等人最先把平均价电子浓度法引入到钛合金的成分设计中，通过计算平均价电子浓度可以对钛合金的相稳定性进行预测并设计合金成分。平均价电子浓度 e/a 指的是合金中单个原子的平均价电子数，是表征合金相稳定性的重要物理量。另外，合金的弹性模量也与平均价电子浓度相关，同样也能通过该物理量设计合金的弹性模量。平均价电子浓度公式为

$$e/a=\sum N_i \times f_i \tag{2-4}$$

其中 N_i、f_i 分别为元素 i 的价电子数和原子百分比。

对于大多数钛合金来说，电子浓度、相组成与合金弹性模量之间的关系如图 2-11 所示。由图可知，随着电子浓度值的增加，β 稳定性提高，在其值高于 4.20 时，β 相可被稳定至室温。在低电子浓度区域，β 钛合金不稳定，同时析出低弹性模量的 α″相；高电子浓度区域为高弹性模量的稳定 β 钛合金；而在 e/a 中间区域，容易形成高弹性模量的 ω 相，它通常由亚稳 β 钛合金转变而来。

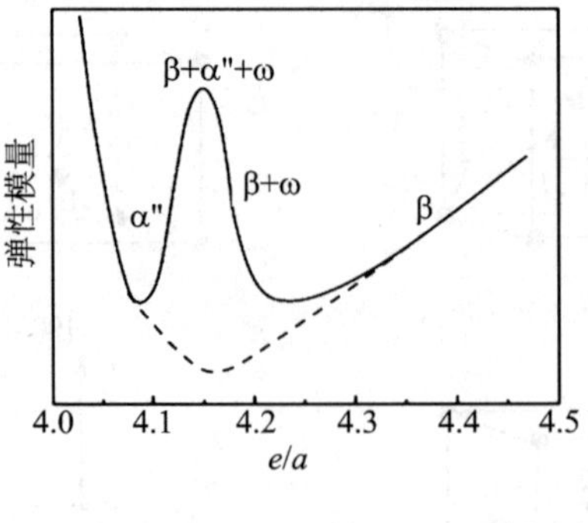

图 2-11 钛合金的电子浓度、相组成与弹性模量之间的关系

3. d-电子合金设计法

以 DV-X_αCluster 分子轨道计算为基础的 d-电子合金设计法由日本学者 Morinaga 等在

20 世纪 80 年代首先提出，并最先应用于 Ni 基合金的设计。d-电子理论法中采用了两个合金电子轨道参数：B_O（合金元素与 Ti 元素的共价键结合能，代表元素间的结合能力）和 M_d（合金元素与 Ti 元素的 d 轨道结合能，与元素的原子半径和电负性有关）。较低的 M_d 值有利于相稳定，较高的 B_O 值则有利于提高固溶强化效果。由于实际设计中合金为多组元，故采用平均值 $\overline{B}_O$ 和 $\overline{M}_d$。其中 $\overline{B}_O$ 和 $\overline{M}_d$ 由如下公式得到

$$\overline{B}_O = \sum_{i=1}^{n} X_i (B_O)_i \tag{2-5}$$

$$\overline{M}_d = \sum_{i=1}^{n} X_i (M_d)_i \tag{2-6}$$

根据合金的 $\overline{B}_O$ 和 $\overline{M}_d$ 所在区域可以预测合金的相结构类型并据此来设计亚稳 β 钛合金。但该方法与平均价电子浓度法类似，需要大量的实验数据作为支撑，除了实验数据本身的误差之外，从二元合金体系到多元合金体系的过程中，也未考虑多组元之间的交互作用，导致了一定程度的实验误差。二元钛合金的 $\overline{B}_O$ - $\overline{M}_d$ 图如图 2-12 所示。

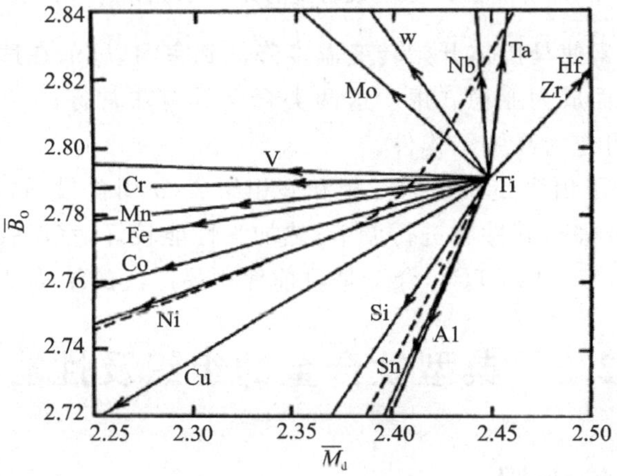

图 2-12　二元钛合金的 $\overline{B}_O$ - $\overline{M}_d$ 图

2.2.3　钛合金的分类

钛合金有多种分类方式。按相组成分为 α 型、近 α 型、α+β 型、β 型、近 β 型；按成型工艺分为变形钛合金、铸造钛合金和粉末钛合金；按强化类型分为固溶强化型、析出强化型、有序强化型和复合强化型；按照使用特性分为高强钛合金、高温钛合金、阻燃钛合金、耐蚀钛合金和形状记忆钛合金等。

在我国，通常根据平衡及亚稳态下的相组成和含量，将钛合金分为 α 型、近 α 型、α+β 型、β 型、近 β 型，并以此命名。其中，α 型合金和近 α 型合金被标记为 TA 类合金，β 型合金和近 β 型合金被标记为 TB 类合金，α+β 型合金被标记为 TC 类合金，其后的数字大致反应注册的时间顺序。另外，没有按照上述形式标记的合金是自行命名且尚未纳入国家标准的钛合金。图 2-13 为国内主要钛合金牌号图。

α 型合金和近 α 型合金是 α 相含量较高的合金，一般在室温下含有不超过 15% 的少量 β 相。这两类合金一般具有适中的强度、优良的焊接性能、较高的蠕变强度和高热稳定性，但由于 α 相下 HCP 的晶体结构，这两类合金的塑性较低。

β 型合金和近 β 型合金是 β 相含量较高的合金，其中近 β 合金又可称为亚稳 β 合金。由于

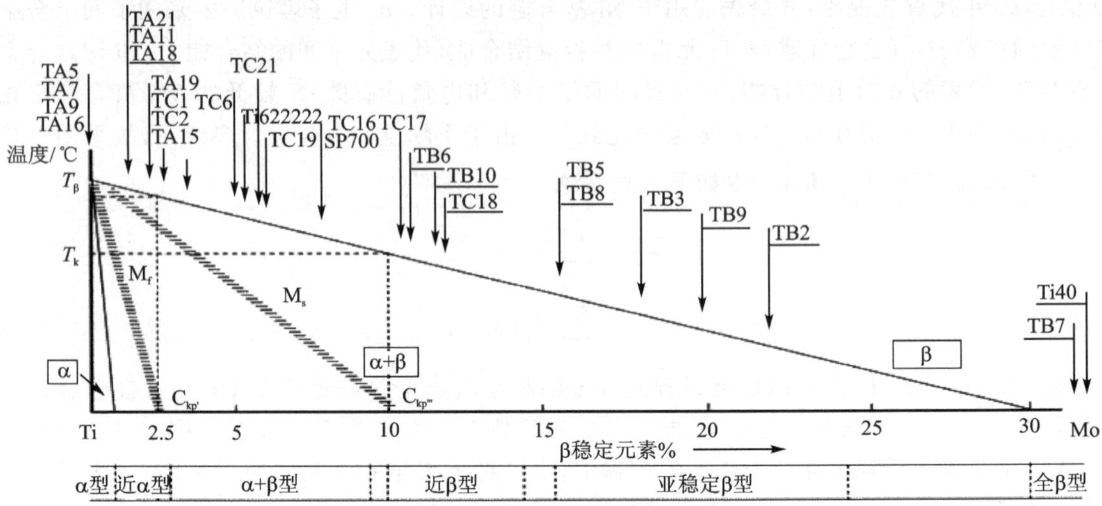

图 2-13 钛合金的分类及命名

其含量较高的 β 稳定元素使马氏体开始转变温度降低到室温以下，在适当的冷却速度下，就可将高温 β 相保留至室温而成为亚稳 β 相。这两类合金具有非常好的冷加工性能，且由于其优异的热处理强化效果，可作为高强结构件。

α＋β 型合金在室温下由含量相近的 α 相和 β 相组成(α 相含量通常大于 50%)，具有良好的综合性能，可通过热处理对其性能进行调节，热加工性能较好，室温强度高，同样可作为结构材料，其典型代表 Ti-6Al-4V(TC4)合金是目前使用最广泛的结构钛合金。

2.3 典型钛合金的组织及性能

2.3.1 钛合金典型组织

根据相组成的不同，钛合金可分为 α 型、α＋β 型和 β 型钛合金，因化学成分和相组成的差异，不同类型的钛合金可获得不同的微观组织和力学性能。

2.3.1.1 α 型钛合金

α 型钛合金主要由 α 相组成，国内牌号为 TA，根据 α 相含量的高低可分为完全 α 型和近 α 型钛合金，不含 β 相或仅含有少量的 β 相，因此不可热处理强化，其主要的强化方式为固溶强化和细晶强化。Al、O、Zr、Sn、Si 是 α 型钛合金主要的固溶强化元素。Al 的添加一般低于 6%(质量分数，后文同)，高于 6%时容易形成硬脆的 α_2(Ti_3Al)相，Ti-Al 合金时效处理可形成细小弥散分布的 α_2 相，其强化效果好，但会降低塑性。氧原子与螺型位错交互作用产生显著的间隙固溶强化作用，但会降低塑性。纯钛根据氧含量的高低分为 1～4 级纯钛，其化学成分和力学性能如表 2-2 所示，氧元素极大地影响纯钛的强度和塑性。此外，氧元素的存在还促进 α_2 相的析出，因此钛合金中的氧含量一般应低于 0.25%。添加少量的 Zr、Sn 能稳定 α 相，起固溶强化作用。

近 α 型钛合金一般含有一定量的 Si 元素，可有效地强化 α 相和提高蠕变性能。

表 2-2　纯钛的化学成分和力学性能

合　金	氧含量（质量分数）/%	弹性模量/GPa	屈服强度/MPa	抗拉强度/MPa	延伸率/%
一级纯钛	≤0.18	105	170	240	24
二级纯钛	≤0.25	105	275	344	20
三级纯钛	≤0.35	105	377	440	18
四级纯钛	≤0.4	105	480	550	15

完全α型钛合金具有优异的可焊接性和耐蚀性、高的塑性和缺口韧性、极低的韧-脆转变温度（低至-253 ℃），被广泛用于低温压力容器和耐蚀结构材料。完全α型钛合金可形成三种典型的微观组织，如图 2-14 所示。等轴组织（equiaxed）由α+β两相区热加工和随后的再结晶退火处理后获得，只含有完全再结晶的等轴α晶粒，晶粒一般较细。等轴组织的力学性能主要受晶粒尺寸和固溶元素的影响，屈服强度与平均晶粒尺寸 d 的关系服从 Hall-Petch 公式，对一级纯钛，其屈服强度 $\sigma_{YS}=231\ \text{MPa}+10.5d^{-\frac{1}{2}}$。α钛合金在β相区快速冷却后β相转变为α′马氏体，α′马氏体形貌为针状或板条状，晶体结构和晶格常数与α相一致，强化效果有限。在β相区慢速冷却，α相在粗大的β晶界形核并向晶粒内部平行生长，直至遇到另一β晶界或另一方向的α集束为止，形成片层（魏氏）组织（lamellar）。同一生长方向的细长平直的针状或片层α相称为α集束，α集束的粗细与冷却速度有关，冷速越慢，α片层越粗。片层组织的拉伸强度、疲劳强度和塑性低于等轴组织，但断裂韧性和抗蠕变性能更好。

(a) 等轴组织　　(b) α′马氏体　　(c) 片层组织

图 2-14　完全α型钛合金的典型组织

常用的完全α型钛合金为 1～4 级纯钛和 Ti-5Al-2.5Sn。纯钛的用量仅次于 Ti-6Al-4V，被广泛应用于海洋、石油、化工、医疗、航空航天、建筑、体育等领域，其中二级纯钛由于优异的成型性、耐蚀性和中等强度，应用最广泛。Ti-5Al-2.5Sn 在低温下具有高强度和高韧性等优点，主要用于低温储存箱储存液氮（-253 ℃）。

与完全α型钛合金相比，近α型钛合金具有优异的抗蠕变性和抗氧化性、高的室温强度和高温强度（600 ℃），是典型的高温钛合金，可用于航空燃气涡轮发动机的压缩机部分。常用的近α型 600 ℃高温钛合金为美国的 Ti-1000（Ti-6Al-2.75Sn-4Zr-0.4Mo-0.45Si）、英国的 IMI 834（Ti-5.8Al-4Sn-3.5Zr-0.5Mo-0.7Nb-0.35Si）和俄罗斯的 BT18y（Ti-6.8Al-2.5Sn-4Zr-0.7Mo-0.2Si-1Nb），这些合金均是 Ti-Al-Sn-Zr-Mo-Si 系。近α型高温钛合金常加入少量的 Mo、Nb、V 等β稳定元素，形成以α相为基体、少量的β相分布在α基体中的组织以提高可锻性，还加入一定量的 Zr、Sn 补偿 Al 的加入量并强化α相，保持强度和韧性。此外，添加少量的 Si、C 和稀土元素，可以提高高温蠕变性能，高温钛合金一般含有 0.1%～0.5%的 Si，美国在 Ti-6242（Ti-6Al-2Sn-4Zr-2Mo）的基础上添加 0.1%的 Si 研制了蠕变性能更好的 Ti-6242S。

近 α 型钛合金一般在 α+β 两相区进行锻造和热处理获得等量的等轴 α 相和 β 相，随后空冷使 β 相转变成片层 α，从而获得双态组织（bimodal），快速冷却 β 相可能转变为 α′马氏体。双态组织的主要特征为 α 相呈等轴和片层状两种形貌，由完全再结晶的初生等轴 α 相（α_p）和剩余 β 基体构成，β 基体内分布着平直的次生片层状 α 相（α_s）。双态组织具有优异的蠕变性能、断裂韧性、疲劳性能等综合力学性能，600 ℃高温钛合金一般以双态组织状态使用。IMI 834 为了兼顾蠕变性能和疲劳性能，在两相区较高的温度进行固溶和时效处理，获得等轴 α 相含量为 5%～15%的等轴组织，如图 2-15(a)所示。Ti-1100 为了获得高的蠕变性能，在 β 相变点以上 25～55 ℃进行锻造后直接时效获得片层组织，如图 2-15(b)所示。在 β 相区固溶处理后，近 α 型钛合金的组织和性能受冷却速度的影响较大（见图 2-16），冷速越快，形成的 α 片层厚度越细，强度越高，塑性越低。

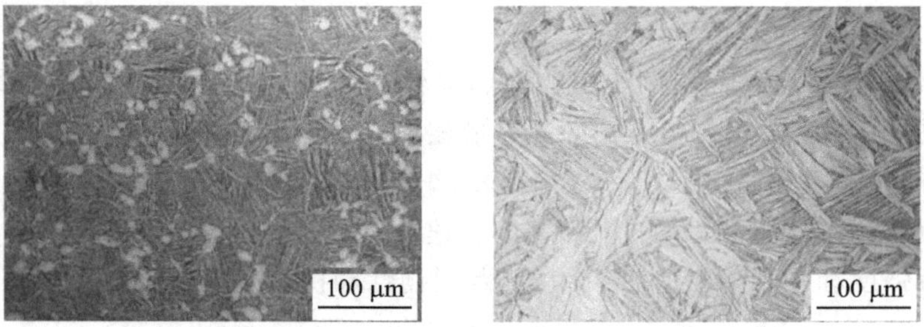

(a) 双态组织　　(b) 片层组织

图 2-15　近 α 钛合金的典型组织

影响近 α 型钛合金的力学性能的主要因素有 α 和 β 相的含量、α_2 相、硅化物等。α 相热稳定性高，因此高温钛合金均是近 α 型钛合金，β 相塑性和成型性好、强度低，近 α 型钛合金一般含有少量的 β 相以提高锻造性能。随 β 相含量的增加，IMI 834 的蠕变性能提高，疲劳性能降低，为了获得最佳的综合性能，IMI 834 常在 α+β 两相区的高温段热处理，如图 2-17 所示。由于 Al 和 Si 的添加，近 α 型高温钛合金在时效或长时热暴露过程中在 α 相中析出有序 α_2 相，在片层 α 晶界析出硅化物（Ti_5Si_3），α_2 和硅化物的形貌如图 2-18 所示，有序 α_2 相和硅化物的析出可以提高室温和高温（600 ℃）强度，但降低塑性，甚至使合金变脆，要严格控制有序 α_2 相和硅化物的析出。

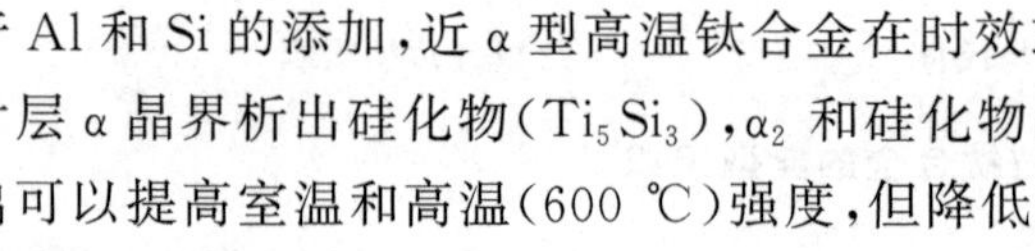

(a) 1 ℃/min　　(b) 100 ℃/min

图 2-16　冷却速度对 Ti-6242 的片层 α 的影响

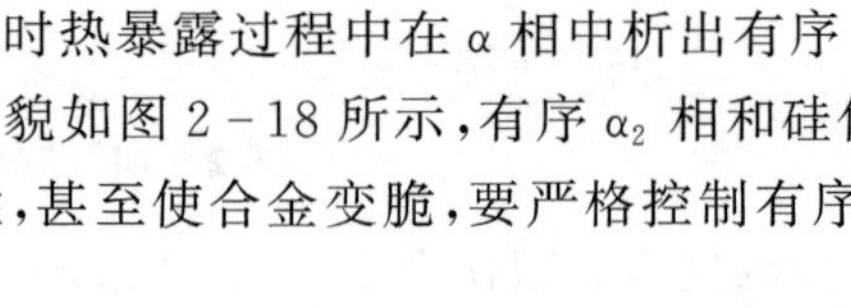

图 2-17　β 相含量对 IMI 834 的疲劳和蠕变性能的影响

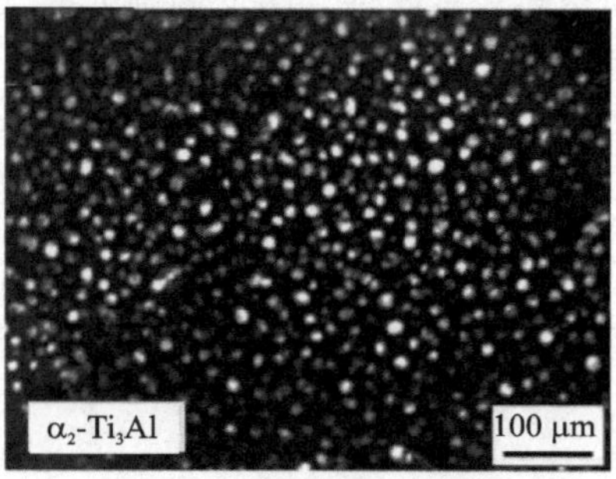

(a) α_2

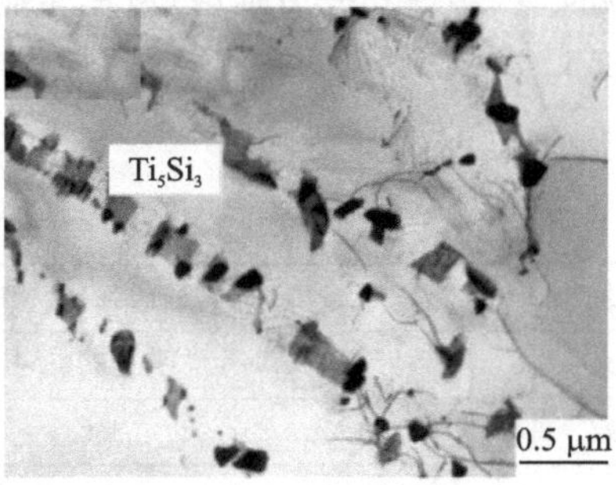

(b) Ti_5Si_3

图 2-18 近 α 钛合金时效析出的 α_2 和硅化物

2.3.1.2 α+β 型钛合金

美国于 1952 年用 V 替代部分 Al 研制了 Ti-6Al-4V(TC4)，是目前应用最广泛的钛合金，占钛合金使用量的一半以上。Ti-6Al-4V 是最典型和应用最多的 α+β 型钛合金，约占 α+β 型钛合金使用量的 80%。α+β 型钛合金中含有一定量的 α 相和 β 相，α 稳定元素用于强化 α 相，还含有 4%~6%的 β 稳定元素以保留一定的 β 相至室温。α+β 型钛合金兼具 α 型钛合金和 β 型钛合金的优点，与 α 型钛合金相比，α+β 型钛合金强度和成型性能提高，可进行热处理强化。常用 α+β 型钛合金的成分、热处理工艺和力学性能如表 2-3 所列。

表 2-3 常用 α+β 型钛合金的热处理工艺和力学性能

合 金	热处理工艺	屈服强度/MPa	抗拉强度/MPa	延伸率/%
Ti-6Al-4V	轧制、退火(~740 ℃)	880	950	14
Ti-6Al-4V ELI	轧制、退火(~740 ℃)	790	860	15
IMI 318(Ti-5.8Al-3.5Zr-0.7Nb-0.5Mo-0.35Si-0.06C)	ST(α+β)+ 500 ℃时效	1 100	1 170	10
Ti-6Al-7Nb	轧制、退火(~740 ℃)	800	900	10
IMI 550 (Ti-6Al-2Sn-4Zr-0.5Mo)	ST(α+β)+500 ℃时效	1 000	1 100	14
IMI 680 (Ti-2.5Al-11Sn-4Zr-0.2Mo)	ST(α+β)+500 ℃时效	1 190	1 310	15
Ti-7Al-4Mo	940 ℃/1 h 水冷+650 ℃/16 h	1 035	1 170	10
Ti-6Al-2Sn-6V-0.7(Fe, Cu)	ST(α+β)+ 550 ℃时效	1 170	1 275	10
Ti-6Al-2Sn-4Zr-6Mo	ST(α+β)+ 590 ℃时效	1 170	1 270	10
IMI 551 (Ti-4Al-4Sn-4Mo-0.5Si)	ST(α+β)+500 ℃时效	1 200	1 310	13
Corona-5 (Ti-4.5Al-5Mo-1.5Cr)	β 加工后 815 ℃退火	930	1 030	14
Ti-62S (Ti-6Al-2Fe-0.1Si)	α+β 锻造后时效	945	986	18
Ti-8Mn	轧制、退火(700 ℃)	860	945	15

注：ST(α+β)表示 α+β 两相区固溶处理。

Ti-6Al-4V 的典型加工工艺、微观组织和力学性能如表 2-4 所列。轧制后直接在 α+β 两相区退火(mill-annealing)，获得由体积分数约为 90%的 α 相和体积分数约为 10%的 β 相组成的不完全再结晶组织，是 Ti-6Al-4V 的主要使用状态。F-22 发动机的风扇叶片和舱壁使用轧制退火态 Ti-6Al-4V。Ti-6Al-4V 固溶后时效(STA)析出二次 α 相形成双态组织大幅提升抗拉强度、塑性和疲劳强度，可用于制造航空航天紧固件。超低间隙元素 Ti-6Al-4V ELI 具有相较于 Ti-6Al-4V 更高的塑性，广泛用于生物医疗领域，如齿科、螺钉、接骨板和人工关节等。

表 2-4　Ti-6Al-4V 的室温力学性能

加工工艺	组织状态	屈服强度/MPa	抗拉强度/MPa	延伸率/%	疲劳强度/MPa
轧制退火	等轴组织	828	895	10	400～680
固溶时效	双态组织	1 068	1 137	20	700

经过不同的热-机械加工工艺，Ti-6Al-4V 能形成片层组织、网篮组织、等轴组织和双态组织四种组织状态，获得不同的力学性能组合，满足不同部件的使用需求。

在 β 相区固溶处理后空冷或炉冷，将分别获得片层组织和网篮组织，片层组织和网篮组织又可称为 β 退火（β annealed）组织，如图 2-19 所示。冷却速度是 β 退火组织的重要影响因素，如图 2-20 和图 2-21 所示，慢速冷却时片层 α 相在 β 晶界形核并向 β 晶粒内部生长，形成粗大的片层组织和晶界 α 相（α_{GB}）。冷速变快，α 形核驱动力增加，α 片层亦在已形成的 α 集束边界处形核，最终获得 α 片层交织成网篮状的网篮组织（basketweave）。增大冷速能减少 α_{GB}，当冷速超过临界值时，β 相转变为 α′ 马氏体，随后进行时效处理 α′ 马氏体分解为片层 α 和 β 相。片层组织和网篮组织的强度和塑性低，断裂韧性好，疲劳裂纹生长速率低，力学性能主要受 α 集束尺寸、片层 α 相的厚度、β 晶粒大小和 α_{GB} 的影响。在 β 相区固溶处理 β 晶粒生长速度快，晶粒粗大，固溶处理的温度应尽量低，保温时间短，细化 β 晶粒将细化片层 α 相。屈服强度与 α 片层的厚度 d 的关系服从 Hall-Petch 公式，即 $\sigma_{YS} \approx 775\ \text{MPa} + 163d^{-\frac{1}{2}}$，冷却速度越快，α 集束尺寸和 α 片层厚度越小，位错滑移平均自由程越低，屈服强度和疲劳强度越高。而断裂延伸率随冷却速度的提高先缓慢降低，然后增加到一极大值后快速下降，如图 2-21 所示。伸长率的极大值与断裂方式的变化有关，冷速较慢时，α 集束尺寸较大，位错滑移容易，断裂方式为穿晶型断裂；冷速较快时，α 片层较细，位错滑移困难，断裂方式为沿晶型断裂。此外，塑性还和 α_{GB} 密切相关，α_{GB} 是 β 退火组织的薄弱部位，与 β 相的结合强度低，容易萌生裂纹从而使伸长率快速降低，但 β 退火组织的 α_{GB} 难以避免。

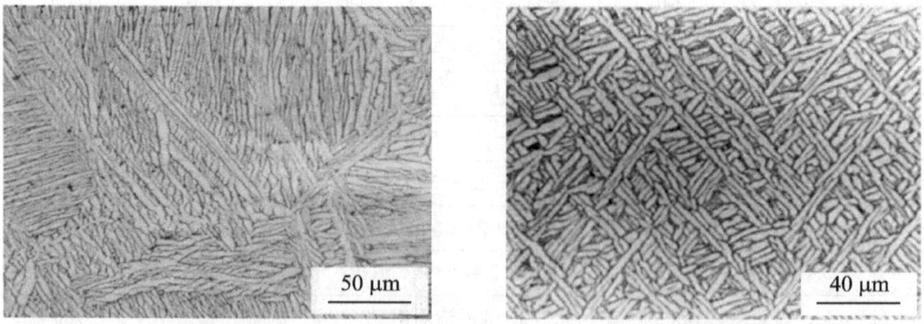

(a) 片层组织　　(b) 网篮组织

图 2-19　Ti-6Al-4V 的 β 退火组织

变形后在 α+β 两相区较高的温度（955 ℃）再结晶退火获得等轴组织，等轴组织主要由大量的完全再结晶的等轴 α 相和分布于等轴 α 晶粒的三角晶界处的剩余 β 相构成，如图 2-22(a)所示。在较低的温度（700～800 ℃）进行退火，变形的 α 和 β 不完全再结晶。等轴组织塑性和韧性高，力学性能与 α 相的体积分数和晶粒尺寸直接相关。

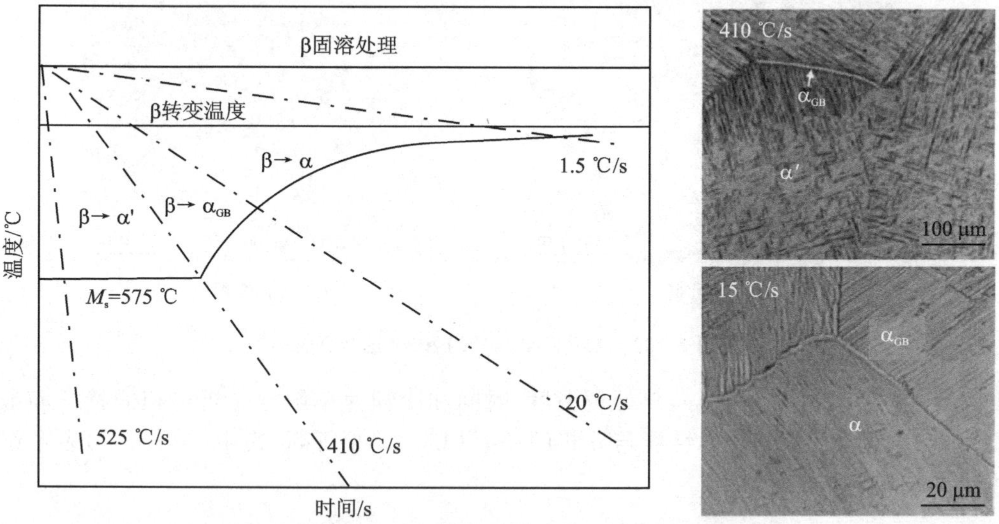

图 2-20　冷却速率对 Ti-6Al-4V 相变和组织的影响

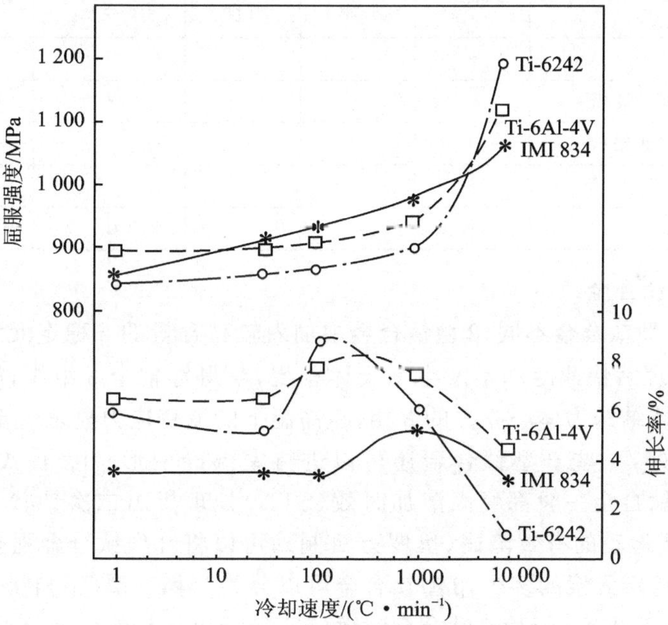

图 2-21　冷却速度对 β 退火组织的拉伸伸长率和屈服强度的影响

延长退火时间或退火后空冷，β 相中生成针状二次 α 相，获得综合力学性能优异的双态组织，如图 2-22(b)所示。双态组织还能经过双级退火处理获得，即先在 870～950 ℃退火 0.2～1.0 小时后空冷，然后在 680～730 ℃退火 2～4 小时。第一次退火主要控制等轴 α 相的含量和尺寸，第二次退火的目的是在 β 相中生成二次针状 α 相。在相同的冷却速度下，双态组织中的片层 α 的尺寸远小于 β 退火组织的片层 α。

α+β 型钛合金主要在轧制退火态或锻造退火态使用，其力学性能主要取决于变形温度，即在 α+β 两相区变形或在 β 相区变形。α+β 两相区变形后退火形成等轴或双态组织塑性高，蠕变和疲劳性能好，β 相区变形和退火后形成 β 退火组织将明显提高断裂韧性和疲劳强度，这主要由析出的 α 相的差异引起。α+β 型钛合金主要靠 α 相析出强化，力学性能极大地依赖于

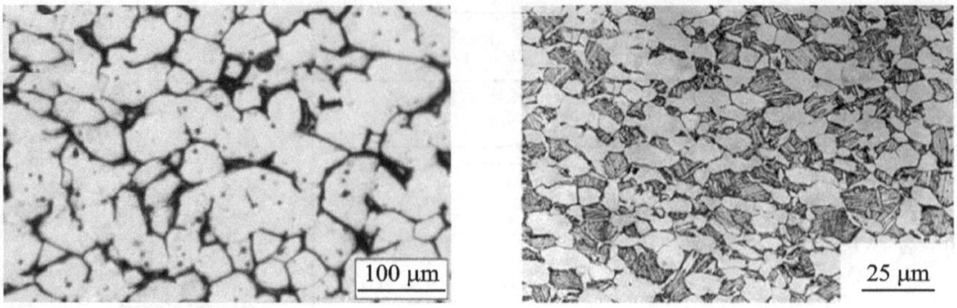

(a) 等轴组织　　(b) 双态组织

图 2-22　Ti-6Al-4V 的 α+β 退火组织

α 相的含量、形貌、尺寸和分布等，热处理温度、时间和冷却速率影响 α 析出相的特征和最终力学性能。α+β 型钛合金的力学性能与 α 相的关系如表 2-5 所列，表中(－，0，＋)表示组织对力学性能的影响方向。

表 2-5　α+β 型钛合金的组织特征与力学性能的关系

组织特征	屈服强度	断裂伸长率	高周疲劳强度	抗疲劳裂纹生长	断裂韧性	蠕变强度
小的 α 集束(片层组织)	＋	＋	＋	＋	－	＋/－
双态组织(与片层组织冷速相同)	＋	＋	－	＋	－	－
细晶等轴 α 相(与粗晶相比)	＋	＋	＋	＋	－	－
时效(α_2 相)	＋	－	＋	－	－	＋
β 相中的次生 α 相	＋	－	＋	＋	0	＋

2.3.1.3　β 型钛合金

与 α 型和 α+β 型钛合金不同，β 型钛合金中加入较高含量的 β 稳定元素，M_s 温度降低至室温以下，β 固溶处理后快速冷却不发生马氏体相变，获得等轴全 β 组织，国内牌号为 TB。β 型钛合金只含有晶体结构为体心立方的 β 相，在高温下的流变应力显著低于 Ti-6Al-4V(见图 2-23)，成型性好，一些 β 型钛合金还可以进行室温冷变形。除了 Alloy C(Ti-35V-15Cr)外，所有 β 型钛合金一般都经固溶加时效(STA)处理析出二次针状 α 相进行热处理强化。α/β 晶界是位错运动的有效障碍(奥罗万机制)，可以将 β 型钛合金强化到 1 400 MPa 以上。根据添加的 β 稳定元素的多少，β 型钛合金可以分为亚稳 β 型(钼当量为 10～30 之间)和稳定 β 型(钼当量高于 30)。亚稳 β 钛合金时效(STA)析出 α 相响应速度快，高强度钛合金多为亚稳 β 钛合金，是使用最多的 β 型钛合金，如 Ti-1023(Ti-10V-2Fe-3Al，国内牌号 TB6)、Ti-5553(Ti-5Al-5V-5Mo-3Cr-0.5Fe)、Beta 21S(Ti-15Mo-2.7Nb-3Al-0.2Si)、Beta C(Ti-3Al-8V-6Cr-4Mo-4Zr)。亚稳 β 型钛合金由于具有高强度、好的塑性、断裂韧性和疲劳性能以及优异的可成型性，正逐步取代 Ti-6Al-4V 用于航空航天高强度结构件，B777 的起落架几乎全由 Ti-1023 制造。亚稳 β 型钛合金在 β 固溶态还能获得低弹性模量、超弹性和形状记忆效应的功能特性，用于生物医疗等领域。稳定 β 型钛合金如 Alloy C 由于时效响应慢，β 稳定元素含量高，成本和密度高，使用较少。常用 β 型钛合金的成分、热处理工艺、性能和应用如表 2-6 所列。

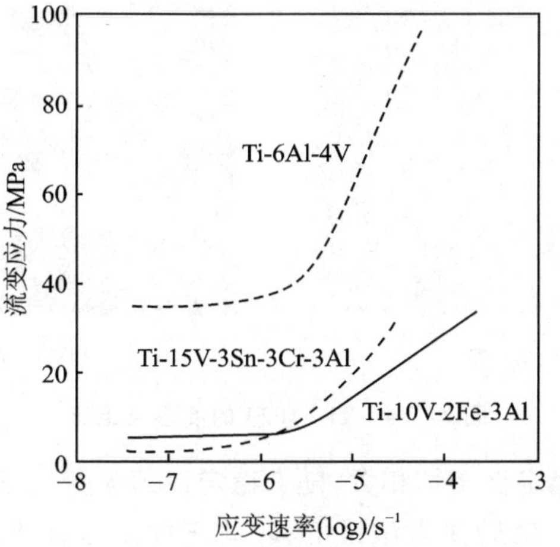

图 2-23　钛合金在 810 ℃下的流变应力和应变速率的关系

表 2-6　常用高强度β型钛合金的热处理工艺、应用和力学性能

合　金	热处理工艺	应　用	屈服强度/MPa	抗拉强度/MPa	延伸率/%
Ti-13V-11Cr-3Al	STA(480 ℃/36 h)	机身、起落架、弹簧	1 200	1 280	8
Beta Ⅲ (Ti-11.5Mo-6Zr-4.5Sn)	STA(480 ℃)	高强度	1 315	1 390	10
Ti-8V-8Mo-2Fe-3Al	STA(600 ℃)	高强度锻件	1 240	1 310	8
Beta C	STA(540 ℃)	石油、弹簧、紧固件	1 130	1 225	10
Ti-1023	STA(580 ℃)	起落架、高强度锻件	1 250	1 320	8
Beta 21S	STA(560 ℃)	耐腐蚀/抗氧化领域	1 170	1 240	8
Ti-17 (Ti-5Al-2Sn-2Zr-4Mo-4Cr)	STA(635 ℃/8 h)	高强度、中温领域	1 170	1 240	8
Ti-5553	ST(α+β)A(650℃)	起落架	1 170	1 240	8
Ti-15-3 (Ti-15V-3Cr-3Sn-3Al)	STA(538 ℃/4～16 h)	板、机身铸件	1 050	1 160	11
Alloy C	ST	阻燃、弹簧	900	960	20
VT22 (Ti-5V-5Mo-1Cr-1Fe-5Al)	ST(α+β)A(650 ℃)	高强度锻件	1 200	1 280	8

注：STA 为β固溶加时效处理，括号内为时效温度和时间；ST(α+β)为在α+β两相区固溶处理。

β型钛合金一般在β固溶加时效(STA)状态使用，在β相区固溶处理前需要在β相区或α+β相区进行锻造细化初始β晶粒，然后在β相区进行再结晶退火处理(β退火)。由于高的β稳定元素含量和β稳定性，β型钛合金经β退火后快速冷却(水冷)能将β相保留至室温，获得等轴组织，如图 2-24(a)所示。冷速较慢将析出针状α相和晶界α相(α_{GB})，如图 2-24(b)所示。等轴组织强度低、塑性好，弹性模量低，是低弹性模量、超弹性和形状记忆功能钛合金的使用状态。慢速冷却析出的粗大针状α的强化效果不好，且在β晶界形成α_{GB}弱化晶界，容易萌生裂纹，因此β型钛合金一般在β退火后快速冷却，然后在α+β两相区的较低温度进行时效析出细小弥散分布的针状α相获得高强度。

等轴β组织的力学性能主要受合金β稳定性即β稳定元素含量的影响。β型钛合金的变

(a) 水 冷　　　　(b) 空 冷

图 2-24　Ti-1023 的 β 退火组织

形方式和力学性能与合金稳定性密切相关，随β稳定性的提高，变形方式由应力诱发马氏体相变（SIMT）转变为变形孪晶，最后变为位错滑移，此三种变形方式所需的临界应力（CRSS）依次提高，因此随β稳定性的提高，屈服强度逐渐提高，如图 2-25 所示。亚稳β型钛合金发生 SIMT 和/或变形孪晶时，通过相变诱发塑性（TRIP）和/或孪晶诱发塑性（TWIP）同时获得高强度和高塑性，但屈服强度较低。稳定型β钛合金的变形方式为位错滑移，屈服强度高，但缺乏应变硬化能力，延伸率特别是均匀延伸率低。

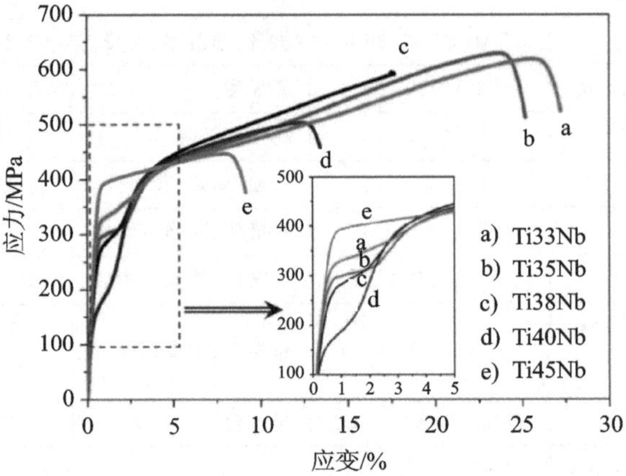

图 2-25　不同 Nb 含量的 Ti-Nb 合金的拉伸应力-应变曲线

两相区变形后在 α+β 两相区再结晶退火获得等轴 α+β 组织，如图 2-26 所示。α+β 两相区再结晶退火后慢速冷却或快速冷却后时效将获得双态组织。退火温度控制等轴 α 相（α_p）的含量，α_p 钉扎 β 晶界，因此 α+β 退火组织的 β 晶粒小于 β 退火组织。由于析出细小等轴的

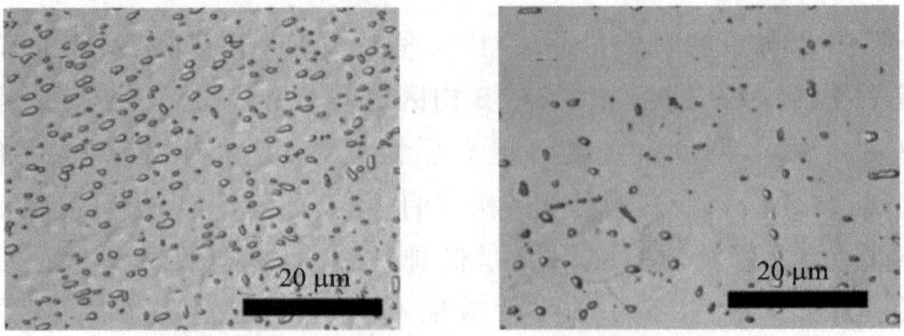

(a) 780 ℃　　　　(b) 800 ℃

图 2-26　β 型钛合金的 α+β 退火组织

α_p 和更细的 β 晶粒，等轴 α+β 退火组织的强度高于等轴 β 退火组织，同时塑性也更好。Ti-1023 是可锻性最好的钛合金，先 β 锻造然后在低于 β 相变点 10～25 ℃的 α+β 两相区终锻即可发生再结晶，获得近等轴的 α+β 双相组织，如图 2-28 所示。

亚稳 β 型钛合金经时效析出 α 强化相大幅提高强度，是高强度钛合金进行强化的主要手段。时效温度、时间和加热速率是调控 α 析出相的形貌、数量、尺寸和分布的重要参数，最终影响亚稳 β 型钛合金的力学性能。为了调控 α 相析出的热-动力学，亚稳 β 型钛合金的时效方式一般分为单步时效(single step aging)和双步时效(duplex aging 或 two step aging)。

单步时效即只进行一次时效处理，可在不同的温度范围进行，包括低温时效和高温时效。高温时效约在 β 相变点以下 85～195 ℃的温度范围进行，时效温度越高，α 形核驱动力越小、长大动力越大，到达平衡条件的时间越短，α 析出相数量越少，尺寸越大，体积分数越低，获得强度越低，但塑性好。低温时效的温度为 200～450 ℃，低温下合金元素的扩散速率慢，时效温度越低，α 形核驱动力越大、长大驱动力越小，α 析出相数量越多，尺寸越小，体积分数越高。不同时效温度对 α 析出相的影响如图 2-27 所示。低温时效时 α 相在 ω 相或相分离(β′)的辅助下均匀形核，形核质点多，因此能获得细小弥散分布的针状 α 相。低温时效的相转变顺序与 β 稳定性有关，对于 Ti-1023 等低稳定性的亚稳 β 型钛合金，相转变顺序为 $\beta \rightarrow \beta+\omega_{iso} \rightarrow \beta+\omega_{iso}+\alpha \rightarrow \beta+\alpha$，对于 Ti-13V-11Cr-3Al 等高稳定性的钛合金，相转变顺序为 $\beta \rightarrow \beta+\beta' \rightarrow \beta+\beta'+\alpha \rightarrow \beta+\alpha$。为了提高强度，亚稳 β 型钛合金一般在 α+β 两相区较低的温度进行时效处理，α/β 相界限制位错运动大幅提高强度，但降低塑性。亚稳 β 型钛合金在 α+β 两相区锻造获得等轴 α+β 组织后时效处理将获得双态组织，图 2-28 所示为 Ti-1023 在 α+β 两相区终锻后时效(STA)处理获得的组织，双态组织由于具有等轴初生 α 相，塑性好于 β 固溶加时效态组织，但强度稍低。

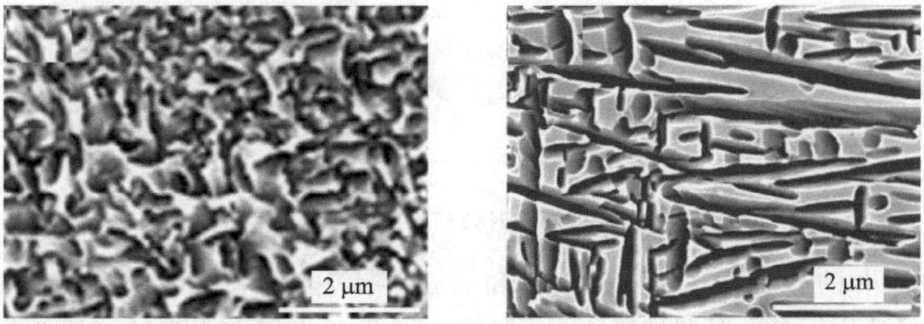

(a) 低温时效　　(b) 高温时效

图 2-27　单步时效后的 α 析出相形貌

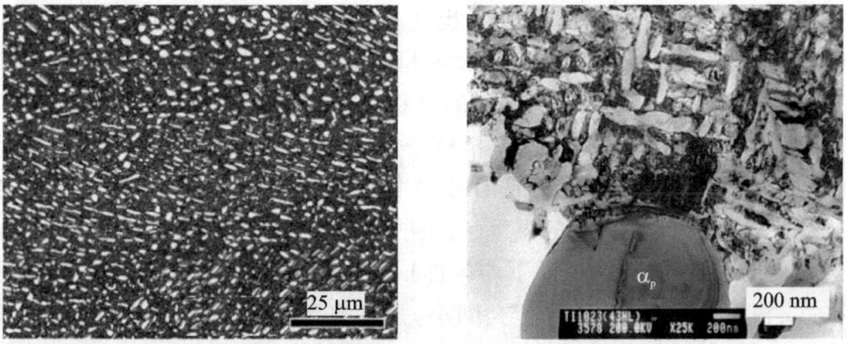

图 2-28　Ti-1023 的 STA 组织

时效处理时 α 相优先在 β 晶界等缺陷处异质形核，析出不均匀，利用双步时效可以调控 α 相均匀析出。双步时效一般先在较低的温度进行，随后在较高的温度进行第二步时效处理，目的是利用第一步时效析出细小弥散分布的纳米 ω 相辅助 α 均匀形核，单步时效和双步时效处理后的组织如图 2-29 所示。第一步的低温时效析出等温 ω 相（ω_{iso}）或 β′相，第二步时效在更高的温度利用 ω_{iso} 或 β′辅助 α 形核，高温时效 α 长大速度快，能快速获得细小弥散均匀分布的 α 相，还能避免 α_{GB} 和无沉淀析出区的形成，提高抗拉强度和疲劳强度。此外，还能先进行高温时效然后进行低温时效，又称为高低温时效。高温时效析出较粗大的片状 α（α_p），随后的低温时效析出细小的针状 α（α_s），如图 2-30 所示，由于两步时效过程析出的 α 相尺寸差异大，能同时获得高强度和好的塑性。

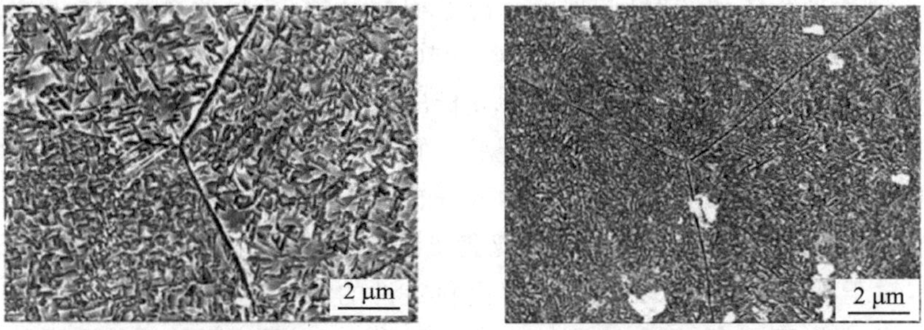

(a) 500 ℃/10 h　　(b) 300 ℃/10 h+500 ℃/10 h

图 2-29　Ti-15V-3Cr-3Sn-3Al 的时效组织

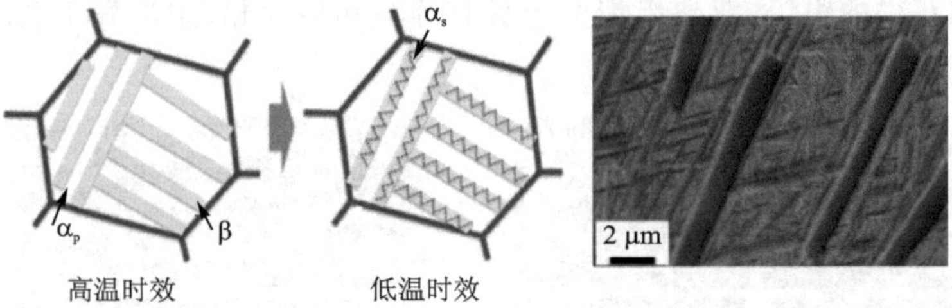

图 2-30　高低温时效析出双尺度 α 示意图

时效析出 α 相的过程受时效温度、时间和加热速率等热力学和动力学因素的影响，时效温度、时间和加热速率等参数对调控亚稳 β 型钛合金的微观组织和力学性能至关重要。时效温度是影响 α 相析出的重要热力学因素，温度影响 α 相的形貌、尺寸和体积分数，如图 2-31 所示。时效温度高时（区域Ⅰ），α 先在 β 晶界形核生成晶界 α（α_{GB}），然后同一取向的 α 相从 β 晶界向晶粒内部平行生长成片层 α（α 集束），α 也在 β 晶粒内部形核和生长成针状。高温时效合金元素扩散快，到达平衡状态所需时间短，α 较粗大。由于 α 相先在 β 晶界形核并生成 α_{GB}，β 晶界处的 β 稳定元素富集在 α_{GB} 附近并提高 β 稳定性，稳定性的提高抑制 α 相的析出，因此在 α_{GB} 旁形成无沉淀析出区（PFZ）。PFZ 相较于其他有 α 相析出的区域较软，成为变形的薄弱部位，降低抗拉强度和疲劳强度。降低时效温度，α 相形核速度变快，长大速度变慢，获得的组织变细（区域Ⅱ）。在区域Ⅲ所示的温度区间进行低温时效，在 α 相析出前先析出细小弥散分布的 ω_{iso} 相，随后 α 相在 ω_{iso} 的辅助下均匀形核，α 长大驱动力低，且析出的 α 限制彼此的长大，最终获得的 α 相较高温时效更为均匀、细小，强度也更高。时效时间对 α 相的形貌和尺寸的影响较小，延长时效时间，α 相将长大，部分 α 相还能转变为 β 相，当达到平衡条件后，α 相几乎不随时间的延长而发生变化。高温时效时，随时间的延长和 α 相的析出，硬度提高，随后到

达峰值后由于 α 相的粗化硬度降低，即发生过时效，最后达到稳定状态。低温时效时，硬度随 ω_{iso} 的析出大幅提高，在 α 相消耗 ω_{iso} 析出时硬度降低，硬度在随后的 α 粗化过程进一步降低，但低温时效的硬度高于高温时效。加热速率影响 α 相析出的动力学，加热速率低，合金在达到目标时效温度前经历的时间长，在低温段可在 ω_{iso} 的辅助下形核，因此低的加热速率能获得更细小均匀的针状 α 相，还能抑制连续晶界 α 相的形成，能同时提高强度和塑性，如图 2－32 所示。

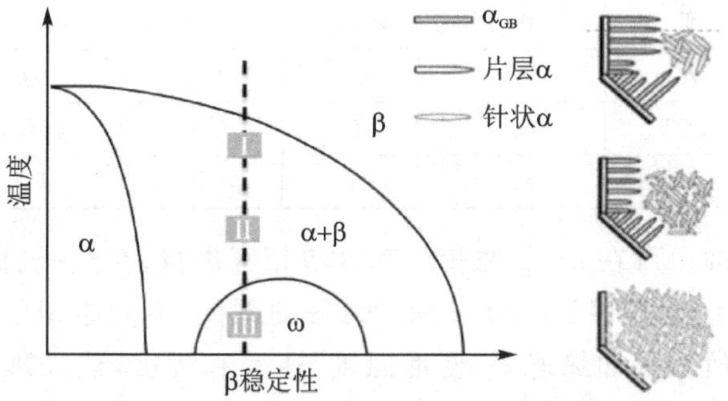

图 2－31　温度对时效析出 α 相的影响

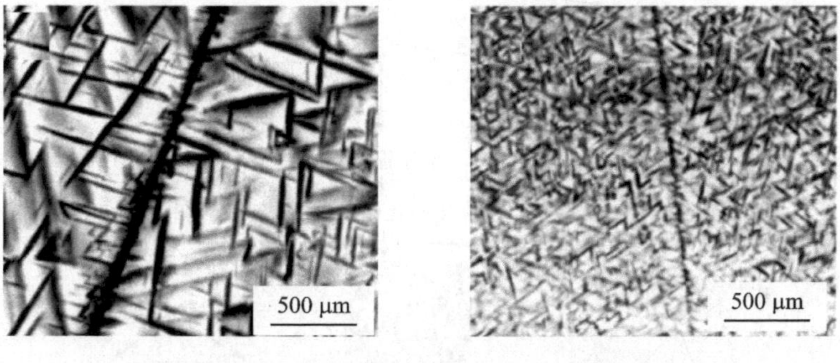

(a) 4 ℃/min　　(b) 0.5 ℃/min

图 2－32　加热速率对 α 相析出的影响

2.3.2　钛合金的制备工艺

钛合金因相及相变的多样性，呈现出多种典型的显微组织和力学性能特征。钛合金的力学性能对合金成分、加工工艺和显微组织很敏感，加工工艺和热处理制度决定组织类型，力学性能取决于显微组织。通过控制加工工艺和热处理制度调控微观组织，可以对力学性能在一定范围内进行定向调控。钛合金的组织丰富多变，典型的组织类型为等轴组织、双态组织、网篮组织和魏氏组织，如图 2－33 所示。

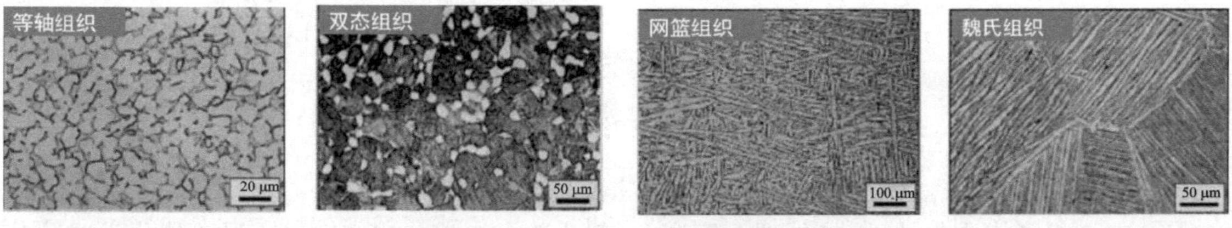

图 2－33　钛合金的典型组织

同一钛合金经不同的加工和热处理工艺获得上述四种组织类型将呈现不同的力学性能。

这四种典型组织类型对应的力学性能如表 2-7 所列。等轴组织疲劳强度高，双态组织具有优异的综合力学性能匹配，魏氏组织强度和断裂韧性高，但塑性差。在实际应用中应根据性能需要选择不同的组织状态，进而确定加工工艺和热处理制度。

表 2-7　钛合金四种典型组织的力学性能

组织类型	抗拉强度	塑　性	冲击韧性	断裂韧性	疲劳强度	蠕变抗力
等轴组织	低	优	较好	低	高	低
双态组织	较高	好	好	较好	较高	较好
网篮组织	较高	良	优	较好	较高	较好
魏氏组织	高	低	低	高	低	高

钛合金的热-机械加工可在 α+β 两相区和 β 单相区进行，在热-机械处理过程中实现对晶粒尺寸、形貌、α 析出相的形貌、尺寸、分布和含量等的调控，不同组织状态对应不同的热-机械处理工艺，如图 2-34 所示。加热速率，变形温度、速率和程度，热处理温度、时间和冷却速率等影响钛合金的显微组织和最终力学性能。

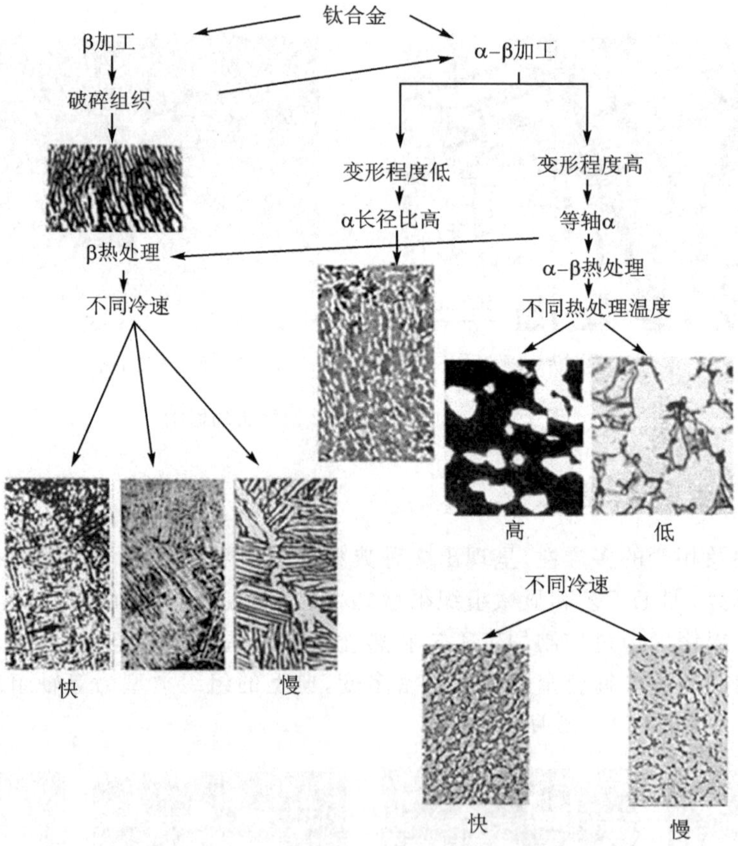

图 2-34　加工工艺对钛合金组织的影响

常用钛合金的加工工艺如图 2-35 所示，主要包括四个步骤：

① 在 β 相区均质化处理，热处理温度高（一般为 1 000～1 200 ℃）、时间长，使化学成分分布均匀。

② 在 β 相区或 α+β 两相区热变形，以细化晶粒和/或析出 α 相，变形方式可为锻造、轧制

和挤压等，对某些合金，还可进行室温冷变形。

③ 在 β 相区或 α+β 两相区进行再结晶退火。

④ 在 α+β 相区时效析出 α 相。

改变加工工艺参数将改变 α↔β 相变热动力学条件，从而得到不同的微观组织。利用图 2-35 中的不同箭头所示的路径 E、L、B 和 β 能分别获得等轴组织、魏氏组织、双态组织和网篮组织，同一加工路径的不同工艺参数，如温度、冷速、时间等，亦会影响组织特征。

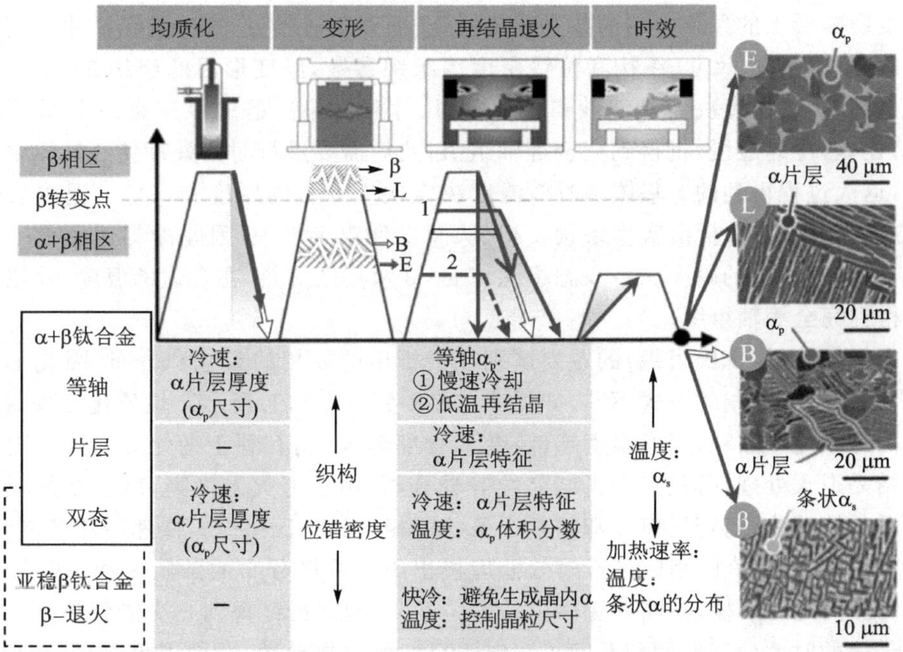

图 2-35　钛合金的加工工艺图

获得等轴组织的工艺路径如图 2-35 中路径 E 所示。第一阶段的均质化处理后缓慢冷却将从 β 基体析出片层状 α，随后在第二阶段的 α+β 两相区热变形中，片层状 α 被破碎细化，最后在 α+β 两相区进行再结晶退火，获得初生等轴状 α_p。均质化处理的冷却速度将直接影响等轴初生 α_p 的晶粒尺寸：冷速越快，片层 α 越细，α_p 晶粒越小。α+β 两相区热变形需要控制变形温度和变形程度两个参数，变形温度影响变形难易程度、织构、α 含量等，变形程度要大到储存足够多的能量以进行后续的再结晶，变形程度越大，组织破碎程度越大，晶粒越细。经变形破碎后的组织在随后的再结晶退火过程中再结晶得到等轴 α_p，再结晶温度直接决定了 α_p 的含量和大小，这是等轴组织最重要的组织特征。再结晶温度越低，α_p 含量越多，但再结晶过程越慢。一旦完全再结晶后，α_p 晶粒长大速度缓慢，再结晶时间对组织影响不大。再结晶结束后的冷速也是获得完全等轴组织的关键，冷速足够慢，就不会生成片层状次生 α_s，获得完全等轴组织。对 β 型钛合金，变形后在 β 相进行再结晶退火，随后快速冷却可获得等轴 β 组织。

获得魏氏组织（片层组织）的加工工艺如图 2-35 中路径 L 所示，关键步骤为第三步的再结晶退火后的冷速。第二步的热变形过程，既可在 β 相区又可在 α+β 两相区进行，或先在 β 相区进行，随后在 α+β 两相区进行（跨相区变形），变形的主要目的为细化晶粒。为降低变形抗力和细化晶粒，可先在 β 相区变形，然后在 α+β 两相区变形。由于变形温度和退火温度高，魏氏组织的 β 晶粒一般较粗大，在 α+β 两相区热变形有利于细化晶粒。再结晶退火的温度一般高于 β 转变温度 30～50 ℃，因此获得的片层组织又可叫 β 退火（β annealed）组织，退火过程

中 α 相完全转变为 β 相，退火温度和时间控制 β 晶粒尺寸。再结晶后慢速冷却，α 在 β 晶界形核并向内部生长形成片层组织，冷却速度是决定片层组织特征的关键参数，包括片状 α 的尺寸、α 集束的尺寸和 β 晶界 α 的厚度等。冷却速度越慢，α 片层越厚，α 集束的尺寸越大。对于亚稳 β 钛合金或 α+β 两相钛合金，若冷速过快，β 相将转变为马氏体，还需一步退火将马氏体转变为 α。

由于双态组织与等轴组织的相似性，获得双态组织的工艺路径仅比获得等轴组织的路径多一步时效处理以使 β 基体转变为次生条状 α 相，如图 2-35 中路径 B 所示。均质化处理后的冷却速度影响析出的条状 α 相的数量和尺寸，进而影响等轴 α_p 的含量和尺寸。变形温度和程度将影响 α_p 的含量、尺寸、织构和位错密度等组织参数，经变形后的组织在 α+β 两相区进行再结晶退火，退火温度决定最终获得的 α_p 的尺寸和含量。退火冷速是一个重要的工艺参数，如前所述，若冷速过慢，将得到完全等轴组织，此后需要进行时效处理使 β 基体中析出条状次生 α 相，退火过程得到的 β 基体和时效温度决定次生 α 相的厚度和尺寸。退火后选择合适的冷速，亦能在 β 基体中析出次生条状 α 相，从而得到双态组织，因此冷却速度是一个重要的工艺参数，影响 α 片层的厚度。将双态组织在 α+β 两相区加热，在合适的温度，片层状 α 将转变为 β 相得到完全等轴组织。

网篮组织和片层（魏氏组织）的主要区别在于析出的 α 相的尺寸和分布，因此工艺路径亦相似，区别在于析出 α 相的方式不同，如图 2-35 中路径 β 和 L 所示。均质化处理后的热变形的主要目的是细化 β 晶粒，变形温度越低，变形程度越大，越有利于细化 β 组织。随后在 β 相区进行再结晶退火处理，得到完全再结晶的等轴 β 相，由于退火温度高，所以 β 晶粒粗大。再结晶退火后须快速冷却，若慢速冷却将析出条状 α 相得到魏氏组织。快速冷却抑制 α 相析出，随后在较低温度的 α+β 两相区进行时效处理析出细小弥散分布的条状 α 相。时效过程 α 相在 β 晶界和晶内均匀形核，不同 α 变体生长方向不一，因此最终得到 α 交错分布呈网篮状的网篮组织。最后的时效处理温度和时间是决定 α 尺寸的重要参数，时效温度越低，α 形核动力越大，α 越细；时效温度越高，形核动力越小，但 α 越粗大。

2.3.3 钛合金组织与性能的关系

完全等轴组织中，影响力学性能的最主要因素为 α 相的体积分数和晶粒尺寸。α 相体积分数越高，强度越高，塑性越低，但强度与 α 体积分数的关系不符合混合定律，这是由 α 相析出强化和元素再分配产生的固溶强化共同作用的结果。完全等轴的纯钛由于缺乏固溶强化，因此强度低，塑性好。α 相与 β 相的体积分数变化影响合金元素的再分配，α 稳定元素和 β 稳定元素将分别富集在 α 相和 β 相中，由此产生固溶强化影响强度。在平衡条件下，元素再分配的程度取决于 α 相的体积分数，α 相体积分数较低时，元素再分配效应不明显，α 相体积分数高时，元素分配带来的固溶强化极大地提高强度。此外，α 相晶粒尺寸是决定完全等轴组织的力学性能的主要因素之一，强度与晶粒尺寸的关系符合 Hall-Petch 关系，晶粒越细，位错滑移平均自由程越小，强度越高，细化晶粒还能提高疲劳强度。影响等轴组织的晶粒尺寸的主要因素为变形程度和退火温度，变形程度越高、退火温度越低，晶粒细化越明显。α 相的体积分数则由均质化处理后的冷却速度、变形和退火处理的温度决定。对含有 β 转变组织即条状次生 α 相的等轴组织，与双态组织类似，其性能还受次生条状 α 相的影响。

双态组织的力学性能与 α 相体积分数、晶粒尺寸的关系与完全等轴组织基本一致，但其性能还主要受剩余 β 相和次生条状 α 相的数量和尺寸的影响。等轴初生 α_p 连续或不连续的分布于 β 基体中，剩余 β 相的尺寸受 α_p 的尺寸和数量的影响。α_p 越细，体积分数越高，剩余 β 相的尺寸越小，剩余 β 相的尺寸限制次生 α 相的尺寸。在同样的 α_p 体积分数和晶粒尺寸下，由于存在次生 α 相，双态组织的屈服强度、塑性、韧性、疲劳强度等均优于完全等轴组织。双态组织具有优异的综合力学性能，是很多钛合金的最终服役状态。双态组织的性能还主要受再结晶退火后的冷却速度的影响，冷却速度越快，次生条状 α 相的厚度越薄、长径比越高，所能获得的强度越高。由于合金元素的再分配，再结晶退火后冷却形成的片层 α 相的溶质元素浓度低于 α_p，因此片层 α 相的强度更低，裂纹易于在此萌生，降低疲劳强度。在再结晶退火后进行时效处理可消除 α_p 和 α_s 的成分差异，提高片层 α 的强度。

魏氏（片层）组织和网篮组织均需先经过 β 再结晶退火，随后慢速冷却或快速冷却后时效，由此获得不同的片层 α 相，导致性能存在差异。魏氏组织和网篮组织的性能主要受片层 α 相的尺寸和分布的影响。片层组织的力学性能主要取决于 α 集束的大小，冷速越快，α 集束越小，位错滑移阻力越大，屈服强度和疲劳强度增加，但冷速过快时可能抑制片层 α 的形成。拉伸伸长率随冷速的增加先增加后降低，冷速过快，在 β 晶界形成不连续的晶界 α 相弱化晶界，降低塑性。不管是慢速冷却还是快速冷却，晶界 α 相均难以避免，是影响魏氏组织和网篮组织塑性的重要因素。特别是，为了形成网篮组织而进行的时效过程，往往在晶界形成较厚的晶界 α 相而弱化晶界，晶界极易萌生裂纹。先在 β 相区进行变形，紧接着在 α+β 两相区进行变形即跨相区变形技术，可将晶界 α 相破碎再结晶成球状或链状 α 相，消除晶界 α 相的不利影响。

片层或针状 α 相具有很好的强化作用，高强度钛合金一般为 α 相强化的 β 钛合金。通过时效析出细小弥散的针状 α 相，或在残余 β 片层中析出细小的次生 α 相，即形成所谓的双片层（bi-lamellar）结构或析出多级 α 形成异构（hierachical）组织，将极大地提高 β 钛合金的强度，同时还能保留一定的塑性。但高强度 β 钛合金的力学性能对工艺参数和组织特征很敏感，经不同热处理制度析出不同的 α 相将极大地改变力学性能，性能不稳定。此外，对单　β 相的钛合金，其力学性能还取决于由化学成分决定的 β 稳定性。β 稳定性由低到高，变形机制依次为应力诱发马氏体相变、机械孪晶和位错滑移，不同的变形机制对应不同的拉伸变形行为和性能。通过诱发 β→α″马氏体及其逆转变，可能产生超弹性和形状记忆效应，可作为功能钛合金用于生物医学、航空航天等领域；诱发马氏体相变和机械孪晶通过相变诱发塑性（TRIP）和孪晶诱发塑性（TWIP）同时提高强度和塑性；位错滑移主导的变形屈服强度高，但塑性一般较低。

2.4　钛基复合材料的制备及性能

2.4.1　钛基复合材料概况

材料研究者们发现制备以钛合金为基体的钛基复合材料（Titanium Matrix Composite，TMC），能显著提高合金的机械性能和耐高温性。TMC 具有密度低、比强度与比模量高、高温强度优异、耐腐蚀性能好等优点。与钛合金、TiAl 合金及高温合金相比，TMC 在耐高温、成形能力、减重等方面具有突出的优势，如表 2－8 所列。除具有更高的强度、硬度和更优异的耐磨性等性能外，TMC 还可以应用于酸、碱、高温、高压等环境，被认为是可以进一步提升钛材性能和扩大其应用范围的新型材料，目前 TMC 已成为超高声速宇航飞行器和新一代航空发动机的备选材料。图 2－36 所示为航空发动机用材趋势。可以看出，随着航空发动机推重比等性能要求的提高，金属基复合材料的用量正在逐步增加。

表 2-8　TMC 与几种合金性能对比

性　能	钛合金	TiAl 合金	TMC	高温合金
密度/($g\cdot cm^{-3}$)	4.5～4.6	3.7～4.1	4.5～4.6	7.9～8.5
弹性模量/GPa	95～115	110～160	160～180	288
蠕变极限/℃	600	750～950	650～750	800～1 090
抗氧化极限/℃	600	800～950	650～700	870～1 090
室温塑性/%	10～25	1～4	7～20	3～25
高温塑性/%	15～50	10～870	15～80	20～870
室温断裂韧性/%	12～50	12～35	35～60	30～100
抗拉强度/MPa	480～1 200	450～700	500～1 440	1 250～1 450
屈服强度/MPa	380～1 150	350～630	450～1 300	800～1 200

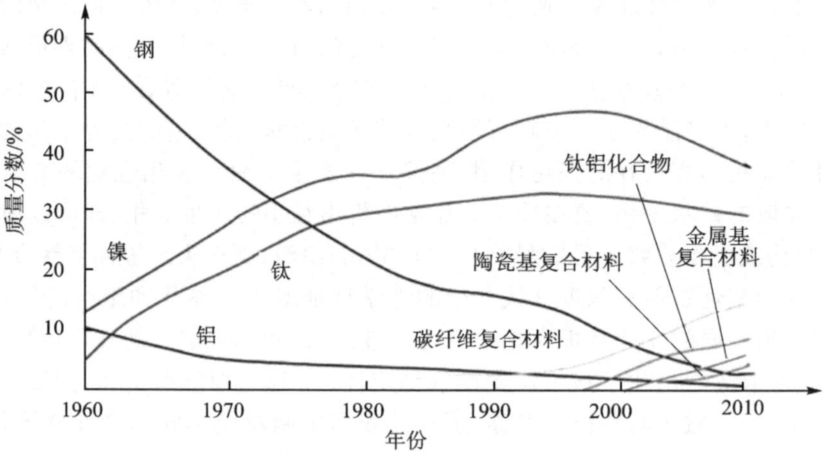

图 2-36　航空发动机用材趋势

2.4.2　钛基复合材料的分类

1. 钛基体

TMC 的力学性能主要取决于基体合金，合理的钛基体选择将直接决定 TMC 的力学性能。如前所述，不同种类的钛合金具有明显不同的性能特征，因此 TMC 基体合金的选择范围较宽。具体 TMC 基体合金的选择应以使用目的和制备方法为依据。最初 TMC 基体合金常采用纯钛，以便从基础理论上进行探索性研究。随着研究的深入和制备方法的进步，目前研究最深、应用最广、综合性能优异的($\alpha+\beta$)钛合金越来越受到关注，如 Ti-6Al-4V 合金。由于 TMC 可用于制备飞机发动机轴、空心风扇叶片和压缩机等部件，选用更加耐热的钛合金作为基体，能够有效提高 TMC 的高温力学性能和服役温度。高温钛合金作为基体已经成为高温用 TMC 的重要发展趋势。表 2-9 所列为目前已开发的比较成熟的 600 ℃用高温钛合金成分及性能特点。

表 2-9　TMC 常用高温钛合金基体的种类及性能特点

合　金	名义成分	性能特点
IMI 834	Ti-5.5Al-4Sn-4Zr-0.3Mo-1Nb-0.5Si-0.06C	蠕变疲劳性能和热稳定性好
Ti-1100	Ti-6Al-2.75Sn-4Zr-0.4Mo-0.45Si	韧性低、高温蠕变疲劳性能好
BT36	Ti-6.2Al-2Sn-3.6Zr-0.75Mo-1Nb-0.15Si	高温蠕变性能好，组织细小
Ti-60	Ti-6.5Al-4.8Sn-2Zr-1Mo-0.35Si-0.1Nd	热稳定性和高温抗氧化能力好
Ti-600	Ti-6Al-2.8Sn-4Zr-0.5Mo-0.4Si-0.1Y	高温蠕变抗力和抗氧化能力好

2. 增强相

TMC 增强相的选择应满足四个条件：其一，增强相的强度、刚度、耐热性等物理机械性能优异；其二，增强相必须在基体合金中热力学稳定；其三，增强相与基体合金线膨胀系数应相差较小，二者界面结合稳定；其四，高温服役环境下增强相所含元素不能溶入基体。目前 TMC 的增强相主要为高硬度、难熔的陶瓷相，如 SiC、TiC、TiB、TiB_2、Cr_3C_2、TiN、TiO_2，Si_3N_4、Al_2O_3、Ti_5Si_3 等，纳米管也已被用作有效元素添加在 TMC 中。这是因为陶瓷相熔点高，比刚度、比强度高，并具有良好的化学稳定性。表 2-10 所列为 TMC 常用增强相的性能特点。

表 2-10　TMC 常用增强相的性能

增强相	密度/($g\cdot cm^{-3}$)	熔点/K	导热系数/($J\cdot cm^{-1}\cdot s^{-1}\cdot ℃^{-1}$)	热膨胀系数/($10^{-6}\cdot K^{-1}$)	泊松比	弹性模量/GPa
SiC	3.19	2 970	0.618	4.63	0.183～0.152	430
TiC	4.99	3 433	0.172～0.311	7.4～8.8	0.18	440
TiB	4.57	2 473	—	8.6	—	550
B_4C	2.51	2 720	0.273～0.29	4.78	0.207	445
TiB_2	4.52	3 253	0.244～0.26	4.6～8.1	0.09～0.28	500
ZrB_2	6.09	3 373	0.231～0.244	5.68	0.144	503
TiN	5.4	3 290	—	9.3	—	250
Al_2O_3	3.97	2 323	—	8.3	—	420

对于连续纤维增强的 TMC(CRTMC)，应用最成功的是 Textron 公司的 SiC 纤维 SCS-6。目前商用的纤维大多数是采用 CVD 法制备的大直径 SiC 单纤维，它具有较好的高温强度、热稳定性和抗氧化性。SiC 纤维分为两类，一类是含直径为 33 μm 碳芯的纤维，牌号为 SCS-0、SCS-6、SCS-9 等；另一类是含直径为 13 μm 钨芯的纤维，牌号为 σSM1140＋和 SM1240。其中，含碳芯的 SiC 纤维热稳定性比含钨芯的 σSM1140＋更好。Al_2O_3 单晶纤维也可以用于增强钛合金，它的热稳定性、机械性能好，热膨胀系数更接近钛合金，而且纤维与基体合金之间热应力小，制备及热循环过程中不易形成微裂纹，但是此类纤维一般无外保护涂层，且价格昂贵，目前仍在探索之中。

对于非连续增强的 TMC(DRTMC)，当使用短纤维或颗粒增强钛合金时，增强相的含量一般不宜超过 20%，根据这些增强相在基体中的分布类型，TMC 可以分为四类，如图 2-37 所示。此外，使用石墨烯、金刚石等作为增强相，可以显著提高 TMC 的强度，并保持较好的延展性。稀土氧化物有利于钛基体的晶粒细化，提高其热稳定性，也被视为钛合金中的潜在增强相，如 La、Nd、Y、Ce、Er 和 Gd 等。稀土氧化物是高熔点化合物，在加入钛基体后主要起内部氧化作用，并且在基体中弥散分布，进一步强化基体。因此，加入稀土元素能明显提高钛合金

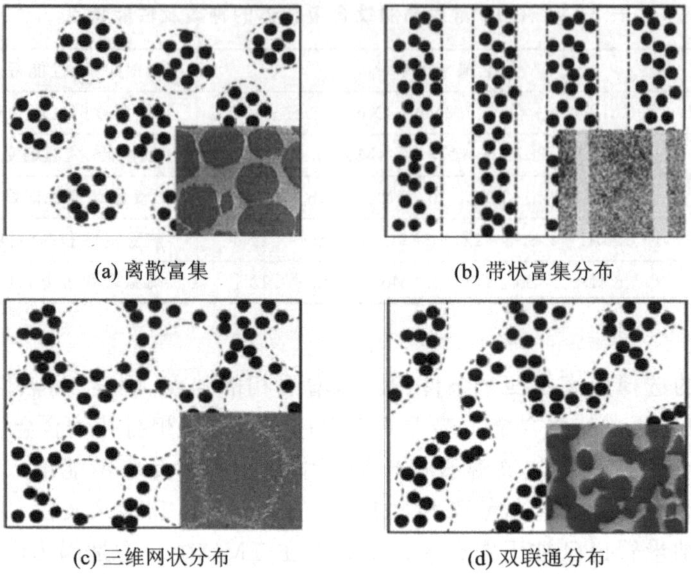

(a) 离散富集　(b) 带状富集分布　(c) 三维网状分布　(d) 双联通分布

图 2-37　DRTMC 增强相的非均匀分布形式示意图及相应典型的 SEM 图

的高温瞬时强度和持久强度。

2.4.3　连续纤维增强钛基复合材料

连续纤维增强 TMC 是利用高强度、高模量、低密度的碳化硅纤维、碳纤维与石墨纤维等作为增强相，与钛及钛合金复合而成。其中纤维增强相作为承载组分，基体合金主要起粘结纤维、传递载荷及部分承载的作用。目前连续 SiC 纤维增强复合材料是其中研究和应用最广泛的一种 TMC。随着 SiC 纤维的改进与商品化，纤维增强 TMC 的一些研究成果开始产业化。SiC/Ti 复合材料已成为新一代高推重航空发动机研制的关键材料，美国、英国等航空发动机工业强国均在大力开展相关技术的研究。美国国防部和 NASA 资助建立的 SiC 纤维增强 TMC 生产线，现今可以为单级直接进入轨道航天飞机提供机翼和机身的蒙皮、支撑衍梁、加强筋等构件。

SiC 具有高比强度、高比模量、抗腐蚀、耐磨损、热稳定性好等性能优点，以连续 SiC 纤维来增强相基体合金，可使复合材料密度更低、强度更高、疲劳和蠕变性能更好。该类材料常被设计制作单向选择性增强部件，如发动机的环、轴和导弹翼面等多种复合材料结构件，其在航空航天领域具有明确的应用前景。然而，在连续 SiC 纤维增强复合材料制备过程中，SiC 纤维通常会与基体钛合金发生反应，C 和 Si 原子通过界面向基体扩散，Ti、A1、Nb 等元素通过界面向纤维扩散，在纤维与金属基体之间会形成多层反应产物。为了避免严重的界面反应，通常需要对 SiC 纤维进行表面涂层处理。目前已工业化生产的连续 SiC 纤维增强 TMC，SiC 纤维表面均涂覆耐高温碳层来减轻界面反应。

1. 高性能 SiC 纤维

SiC 纤维主要由内部芯材、SiC 沉积层和外部涂层及层间界面层组成，获得高性能连续单丝 SiC 纤维是制备优质 TMC 的前提和基础。高性能 SiC 纤维的特征为芯材表面光滑没有污染、界面层匹配良好、沉积层晶粒细小且缺陷少、表面涂层与沉积层及复合材料基体的物理和化学相容性好。连续、大直径（>100 μm）单丝 SiC 纤维都是采用 CVD 法制备的，其原理为反应气体在热丝（W 芯或 C 芯）表面热解沉积生成 SiC。具体的工艺过程是将 W 芯或 C 芯在管式反应器内加热到 1 300 ℃左右，通入 CH_3SiCl_3 和 H_2 的混合气体，经裂解反应生成 SiC 并沉积在热丝表面，得到 SiC 纤维。由于在生产过程中必须对芯材进行高温清洗，并精确控制沉积温度，芯材清洗和 SiC 沉积分别在 600～900 ℃和 1 250～1 350 ℃之间进行，通过正常直流电阻加热工艺难以实现。这是因为在直流加热生产纤维时，通过整个纤维的电流恒定，纤维前端直径小、电阻大、温度高；后端直径粗、电阻小、温度低。制备过程中的高温容易造成 W 丝断裂，而且前后温差过大会造成纤维性能下降。

国外多采用分段加热法解决该难题，但分段加热法流程长，所占空间大且操作十分复杂。我国中科院金属所提出了气体还原清洗技术和基于气流控制的温度调控技术，使纤维制备效率和性能稳定性大幅度提高。目前中科院金属所已自行设计和建立了适于工程化制备的 SiC 纤维生产线，生产的 W 芯 SiC 纤维强度大于 3 800 MPa，年产量达 70 kg，可满足 TMC 结构件对增强体纤维的需求。图 2－38 所示为 W 芯 SiC 纤维及其横截面形貌。

图 2－38　中科院金属所制备的 W 芯 SiC 纤维及其横截面形貌

作为增强相的 SiC 纤维，其轴向性能是影响 TMC 性能的关键因素之一，特别是热稳定性和高温性能，更是直接决定了 TMC 构件的使用温度和应用形式。SiC 纤维的高温性能是设计和评估 TMC 构件在高温服役状态下承载性的重要参考，纤维的使用温度由其内部芯材和 SiC 沉积层之间的界面决定。对于 C 芯 SiC 纤维，由于 C 芯和 SiC 沉积层界面热稳定较好，其使用温度可高达 1 300 ℃以上。相比之下，W 芯 SiC 纤维的热稳定性差一些，生产过程中 W 芯与 SiC 沉积层反应会形成具有一定厚度的界面反应层，产物主要为 W_2C、W_5Si_3 和 WC 等。一般 W 芯 SiC 纤维在 1 000 ℃以下会基本保持稳定。

2. CRTMC 的制备

与钛合金相比，复合材料沿 SiC 纤维轴向具有高的比强度、比模量、良好的高温性能和抗蠕变及抗疲劳性能，而且密度更低，适于制备局部选择性增强结构件，如承力拉杆、起落架支撑臂，复杂结构如发动机用复合材料整体叶环、导弹用轻质高强翼面等。复合材料的制备方法对其组织性能具有很大的影响，选取制备方法的原则应是不造成增强相和基体合金原有性能下降，避免不利的界面反应，同时考虑经济成本。

连续 SiC 纤维增强 TMC 的制备主要分为复合和固化压实两个步骤，由于钛及钛合金熔点较高，复合过程困难，一般常采用固相法合成，具体可分为箔材-纤维-箔材（FFF）和涂覆基材（MCF）两类。箔材-纤维-箔材法是指将金属粉或金属箔与增强相纤维按一定的含量、分布、方向混合排布在一起，再经热压过程，将金属基体与增强相复合黏结在一起，形成复合材料。整个固态复合工艺过程温度较低，金属基体与增强相均处于固态，各组分间的界面反应不严重，适于制备规则形状复合材料板材。FFF 法是制备纤维增强 TMC 最原始的复合方法，美国 Textron 中特材料公司利用 FFF 法成功制造出 SCS－6 SiC/Ti－24A1－11Nb 复合材料。该法的主要困难在于基体合金粉、箔的制备。使用钛丝替代钛箔可降低制造成本 80%。金属基体与增强相纤维复合完成后，需要进行固化压实步骤，常用方法为热等静压或真空热压方法。最近研究发现，用锻造法代替热压过程可显著降低加工成本，并保持复合材料的室温拉伸性能和疲劳性能。

为克服制备合金箔或粉料的困难，MCF 法更具优势。该法是通过将基体合金包裹于纤维上得到先驱丝，进而制备复合材料，适于复杂异形复合材料板材。利用 MCF 法制备的板材纤维排布好、性能高，且不受合金基体限制，但成本较高。MCF 法包括等离子喷射涂层法(MCM)和物相沉积法(PVD)。其中物相沉积法又可分为电子束蒸发沉积(EBSD)和溅射技术(三极管溅射 TS 和磁控溅射 MS)。图 2-39 所示为各种方法制备过程的示意图，各种方法的优缺点如表 2-11 所列。MCF 法中应用最多的是 PVD 法。该法的工艺参数是涂覆质量的关键，也是成功制备复合材料的前提。PVD 法比固态法省去了基体合金粉的制备工序，一方面避免了低塑性合金箔的研制；另一方面比粉末冶金法更加节约成本，对于制备航空发动机用 TMC 的发展具有重要的战略意义。此外，PVD 法可以精确控制金属化学成分和纤维体积分数，涂层杂质较少。德国宇航中心利用 PVD 法成功制备出纤维含量高达 35%的 SCS-6/Ti-6246 复合材料，服役温度可高达 540 ℃。

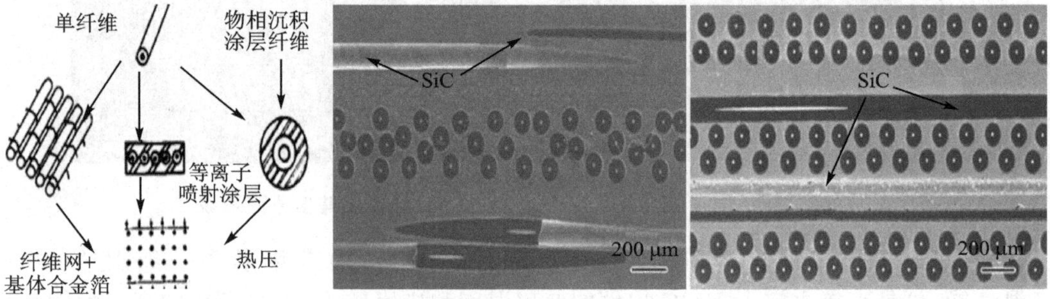

(a) 连续SiC纤维增强TMC　(b) FFF法制备TMC截面　(c) MCF法制备TMC截面

图 2-39　连续纤维增强 TMC 制备过程示意图及不同方法制备的复合材料横截面

表 2-11　三种连续 SiC 纤维增强 TMC 复合工艺优缺点对比

复合方法	工艺过程	优　点	缺　点
FFF	依纤维体积分数及对称性交替叠放基体箔和编织纤维网，加热加压使其致密	经济	纤维分布不均匀，纤维间接触，易产生疲劳裂纹
MCM	用真空等离子体将金属粉浆注入高速旋转的编织纤维上，堆垛压实所获单带	材料较密实，纤维固定，界面反应小	基体组织不均匀，熔滴易损伤纤维，合金成分不可控
EBSD	电子束枪蒸发的钛合金棒以原子的形式在纤维上冷凝	涂层速率高	成分不可控，金属利用率低
TS	—	可精确控制成分	沉积速率低
MS	—	纤维间距小，界面可控	

3. 界面调控

复合材料制备完成后，其力学性能不仅与基体、增强相的本质属性有关，还受到二者之间界面的强烈影响，界面在载荷传递过程中起决定性作用。材料的硬化和强化效果主要依赖于跨过界面的载荷传递。因此，基体与增强相之间的界面需要有很高的结合强度。材料的韧性受裂纹偏转和纤维桥连控制，弱界面结合强度有利于复合材料的韧性。如何调控连续纤维与基体合金之间的界面，实现材料强度与韧性的最佳匹配，成为制备复合材料的关键问题之一。界面应是热力学稳定的，以避免纤维/基体发生化学反应，并且界面厚度应该很薄以避免纤维改变物性。对于连续 SiC 纤维增强 TMC，基体与增强相的结合方式、界面的物理及化学相容性仍是研究的重点。由于 SiC－Ti 是热力学非平衡体系，其膨胀系数差异产生热残余应力可能会造成整体材料性能下降，甚至层间开裂、失效，不利的界面反应也会导致材料断裂失效。

在复合材料成型和高温服役过程中，基体合金与 SiC 纤维之间会发生化学反应和元素扩散，形成具有一定厚度的界面层，主反应为 $8Ti + 3SiC \rightarrow 3TiC + Ti_5Si_3$。除此之外，还可形成 TiC、TiSi 和 Ti_3SiC 等多种界面产物。这些脆性反应产物厚度大于 2 μm 时会降低复合材料的力学性能。在高温服役过程中，复合材料的界面反应仍在继续长大，掌握界面层长大规律和建立界面区稳定性判据对于扩大 TMC 的应用极具理论和实际应用价值。一般复合材料的界面在高于基体长时间使用温度 100～200 ℃以下时，可以长时间保持基本稳定。例如，TC17 的长时间服役温度不高于 430 ℃，而 SiC/TC17 复合材料在 700 ℃服役时，界面反应层长大速率常数仅为 $1.86 \times 10^{-10}\ m/s^{\frac{1}{2}}$，热处理 1 000 h 后其厚度仅为 1.05 μm。除界面反应外，SiC 纤维与基体合金热膨胀差异会导致复合材料在高温成型和服役过程中变形量不一致，在二者之间的界面区域会产生残余热应力。沿纤维轴向和周向，使得纤维受压应力，基体受拉应力；沿纤维径向，纤维和基体均受压应力。残余热应力对复合材料的性能影响很大，适度的轴向压应力可以提高纤维的轴向承载能力，并提高复合材料的断裂强度，而较大的残余应力会诱发界面裂纹，降低材料疲劳寿命。目前测量 TMC 残余应力的方法主要有 X 射线衍射法、化学腐蚀法、中子衍射法和激光拉曼法等，对 SiC 纤维进行表面涂层、基体合金化和加氢制备等都是改善 SiC－Ti 界面相容性的有效途径。

纤维表面进行涂层处理主要有两个目的，一是消除纤维表面裂纹敏感性提高纤维强度；二是在复合材料成型和服役过程中起到应力缓冲层或扩散阻挡层的作用。最早研制的 W 芯纤维表面沉积纯 C 涂层，已经成功用于制备钛及钛铝金属间化合物基复合材料，如 TC4、Ti－22Al－24Nb－1Mo 和 γ－TiAl 等。在纯 C 中加热 Si 或 SiC 可以降低界面反应速率，减小由界面反应引起的性能恶化。美国 Textron 公司研发的表面富 C 含 Si 梯度涂层的 SCS－6 纤维已经成功用于增强 TC4、IMI 834、γ－TiAl 等基体。我国中科院金属所研制的表面富 C 含 SiC 梯度涂层的纤维也已成功用于增强 TC17 合金，这都是由于涂层起到了保护纤维、减轻残余应力的作用。

除沉积涂层外，基体成分变化也会影响界面反应和生成产物。大量研究表明，SCS－6 纤维与纯 Ti 反应速率最高，而与高合金化的 Ti－14Al－21Nb 反应速率最小。βTi 合金比 α＋β 钛合金反应速率小，钛铝金属间化合物与 SiC 反应速率比钛合金小。基体合金化后反应产物与界面区形貌会发生明显变化。例如，SCS－6 纤维与 TC4 合金复合后，界面反应层主要为 TiC，而且在 TiC 与基体之间存在一层很薄的 TiSi 细晶层，而将基体改成 IMI 829 合金后，复合材料界面层变为三层，沿纤维至基体方向晶粒尺寸逐渐增加，反应产物主要是 TiC 和 $TiSi_2$。通过对界面反应的热力学和动力学分析，可知 C 与 Ti 的反应为主反应，在反应控制阶段，合金化元素的加入降低了界面 Ti 的浓度和活度，导致界面主反应速率降低，同时反应产物也发生相应变化。在后续扩散控制的反应层长大阶段，反应产物的多样化造成元素互扩散路径曲折复杂，导致元素总体扩散速率下降，而且各元素在同一反应产物中的扩散速率也有较大差异，因此形成反应产物分层现象。高性能 TMC 制备工艺的典型特征在于能尽可能降低制备温度，同时又能避免由基体流变抗力增加造成的纤维损伤。在基体合金中加氢可以提高 β 相的含量，高温下 β 相较软且塑性好，而且钛合金在高温下充氢和除氢都容易实现，不会影响基体合金的性能。因此，在制备 TMC 过程中可以通过加除氢的方法来降低制备温度。

界面性能一般用界面剪切强度来表征，该强度主要体现材料界面结合牢固程度，并且能够体现界面反应、物理吸附、残余应力等因素对界面结合程度的影响。测定纤维增强 TMC 界面性能的方法很多，包括纤维碎断、纤维拔出和纤维压出等。TMC 的室温界面剪切强度一般在 100～200 MPa 之间。随着测试温度的升高，热残余应力逐渐释放，界面剪切强度随之急剧下降。TMC 在热暴露过程中界面反应会加剧并且反应层更加粗糙，将导致界面剪切强度增加，而热暴露温度的升高对界面剪切强度的影响无明显规律。

4. CRTMC 的组织性能

影响连续纤维增强 TMC 性能的因素除纤维和基体的本体属性之外，还包括设计、制造工艺、使役条件、纤维体积分数、界面性能、内部应力分布等。作为承力结构材料，主要是 TMC 的拉伸、疲劳和蠕变性能更受关注。一般 TMC 沿纤维轴向的拉伸性能优异，特别是室温抗拉强度较高时，疲劳和蠕变性能会较好，所以室温轴向拉伸性能是 TMC 最重要的力学性能之一。通常连续 SiC 纤维增强 TMC 的拉伸应力—应变曲线为直线或近直线，明显表现出脆性断裂特征，断裂应变在 1%左右。表 2-12 所列为国内外研制的几种连续 SiC 纤维增强 TMC 的典型室温拉伸性能，与基体钛合金相比，TMC 的抗拉强度和弹性模量都有大幅提升。由于 SiC 纤维对各类钛合金基体(α 型、β 型、α+β 型等)均可起到增强作用，因而拓宽了钛及钛合金的使用范围，使其长期服役温度范围扩展至 300～800 ℃。

表 2-12　国内外几种典型的连续 SiC 纤维增强 TMC 的室温拉伸性能

增强相纤维	基体合金	体积分数/%	弹性模量/GPa	基体合金抗拉强度/MPa	复合材料抗拉强度/MPa
SCS-6	Ti-6-4	36	210	895～1 250	1 500～1 750
	SP-700	28	200	910～1 380	1 600
	Ti-6242	35	195	900～1 190	2 140～2 250
	Ti-15-3	35～40	200～220	1 150～1 275	1 300～1 700
	IMI 834	39	220	1 025～1 145	2 200～2 500
	Ti-1100	35	185	1 000～1 050	1 700
	Ti-25-10	35	210	900～1 100	1 300
IMR-2	Ti-6-4	40	200～210	895～1 250	1 750
	Ti17		210～220	1 105～1 240	1 900～2 200
	Ti-6246		210	1 035～1 240	1 900～2 200
	Ti_2AlNb		220～240	780～1 440	1 650

连续纤维增强 TMC 的力学性能有两个主要特征，一是各向异性很强，横向抗拉强度仅为纵向的 30%～45%，二是纵向拉伸性能比基体合金好很多。高温下复合材料受非轴向载荷，因此必须考虑横向蠕变强度。纤维/基体界面结合好时，纵向和横向强度中等，界面结合弱时，纵向强度较高，接近混合法则预测的数值。通过热处理可以有效改善复合材料横向蠕变性能，例如，SCS-6/Ti-22Al-23Nb 复合材料(体积分数为 35%)经超转变固溶处理时效后，在不影响纵向抗拉强度的同时，横向蠕变性能可明显改善。

影响连续纤维增强 TMC 拉伸性能的因素有很多，包括纤维体积分数、涂层以及测试环境等。TMC 的轴向拉伸性能与纤维体积分数关系一直是研究重点。当 SiC 纤维体积分数从

15%增加至35%的过程中，SCS-6/Ti-1100复合材料的抗拉强度逐渐提高，在SiC/TC17复合材料中，将纤维体积分数由36%增加至77%后，室、高温抗拉强度均呈现出先升高后降低的趋势，纤维体积分数为60%时强度最高。纤维表面沉积C涂层对TMC的力学性能改善有利。轴向承载的过程中弱纤维易于断裂，这是因为弱纤维内部的裂纹向外扩展时在C涂层处发生裂纹钝化或偏转，有效释放了裂纹尖端应力，避免裂纹横贯纤维进入反应层和基体中。纤维表面的裂纹会引起C层和反应层的界面脱黏，形成纤维桥连，有助于提高复合材料的强度和断裂韧性，但C涂层高温抗氧化性较差，应尽量避免C涂层直接暴露在空气中。除纤维体积分数和纤维表面涂层外，测试环境和条件同样会影响TMC拉伸性能。随着测试温度升高，基体屈服强度和界面剪切强度减小，界面传递载荷的能力下降，TMC抗拉强度降低，断裂应变不受影响。随着加载变形速率的增加，TMC的屈服强度增加，断裂应变减小。

TMC的拉伸断裂机制主要是反应层多次断裂、纤维一次断裂、纤维多次断裂、界面脱黏、裂纹偏转、C层劈裂、纤维拔出、W芯“拔出”、基体穿晶断裂、基体塑性变形、基体微孔洞等。断裂机制能否发生及先后顺序主要取决于纤维性能、基体塑性和界面剪切强度等。TMC的拉伸断裂过程可以归纳为四类：脆性基体+强界面、脆性基体+弱界面、韧性基体+强界面、韧性基体+弱界面。对于前两种断裂过程，反应层断裂后产生的微裂纹可直接扩展进入基体或导致基体萌生裂纹，基体失效通常在纤维断裂之前发生，纤维增强效果难以体现，TMC的抗拉强度较低。对于后两种断裂过程，微裂纹起源和扩展过程中多发生界面脱黏、基体微屈服、裂纹偏转等消耗裂纹尖端能量的断裂机制，延长了材料的失效过程，可获得较高的抗拉强度。

在钛合金的疲劳裂纹扩展实验中，应力场强度因子范围通常随着循环加载的进行逐渐增大，且裂纹长度不断增加。但对于TMC而言，在疲劳裂纹扩展过程中，应力场强度因子范围有时减小，并可能出现裂纹停止现象，主要原因是“纤维桥连”机制。纤维桥连是指在外加载荷作用下，裂纹绕过纤维在基体中传播，纤维保持完好并依然承担着基体断裂后的载荷，此时纤维/基体界面会发生脱黏甚至相对滑动。疲劳裂纹扩展过程中，纤维桥连可以降低裂纹尖端的有效应力场强度因子范围，在较低载荷条件下，若降低至基体的应力场强度因子范围门槛值，便会出现疲劳裂纹停止。除加载应力水平之外，测试环境、纤维体积分数、界面状况等因素也会影响TMC的疲劳裂纹扩展行为。一般随着测试温度的升高，界面剪切强度下降。这是因为高温时基体蠕变抗力降低，纤维承担的载荷增加，而且纤维和基体都会发生氧化反应，使纤维/基体界面变脆，纤维提前断裂，纤维桥连作用降低。随着纤维体积分数的增加，桥连纤维数量增加，纤维断裂前可以承受更高的应力，裂纹扩展抗力和裂纹停止临界点增大，材料抗疲劳裂纹扩展能力得以提高。

一般TMC疲劳的载荷-循环周次(S-N)曲线可被划分为三个阶段，分别对应不同的疲劳损伤机制。第一阶段，施加应力高于纤维强度的80%，S-N曲线呈近似水平直线，损伤机制为纤维断裂。第三阶段，施加应力低于界面反应层断裂强度，S-N曲线为水平直线，损伤机制为基体裂纹萌生。第二阶段，施加应力介于上述两阶段之间，S-N曲线急剧下降，损伤受界面、基体裂纹萌生和纤维断裂的综合影响。在第二阶段中，室温、高温曲线会出现交叉点，此后的高温疲劳强度会高于室温疲劳强度。这是因为高温残余应力释放，导致基体处于循环拉-压状态，抑制了基体裂纹萌生。第一阶段的疲劳断口形貌与拉伸断口相似。第二、三阶段的疲劳断口则由平坦的疲劳裂纹萌生扩展区(疲劳断口)和快速断裂区(静态断口)构成。疲劳断裂区中基体和包套都发生穿晶断裂，快速断裂区中基体发生韧性断裂，疲劳断裂区的面积随着最大加载应力的降低而增加。

SiC纤维的加入可以明显提高钛合金的蠕变抗力。TMC的蠕变曲线也可以被划分为三个阶段，即初始阶段、稳定阶段和加速阶段。TMC沿纤维轴向的蠕变损伤的主要机制是纤维断裂，高温时基体应力松弛，使纤维轴向应力增加，弱纤维随机断裂。当纤维累计损伤达到一定程度，TMC最终断裂。损伤过程与TMC的高温拉伸断裂过程相似，但由于蠕变过程受到高温持续载荷，纤维缺陷增多，其断裂应力比静态拉伸实验时低。一般可以通过估测纤维轴向应力达到临界极限的持续时间，判断TMC的轴向蠕变寿命。当加载方向垂直于纤维轴向时，TMC的横向蠕变性能低于基体合金。蠕变损伤的主要机制是界面脱黏。载荷较低时，纤维/基体界面在蠕变过程中保持完好，TMC的蠕变寿命接近于基体合金，当初始载荷大于界面开裂应力时，形成局部应力集中，基体断裂导致材料失效。

5. 连续SiC纤维增强TMC的应用

连续SiC纤维增强TMC具有高比强度、高比刚度、良好耐高温及抗蠕变、疲劳性能，是理想的适用于700～900 ℃的航空发动机用轻质耐高温结构材料。在新一代高推重比航空发动机上，使用SiC/Ti复合材料制造整体叶环代替压气机盘和叶片，可减重达70%，大幅度提高发动机推重比。

国外在20世纪80年代就已经开始研究，已经进行了整体叶环级间连接整体考核试验，目前接近实际应用状态。SiC/Ti复合材料在航空发动机上的典型应用是叶环类和轴类零件，美、英等国均研制出了多个零部件，并进行了发动机考核试验。美国怀特实验室及美国空军采用SCS-6/Ti-6-4复合材料板及SCS-6/Ti-22Al-23Nb复合材料成功制备了宇航飞机和先进战斗机的涡轮部件。F-16战斗机的腹鳍和加油口盖板，B777客机、P&W4084、4098发动机的风扇导向叶片和F/A-18E/F超级大黄蜂战斗机的液压系统分路阀箱均采用SiC增强的TMC制造。DWA公司也已制备出SiC/Ti的叶盘、叶环等典型部件，并进行了成功试车。

美国Textron公司生产的SiC碳芯纤维以及英国DRA公司生产的SiC钨芯纤维强度均大于4 000 MPa，近年来两家公司又制备出牌号为ultra-SCS及SM2156的SiC纤维，抗拉强度超过6 000 MPa。在“综合高性能涡轮发动机技术(IHPTET)”计划第二阶段中新的核心机压气机上，采用高温钛合金Ti-1100代替TC4制造SiC/Ti整体叶环、TiAl金属间化合物制造压气机叶片，使压气机的耐热性能将提高到700～800 ℃，结构质量将减轻50%，阻燃性能大幅提高，如图2-40所示。R-R公司制备的SiC/Ti叶环可使整体叶盘减重37%，服役温度提高10%，转速提高15%，如图2-41(a)、(b)所示。图2-41(c)所示为美国ARC公司使用SiC/Ti制备的F119发动机矢量喷管驱动器传动活塞杆。

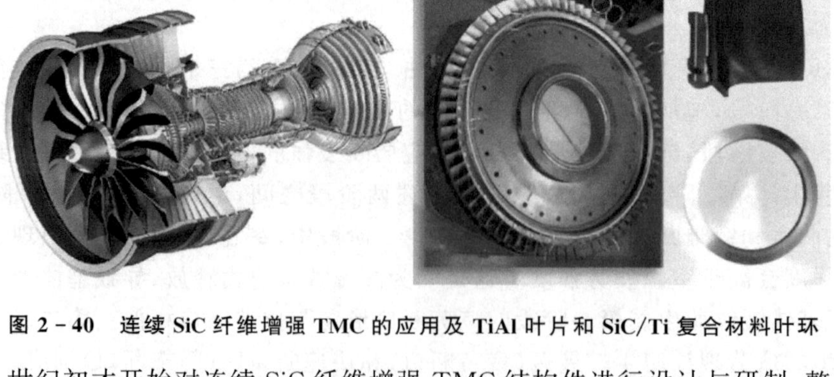

图2-40 连续SiC纤维增强TMC的应用及TiAl叶片和SiC/Ti复合材料叶环

国内21世纪初才开始对连续SiC纤维增强TMC结构件进行设计与研制，整体叶环结构是我国提出的第一个结构件，如图2-42(a)所示。目前我国已经突破了高性能钨芯SiC纤维批量稳定制备、SiC/Ti界面反应控制技术和SiC/Ti复合材料构件制备等关键技术。制备出

(a) SiC/IMI 834复合材料截面　(b) 整体叶环　(c) 喷管驱动器传动活塞杆

图 2-41　R-R 公司研制的连续纤维增强 TMC 的组织及应用

的钨芯 SiC 纤维强度高达 3 800 MPa，达到了英国 DRA 公司的 SM1140 纤维的性能水平。近年来北京航空材料研究院已经开展了 SiC/TC4、SiC/Ti17、SiC/Ti60、SiC/Ti_3Al 和 SiC/TiAl 等多种复合材料的研究，表 2-13 所列为国产 SiC/Ti17 复合材料的典型性能。图 2-42(b)～(d)所示为我国自主研发的 SiC 纤维、SiC/Ti 先驱丝和 SiC/Ti 复合材料截面形貌。

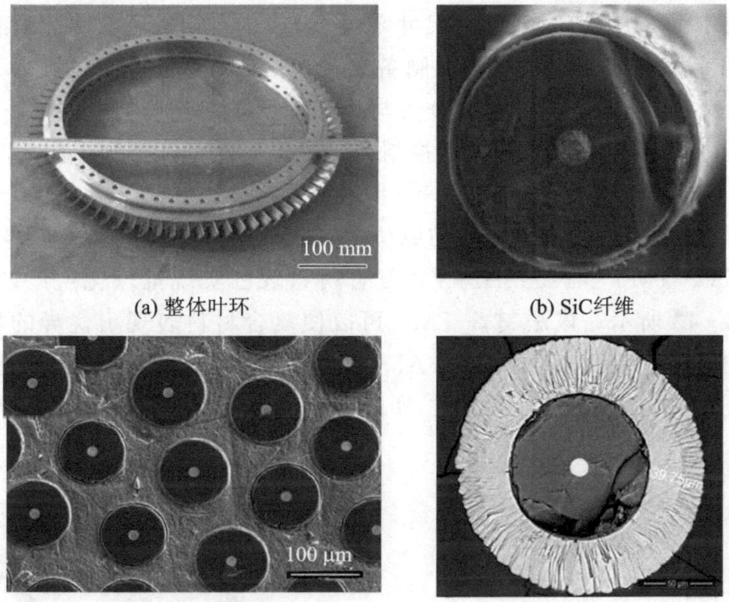

(a) 整体叶环　(b) SiC纤维　(c) SiC/Ti复合材料　(d) SiC/Ti先驱丝

图 2-42　国内首件使用连续纤维增强 TMC 制备的全尺寸整体叶环及北京航空材料研究院制备的 SiC 纤维、SiC/Ti 先驱丝和 SiC/Ti 复合材料

表 2-13　国产 SiC 增强 Ti17 复合材料的典型性能

典型性能	试验条件	抗拉强度/MPa	弹性模量/GPa
拉伸性能	室温	1 850	244
	500 ℃	1 273	200
持久性能	400 ℃/800 MPa	持久寿命＞100 h	
	450 ℃/800 MPa		
蠕变性能	400 ℃/600 MPa/100 h	残余蠕变量 0.048%	
	450 ℃/600 MPa/100 h	残余蠕变量 0.063%	

2.4.4 非连续增强钛基复合材料

1. DRTMC的制备

DRTMC的制备方法可以分为外加法和原位合成工艺法。外加法由于受到增强相尺寸不宜过大、制备过程复杂并且成本昂贵的制约，应用范围受到限制。相比而言，原位合成工艺法制备TMC具有显著优势，现已成为TMC主流制备方法。这是因为在钛合金基体中原位合成的增强相热力学稳定，与基体相容性好，避免了外加增强相的污染，而且与基体之间的界面结合能力强。此外，原位合成工艺法还可以调控增强相的非均匀分布，使TMC获得具备优异的力学性能。具体制备方法主要为铸锭冶金法、粉末冶金法。目前还存在许多新型技术可以用于制备TMC，如机械合金化法、自蔓延高温合成法、快速凝固法、热等静压法和放热分散技术等。每种制备方法都有其自身的优缺点，在实际应用中，应根据实际情况选择合理的制备方法。

铸锭冶金法，又称熔炼法，是指采用铸造方法制备复合材料，包括真空电弧熔炼和真空感应熔炼等。铸锭经一系列热加工过程后可进一步提高机械性能，如锻造、挤压或轧制等。这种方法工艺简单、成本低、易于加工复杂大尺寸零件，已成为TMC最常用的制备方法之一。印度Chandravanshi等人采用熔铸法已能够制备出ϕ140 mm、重20 kg的TiB/Ti685铸锭。美国密歇根州立大学Chen等人将铸锭冶金法与热等静压技术结合，制备了TiB/Ti6242S复合材料。乌克兰学者Ivasishin等人发现通过控制铸锭凝固条件可以得到单向共晶TiB/Ti-6Al-4V复合材料。

近年来国内外学者多将粉末冶金法与原位合成工艺结合制备TMC，日本丰田公司采用粉末法制备的TiB/Ti-7Mo-4Fe-2Al-2V复合材料现已实现批量化生产，粉末冶金法制备TMC过程如图2-43所示。该法制备TMC可以使复合材料表现出优异的机械性能。美国密歇根大学采用粉末冶金法制备的Ti-6Al-4V-1B复合材料，经挤压成型后，延伸率可达到13%。然而，这种方法存在明显的不足，即难以制备大尺寸零部件，而且制备工艺复杂，对设备要求较高。

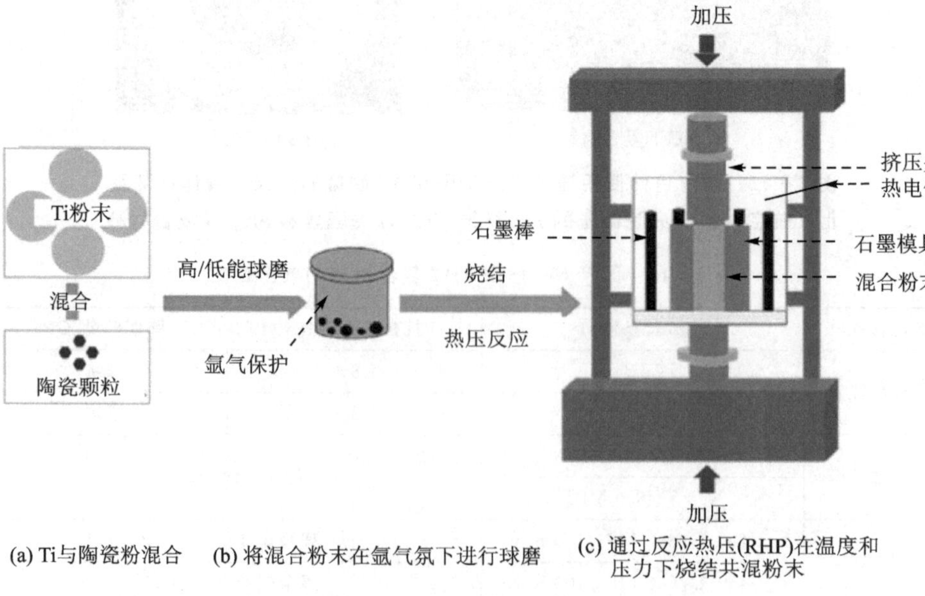

(a) Ti与陶瓷粉混合　(b) 将混合粉末在氩气氛下进行球磨　(c) 通过反应热压(RHP)在温度和压力下烧结共混粉末

图2-43　粉末冶金法制备TMC过程示意图

2. 颗粒增强相

目前 TiB 和 TiC 被普遍认为是 DRTMC 中效果最好的两种增强相。TiB 晶体是 FeB 型有序斜方晶系的 B27 结构，其晶格常数为 $a=6.12\pm0.01$ Å，$b=3.06\pm0.01$ Å，$c=4.56\pm0.01$ Å。TiB 的晶体结构示意图如图 2-44 所示。TiB 的生长基元为 B 原子位于 6 个钛原子构成的三角棱晶中心的三角棱柱体，由钛和硼原子构成的三角棱柱通过横向堆垛形成柱状阵列，形成 B27 结构。在这种特殊的结构下，B 原子沿[010]方向形成曲折的 B-B 链。TiB 各面的生长速度不同，沿[010]方向的生长速度最快，容易生长成晶须状或短纤维状。

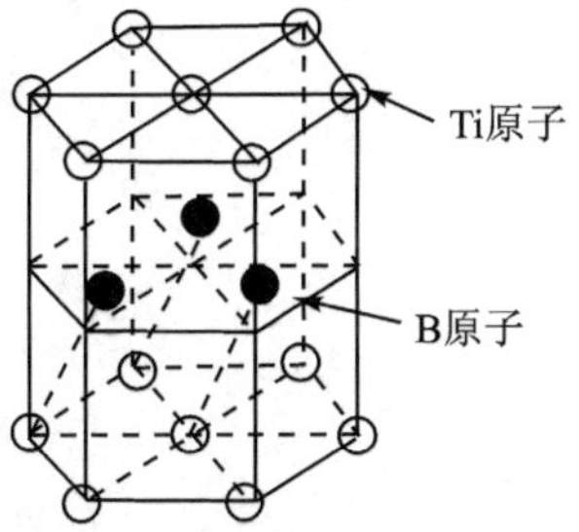

图 2-44　TiB 晶体结构示意图

TiB 增强相在基体合金中的尺寸、形貌等不仅与其晶体结构相关，还受到 B 含量的影响。熔铸法制备 TiB 增强 TMC 时，当硼含量处于亚共晶成分时，TiB 以针状或晶须状形态分布在晶界上；随硼含量增加，针状共晶 TiB 体积分数增加，趋于均匀分布并开始出现板片状 TiB；当硼含量超过共晶成分时，开始出现粗大的空心管状的初生 TiB。熔铸法制备的 TiB 一般以两种形态存在，一种是粗大的过共晶块状 TiB，尺寸约为 20～100 μm，分布没有规律性；另一种为细长针状 TiB 晶须，长度 10～20 μm，直径 1 μm 左右，如图 2-45(a)所示。不同制备方法形成的 TiB 增强相的形态也明显不同，通过激光近净成形法可将针状和等轴状的 TiB 尺寸细化至亚微米级或纳米级，如图 2-45(b)所示。

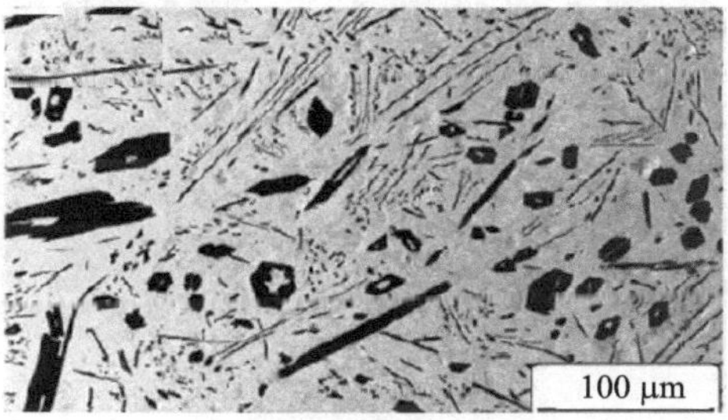

(a) 熔铸法

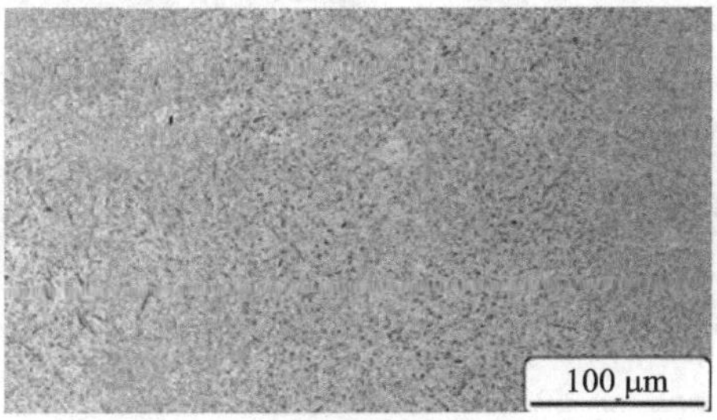

(b) 激光近净成形法

图 2-45　不同方法制备的 TiB/Ti 复合材料中 TiB 的形貌

TiC 晶体为面心立方结构，其晶格常数为 4.33 Å，密排面为{111}晶面。TiC 属于硬质陶瓷增强相，一般在 800 ℃以下时不发生变形，但在 800 ℃以上其滑移系发生开动，会发生一定的塑性变形，从而造成屈服强度迅速降低。TiC 中主要的滑移系是{111}[110]和{001}[110]，断裂解理面为{001}晶面。无论单晶或多晶的 TiC 在 1 200 ℃以上具有良好的塑性，这主要是因为{111}[110]滑移系的开动，为 TiC 连续形变提供了充分条件，其晶体结构如图 2-46 所示。TiC 增强相的形态主要由晶体结构和凝固过程决定。形核时 TiC 易形成等轴状的球形颗粒，在凝固过程中极易以等轴或近等轴的颗粒存在。从 Ti-C 二元相图可知，由于成分过冷容易长成树枝晶，所以 TiC 增强相多呈现树枝晶、等轴晶或近等轴晶形态。与 TiB 相同，TMC 中 TiC 的形态也受 C 含量影响，如图 2-47 所示。在 TiC/Ti-6Al 复合材料中，当 C 质量分数为 0.4%时，TiC 增强相多为棒状且均匀分布；当 C 质量分数为 0.8%时，TiC 呈棒状及片状，棒状 TiC 体积分数增加，但尺寸明显减小；当 C 质量分数升高至 1.2%时，复合材料中出现了少量的树枝状 TiC，但枝晶不发达；当 C 质量分数达到 1.5%时，树枝状 TiC 就显得十分发达。

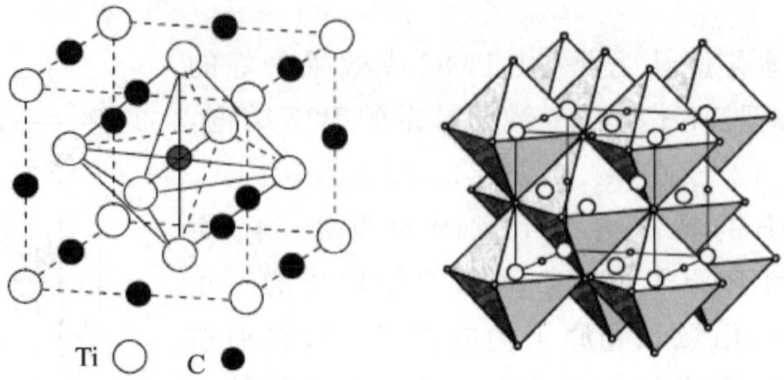

(a) NaCl型晶格结构　　(b) 晶体中的配位多面体

图 2-46　TiC 晶体结构示意图

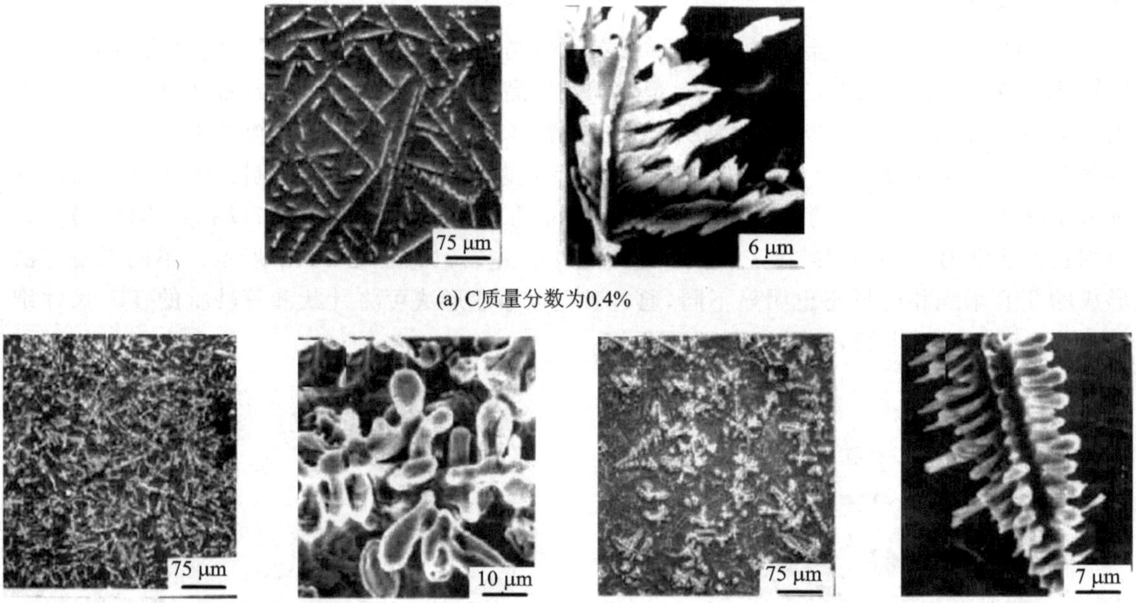

(a) C质量分数为0.4%

(b) C质量分数为0.8%　　(c) C质量分数为1.2%

图 2-47　不同 C 含量的 TiC/Ti 复合材料中 TiC 的形貌

3. DRTMC 的组织性能

DRTMC 的微观组织与钛合金类似，存在四种不同的典型组织，包括魏氏组织、网篮组织、双态组织和等轴组织，如图 2-48 所示。不同类型的组织具有明显不同的性能特征，可以根据使用要求进行选择和调控。魏氏组织的拉伸塑性和疲劳性能都比较低，但断裂韧性较好。网篮组织的塑性、持久和蠕变强度较高，冲击韧性较好。在两相区热处理或变形时，TMC 会演变为双态组织或等轴组织。双态组织表现出优异的室温性能、蠕变性能、疲劳性能以及良好的热稳定性。等轴组织具有较好的疲劳性能，但持久和蠕变强度较差。TMC 基体组织对力学性能的贡献与传统钛合金影响规律相似，但是由于较硬而脆的增强相的加入，TMC 的显微组织演化与调控更加复杂。

增强相的种类、含量、形态、尺寸和分布状态是影响复合材料力学性能的关键。对于 DRTMC，由 TiB 晶须与 TiC 颗粒单一增强或混杂增强的 TMC 的室温力学性能如表 2-14 所列。

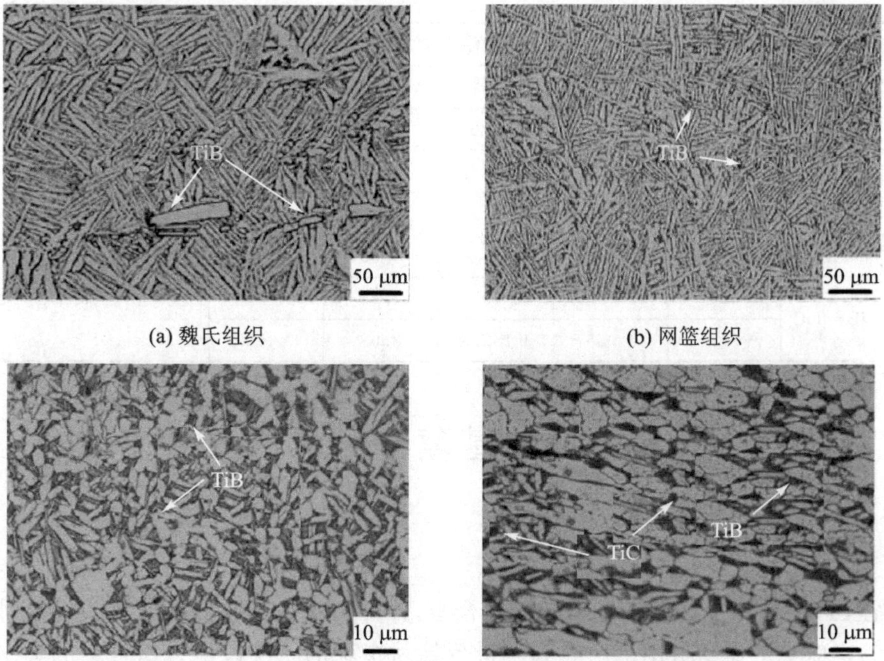

(a) 魏氏组织　　(b) 网篮组织

(c) 双态组织　　(d) 等轴组织

图 2-48　DRTMC 的典型显微组织

表 2-14　原位自生法制备的 TMC 的室温力学性能

基体相	增强相	体积分数/%	室温力学性能				制备工艺
			$\sigma_{0.2}$/MPa	σ_b/MPa	δ/%	E/GPa	
Ti	—	0	164	179	20.7	109	电弧熔炼＋锻造
	TiB	5	639	787	12.5	121	
		10	706	902	5.6	131	
		15	842	903	0.4	139	
TC4	—	0	827	861	5	116	感应熔炼
	—	0	882	950	10	116	锻造
	TiB	8	1 035	1 115	3.4	—	铸造＋热等静压
		8	999	1 033	0.9	138	感应熔炼
		8	1 065	1 128	2.7	132	感应熔炼＋锻造
		8	1 170	1 230	6	142	锻造＋热轧
		8	1 380	1 495	4.6	148	锻造＋热轧＋热处理
		8	1 216	1 368	4.7	145	感应熔炼＋热轧
	TiC	10	999	944	2	—	热等静压
		20	959	943	0.3	139	低压铸造＋热等静压
	TiB	4.5	1 160	1 312	5	127	粉末冶金＋热挤出
		7	1 135	1 297	7	140	
		8.5	1 202	1 359	3	136	
		11	1 315	1 470	3	144	

续表 2-14

基体相	增强相	体积分数/%	室温力学性能				制备工艺
			$\sigma_{0.2}$/MPa	σ_b/MPa	δ/%	E/GPa	
TA15	—	0	837.5	931.5	18.2	—	激光沉积
	TiC	5	925.5	1 085.5	1.78	—	
		10	845.5	897.1	1.23	—	
Ti-1100	TiC	2	1 126.1	1 212.4	5.96	—	电弧熔炼+锻造
	TiB+TiC	2	1 093.6	1 199	7.48	—	
		4	1 033	1 152.3	8.98	—	

2.5 钛合金及钛基复合材料的应用情况

2.5.1 航空领域的应用

20 世纪 40 年代末，美国开发了早期的钛合金，并开始作为工业新金属材料在全世界范围内广泛应用，其中航空工业钛材用量已经到全世界钛材市场的一半以上。钛合金的突出性能包括高比强和抗蚀性优异，其在各个国家商用及军用飞机上的用量占比越来越高(见图 2-49)。

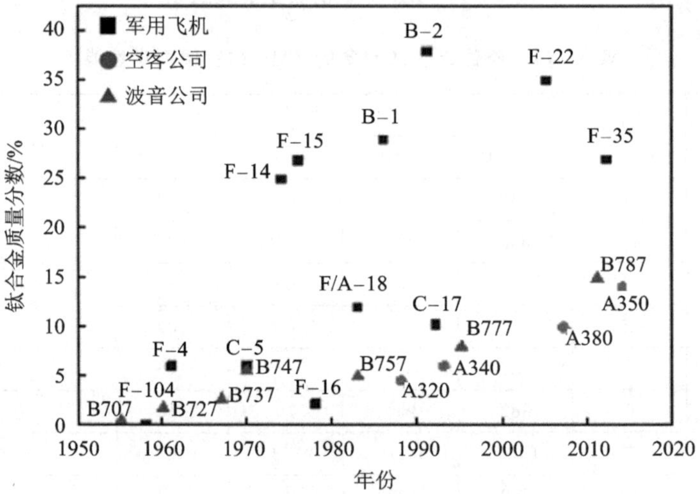

图 2-49 钛材在世界主要机型的应用情况

在民用飞机方面，波音第一架客机 B707 机身钛合金仅占总质量分数的 0.2%，到最新一代客机 B787，钛合金占比已经达到 15%。空客 A380 用钛量达到 10%，单机的用钛量 28 t，其主要应用情况如图 2-50 所示。而俄罗斯的新一代客机 MS-21 的钛合金用量甚至达到了 25%。我国的大飞机 C919 的钛合金用量与 B777 相当，占比为 9.3%左右，单机的用钛量为 3.92 t。在军用飞机方面，钛材的用量和占比普遍更高。在国外第三代战斗机上钛合金用量约占机体结构质量的 20%～25%，在第五代战机 F-22 上高达 41%。美国的 SR-71 侦察机(见图 2-51)中钛材的占比甚至达到了 93%，在大量钛合金应用的加持下，其飞行高度可以达到 30 000 m，最大速度达到 3.5 倍声速。钛材在航空领域的主要应用有两方面，即飞机结构用钛合金和航空发动机用钛合金。

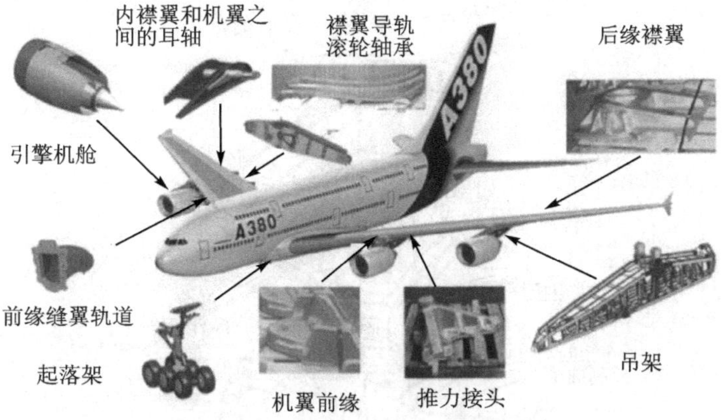

图 2-50　空客 A380 的钛材应用情况

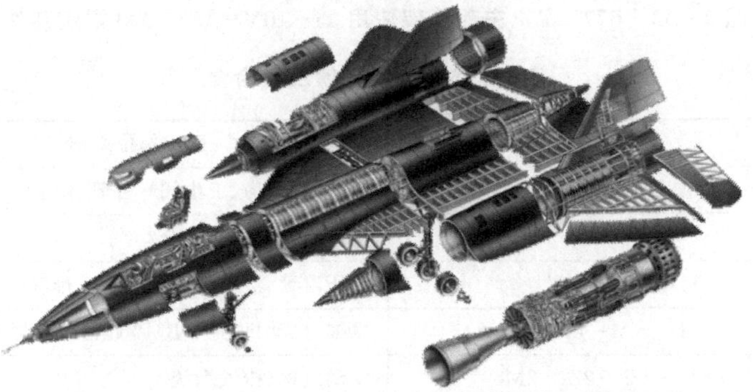

图 2-51　美国 SR-71 黑鸟侦察机

飞机结构用钛合金的使用温度一般不超过 350 ℃，减重是飞机机身材料选用钛合金的主要原因。飞机结构用钛合金主要应用在飞机骨架、舱门、蒙皮、液压管路及接头、起落架、翼梁等。表 2-15 列出了到目前为止钛及钛合金在飞机上的主要使用状况。工业纯钛的抗拉强度可以达到 550 MPa，已经接近高强度铝合金的水平，而且塑性好，容易焊接，抗蚀性又好，常被用于除冰设备的管道系统、隔热板等。$\alpha+\beta$ 型 Ti-3Al-2.5V 合金因容易成形且强度足够高，被应用于液压管道，和钢管相比，减重可达 40%。飞机起落架的主要部件大量使用了锻造钛合金，满足其高强度使用要求的同时提高了使用寿命。B777 客机起落架主要部件几乎都采用了 Ti-10V-2Fe-3Al 合金，如图 2-52 所示，使得每架飞机减重近 200 kg。由于存在潜在的高载荷如鸟的撞击，座舱窗户框架由 Ti-6Al-4V 锻造合金制造。一般来讲，满足军用飞机的高性能要求比商用飞机更加重要。因此与商用飞机相比，钛合金在军用飞机中的应用更多。目前，钛合金在军用飞机中的质量占比一般为 35%～50%。美国军用大型运输机 C-17 的安定面转轴等关键部位采用高强度、高韧性的 Ti-62222S 钛合金。美国的 F-22 战斗机使用材料中 41%为钛合金，其中 86%以上为 Ti-6Al-4V 或 Ti-6Al-4V ELI 合金，另一种为 Ti-6Al-2Sn-2Zr-2 Cr-2Mo-0.5Si 合金，使用钛合金的具体部位如图 2-53 所示。这种合金的强度高于 Ti-6Al-4V，并且具有较好的损伤容限性能。

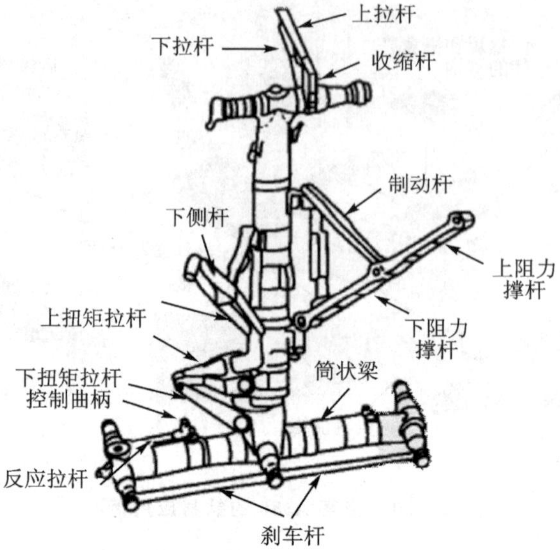

图 2-52　B777 客机主起落架使用 Ti-10V-2Fe-3Al 锻造部件

表 2-15　飞机用钛及钛合金

合　金	适用部位举例
工业纯钛	近水处(厨房、卫生间)、导管、配管
Ti-8Al-1Mo-1V	机体骨架构的一部分
Ti-3Al-2.5V	油压配管、液压管道、紧固件、排气管
Ti-6Al-4V	尾椎、发动机吊架、B747 起落架支撑部件
Ti-6Al-2Sn-2Zr-2Mo	发动机罩、排气系统
Ti-10V-2Fe-3Al	B777、A380 主起落架
Ti-5Al-5Mo-5V-3Cr-0.3Fe	B787 主起落架上下连接、制动杆等
Ti-13V-11Cr-3Al	军用飞机 SR-17 的舱壁、外皮等
Ti-15V-3Cr-3Al-3Sn	导管
β 21S	机舱、整流罩
Ti-3Al-8V-6Cr-4Mo-4Zr	弹簧

航空发动机用钛合金主要应用在压气机叶片、盘涡轮、叶轮和机匣等零件上，如图 2-54 所示。航空发动机用钛合金注重高温下的比强度、热稳定性、抗氧化性及抗蠕变等性能，应用的新型高性能钛合金主要为高温钛合金、高强韧钛合金、阻燃钛合金等，其中作为现代航空发动机关键材料之一的高温钛合金是主要的发展方向之一。现代燃气涡轮发动机结构质量的 1/3 左右为钛合金。表 2-16 所列为喷气发动机用钛的使用部件及合金牌号。早在 20 世纪 50 年代初期，美国 Pratt & Whitney 和英国 Rolls-Royce 公司生产的早期喷气式发动机上就使用了钛合金。早期美国 F-4 战斗机所用的 J79 发动机中钛用量只有 50 kg，还不到总重量的 2%。目前大多数发动机的钛用量已经增长到占总重量的 25%～30%，如 B747、B767 客机上的 JT9D 发动机钛用量为 25%，C-5A 军用运输机上的 TF39 发动机钛用量为 27%。而新型发动机的钛用量已经突破了 30%大关，如在空中客车 A320 的 V2500 发动机上为 31%、在 F-22 战斗机的 F119 发动机上为 40%。F-22 战斗机所用的 F119 发动机的风扇采用了宽弦空心钛合金叶片，在满足性能要求的同时，可以进一步提高推重比。而且发动机匣、加力燃烧

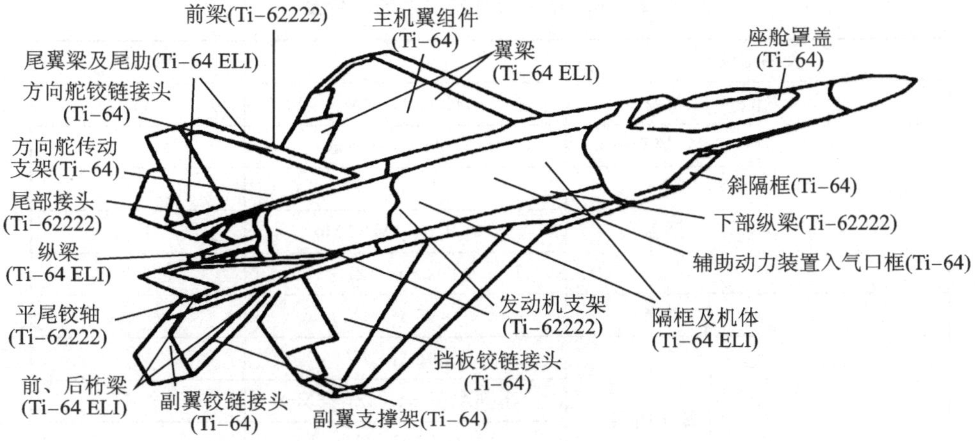

图 2-53　F-22 战斗机使用钛合金的具体部件

室筒体及尾喷管还用了新发展的阻燃钛合金 Alloy C。近些年，近 α 型高温钛合金是该领域的研究重点，钛合金的最高使用温度也已由 300 ℃左右提高到近 600 ℃。20 世纪 80 年代，英国 IMT 钛公司和 Rolls-Royce 公司联合开发的 IMI 834(Ti-5.8Al-4Sn-3.5Zr-0.7Nb-0.5Mo-0.35Si)合金使用温度近 600 ℃，并一直在欧洲军用喷气式发动机中得到应用。另外，美国 Ti-6242S 合金发展日趋成熟，仍然是喷气式发动机优选的高温合金。在更高温度范围内，TiAl 基合金比强度明显优于钛合金。研究发现，基于 α_2(Ti_3Al)和 γ(TiAl)金属间化合物的材料具有提高使用温度至 650 ℃和 800 ℃的潜力。波音 GEnx 发动机的低压涡轮第六、七级叶片采用了 TiAl 合金，减重约 181 kg，并且在 2009 年正式商业运营。除此之外，长纤维增强钛基复合材料(TMC)也具有应用在高刚度和强度的风扇叶片、高压压缩机中热稳定的柱状部件潜在价值。钛基复合材料的研究始于 20 世纪 70 年代，目前已成为超高声速宇航飞行器和新一代航空发动机的候选材料，其高温性能及耐腐蚀性能均优于高温钛合金。大部分的研究集中于 SiC 长纤维增强 Ti-6Al-4V 合金，而在更高温度下稳定的近 α 型钛合金和 TiAl 化合物基体中同样也有吸引力。

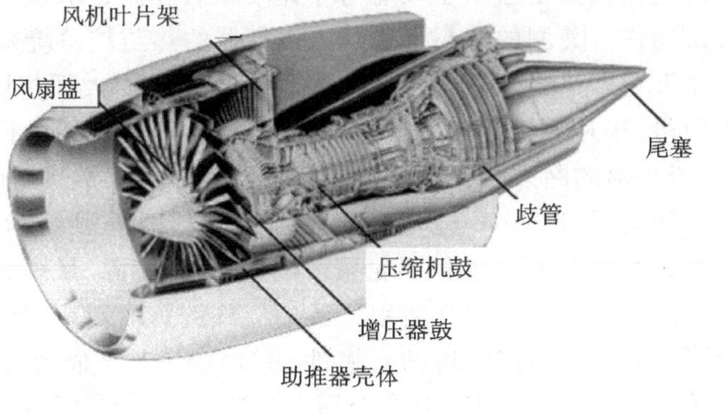

图 2-54　钛材在航空发动机上的应用

表 2-16　用于喷气发动机的钛合金

使用部位		合　金	使用温度/℃
风扇	机身	Ti-6Al-4V	300
	固定翼壳体	Ti-6Al-4V(铸造)	—
	圆盘	Ti-17	—
		Ti-8Al-1V-1Mo	400
		Ti-6Al-2Sn-4Zr-2Mo	450
压缩机	外壳	Ti-6Al-4V	
	动翼、固定翼	Ti-6Al-4V	
		Ti-6Al-2Sn-4Zr-6Mo	450
		Ti-6Al-4V	
		Ti-17	
	盘件	Ti-6Al-2Sn-4Zr-6Mo	
		Ti-6Al-2Sn-4Zr-2MoS	520
		IMI 829	540
		IMI 834	590
	动翼	Ti-48Al-2Cr-2Nb	650

2.5.2　航天领域的应用

航天飞行器要面对更加严苛的服役条件，在超高温、超低温、高真空、高应力、强腐蚀等极端条件下工作，除了要满足航空用钛合金使用性能要求外，还必须具有耐高温、耐低温、抗辐射等优异特性和功能。在火箭、导弹和航空工业中，钛合金可用作压力容器、燃料贮箱、火箭发动机外壳、火箭喷嘴套管、人造卫星外壳、载人宇宙飞船船舱、起落架、登月舱、推进系统等。

Ti-6Al-4V 合金被广泛应用于火箭、洲际弹道导弹、“民兵”导弹等多个球形和椭圆形的发动机壳体。另外由于 Ti-6Al-4V ELI 和 Ti-5Al-2.5Sn ELI 合金间隙元素含量低，可以在超低温下使用，因此这些合金也被用于火箭与导弹液态氢容器、“水星”宇宙飞船密封舱、“阿波罗”宇宙飞船主要结构件。美国的超高音速载人飞行器的热防护系统采用了 Ti-1100 钛合金作为防热瓦，X-33 火箭运载器采用钛合金作为其机身背风面大面积防热系统材料。日本第一颗实验卫星“大角号”采用了 Ti-2Al-2Mn 钛合金。其他应用的例子有机翼的前缘部位、喷嘴的夹持器、多级火箭的断裂接头部位等。北京航空航天大学研制的航天用宽温域超高弹性和高强度弹性部件采用 TiNiNb 记忆合金。日本研制的低温结构钛合金 LT700(Ti-3Al-5Sn-1Mo-0.2Si)已用来制作液氢涡轮泵。俄罗斯在“能源-暴风雪号”“和平-1 号”“进步号”“金星号”“月球号”航天器上也广泛使用了钛合金材料。用 OT4 合金板材制造液体燃料火箭发动机的燃烧舱和“和平-1 号”轨道站对接件，用 OT4-1 合金制造发动机吊架构件、燃料箱、管接头和托架等。BT5-1 和 ПТ3В 合金用于制造容器-增压系统蓄压器和低温液体储存箱，BT5-1 合金还用于制造液氢输送泵的叶轮，TH1 合金还用作天线、推杆、接触器及航天减震部件。我国研制的液氢环境下使用的低温 TA7 ELI 钛合金气瓶已用于 CZ-××系列运载火箭；我国还用 BT20 钛合金制造导弹的外壳体和燃料油箱壳体；用 TC4 ELI 钛合金制造运载火箭的低温液氧、液氢高压气瓶等。研究中的 NASP 空天飞机也计划采用以碳化硅增强的钛合金复合材料，作为外蒙皮和内部结构用材，能经受超高速飞行时的空气冲击和高热环境。航天工业使用的钛及钛合金中，主要包括纯钛、Ti-6Al-4V、Ti-5Al-2.5Sn、Ti-7Al-4Mo、Ti-3Al-2.5V、Ti-13V-11Cr-3Al、Ti-15V-3Cr-3Sn-3Al 及 Ti/B-Al 复合材料。

2.5.3 其他领域的应用

钛及钛合金材料具有低密度、高比强度、优异的耐腐蚀及耐高温等性能特点，使得它在石油化工、海洋工程、生物医疗、建筑、体育休闲用品等众多领域中有着广泛的应用。

在石油化工领域，较多应用的钛材是工业纯钛、Ti-6Al-4V 和 Ti-0.8Ni-0.3Mo 等。室温下，钛及钛合金表面形成一层稳定性高、附着力强的永久性氧化物薄膜 TiO_2，并且该氧化物薄膜在损坏后可以立即再生。钛材已成为化工装备中主要的防腐蚀材料之一，被用于制造热交换器、滤清器、储油罐、闭锁装置、污水管道冷却器等化工仪器设备。此外，钛阳极材料也被用于电解沉积和电解精炼金属如铜、金、镍、锰和二氧化锰等。

在海洋工程领域，由于钛及钛合金耐海水腐蚀和海洋气氛腐蚀，被广泛应用于海洋油气开发、海港建筑、沿海发电站、海水淡化、船舶、海洋渔业及海洋热能转换等方面。海上石油开采设备主要包括采油平台和附属设备。钛泵、阀、接头、紧固件、夹具和零配件等小型钛部件在石油开采平台上已经广泛使用。国外海上石油勘探测井仪器外壳上也大量使用了钛合金。钛及其合金在舰船工业的应用十分广泛，如船体结构件、深海调查船及潜艇耐压壳体、管道、阀、船舵、轴托架、配件、动力驱动装置中的推进器和推进器轴、热交换器、冷却器、船壳声呐导流罩等。

在生物医用领域，由于钛具有良好的生物相容性，钛及钛合金是人体软、硬组织修复替代的理想材料。钛合金材料在非有源外科植入物、有源外科植入物和矫形器械三大类医疗器械中，可充当心血管、骨间接合、脊柱、矫形器械、心脏起搏器与除颤器、耳蜗植入物、神经刺激器等植入产品的原材料。目前研究的重点是亚稳 β 钛合金，截止到目前，国际上已设计成功的低弹性模量 β 型钛合金共 20 余种，已被纳入标准的新型医用 β 型钛合金有 Ti-13Nb-13Zr、Ti-12Mo-6Zr-2Fe、Ti-15Mo、Ti-15Mo-5Zr-3Al 和 Ti-45Nb。

在汽车领域，钛材用于多种汽车零部件，可以提高汽车的安全性和舒适度，是实现汽车轻量化的理想材料。目前公认的可用钛替代的汽车零部件主要有：弹簧、连杆、气门、气门座、摇臂、排气管、消音器、车门、紧固件、车轮等。

钛及钛合金在日常生活中也用于制造餐具、炊具、自行车、各种体育器械、眼镜、手表，以及用于大型建筑的覆层等。

2.5.4 典型高温钛合金的应用情况

1. 高强韧钛合金

一般来讲，高强韧钛合金是指在室温下抗拉强度在 1 000 MPa 以上，断裂韧性高于 55 $MPa \cdot m^{\frac{1}{2}}$ 的钛合金。高强韧钛合金一般都是近/亚稳 β 钛合金，其组织以 β 相为主。此类合金兼有 α+β 两相和稳定 β 相合金的性能特征，即在固溶状态具有良好的冷成形及冷加工性能，在时效状态下具有良好的强度、塑性和断裂韧性相匹配，且热加工工艺性能十分优异。这类钛合金常被用于飞机的机身结构件，可以在减轻机身自重的同时满足高负载部件的性能要求。目前国内外开发的高强韧钛合金主要有美国的 Ti-1023、Ti-153、β-21S、Ti-62222S，俄罗斯的 BT22，中国的 TB2、TB10、TC21、Ti-1300、BTi-6554 及 Ti-63，以及俄罗斯 VMS-

PO公司与法国空客公司、美国波音公司联合开发的VST-55531、Timetal555等。表2-17列出了一些典型的高强韧钛合金的成分及部分力学性能。

表2-17 典型高强韧钛合金概况

合金名称	合金成分	开发时间	种类	强度 σ_b/MPa	断裂韧性 K_{IC}/ ($MPa \cdot m^{\frac{1}{2}}$)
Ti-1023	Ti-10V-2Fe-3Al	1971年	近β	1 100	60
Ti-153	Ti-15V-3Cr-3Sn-3Al	20世纪80年代	亚稳β	1 310	—
β-21S	Ti-15Mo-3Al-2.7Nb-0.2Si	1989年	亚稳β	1 150	—
β-C	Ti-8V-6Cr-4Mo-4Zr-3Al	1969年	亚稳β	1 200	66
Ti-62222S	Ti-6Al-2Sn-2Zr-2Mo-2Cr-0.2Si	20世纪70年代	α+β	1 035	77
BT22	Ti-5Al-5Mo-5V-1Fe-1Cr	20世纪70年代	近β	1 080	60
TC21	Ti-6Al-2Zr-2Sn-2Mo-1.5Cr-2Nb	—	α+β	1 100	70
TB2	Ti-3Al-5Mo-5V-8Cr	1969年	亚稳β	—	—
TB10	Ti-3Al-5Mo-5V-2Cr	—	近β	—	—
Timetal555	Ti-5Al-5Mo-5V-3Cr-0.6Fe	—	近β	1 211	61
VST-55531	Ti-5Al-5Mo-5V-3Cr-1Zr	—	近β	1 350	51.5

Ti-1023(Ti-10V-2Fe-3Al)合金是由美国Timet公司于1971年研制成功,迄今为止应用最为广泛的一种高强韧近β钛合金。该合金具有比强度高、断裂韧性好、淬透面积大、各向异性小、锻造性能好和抗腐蚀能力强等优点,能够满足损伤容限设计需要和高结构效益、高可靠性及低成本要求。为了提高合金的锻造性能和断裂韧性,要求合金中Fe的含量低于2%,O的含量限制在0.13%以下。通过固溶及时效热处理可实现强度、塑性和断裂韧性的良好匹配,适于制造对强度、断裂韧性有较高要求的结构件。该合金主要产品有棒材、锻件、厚板和型材。用该合金代替TC4合金可以减重20%,用它代替30CrMnSiA时,可减重40%。它能提供中、高强度和高韧性的棒材、板材或截面达125 mm厚的锻件。现已应用于波音777客机起落架转向架梁,并应用于欧洲空客公司制造的载客量达500人以上的世界最大的客机A380的主起落架支柱。

Ti-153(Ti-15V-3Cr-3Sn-3Al)合金是20世纪80年代初研制成功的一种新型亚稳定β钛合金。该合金具有钛合金共有的高比强度、耐热、耐蚀等优良特性,还具有优异的冷加工特性和断裂韧性、良好的焊接性能与淬透性、生产成本低、可热处理强化等优点。Ti-153合金β相变点大大低于其他工程实用的钛合金,可以在固溶状态下进行各种复杂零件的冷成形,时效后的室温拉伸强度可达1 000 MPa以上。该合金在B1B、A10飞机和直升机上已经得到广泛应用,也适用于制造火箭发动机推进剂贮箱和导管等部件。

β-21S(Ti-15Mo-3Al-2.7Nb-0.2Si)是美国Timet公司在1989年为麦道公司提供的一种用于航天飞机的钛金属基复合材料中所需的抗氧化箔材而开发的亚稳β钛合金。合金中添加了0.2%的Si,用于提高合金的高温性能,高温性能优于其他β钛合金。在649 ℃下具有良好的抗氧化性能,抗氧化性比Ti-153高100倍,可在540 ℃下长期使用。该合金的冷、热加工性能优良,冷轧变形量可达72%~85%。由于β-21S合金具有良好的高温强度和抗蠕变性能,适用于发动机衬套和喷管等,还可用作金属基复合材料的基体、铸件等。该合金已经被美国国家宇航局确定用作碳化硅/钛复合材料的基体材料,并将用于美国国家航空航天飞机(NASP)的机身和机翼壁板。可以代替强度水平相当于 30CrMnSiA 结构钢的零件及热成形的钛合金零件。

β-C(Ti-8V-6Cr-4Mo-4Zr-3Al)合金是由美国 RMI 公司于 1969 年研制成功,并于 1971 年申请专利的亚稳 β 钛合金。该合金具有较高的强度、韧性、低的弹性模量和较好的耐蚀性,并广泛应用于航空弹簧、高强紧固件、扭力杆、箔材蜂窝结构。尽管 β-C 合金在经过双重时效后强度和断裂韧性可以达到较高的水平,但其长时间的时效制度并不适合于大型锻件生产。同时由于合金元素含量较高,造成其变形抗力较高,也不适用于大型锻件的生产。

BT22(Ti-5V-5Mo-1Cr-1Fe-1Cr)合金是苏联在 20 世纪 70 年代研制成功的一种高合金化、高强度的近 β 型钛合金。BT22 合金退火状态下的组织含有各约 50%的 α 和 β 相,退火状态下的强度是现有合金中退火强度最高的。合金具有强度高、韧性高、塑性好以及焊接性能优良等特点,截面淬透深度高达 250 mm,主要用于大型锻件和大型整体构件。俄罗斯的 Su-27、伊尔 IL-76、IL-96-300 和图-204 等主干线客机和重型运输机的机身、机翼和起落架的大型承力构件和部件中均使用了 BT22 钛合金锻造构件。BT22 合金既可用于制造在 350～400 ℃下长期工作的机身、机翼受力件及操作系统等的紧固件,也可用于制造工作温度不高于 350 ℃的发动机的风扇盘和叶片等。

Timetal555(Ti-5Al-5Mo-5V-3Cr-0.6Fe)合金,也被称作 Ti5553,是美国波音公司和俄罗斯 VSMPO 公司在 BT22 合金基础上,通过添加 Cr 的含量,共同研制的一种新型高强亚稳 β 钛合金。合金设计的初始目的即用于飞机上的大型锻件,且具有优异的高强度与高韧性,其强度可达 1 350 MPa,从而替代 Ti-1023 合金在 B777 的主起落架的应用。与 Ti-1023 合金相比,Timetal555 合金经固溶处理空冷后,其淬透深度可达 150 mm,而 Ti-1023 合金热处理需经水淬且淬透面厚度仅为 76 mm。

VST-55531(Ti-5Al-5Mo-5V-3Cr-1Zr)合金是俄罗斯 VSMPO 公司与欧洲空客公司联合研发的应用于飞机 A380 的一种新型钛合金。该合金不含有 Fe 元素,在熔炼过程中可以避免因 Fe 偏析而导致的 β 斑。该合金具有良好的断裂韧性和高强度匹配特点,合金亦有良好的淬透性,因此比较适用于机翼/吊挂接头、起落架以及起落架/机翼接头等要求高强高韧的零件。

TB2(Ti-3Al-5Mo-5V-8Cr)合金是 20 世纪 60 年代初期由北京有色金属研究院研制的,于 1969 年列入冶金部标准。该合金在固溶处理状态下具有良好的冷成形性能和焊接性能,在固溶时效状态下具有高的强度和良好的塑性相匹配。但这种合金作为大型锻件时,锻造抗力较大,需要在 1 000 ℃的高温下锻造,但也难以保证整个截面获得足够的变形量。TB2 合金是在我国人造卫星上作为结构材料应用的第一个高强度钛合金,该合金主要用于星箭连接带,已在我国各种型号的卫星上使用了 20 多次,至今仍在使用。同时该合金制作的铆钉、紧固件、固体火箭发动机壳体也应用于航空航天领域。

TB10(Ti-3Al-5Mo-5V-2Cr)合金是北京有色金属研究院在 TB2 基础上,通过降低 Cr 含量,改造研制的高强韧近 β 型钛合金。该合金中 β 稳定元素总含量在临界浓度附近,使得合金兼有(α+β)合金和亚稳定 β 型合金的性能特征,具有比强度高、断裂韧度好、淬透性好,且热加工工艺性能和机加工性能优异等特点。TB10 合金锻件经该工艺处理后,其强度可达 1 110 MPa,断裂韧性为 70.5 $MPa \cdot m^{\frac{1}{2}}$。TB10 合金主要用于航天结构件,也可用于制造飞机机身和机翼结构中的锻造零件。通过热处理该合金可以实现不同强度、塑性和韧性水平的配合。

TC21(Ti－6Al－2Zr－2Sn－2Mo－1.5Cr－2N_b)合金是由西北有色金属研究的一种高强、高韧、高损伤容限钛合金，具有自主知识产权。该合金在热机械处理后具有强度高、损伤容限性能好等优点，且并有优良的抗疲劳裂纹扩展能力，适用于制造高强度、高韧性的承力构件。通过添加 Si 元素使该合金在中温保持较高强度，优于 Ti－6A1－4V。该合金板材可在室温下进行超塑性成形，其主要半成品是板材、棒材、锻件等。TC21 合金已经在我国重要机型上获得了实际应用。

2. 低温钛合金

钛及钛合金具有良好的低温韧性、高的比强度，在低温下具有热传导率低、膨胀系数小、无磁性等特点。近年来，低温钛合金在航空航天领域低温服役零件中成为备受瞩目的工程材料。在低温下具有 BCC 结构的 β 钛合金和其他体心立方金属一样，其韧-脆转变温度(DBTT)较高，随着温度降低，塑韧性降低，一般不能在低温下使用。α 和近 α 钛合金的 DBTT 普遍很低，在低温下也有很好的塑性，因此目前国际上开发的一些低温钛合金基本都属于 α 和近 α 钛合金。随着温度降低，钛合金的强度大幅度提高，但延伸率、冲击韧性和断裂韧性随之下降，特别是在 77 K 以下下降幅度较大。随着空间技术迅速发展，钛合金在低温和极低温环境的应用增多，低温钛合金的研制显得极为重要。经研究发现：通过降低 H、O、N 等间隙元素和 Al 的含量可提高钛合金的低温性能，使其能在 20 K 温度环境下长期使用。国内外低温钛合金发展应用已日趋成熟，使用的低温钛合金主要有：纯钛、Ti－5Al－2.5Sn(TA7)、Ti－6Al－4V ELI、CT20 等，其中 Ti－6Al－4V ELI 可在 77 K 温度下使用，而 TA7 和 CT20 都可在 20 K 甚至更低温度下使用。

表 2－18 列出了国内外几种低温钛合金的典型力学性能。

表 2－18　国内外几种低温钛合金的典型力学性能

合　金	温度/K	抗拉强度 σ_b/MPa	屈服强度 $\sigma_{0.2}$/MPa	延伸率/%
ΠT－3BKT	293	680～780	590～700	22～24
	20	1 370	1 245	11
AT2	293	710	620	22
	20	1 430	1 320	11
Ti－5Al－2.5Sn	293	760	710	17
	20	1 540	1 440	15
Ti－8Al－1Mo－1V	293	1 030	970	16
	20	1 750	1 620	2.4
Ti－2Al－2.5Zr	293	530	430	≥20
	20	923.5	795.8	≥38
Ti－3Al－2.5Zr	293	580	480	34
	20	1 190	—	13
Ti－3Al－2.5Sn－1Mo	293	760	590	29
	20	1 370	—	13.5
Ti－3Al－2.5Zr－1Mo	293	725	605	24
	20	1 425	—	10.8
Ti－2.5Al－1.5Zr－2.5Sn－1Mo	293	640	560	36
	20	1 250	—	6.8

续表 2-18

合　金	温度/K	抗拉强度 σ_b/MPa	屈服强度 $\sigma_{0.2}$/MPa	延伸率/%
CT20	293	≥670	≥550	≥33
	20	≥1 300	—	≥13
CT77	298	≥950	≥850	≥16
	77	≥1 400	≥1 300	≥14

苏联在低温钛合金的研制方面曾居世界领先水平，早期为解决低温脆性问题，大力发展了低 Al 的近 α 型钛合金 OT4、BT5-1KT、ПТ-3BKT 等合金。苏联也开发了不含 Al 的 Ti-25Zr-1.5Mo 等 AT2 系列的低温钛合金，该合金低温时具有高的强度和塑性与满意的冲击韧性相匹配，对氧含量敏感性也较小。苏联时期研制的低温钛合金已经在航天火箭装备中获得大量应用。随着先进航天火箭技术产品用的高脉冲推重比发动机的开发，要求采用低温强度和塑性更高的钛合金，俄罗斯开发出了 BT6 合金，制造了工作温度可达 −200 ℃的 H600 mm 模锻件和承载托架等。

美国在低温钛合金的开发方面后来居上，开展了大量钛合金低温力学性能方面的系统性研究。开发了超低间隙元素含量的低温 α+β 钛合金 Ti-6Al-4V ELI 和低温 α 合金 Ti-5Al-2.5Sn ELI、Ti-8Al-1Mo-1V 和 Ti-6Al-3Nb-4Zr 等。在阿波罗计划中，Ti-5Al-2.5Sn ELI 和 Ti-6Al-4V ELI 钛合金已成功应用于核动力火箭的液氢贮箱、导管和高压气瓶材料。

日本早期重点研究了美国提出的 Ti-5Al-2.5Sn ELI 和 Ti-6Al-4V ELI 低温钛合金的断裂机理和改善断裂韧性的方法。近年来，日本也研制了自己的低温钛合金材料 LT700(Ti-3Al-5Sn-1Mo-0.2Si)，该合金在低温下具有较高的屈服强度，并有较好的断裂韧性和高周疲劳强度。20 世纪 80 年代初，日本采用 Ti-6Al-4V ELI 和 TA7 ELI 制作了 30 MV·A 超导发电机转子和磁悬浮列车的低温部件。近年来，日本研制的 LT700 钛合金用于制作液氢涡轮泵，还将 Ti-5Al-2.5Sn ELI 应用于某大型推进器。

中国在低温钛合金方面的研究起步较晚，相继开展了对已有的 TA7、TC1、TC4 等钛合金的低温性能测试和应用研究。我国在"九五"计划期间，由西北有色金属研究院先后研制开发了适用于低温管路系统的 α 钛合金 Ti-2Al-2.5Zr、Ti-3Al-2.5Zr、CT20 等合金。利用低间隙元素含量钛合金 TA7 ELI 在低温下具有更高的强度、更好的塑性和韧性的特点，研制出在液氢环境下使用的 20 L 低温 TA7 ELI 钛合金气瓶，现已将该气瓶应用于 CZ-××系列运载火箭，如图 2-55 所示。此外，钛合金 BT20 还被用于制造导弹的外壳体和燃料油箱壳体等。针对新一代运载火箭对大容积低温液氧、液氢高压气瓶的需求，又开展了大规格的 TC4 ELI 钛合金锻饼研制，制备出了 300 mm×120 mm 的大规格 TC4 ELI 及 TA7 ELI 钛合金锻饼。针对航天飞行器对大尺寸薄壁钛合金构件的需求，航天材料及工艺研究所又开展了大尺寸薄壁 TC4 钛合金旋压成形技术研究，成功旋制出了直径为 420 mm 的 TC4 钛合金半球形样件和直径为 580 mm 的钛合金曲母线形样件。CT20 合金经过十余年的研究开发，近期已成功用于某发动机的液氢管路系统。

3. 高温钛合金

20 世纪 50 年代以来，随着航空航天事业的发展，钛合金的使用温度逐步提高。目前，高温钛合金的应用温度已达到 600 ℃，国际先进的高温钛合金主要有：美国的 Ti-6242S 和 Ti-1100，英国的 IMI 834，俄罗斯的 BT36 以及中国的 Ti60 和 Ti600 等合金。图 2-56 所示为典

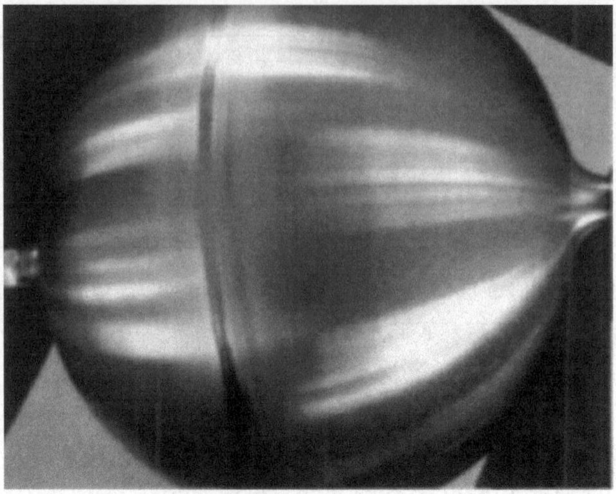

图 2-55 CZ-××系列运载火箭用低温 TA7 ELI 钛合金气瓶

型高温钛合金在航空发动机的应用情况。

美国高温钛合金的发展思路主要是依靠近 α 型体系的固溶强化，通过调整 α、β 稳定元素含量，从成分设计的角度保证其高的热强性，后续采用热处理进行组织调控，最终兼顾合金高的疲劳强度和蠕变强度。典型的是 600 ℃高温钛合金 Ti-1100，其成分为 Ti-6A1-2.75Sn-4Zr-0.4Mo-0.45Si，合金中杂质元素 O、Fe 含量均较低，一定程度上提升了其蠕变性能和热稳定性。此外，该合金断裂韧性以及抵抗疲劳裂纹扩展能力均表现得较好。据报道，Ti-1100 合金现已成功用于制造莱康明公司 T552-712 改型发动机的低压涡轮叶片和高压压气机盘等零部件。

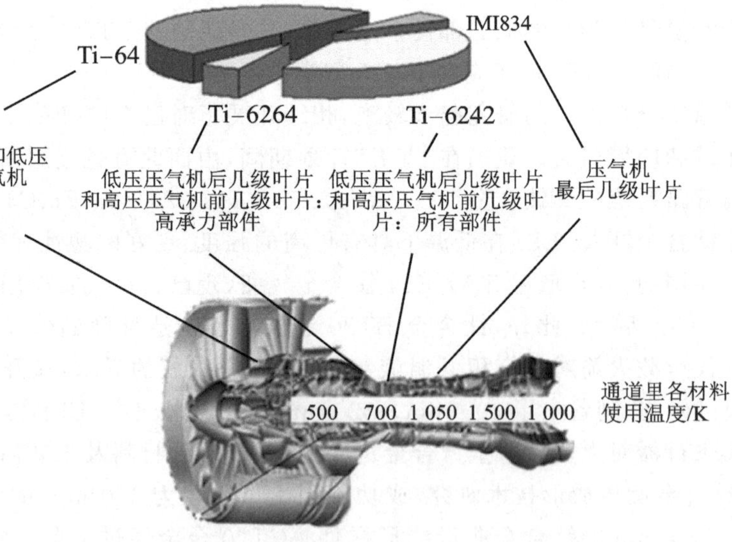

图 2-56 典型高温钛合金在航空发动机的应用情况

英国学者初期就认识到了 Si 元素对合金的蠕变性能起到的重要作用，因此可以看到英国的高温钛合金几乎都含有 Si 元素，英国的设计思路是通过 α 相的固溶强化作用提升合金蠕变性能，因此侧重于寻找提高蠕变强度的近 α 型钛合金。在 1955 年左右，英国成功研制出了

IMI 550 合金，相比较与同时期美国研制出的 Ti-64 合金，IMI 550 合金具有更高的抗拉强度和使用温度。IMI 550 合金奠定了英国高温钛合金发展的基础。随后，英国在 IMI 550 合金的基础上，又添加了 1%、0.5%的 Mo 研制出了 IMI 679 合金、IMI 685 合金，同时 IMI 679 合金含有 11%的 Sn，使用温度提高到 450 ℃，抗高温蠕变强度优于美国的 Ti-64 合金，而 IMI 685 合金可在 520 ℃下使用，并具有较高的蠕变性能、加工性能以及焊接性能。20 世纪 70—80 年代，随着航空工业对疲劳强度要求的提高，英国开发了以改善疲劳强度为主的 IMI 829 和 IMI 834 合金，这两种合金都属于 Ti-Al-Sn-Zr-Mo-Nb-Si 系列，IMI 834 合金还含有0.06%C，这样的成分设计使得合金的抗氧化性能以及蠕变性能均得到了大幅度提升，同时还能对合金的宏观组织与微观组织进行有效细化并已经得到了广泛的应用，如图 2-57 所示。IMI 834 合金是国际上出现的首个使用温度可达 600 ℃的高温钛合金。

图 2-57　EJ200 发动机的压气机材料叶片为 IMI 834

1958 年苏联成功研制出了同属 α+β 型马氏体的 BT8、BT9 合金。BT8 属于 Ti-Al-Mo-Si 系合金，其在 500 ℃下具有较好的热稳定性，BT9 在 BT8 基础上增加了 Sn，提高了合金的持久强度和蠕变强度。BT9 的热强性优于 BT8，但热稳定性不如 BT8。20 世纪 60—70 年代，苏联又研制和开发了 BT18、BT18Y、BT25、BT25Y 合金，进一步提高了高温钛合金的热强性能。1992 年，俄罗斯在 BT18Y 的基础上用 5%的高熔点 W 代替 1%的 Nb 开发出了一种使用温度达到 600 ℃的八元高温钛合金 BT36，而 W 的加入对合金的室温强度、蠕变、持久性有明显的改善，提高了合金的热稳定性。

我国在高温钛合金领域的研究起步较晚，20 世纪 80 年代前一直走仿制路线，80 年代后我国对高温钛合金的研制逐渐从仿制向自主研发方向转变。近三十年，我国研制成功了使用温度 550 ℃的高温钛合金 Ti55。Ti55 合金是我国自行设计研制的高温钛合金，通过在合金中加入稀土元素 Nd，合金组织和高温抗氧化能力得到了改善，同时该合金具有良好的机械加工性能。通过对 Ti55 合金的改进，中科院金属研究所采用电子浓度设计法，研制成功了使用温度 600 ℃的 Ti60 合金，西北有色金属研究院成功研制了 Ti600，北京航空材料研究院成功研制了 TG6 高温钛合金。针对更高使用温度的钛合金，我国研发了 650 ℃使用的 Pi65 合金，以及 750 ℃短时使用的 Ti750 合金。国内外典型高温钛合金概况如表 2-19 所列。

表 2-19　国内外典型高温钛合金概况

合金名称	合金成分	年　份	β相变点/℃	国　家	最高使用温度/℃
Ti-1100	Ti-6Al-2.75Sn-4Zr-0.4Mo-0.45Si	1988	1 015	美国	600
IMI 834	Ti-5.8Al-4Sn-3.5Zr-0.7Nb-0.5Mo-0.35Si-0.06C	1984	1 045	英国	600
BT36	Ti-6.2Al-2Sn-3.6Zr-0.7Mo-0.1Y-5.0W-0.15Si	1992	980	俄罗斯	600
Ti60	Ti-5.6Al-4.8Sn-2.0Zr-1.0Mo-1.0Nd-0.35Si	1994	1 045	中国	600
Ti600	Ti-6.0Al-2.8Sn-4.0Zr-0.4Mo-0.45Si-0.1Y	1990	1 015	中国	600
TG6	Ti-5.8Al-4.0Sn-4.0Zr-0.4Si-0.7Nd-1.5Ta-0.06C	2000	1 050	中国	600
Ti65	Ti-5.9Al-4Sn-3.5Zr-0.3Mo-0.3Nd-2.0Ta-0.4Si-1.0W-0.05C	2007	1 050±15	中国	650
Ti750	Ti-6Al-4Sn-9Zr-1.21Nd-1.6W-0.3Si	2009	1 000	中国	750

4. 阻燃钛合金

钛有一系列氧化物，从低价到高价，密度逐渐减小。在正常工作温度下，钛表面形成的氧化膜是致密的。当温度升高时，高价氧化物被还原成低价氧化物，表面氧化膜的比容随之降低而导致其破裂、剥落，此时氧的输送速度加快。当释放出的热量超过散失的热量时，温度迅速升高，氧化转变为燃烧。钛合金燃烧速率快，一般在 4～20 s，燃烧反应一旦开始很难终止，会造成巨大的经济损失。航空发动机钛合金零部件的热系数低，燃烧热高，在高速摩擦和粒子撞击下容易引发“钛火”。钛自身具有的特点使其成为具有火灾危险的金属。

美国和俄罗斯从 20 世纪 70 年代就积极开展了钛燃烧问题的研究。到 20 世纪 90 年代初，两国分别研制成功各自的阻燃钛合金：Alloy C、BTT-1。后期又在此基础上研制了 Alloy C+和 BTT-3。其中美国的 Alloy C 合金已在其第四代战机 F-22 上得到应用，如图 2-58 所示；俄罗斯的 BTT-1 合金的典型发动机零件也已顺利通过地面试车。

图 2-58　美国 F-22 战机发动机尾喷管和加力燃烧室采用 Alloy C 阻燃钛合金

目前我国根据不同的阻燃机理开发出 Ti-V-Cr 和 Ti-Cu 两个系阻燃钛合金。我国在 Alloy C 合金的基础上研制出 Ti40 和 TF550 两种阻燃钛合金。Ti40 钛合金具有良好的室温塑性，但高温塑性较差，使该合金在高温变形时，金属流动困难，晶界易裂开，热加工较为困难。TF550 阻燃钛合金是北京航空材料研究院在 Alloy C+的基础上，对 Si、C 元素含量优化并研发的。与 Ti40 阻燃钛合金相比，TF550 使用温度提高了 50 ℃，在 550 ℃仍具有很好的蠕变和持久性能。虽然 TF550 的密度和成本更高一些，但其高温性能更具优势。2010 年，我国西部超导公司(WST 公司)联合西北有色金属研究院、北京航空材料研究院、西北工业大学等单位在 Alloy C、Alloy C+和 Ti40 合金的基础上，通过调整 Si、C 元素的含量研制成功了一种新型高合金化型 Ti-V-Cr 系阻燃钛合金——WSTi3515S。WSTi3515S 阻燃合金具有良好的室温及高温拉伸、蠕变和韧性断裂等性能。国内外典型阻燃钛合金概况如表 2-20 所列。

表 2-20　国内外典型阻燃钛合金概况

合金名称	合金成分	类　型	国　家	最高使用温度/℃
Alloy C	50Ti-35V-15Cr	β	美国	600
BTT-1	Ti-13Cu-4Al-4Mo-2Zr	—	俄罗斯	650
BTT-3	Ti-18Cu-2Al-2Mo	—	俄罗斯	>800
BuRTi	Ti-25V-15Cr-2Al-0.2C	近 β	英国	—
TB12(Ti40)	Ti-25V-15Cr-0.2Si	近 β	中国	520
TF550	Ti-35V-15Cr-0.3Si-0.1C	近 β	中国	—
WSTi3515S	Ti-35V-15Cr-xSi-yC	β	中国	—
Ti14	Ti-13Cu-0.3Al-0.7Si	α+Ti2Cu	中国	—

习　题

1. 钛及钛合金的主要特点有哪些？
2. 简述按照相组成分类的五种钛合金的特点。
3. 简述钛合金同素异构转变过程和相变过程中产生相(包括亚稳相)的种类。
4. 列举几种常见的合金元素并分别说明它们的作用。
5. 钛合金有哪几种典型组织？详述各组织的性能特点。
6. 为什么钛合金经不同的热-机械处理工艺能获得不同的组织类型？
7. 为什么钛合金的力学性能极大地依赖于微观组织？
8. 简述高强韧钛合金的主要性能指标，并列举目前常用的高强韧钛合金。
9. 国内外典型的高温钛合金牌号有哪些？
10. 600 ℃高温钛合金的常见合金体系有哪些元素？解释各元素的合金化原理。
11. 钛基复合材料中增强相的选择标准是什么？常用增强相种类有哪些？使用连续 SiC 纤维增强钛基体时，各种制备方法的优缺点有哪些？

第3章 铝合金及铝基复合材料

本章思维导图

3.1 铝及铝合金的基本性质

铝是元素周期表中第Ⅲ周期主族元素，为银白色金属，密度为 2.72 g/cm^3，熔点为 660.4 ℃，具有良好的导电和导热性，其导电性仅次于银和铜。纯铝的性质很活泼，不易被还原，在潮湿空气中易氧化，表面可以形成一层能阻止内层金属继续被氧化的致密氧化膜，不溶于水，具有良好的抗大气腐蚀性能。铝对光热电波的反射率较高，表面性能好，且无磁性、无毒。

纯铝具有面心立方结构，无同素异构转变。铝具有极好的塑性和较低的强度（当纯度为 99.99％时，σ_b＝45 MPa，δ＝50％），并具有较好的低温性能（当温度降至－235 ℃时，塑性和冲击韧度仍不下降）。按照纯度的不同，铝通常分为高纯铝、工业高纯铝和工业纯铝。高纯铝的铝质量分数为 99.93％～99.999％，工业高纯铝的铝质量分数为 99.85％～99.90％，工业纯铝的铝质量分数为 98.0％～99.7％。工业纯铝的主要用途是配制铝合金，高纯铝主要用于科学实验和化学工业。另外纯铝还可以用来制造导线、包覆材料、耐蚀器具等。如表 3－1 所列，高纯铝有 L01～L05 五种，数字越大，合金的纯度越高；工业高纯铝有 LG1～LG5 五种，数字越大，合金的纯度越高；工业纯铝有 L1～L7 七种，数字越小，合金的纯度越高。

表 3－1 不同纯度的工业纯铝以及工业高纯铝

高纯铝	Al 质量分数/％	工业纯铝	Al 质量分数/％	工业高纯铝	Al 质量分数/％
L01	99.93	L1	99.7	LG5	99.99
L02	99.97	L2	99.6	LG4	99.97
L03	99.99	L3	99.5	LG3	99.93
L04	99.996	L4	99.3	LG2	99.9
L05	99.999	L5	99	LG1	99.85
—	—	L6	98.8	—	—

铝的密度小，熔点低，具有很高的塑性，易于加工，可制成各种板材、型材。但是纯铝的强度很低，不宜作为结构材料使用。而且固态铝没有同素异构体，不能借助热处理相变的方法强化。总结发现，通过添加合金元素和采用综合热处理工艺等方式，可以显著提高铝的强度，优化其综合性能。

铝合金是以铝为基体、添加一定量的其他合金元素制成的，是轻金属材料之一。铝合金除具有纯铝的一般特性外，由于添加的合金元素的种类和数量不同，因此又具有一些合金的特性。铝合金具有较高的强度（σ_b 为 110～650 MPa），其比强度接近高合金钢，比刚度超过钢，有良好的铸造性能和塑性加工性能，有良好的导电、导热性能，并具有良好的耐蚀性和可焊性，可作结构材料使用，在航天、航空、交通运输、建筑、机电、轻化和日用品中有着广泛的应用。

3.2　铝合金的合金化原理及分类

3.2.1　合金化原理

铝合金是一种具有面心立方结构的晶体材料，基体随温度变化没有发生同素异构转变，所以材料的强化主要靠合金化来实现。通过添加一些其他合金元素产生固溶强化，同时使铝合金材料在结晶过程中和随后的热处理过程中生成第二相强化粒子，依靠这些强化粒子来阻碍位错运动，提高材料的力学性能。

固溶强化是指纯金属经过适当的合金化后，使强度、硬度提高的现象。合金元素的加入，作为溶质原子使固溶体产生了晶格畸变，增大了位错运动的阻力，使滑移难以进行，从而使合金的强度与硬度增加。铝合金的合金化一般都形成有限固溶体，且合金元素具有较大溶解度，与 Al 原子直径相差较大，例如 Mg、Cu。析出强化是指在合金元素经过固溶处理后，在室温或高温的条件下保持一定时间，合金元素以某种强化相的形式析出，弥散分布于基体中阻碍位错的滑移，提高材料的力学性能。析出强化随析出相的强化效果与析出相的密度密切相关，一般要求具有析出强化的元素在铝中的溶解度随温度的变化比较大，即随温度的降低，合金元素具有较大的析出动力。弥散强化是指在铝合金溶解结晶过程中一些高熔点、高硬度的金属化合物相以初生相的形式在铝液中析出，这些相越分散、越细小，则对位错的阻碍作用越强烈，强化效果越明显。

铝合金中常加入的合金元素主要有 Cu、Mg、Si、Zn、Mn、Li。为了改善合金的塑性和抗蚀性，通常加入微量元素，如 Ti、V、B、Ni、Cr、稀土元素等。铝合金中存在少量的铁和硅，通常被作为杂质元素，因为铁的存在会与铝生成不宜消除的硬脆相，对合金的力学性能有不利的影响。铝合金中主要合金元素在铝中的溶解度如表 3－2 所列。根据在铝中添加合金元素的种类的不同，通常把铝合金分为 8 个体系：1 系纯铝、2 系铝合金 Al－Cu 系、3 系铝合金 Al－Mn 系、4 系铝合金 Al－Si 系、5 系铝合金 Al－Mg 系、6 系铝合金 Al－Mg－Si 系、7 系铝合金 Al－Zn－Mg－Cu 系和 8 系铝合金 Al－Cu－Li 系。

表 3－2　各种元素在铝中的极限溶解度及原子直径

元　素	温度/℃	极限固溶度		原子直径/Å	元　素	温度/℃	极限固溶度		原子直径/Å
		质量分数/%	原子百分数/%				质量分数/%	原子百分数/%	
Zn	443	70	28.8	2.665	Ti	665	约 1.3	0.74	2.890
Ag	566	56.6	13.8	2.888	Cr	661	0.77	0.40	2.498
Mg	450	17.4	18.5	3.196	Cd	649	0.4	0.09	2.979
Ge	424	7.2	2.7	2.450	V	661	约 0.4	0.21	2.632
Cu	548	5.65	2.4	2.556	Zr	660	0.38	0.08	3.170
Li	600	4.2	16.3	3.039	Sn	228	约 0.06	约 0.01	3.022
Mn	658	1.82	0.9	2.240	Fe	655	0.05	0.025	2.482
Si	577	1.65	1.59	2.351	Ni	640	0.04	0.02	2.491

3.2.2　铝合金的分类

按生产和加工方法分类，铝合金可以分为变形铝合金和铸造铝合金两大类。变形铝合金是指通过锻造、轧制、挤压等塑性变形工艺方法生产的铝合金。铸造铝合金是指可以通过铸造成型工艺直接获得最终形貌的铝合金。为了满足不同的性能要求，常常在纯铝中添加一种或多种合金元素来组成各种系列铝合金，常添加的元素有锌、镁、铜、锰和锆等元素。图 3-1 所示为铝合金分类图。

铝合金分类

- 变形铝合金
  - 非热处理型铝合金
    - 纯铝-1×××系，如1000合金
    - Al-Mn系合金-3×××系，如3004合金
    - Al-Si系合金-4×××系，如4043合金
  - 热处理型铝合金
    - Al-Mg系合金-5×××系，如5083合金
    - Al-Cu系合金-2×××系，如2024合金
    - Al-Mg-Si系合金-6×××系，如6063合金
    - Al-Zn-Mg-Cu系合金-7×××系，如7075合金
    - Al-Li系合金-8×××系，如8089合金
- 铸造铝合金
  - 非热处理型铝合金
    - 纯铝系
    - Al-Si系合金，如ZL102合金
    - Al-Mg系合金，如ZL103合金
  - 热处理型铝合金
    - Al-Si-Cu系合金，如ZL107合金
    - Al-Si-Cu-Mg系合金，如ZL110合金
    - Al-Si-Mg系合金，如ZL104合金
    - Al-Mg-Zn系合金，如ZL135合金

图 3-1 铝及铝合金的分类图

目前变形铝合金应用更广泛，产量更大。根据应用需求，可加工成板、带、条、箔、管、棒、型、线、自由锻件、模锻件等。其中，2×××系、5×××系、6×××系和 7×××系变形铝合金一直是航天飞行器最主要的结构用材，广泛用于仪器舱、伺服舱、尾舱、油箱、框、壳体、蒙皮、连接环、支撑件等结构件。相比而言，铸造铝合金的牌号不多，使用量也少得多，主要应用的是 Al-Si 系和 Al-Cu 系两大系列。根据铸件的结构复杂程度和技术要求，可以采用的铸造方法有砂型、金属型、熔模壳型、石膏型和压力铸造等铸造方法，可以用来生产制造飞行器零件、仪器仪表附件、发动机及附件零件，以及燃油泵壳体、泵盖、安装座等。各类合金的性能特点如表 3-3 所列。

表 3-3 各类铝合金的性能特点

类别		合金系	热处理及性能特点	举例
铸造铝合金		Al-Cu	可热处理强化，耐热性好，铸造性能和耐蚀性差	ZL201，ZL205
		Al-Si-(Cu)-Mg	可热处理强化，力学性能高，铸造性能好	ZL101，ZL105
		Al-Si	不能热处理强化，力学性能较差，铸造性能良好	ZL102
		Al-Mg	力学性能好，耐蚀性好	ZL301，ZL305
		Al-Zn	适宜压铸	ZL401，ZL402
变形铝合金	不能热处理强化铝合金	≥99.9%Al	塑性好，耐腐蚀，力学性能低	1145，1120
		Al-Mn-(Mg)	中强，抗蚀性、延展性好	3003，3105
		Al-Si	钎焊料或钎焊板	4043
		Al-Mg	可焊性、抗蚀性、加工性好	5005，5456，5083
	可热处理强化铝合金	Al-Cu-(Mg)	强度高，耐热性好	2024，2124，2618
		Al-Mg-Si	中强，可焊，耐热性好	6063，6111，6013
		Al-Zn-Mg-(Cu)	室温强度高	7075，7050，7085
		Al-Li	低密度，高硬度	8090，2195，1420

3.2.3 常见的铝合金体系

2 系铝合金是 Al－Cu 合金，Al－Cu 二元相图如图 3－2 所示。Cu 元素在高温时在铝基体中的固溶度最大可以达到 5.65%（质量分数，后文同），而在室温时 Cu 在铝基体中的固溶度很低，所以随着温度的降低会有大量的 Cu 元素以 Al_2Cu 相的形式析出，其中 Al_2Cu 相是析出相的“化学式”原子组成情况。随着析出温度的变化，Al_2Cu 相的晶体结构一般按照 GPⅠ—GPⅡ(θ″)—θ′—θ″相的顺序进行演化。这些相会均匀弥散分布于 α－Al 基体的内部，起到很好的析出强化效果。Al－Cu 合金具有较好的室温力学性能，为了进一步提高 2 系 Al－Cu 合金的力学性能，常常在 Al－Cu 合金中添加一些其他元素。

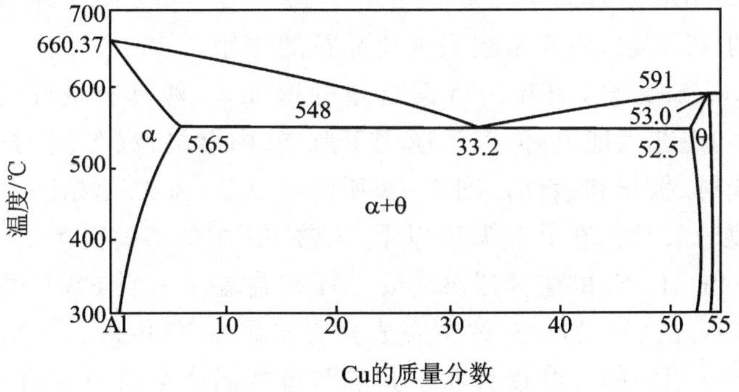

图 3－2　Al－Cu 二元相图

常见的 Al－Cu 合金为 Al－Cu－Mg 系合金，该合金是一种使用较早且用途很广的硬铝合金。Al－Cu－Mg 系合金具有很好的力学性能和加工性能，可以加工成板材、棒材、线材、管材、型材以及一些锻造件，在国民经济和国防建设中得到广泛应用。一般情况下，根据合金的强度和耐热性，可以将 Al－Cu－Mg 系合金分为 4 类：低强度硬铝，如 2A01 和 2A10 合金；中强度硬铝，如 2A11 合金；高强度硬铝，如 2A12 合金；具有耐热性的硬铝，如 2A02 合金。在 Al－Cu－Mg 系合金中，当 Mg 含量较低时，Cu 与 Al 形成化合物 Al_2Cu，它可以作为低强度和中强度硬铝的主要强化相；当 Mg 含量较高时，比如在高强度硬铝中，Cu、Mg 和 Al 元素相互结合形成 S(Al_2CuMg)相，S 相均匀弥散分布于晶粒内部，可以很好地钉扎位错，具有比 Al_2Cu 相更好的强化效果，同时 S 相还可以使合金具有一定的耐热性。在 Al－Cu－Mg 系合金中通常会加入一定量的 Mn 元素，Mn 元素可以减少 Fe 元素的有害影响，提高合金的耐蚀性。除此之外，Mn 元素还可以起到细化晶粒的作用，加速时效作用的进行，含有 Mn 元素的析出相可以阻碍材料再结晶过程的发生，提高材料的力学性能。当 Mn 元素含量超过 1%时，在结晶时会出现粗大的初生相 Al_6(FeMn)相，使合金的工艺性能变差。

在 Al－Cu 系合金中添加 Mg、Fe 和 Ni 元素可以制备 Al－Cu－Mg－Fe－Ni 合金，这种合金体系的 Al－Cu 合金耐热性能比较好，常用的牌号有 2A70/2A80/2A90 三种。其中，2A70 合金的耐热性能最好，2A90 合金具有热线膨胀系数小、导热性好的特点。这类合金除了具有一定的耐热性能之外，还具有很好的工艺性能，可以加工成各种棒材、锻件和板材，用来制作在 150～225 ℃下使用的零件。这类合金中主要的耐热相为 S(Al_2CuMg)相，另一个热稳定强化相为 Al_9FeNi 相，由于 Cu 和 Mg 元素在 α－Al 基体中的固溶度较大，所以 S(Al_2CuMg)相的主要析出位置在基体晶内，而 Ni 和 Fe 元素在 α－Al 基体中的固溶度较小，所以主要析出位置在晶界，晶内析出的 S(Al_2CuMg)相一般弥散细小分布，而晶界析出的 Al_9FeNi 相常常呈现为粗大的片状，这也是 S(Al_2CuMg)相成为主要耐热强化相的原因。

除了上述两种常见的 Al－Cu 系合金以外，在 Al－Cu 系合金中添加 Mn 元素形成的 Al－Cu－Mn 系合金也比较常见，这是一种变形耐热铝合金。Al－Cu－Mn 系合金的代表牌号有 2A16/2A17 两种牌号。它们可以加工成板材、棒材、型材以及模锻件，挤压和模锻的半制品，常常被制造成在 200～300 ℃下工作的零件，其中板材可以用来制造在常温和高温下使用的焊接件。Al－Cu－Mn 系合金的析出相有 Al_2Cu 和 $T(Al_{12}Mn_2Cu)$ 相，Mn 元素在 α－Al 基体中的扩散系数较慢，可以起到抑制 Cu 元素在基体中扩散的作用，进而增强了材料的固溶强化作用，同时 Mn 元素还可以偏聚到 $\theta'(Al_2Cu)$ 相和基体的界面处，增加 $\theta'(Al_2Cu)$ 相的高温稳定性，使其抗粗化能力显著增强。除此之外，Mn 元素还可以与 Al 元素和 Cu 元素相互作用形成 $T(Al_{12}Mn_2Cu)$ 相，但是随着 Mn 元素含量的增加，$T(Al_{12}Mn_2Cu)$ 相也会发生粗化，使得材料的耐热性能降低，所以 Mn 元素的添加量一般在 0.4%～0.8%之间。在 Al－Cu－Mn 系合金中通常会添加微量的 Ti 元素，主要是起到细化晶粒的作用。

4 系铝合金是 Al－Si 合金，随着 Si 元素含量的增加，一般具有良好的耐磨性和低的线性膨胀系数，高温强度和工艺性能良好，广泛应用于航空、内燃机、汽车、电子等工业中，生产中常加工成棒材、管材、线材、板材和锻件。图 3－3 所示是 Al－Si 二元相图，共晶温度为 577 ℃，共晶成分 Si 的含量为 12.6%，在共晶温度以下，Si 在 Al 中的溶解度为 1.65%，常温下的溶解度仅为 0.05%，亚共晶 Al－Si 的主要成分为 α－Al 和共晶(α－Al＋Si)，共晶 Al－Si 的主要成分为共晶(α－Al＋Si)，过共晶 Al－Si 的主要成分为初晶 Si 和共晶(α－Al＋Si)。在铸态下未经变质处理的共晶硅呈粗大的片状或针状。共晶和过共晶合金组织中的初晶硅呈粗大的多角块状或板条状，粗大的共晶和初晶硅很脆，这种脆性严重割裂了基体，降低合金的强度和塑性。硅含量超过 8%时，若合金不经过变质处理，塑性很低，使用价值也大大降低，常用的变质剂为 Na 和 Sr。对可以热处理强化的 Al－Si 合金，进行固溶加时效处理，可以大幅提高材料的力学性能。在 Al－Si 系二元合金中，随着 Si 含量的增加，材料的线性膨胀系数减小，耐磨性能提高。

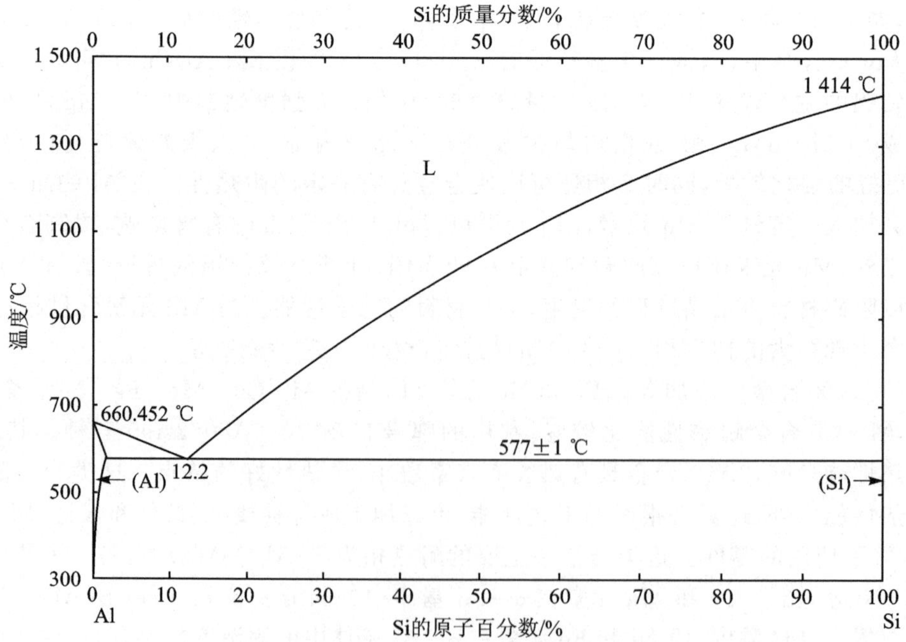

图 3－3　Al－Si 二元相图

在 Al-Si 合金中添加 Mg 元素可以形成 Al-Si-Mg 合金，添加 Mg 元素后在合金时效过程中基体中会弥散析出大量的 Mg_2Si 相，起到很好的强化作用，其典型牌号为 356 合金。在 Al-Si-Mg 合金中添加微量的 Cu 元素，可以制备 A356 合金，即 Al-Si-Mg-Cu 合金。A356 合金是制造汽车轮毂的主要材料。在 Al-Si 合金中添加 Cu 元素可以形成 Al-Si-Cu 系合金，在 Al-Si-Cu 系合金中的主要强化相为共晶 Si 和 Al_2Cu 相，其典型牌号为 319 合金。在 319 合金基础上添加微量的 Mg 元素可以形成 A319 合金。A319 合金和 A356 合金的主要区别在于 Cu 与 Mg 元素的含量和比例，A319 合金中 Cu 元素含量和 Cu/Mg 高，而 A356 合金中 Mg 元素含量高且 Cu/Mg 低；二者的强化相也不一样，除了都含有共晶 Si 外，A356 合金的主要强化相为 Mg_2Si 相，A319 合金的主要强化相为 Al_2Cu 相，另外二者都含有少量的四元析出强化相 Q 相。A319 合金的高温性能较好，可以作为汽车发动机活塞的制造材料。

7 系 Al-Zn-Mg-Cu 合金是目前生产的室温强度最高的一类铝合金，它比 2 系高强铝合金有更高的强度，因此称为超高强铝合金。因为具有高的比强度和刚度，以及较好的耐腐蚀性能和较高的韧性等优点，已经成为最重要的结构材料之一。该合金常用的牌号有 7A03/7A04/7A09 及 7005/7075/7475/7050/7055 等合金，可以加工成板材、棒材、线材和管材以及锻件，主要用作结构材料。

Al-Zn-Mg-Cu 合金为可热处理强化合金。Zn 和 Mg 元素可以形成析出强化相 η(Zn_2Mg)相和 T($Al_2Zn_3Mg_3$)相。Zn 和 Mg 元素含量的增加可以提高材料的强度和硬度，但会使塑性、抗应力腐蚀性能和断裂韧性降低。当 Zn/Mg 的值大于 2.2 并且 Cu 含量大于 Mg 含量时，Cu 与其他元素能产生强化相 S(Al_2CuMg)相，进而提高材料的强度，在相反的情况下，S(Al_2CuMg)相存在的可能性很小。Cu 元素能降低晶界和晶粒内部的电位差，除此之外还可以改变沉淀相的结构和细化晶界沉淀相，对晶界无析出带(PFZ)的宽度影响较小，它可以减缓材料沿晶开裂的趋势，进而改善了合金的抗应力腐蚀性能。

3.3 铝合金的热处理原理及工艺

铝合金的热处理是将合金加热到某一温度后保温一段时间，改变合金的组织，从而提高合金的力学性能，增强耐腐蚀性能，改善加工性能以及获得尺寸稳定性的工艺。主要的热处理工艺有均匀化处理、固溶处理、时效处理以及形变热处理。

3.3.1 均匀化处理

均匀化处理又称为扩散退火，即将铸锭加热到接近固相线温度或共晶温度，经过长时间的保温后冷却至室温，使可溶解的相组织完全或接近完全溶解，从而形成过饱和固溶体以及少量弥散相析出的细小质点的过程。其目的是通过在高温下长时间进行加热，消除或者减小晶内成分分布不均匀和偏离平衡的组织状态，从而改善合金材料的工艺性能和使用性能。均匀化处理的主要工艺参数是加热温度和保温时间，铸件的非平衡组织主要靠高温下原子的扩散来实现成分的均匀性。为了使合金组织的均匀化过程进行得迅速和彻底并且避免过烧，可以先在低于非平衡固相线温度加热后再升至固相线温度以上，从而完成均匀化处理。

主要的均匀化处理工艺有四种，单级均匀化、双级均匀化、连续均匀化和强化均匀化。单级均匀化是指在单一温度下进行保温处理，其操作流程简单，适用于合金化程度较低的合金。双级均匀化处理包括两个不同温度的保温处理，第一级的目的是促进合金中纳米级粒子从合金内部快速大量析出，同时促进部分低熔点共晶相发生部分溶解；第二级的温度较高，其目的是促进合金中残留的第二相充分溶解，尽可能地减少非平衡共晶相的残留数量等。强化均匀化是通过略高于传统均匀化的温度，大幅度延长均匀化时间来达到均匀化的目的，该均匀化处理程度相对彻底，材料的铸态组织改善明显，伸长率较传统的均匀化处理相比有所提高，强度也随之提高，不足之处在于生产效率相对较低。

图 3-4 所示是 2219 高强高韧铝合金在不同均匀化处理过程中的组织状态。其中，图(a)是铸态未经过均匀化处理的组织；图(b)是经过单级均匀化处理后的组织；图(c)是经过双级均匀化处理后的组织。对比发现，通过均匀化处理后的合金中的铸态组织溶解的比较多，合金中非平衡共晶相的数量减少。

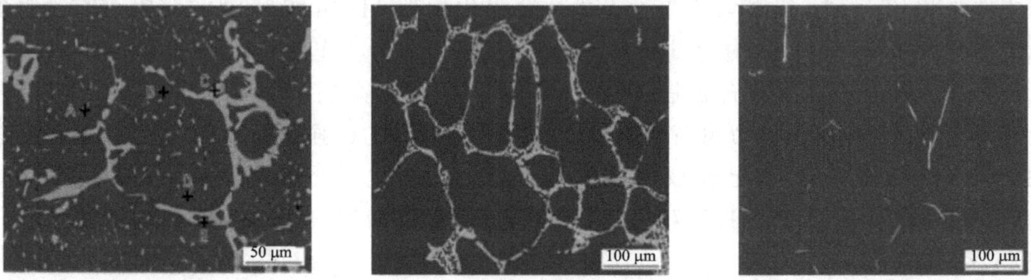

(a) 铸态　(b) 单级均匀化　(c) 双级均匀化

图 3-4　2219 铝合金的组织

3.3.2　固溶处理

固溶处理是将第二相在基体中的固溶度随温度降低而减小的合金，加热至第二相能全部或最大限度地溶入固溶体的温度，保温一段时间，以快于第二相自固溶体中析出的速度冷却，从而获得过饱和的溶质原子和空位。固溶处理过程中最关键的两个影响参数为固溶温度和固溶时间，如果固溶温度较低，则合金中的第二相不能发生充分溶解，因此不能得到过饱和程度较好的固溶体，从而影响合金的时效效果；过高的固溶温度会使试样出现过烧并且导致合金的再结晶晶粒剧烈增大，不利于合金综合性能的提高。

常规固溶处理是一种单级固溶过程，如图 3-5 中曲线 A 所示，将铝合金加热到固溶线温度附近后保温一段时间，然后快速冷却，使第二相来不及析出，得到过饱和、不稳定的单一固溶体。单级固溶温度过低，合金中粗大的第二相不能够充分地溶入基体中，时效沉淀效果不明显，不利于铝合金综合性能的提高。

复合固溶处理是一种多级固溶处理，主要有强化固溶和高温预析出。强化固溶是使合金在几个固溶温度点分级保温一定时间的热处理工艺，如图 3-5 中曲线 B 所示，首先在相对较低温度下先保温一段时间，使得合金中熔点较低的合金杂质相溶解于基体，同时合金发生回复，合金的变形储能降低，然后将温度以一定速度缓慢升高到较高的温度，最后在相对高于前一温度后保温一段时间，溶解一些高熔点的第二相粒子，得到过饱和固溶体，这样能很好避免高温固溶时间过长而引起晶粒长大或过烧的现象，同时还能进一步提高固溶体的过饱和程度，提高合金材料的力学性能。

图 3-6 所示是高温预析出固溶处理示意图，该固溶处理过程是先将合金材料在高温下充分固溶，然后在保温过程置于略低于固溶温度下，这样相当于是通过两步固溶改变析出相在合金材料晶界和晶内的分布状态。经过高温预析出，合金中的析出相会在合金的晶界处优先析出，一些新的析出相会以原有析出相为核心不断长大，对比图 3-7 中的(a)和(b)发现，经过预

析出处理后的合金组织中的 η 相比未预析出处理的 η 相粗大，并且呈不连续的状态。因此通过高温预析出处理后可以调控晶界处析出相的分布，从而提高合金的抗腐蚀性能，使合金获得良好的综合性能。

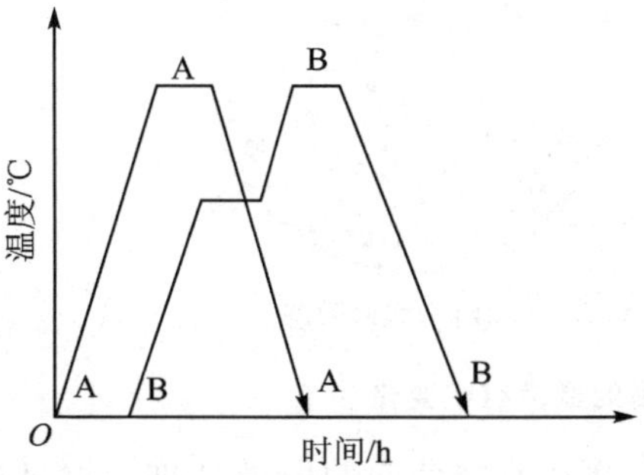

图 3－5　常规固溶和强化固溶示意图

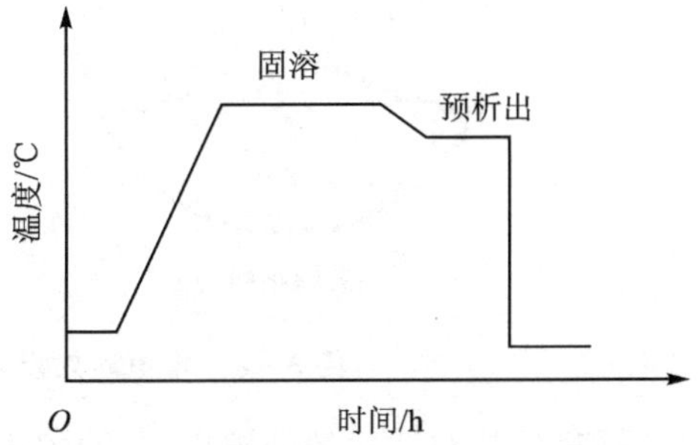

图 3－6　高温预析出固溶处理示意图

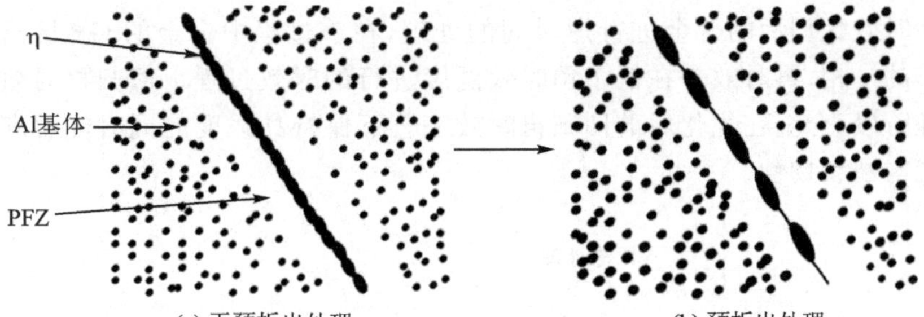

(a) 无预析出处理　(b) 预析出处理

图 3－7　不同处理后合金组织中的 η 相形态及分布

3.3.3　时效处理

时效是指将淬火后的铝合金，在室温或低温下加热后保温一段时间，使合金内部过饱和固溶体脱溶析出，从而使合金的强度、硬度显著升高而塑性降低的现象。时效处理有自然时效和人工时效两种，自然时效是将淬火后过饱和固溶体状态的合金在常温下发生的脱溶析出现象；人工时效是将处于淬火后过饱和固溶体状态的合金在保温温度高于室温下发生脱溶析出，此时析出过程会加速。合金经过时效处理后，母相产生晶格畸变从而得到强化。时效处理可以分为单级时效、双级时效和回归再时效。

单级时效处理是指合金在时效过程中只采用一个温度及时间的热处理工艺。当时效温度较低时(20～100 ℃)，合金主要析出相为 GP 区；时效温度较高时(120～170 ℃)，合金主要析出相为 η' 相；时效温度更高时(170～250 ℃)，合金主要析出相为 η 相且其长大粗化。最常用的单级时效处理为峰值时效，峰值时效后的合金晶内分布着细小弥散的共格和半共格析出相，晶界则分布着较粗大的连续、链状析出相，如图 3－8(a)所示。经过峰值时效处理的合金，强度达到峰值，然而抗腐蚀性能和断裂韧性较差。

双级时效就是对固溶处理的合金在不同温度进行两次时效处理，第一级时效的时效温度较低，该阶段的主要作用是成核，形成的析出相是大量细小弥散的 GP 区；第二级时效的时效温度较高，在晶内主要均匀分布着盘状相，亚晶界上的析出相为具有较大尺寸的 η' 相，大角度晶界上的析出相主要是 η 相。经过双级时效处理后的合金晶界处为不连续析出相，无沉淀析出带变宽，如图 3－8(b)所示。双级时效后，合金的强度比峰值时效的强度低，但是断裂韧性和抗腐蚀性能得到提升，合金的综合性能得到改善。

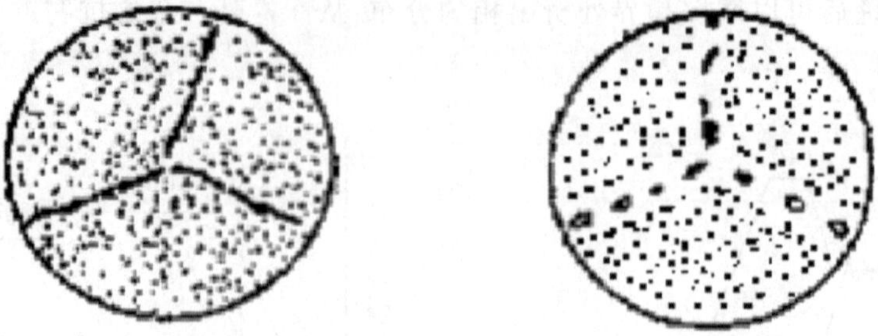

(a) 峰值时效态　　(b) 双级时效态

图 3-8　峰值时效及双级时效后的显微组织变化

回归再时效是在两次较低温度时效中间插入一次较高温度的回归时效处理的时效制度，图 3-9 所示是回归再时效处理过程中温度随时间的变化关系，该时效过程包括三个阶段：预时效、回归处理、再时效。预时效是在低温下进行的时效过程，此时合金中析出相为 GP 区；回归处理是将预时效处理后的合金进行短时间的处理，在该过程中合金的 GP 区逐渐溶解并析出不连续分布的 η 相；再时效是在低于预时效温度进行的时效过程。回归再时效阶段最关键的是回归处理阶段，合金在优化后的回归再时效工艺下保持高强度的同时能够获得良好的抗应力腐蚀性能与断裂韧性。

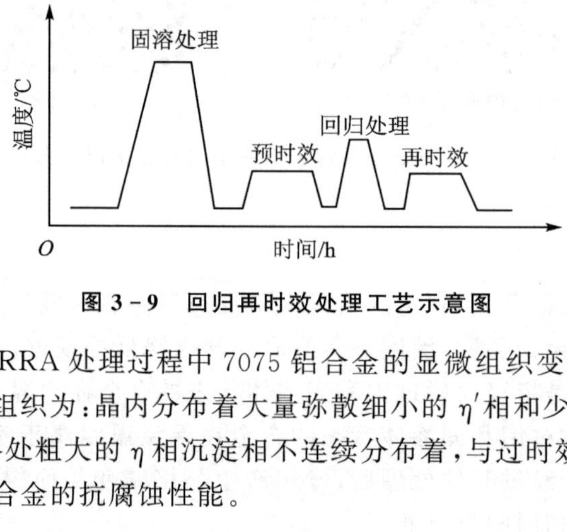

图 3-9　回归再时效处理工艺示意图

图 3-10 所示为在 RRA 处理过程中 7075 铝合金的显微组织变化示意图。RRA 热处理后超高强铝合金的显微组织为：晶内分布着大量弥散细小的 η' 相和少量 GP 区，与峰值时效状态的晶内组织类似；晶界处粗大的 η 相沉淀相不连续分布着，与过时效状态的晶界组织相似，这一组织特征能够提高合金的抗腐蚀性能。

(a) 峰值时效　　(b) 回归时效　　(c) 二次峰值时效

图 3-10　7075 铝合金在 RRA 处理过程中的显微组织变化示意图

表 3-4 所列是 7050 铝合金经过不同时效处理后的抗拉强度、屈服强度、延伸率以及晶间腐蚀情况的对比。从表中可以发现，经过 RRA（回归再时效）处理后的铝合金的抗拉强度和屈

服强度是最高的，T6(峰值时效)次之，而 T72(双级时效)处理后合金的抗拉强度和屈服强度最低。对比延伸率的大小发现，T6 处理后的铝合金延伸率最高，其次是 RRA。对于腐蚀程度而言，T6 处理后的铝合金抗腐蚀能力最低，RRA 和 T72 处理后的铝合金抗腐蚀能力差不多。

表 3-4　7050 铝合金不同时效处理后的性能对比

热处理状态	抗拉强度/MPa	屈服强度/MPa	延伸率/%	晶间腐蚀等级
T6(120 ℃/20 h)	572	537	18.9	4
RRA(190 ℃/60 min)	593	571	10.5	2
T72(120 ℃/12 h+165 ℃/20 h)	521	485	9.3	3

铝合金在时效脱溶时并不直接产生平衡相，可能是由于平衡相一般与基体形成新的非共格界面，界面能大，而脱溶产物为亚稳态的，往往与基体完全或部分共格，界面能小。对于不同界面能的相，界面能小时，形核时所需要的形核功小，因此容易形成。不同的合金，其脱溶顺序也是不一致的。同系不同成分的合金，在同一时效温度下，可能会有不同的脱溶序列；同一成分的合金，时效温度不同，脱溶序列可能不同；合金在一定的温度下时效，由于多晶体各部位的能量条件不同，因此在同一时期也可能会出现不同的脱溶产物。

铝合金中各种脱溶相的相互关系有三种可能：①各种脱溶相均独立成核。在较稳定脱溶相形核时，较不稳定的脱溶相逐渐溶解，所偏聚的溶质逐渐转移至较稳定的脱溶相中。条件不同，所观察到的脱溶相也不同，可能为 GP 区、过渡相以及平衡相。②稳定性较小的脱溶相经晶格改组而转变成更稳定的脱溶相。这种情况下，要求结构相差不大，比如 Al-Cu 系合金中的 GP 区可以直接转化成 θ''相，θ 相也可以由 θ'相转化而来。③较稳定的相在较不稳定的相中形核，然后在基体中长大。例如对 Al-Zn-Mg 系合金进行人工时效时，合金中的 η'相是在 GP 区上形核的。

3.3.4　形变热处理

形变热处理又称为形变时效或机械热处理，是通过塑性变形和热处理相结合的工艺，用于改善过渡沉淀相的分布以及合金的精细结构。在形变热处理过程中金属变形导致材料中位错和空位密度增加，且在合金中的分布发生很大的变化，位错和空位密度的变化会在热处理过程中影响析出相的析出过程，改变析出相的类型、数量、尺寸和分布等，而析出相的变化又能在材料变形过程中影响位错等缺陷的运动、阻碍材料的再结晶而细化晶粒，从而获得较高的强韧性及抗蚀性。

形变热处理分为高温形变热处理和低温形变热处理。高温形变热处理是将变形和热处理结合的一种工艺，固溶处理与高温变形为同一阶段，加工后的产品迅速淬火，高温形变热处理不仅能提高合金强度而且有助于合金塑性的改善。

低温形变热处理又称为形态时效，它具有低温时效硬化效应，是将形变强化与析出强化相结合的一种工艺。低温形变热处理最常用的处理方式有三种，分别为：淬火—自然时效—冷变形—人工时效；淬火—冷变形—人工时效；淬火—人工时效—冷变形—人工时效。低温形变热处理工艺的主要目的是提高合金的强度性能，经过处理的合金拥有较高的强度极限和屈服应力，但塑性指标较低。铝合金热处理状态表示法如表 3-5～表 3-7 所列。

表 3-5 变形合金状态表示方法

代 号	名 称	代 号	名 称
F	自由加工态	W	固溶处理状态
O	退火状态	T	热处理状态
H	加工硬化状态		

表 3-6 TX 状态代号

代 号	名 称	代 号	名 称
T1	部分固溶+自然时效	T6	固溶+人工时效
T2	只进行退火	T7	固溶+稳定化
T3	固溶+冷加工	T8	固溶+冷加工+人工时效
T4	固溶+自然时效	T9	固溶+人工时效+冷加工
T5	只进行人工时效		

表 3-7 铸态合金状态表示

代 号	名 称	代 号	名 称
F	铸态	T	热处理状态

3.3.5 铝合金热处理过程中的相变

铝合金在时效热处理过程中的相变为:过饱和固溶体—饱和原子富集区(GP 区)—过渡沉淀相(亚稳平衡相)—平衡沉淀相。

图 3-11 所示为 Al-Cu 合金 GP 区的形成示意图,在淬火 15 min 后就可以形成,在铝晶格的{100}面上聚集,形成原片脱溶区。GP 区为溶质原子富集区,一般呈圆盘状,在基体中的数量极大,没有独立的晶体结构,与母相完全共格,并且与基体之间无明显的界面,界面能很低,形核功很小,在母相中各处皆可形核。当铜原子半径小于铝原子半径时,GP 区产生弹性收缩。室温下,GP 区的直径为 5 nm,厚度为几个原子层,密度为 $10^{14}\sim10^{15}$ g/mm^3;在 130 ℃/15 h 条件下,GP 区的直径为 9 nm,厚度为 0.4~0.6 nm;当温度达到 200 ℃以上时,合金中不会形成 GP 区。

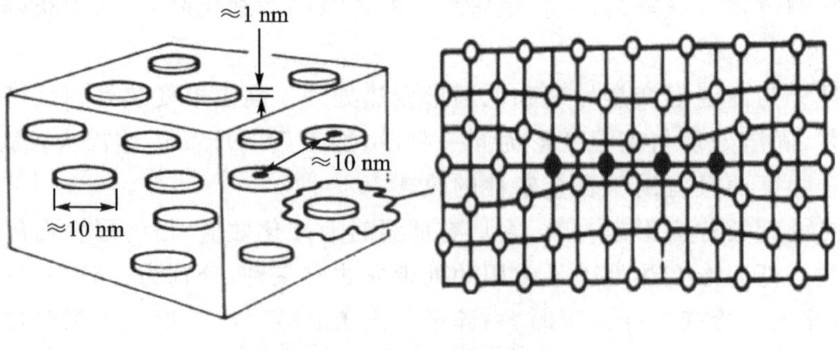

图 3-11 GP 区的形成示意图

当时效温度较高时,GP 区直径急剧长大,铝铜原子排列有序化,从而形成正方有序的 θ'' 过渡相。θ''相的直径为 15~40 nm,厚度为 0.8~2 nm,并且与基体完全共格,产生 4%的错配度，图 3－12 所示为该过渡相的形成图。θ″相对位错运动阻碍大，合金硬度、屈服强度随 θ″相密度增大而显著提高。

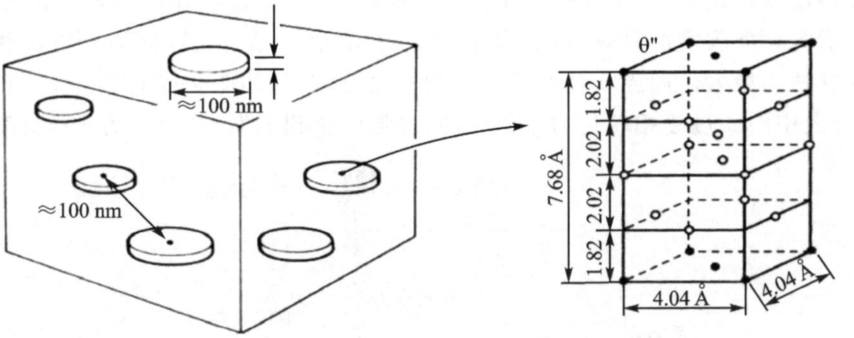

图 3－12　θ″过渡相的形成示意图

随着时效温度的提高以及时效时间的延长，θ″过渡相会转化为 θ′过渡相，如图 3－13 所示，θ′过渡相为正方点阵，其与基体间界面存在位错环，形成半共格界面。θ′过渡相的直径为 10～600 nm，厚度为 10～15 nm，密度为 10^8 g/mm^3。

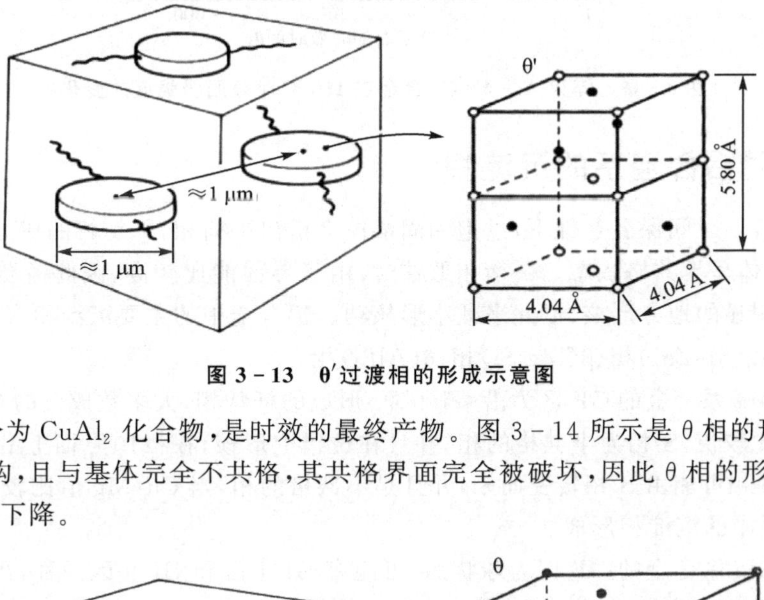

图 3－13　θ′过渡相的形成示意图

θ 相的成分为 $CuAl_2$ 化合物，是时效的最终产物。图 3－14 所示是 θ 相的形成过程，该相为体心正方结构，且与基体完全不共格，其共格界面完全被破坏，因此 θ 相的形成会使合金的硬度、强度显著下降。

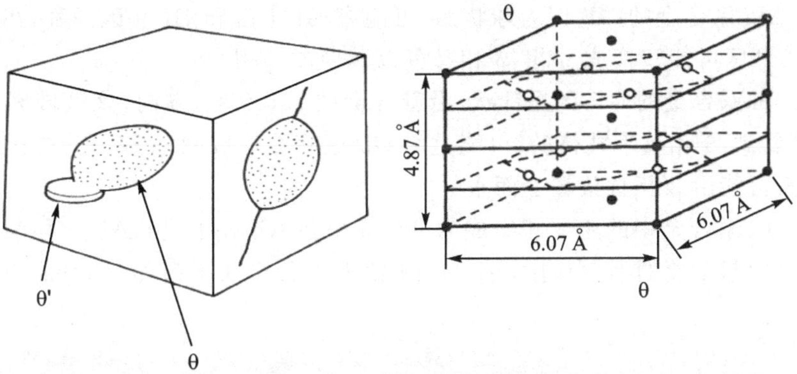

图 3－14　θ 相的形成示意图

图 3－15 所示是 150 ℃时淬火 Al－4%Cu(质量分数)合金的室温屈服强度随时效时间的

变化曲线。图中黑色实线代表着相变过程：过饱和固溶体—GP 区—θ''过渡相—θ'过渡相—θ相。预时效阶段，当合金中形成过饱和固溶体时，合金的屈服强度下降，随着时效时间的延长，过饱和固溶体逐渐转化为 GP 区，由于发生固溶强化，因此当过饱和固溶体转化为 GP 区后屈服强度开始增大。继续增加时效时间，合金发生峰值时效，GP 区转化为 θ''过渡相，此时合金中的屈服强度达到最大。而当 θ''过渡相转化为 θ'过渡相时，屈服强度开始降低，此时合金发生过时效，当合金中的 θ'过渡相转化为 θ 相时，屈服强度达到最低，合金的力学性能变差。

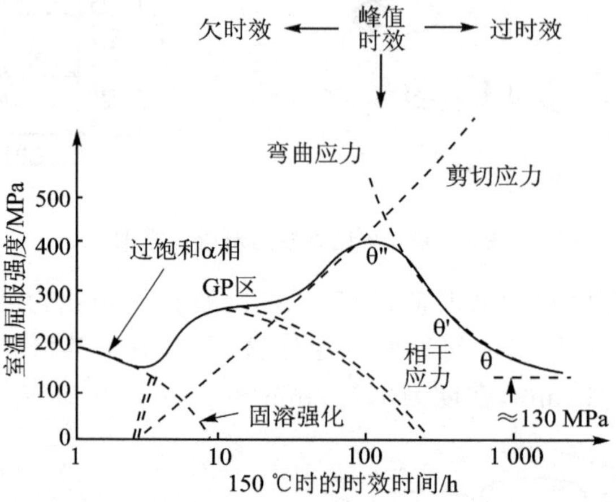

图 3-15　淬火 Al-4%Cu 合金在 150 ℃ 时效屈服强度的变化

3.3.6　不同铝合金系的沉淀相

在高温或者长时间保温条件下，过饱和固溶体会析出平衡相，平衡相的成分与结构均处于平衡状态，与基体呈无共格状态。平衡相形核时，由于界面能比较高，因此需要在晶界或其他晶格缺陷比较明显的地方形核，以此来减小形核功。铝合金中的主要沉淀相有 $\theta(CuAl_2)$相、$S(Al_2CuMg)$相、$\eta(MgZn_2)$相、$\beta(Mg_2Si)$相、$\delta(AlLi)$相。

Al-Cu-Mg 系合金的 GP 区为沿$<100>_\alpha$ 形成的杆状相，大多数成分的 GP 区在高温时效时形成的都比较快，S′相为半共格的相，并且在位错上形核，在$\{210\}_\alpha$ 面上沿$<001>_\alpha$ 以板条形式形成。S 相可能由 S′相转变而来，并且是不共格的相，当 Cu∶Mg 值比较高时，S 相也可能由 Al-Cu 系中的沉淀相形成。

Al-Zn-Mg 系合金的 GP 区为球状的，可能有 GPⅠ区和 GPⅡ区两种，当 Zn∶Mg＞3∶1 时，合金中的 GP 区可能转换成 η'相，η'相又可以转换成 η 相。

Al-Mg-Si 系合金的 GP 区呈针状，沿着合金的$<100>_\alpha$ 方向，该区域固溶线的正常温度比时效温度要高，β'相呈半共格的，可能是由 GP 区直接形成的，β 相为分布在$\{100\}_\alpha$ 面上的小片状组织，其可能由 β'相直接转变而来。

Al-Mg-Li 系合金中的主要相组成为 Al_3Li 相和 Al_2MgLi 相，Al_3Li 相为亚稳状的有序沉淀物，在合金中起主要的强化作用，Al_2MgLi 相为不共格的平衡相，其可能由 Al_3Li 相转化而来。

3.4　铝基复合材料

随着现代科学技术的发展，尤其是航空航天技术的发展，对金属材料的要求越来越高，不仅要求金属材料具有高强度，同时也应具有质量轻、耐高温等性能。常规的轻金属铝、镁、钛及其合金等单一材料逐渐难以满足航空航天领域对材料诸多优异性能的需求。金属基复合材料是以金属作为基体，和高强度增强相通过先进的制备技术制备出的性能优异的复合材料，其中铝基复合材料具有优异的比强度、良好的耐高温和耐腐蚀等性能，在航空航天、汽车交通、电子电器等领域都有着非常广阔的应用前景。

3.4.1　铝基复合材料的分类

根据铝基复合材料中增强体的种类，可以分为纤维增强铝基复合材料、颗粒增强铝基复合材料，其中纤维增强铝基复合材料又分为长纤维增强铝基复合材料和短纤维增强铝基复合材料。

1. 长纤维增强铝基复合材料

长纤维增强铝基复合材料是以铝或铝合金作为基体，以长纤维作为增强体进行复合制备出的性能优异的复合材料。长纤维作为增强相在基体中呈单向连续分布，由于纤维在其长度的方向具有极高的强度，因此可以充分发挥纤维自身的取向强化作用。同时相较于短纤维在纤维末端具有应力集中效应，连续纤维由于长度较长，纤维末端应力集中效应可以忽略，从而使材料的性能更加均匀连续。目前应用较多的长纤维增强铝基复合材料是硼-铝复合材料、碳-铝复合材料、碳化硅-铝复合材料等。长纤维增强铝基复合材料性能优异，在航空航天、军事领域作为轻质高强结构材料显示出巨大的应用前景。

(1) B/Al 复合材料

硼纤维是一种高性能的纤维，具有较高的比强度和比模量，力学性能良好，广泛应用于长纤维增强金属基复合材料，表 3-8 所列为硼纤维的一般性能。硼是以共价键进行结合，其硬度仅次于金刚石，因此硼纤维的制备十分困难，一般采用化学气相沉积法在钨丝上用氢还原三氯化硼制成。硼纤维是活性的半金属元素，常温下呈惰性与铝、镁等金属反应较小，但是在高温时硼纤维容易与熔融态的铝发生反应生成 AlB_2、AlB_{10}、AlB_{12} 三种化合物，这三种化合物在室温下都是稳定的化合物，但在高温条件下不稳定。这些界面产物虽提高了界面强度，但是显著降低复合材料的力学性能。为了防止硼与铝发生界面反应纤维表面预先涂敷 B_4C、SiC 涂层以提高惰性。硼纤维增强铝基复合材料的制备方法为：先用等离子喷涂法获得硼-铝预制带，再将其热压法制成零件。由于固态热压法温度较低，界面反应较轻，不会过分影响复合材料的性能。

B/Al 复合材料密度低、力学性能高、疲劳性能优异、导热性能好，一般含硼纤维 45%～50%(体积分数)的铝基复合材料纵向拉伸强度可达 1 250～1 550 MPa，模量 200～230 GPa，密度2.6 g/cm^3。其比强度约为钛合金、硬铝、合金钢的 3～5 倍，比模量约为上述材料的 3 倍，疲劳性能也明显优于一般铝合金，而且在 200～400 ℃下仍保持较高的强度。因此，在航空航天飞行器上应用可取得明显的减重效果。

表 3-8　硼纤维的一般性能

拉伸强度/MPa	拉伸弹性模量/GPa	压缩强度/MPa	热膨胀系数/($10^{-6}\cdot K^{-1}$)	硬度 HK	密度/($g\cdot cm^{-3}$)
3 600	400	6 900	4.5	3 200	2.57

(2) C/Al 复合材料

碳纤维是一种碳质量分数大于 90%的无机高分子材料，其微观组织以乱层石墨为主。碳纤维具有导电性好、轻质、比重小、导热好、耐腐蚀等性能，同时也具有比模量和比强度高的力学性能以及纤维固有的柔顺性和可自由设计性，是一种高性能的纤维材料，常用作复合材料的增强相。表 3－9 所列为碳纤维的一般性能。连续碳纤维增强铝基复合材料主要是连续碳纤维作为增强相，铝及铝合金作为基体制备而成的复合材料。但是碳纤维与铝的润湿性较差，虽然随着温度的升高碳纤维与铝的润湿性得到一定程度的改善，在温度高于 400 ℃时，碳纤维与铝基体就可以反应，生成 Al_4C_3 脆性相。而脆性相的存在使材料容易发生脆断，进而影响材料的力学性能。为改善碳纤维与铝的润湿性，一般采用碳纤维表面改性处理的方法，例如将碳纤维表面镀铜、镀镍等处理。

表 3－9　碳纤维的一般性能

纤维类型	抗拉强度/MPa	弹性模量/GPa	伸长率/%	密度/(g·cm^{-3})
M40J	4 410	377	1.2	1.77

C/Al 复合材料具有高比强度、高比模量、低热膨胀系数、良好的尺寸稳定性等优异的物理和力学性能，在航空航天领域作为轻质结构材料、卫星抛物面天线骨架等被广泛应用。图 3－16 所示是 C/Al 复合材料与其他传统材料比强度和比模量的对比，可见 C/Al 复合材料的比强度是铝合金、钛合金的 2～3.5 倍，比模量是铝合金、钛合金的 3 倍。

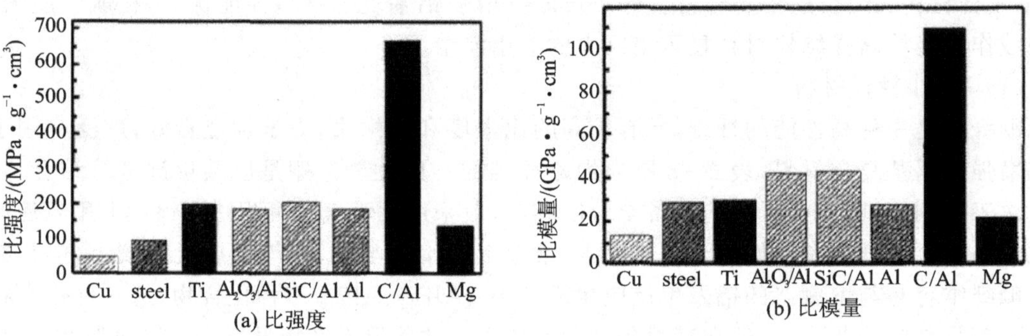

图 3－16　C/Al 复合材料与其他材料的力学性能对比

2. 短纤维增强铝基复合材料

短纤维增强铝基复合材料，纤维的长度从几毫米到几十毫米不等，一般认为纤维的长径比(纤维的长度与直径之比)在 50～100 范围内被称为短纤维。短纤维增强铝基复合材料具有高的比强度、比模量、较好的热稳定性、耐腐蚀性，而且相较于长纤维，其造价低，工艺较为简单。目前常用的铝基复合材料中短纤维增强体主要为氧化铝纤维、碳化硅纤维等。

短纤维增强铝基复合材料的室温强度不比基体铝合金的室温强度高，但在高温时其强度优于基体铝合金。短纤维增强铝基复合材料的弹性模量在室温和高温时都有大幅度的提升，线膨胀系数降低，耐磨性得到明显改善，并且具有良好的导热性。表 3－10 所列为复合材料及 Al－Si 合金在不同温度下多次测量的力学性能，可以看出，在室温下，复合材料较基体合金的抗拉强度有所下降，而在高温时，复合材料的抗拉强度比基体合金提高了 20%。氧化铝短纤维增强铝硅合金的微观组织形貌如图 3－17 所示，其中形态细长、长短不一的黑色短棒状为氧化铝纤维，纤维在基体之中散乱分布。复合材料的组织较基体合金得到明显细化，这主要与合金在氧化铝纤维的影响下形核生长有关，一方面，增强相氧化铝纤维和基体铝合金在高温复合时，氧化铝纤维对 Al－Si 合金熔体具有一定程度的激冷作用，从而导致合金的形核率提高；另一方面，氧化铝纤维与 Si 晶体的晶格错配度较低，可以促进 Si 晶体的形核。

表 3-10　复合材料及 Al-Si 合金在不同温度下的力学性能

编　号	抗拉强度/MPa			伸长率/%		
	25 ℃	300 ℃	350 ℃	25 ℃	300 ℃	350 ℃
Al-Si 合金	233.60	120.90	88.50	0.88	1.51	2.68
	228.10	121.20	88.32	0.92	1.53	2.73
	236.90	121.40	86.47	0.89	1.47	2.71
复合材料	208.40	145.80	111.70	0.51	0.72	0.94
	216.20	145.70	109.50	0.53	0.67	0.92
	211.70	144.00	108.50	0.47	0.71	0.89

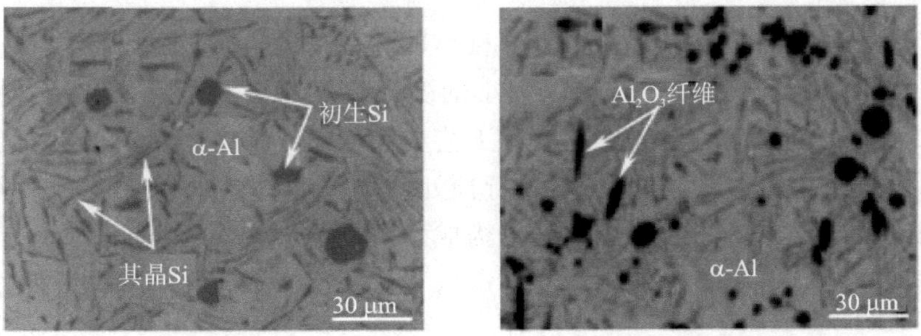

(a) Al-Si合金　　(b) 复合材料

图 3-17　氧化铝纤维增强铝基复合材料和基体合金的微观组织

3. 颗粒增强铝基复合材料

颗粒增强铝基复合材料是指将高模量、高强度、耐高温的陶瓷颗粒通过一定的制备方法与铝基体进行复合制备出的性能优异的复合材料，不仅提高了材料的强度，还降低了材料的密度。此外，颗粒增强铝基复合材料具有高热稳定性、高耐磨性、耐疲劳等特点。颗粒增强铝基复合材料的增强体主要有 SiC、TiC、TiB_2 等，这些陶瓷颗粒制备成本较低，解决了纤维增强铝基复合材料增强纤维制备成本高昂的问题。同时颗粒增强铝基复合材料克服了纤维增强铝基复合材料制备过程经常出现的纤维损伤、微观组织不均匀、纤维与纤维相互接触、界面反应等影响材料性能的诸多缺点。

在诸多陶瓷颗粒中，SiC 颗粒具有高强度、低蠕变、耐腐蚀、良好的高温稳定性、良好的抗氧化能力等优良特性。而且 SiC 颗粒价格低廉，制备工艺简单，能够进行大批量的生产。因此，SiC 颗粒常被作为增强相来制备性能优异的铝基复合材料。SiC/Al 复合材料中 SiC 颗粒体积分数对复合材料的性能有很大的影响，直接影响着复合材料的断裂韧性、硬度、疲劳寿命、延伸率等性能。一般随 SiC 体积含量的增加，复合材料强度增加，塑性下降。如表 3-11 所列，随着 SiC 颗粒含量的增加，复合材料的抗拉强度和屈服强度都增加，延伸率降低。SiC/Al 具有高比强度、高比模量、良好的耐磨性和抗氧化性，在航空航天领域有着广泛的应用。

表 3-11　不同 SiC 体积分数的复合材料及基体合金的力学性能

材　料	抗拉强度/MPa	屈服强度/MPa	延伸率/%
2014 铝合金	339.8	251.7	4.42
2%SiC 复合材料	363.4	268.7	3.25
5%SiC 复合材料	359.5	274.6	2.35
10%SiC 复合材料	347.0	292.1	1.34

3.4.2 铝基复合材料的制备方法

1. 纤维增强铝基复合材料的制备方法

纤维增强铝基复合材料的制备方法主要分为两种:固态法和液态法。其中,固态法又分为热压扩散法和热等静压法;液态法又分为挤压铸造法和真空压力浸渍法。制备温度在低于基体熔点以下的方法称为固态法,固态法的整个加工过程均保持在较低的温度之下,有害反应发生程度较低,并且增强相与基体的混合发生在常温,具有更好的操控性。液态法的制备温度在金属基体熔点之上,是纤维增强铝基复合材料的主要制备方法。由于纤维与铝基体润湿性较差,铝液很难填充纤维之间的窄缝,造成制备出的复合材料出现孔洞,严重影响材料的性能。因此,一般采取在制备过程中施加压力的方式使得熔体在短时间内对纤维进行渗浸。

(1) 热压扩散法

热压扩散法是制备长纤维增强铝基复合材料的典型方法。该方法利用金属基体在温度、压力等条件共同作用下发生固态扩散,以较小的变形量实现复合材料的制备,具有加热温度低、有害反应少、增强相分布均匀等优点。其工艺步骤如图 3-18 所示,具体为:首先根据增强相的分布要求以及模具的形状,对原材料进行预处理制备出预制件,其预制件一般为铝基体与经过表面处理的碳纤维预制件层状交叉分布构成。之后将预制件放到压力模具中夹紧放好,在真空或惰性气体环境中加热至基体金属熔点以下进行热压,样品采用扩散的结合方式制备出复合材料。

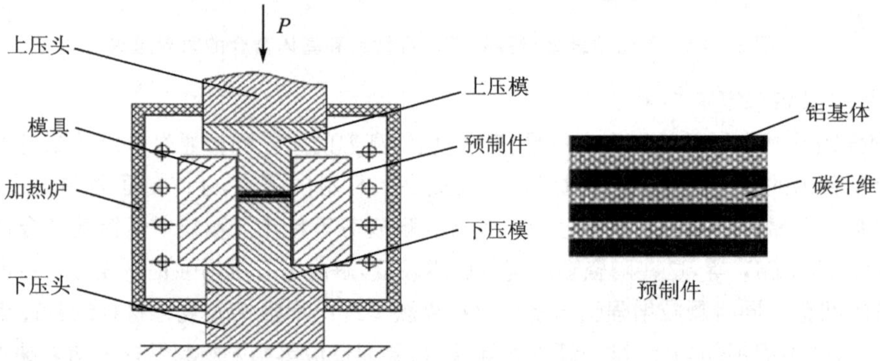

图 3-18 热压扩散法工艺示意图

(2) 热等静压法

热等静压法是热压法的一种,其所用的压力为等静压,即工件的各个方向上都受到均匀压力的作用。热等静压法的工艺步骤为:在高压容器内安放加热设备,将金属基体与增强体纤维按一定比例混合排布放入金属包套中;抽气密封后装入热等静压装置中加热、加压,得到铝基复合材料。热等静压装置示意图如图 3-19 所示。由于所用的压力是等静压,因此采用热等静压法制备出的复合材料具有组织致密、形状和尺寸精确、性能均匀的优点,但是热等静压设备较为复杂,工艺周期长,成本高。

(3) 挤压铸造法

挤压铸造法是通过压机将铝液压入纤维预制件中制备纤维增强铝基复合材料的制备方法。挤压铸造法的工艺步骤为:首先将经过表面处理的纤维预制件放入模具之中,然后倒入铝液并施加压力,促使铝液在压力的作用下渗透到纤维预制件之中,并在压力的作用下完成凝固成型,制备出复合材料零件。挤压铸造法制备原理图如图 3-20 所示。熔体渗透到预制件的

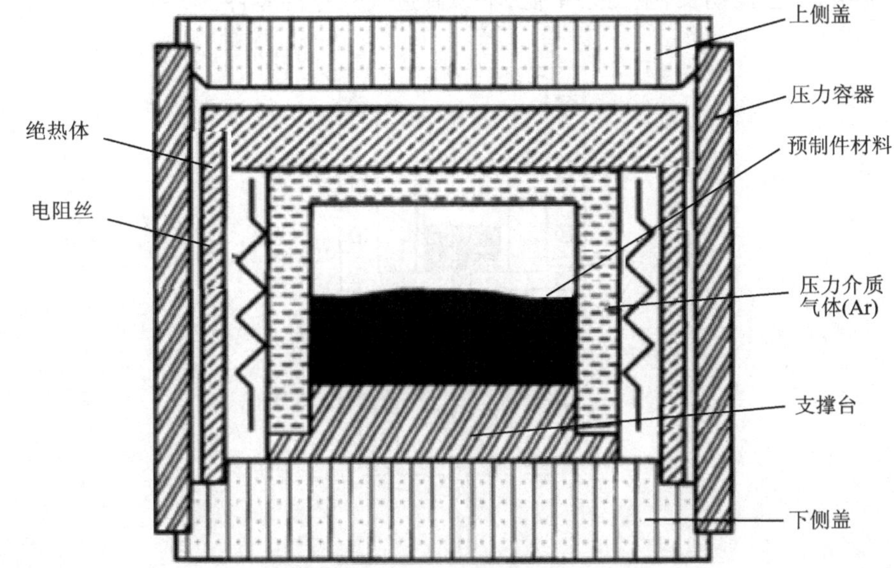

图 3-19　热等静压装置示意图

过程是整个工艺的关键,其主要参数包括加热温度、预制件性能、渗浸压力、保压时间以及冷却速度。其中预制件的性能尤为关键,不但要求疏松均匀,还要具有一定的强度以避免加压过程中发生变形。

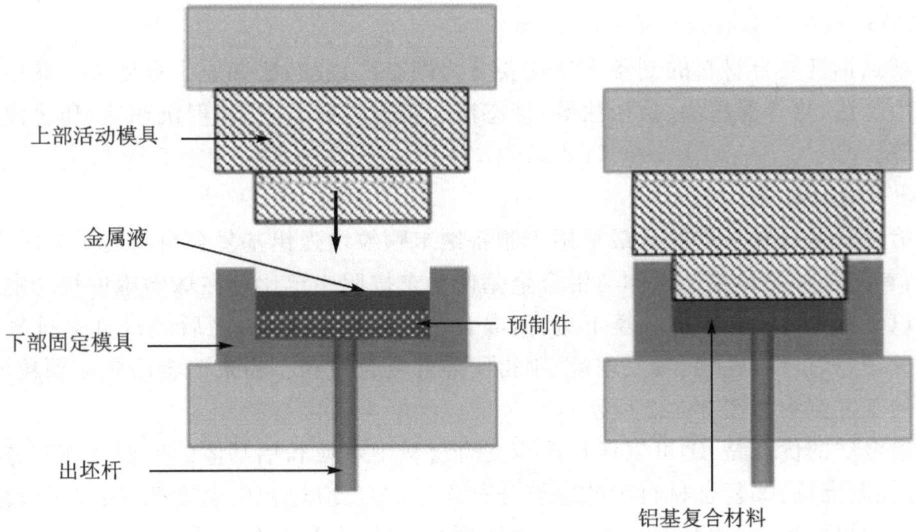

图 3-20　挤压铸造法制备原理图

(4) 真空压力浸渍法

真空压力浸渍法是在真空和惰性气体的共同作用下,使铝液渗浸到预制件中制造铝基复合材料的方法。真空压力浸渍法的具体步骤是:首先将碳纤维预制件放入模具内,然后将装置密封真空,将预制件与金属基体分别加热到所需温度并保温后通过惰性气体施加压力,将液态基体金属压入碳纤维预制件中,其原理如图 3-21 所示。制备过程在真空条件下进行,能有效防止基体金属和纤维在高温时氧化;在压力条件下凝固,因此制备的复合材料组织致密,无疏松、缩孔等铸造缺陷;制备工艺简单,参数易控制,近终成型,可实现复杂结构的零件。但该方法设备比较复杂，工艺周期长，生产效率低，不易制造大尺寸的零件。

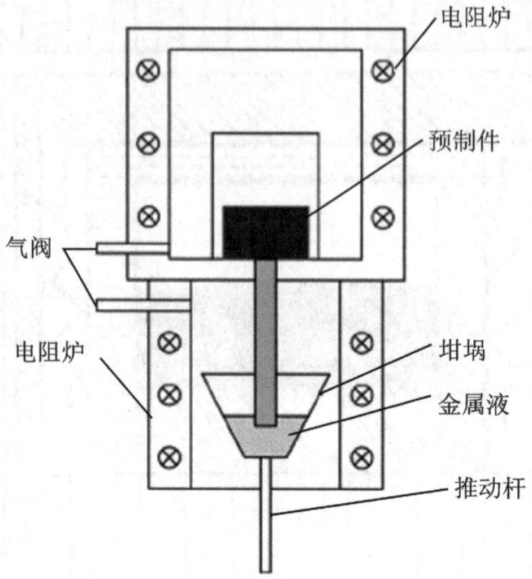

图 3-21　真空压力浸渍法制备原理图

采用真空压力浸渍法制备纤维增强铝基复合材料时，各项工艺参数对最终制备出的复合材料的性能有重要影响，工艺参数包括纤维预制件温度、熔体温度、渗浸压力、反应时间、冷却速度等。纤维预制件和熔体温度越高越有利于渗浸完全，但是在高温时纤维容易与铝基体发生界面反应，影响复合材料的力学性能。

2. 颗粒增强铝基复合材料的制备方法

颗粒增强铝基复合材料的制备方法主要分为固态法、液态法和原位自生法。其中，固态法包括粉末冶金法、热等静压法、挤压法等；液态法包括搅拌铸造法、喷射沉积法、压力浸渍法、压力铸造法等。

(1) 粉末冶金法

粉末冶金法是最常采用的且最早用于制备纳米颗粒增强铝基复合材料的工艺之一。其制备过程是：首先将陶瓷颗粒增强体与铝合金基体粉末按照一定比例在球磨罐中均匀混合，混合过程既可以干混也可以在液体环境下进行，混合之后压制成坯料，之后经过真空排气、热压烧结及后续处理(如挤压、轧制、热处理等)制得所需的复合材料。粉末冶金法制备颗粒增强铝基复合材料的工艺流程如图 3-22 所示。

粉末冶金法的优点是：①可以任意改变复合材料中颗粒和铝基体的比例及体积分数，控制方便，成分控制准确；②复合材料中的颗粒分布均匀；③反应过程中温度低，因此可以减少颗粒与基体之间的界面反应；④适用大多数增强体颗粒。其不足之处是制造工序繁多、工艺复杂、成本高。

(2) 搅拌铸造法

根据搅拌时熔体的温度，搅拌铸造法可以分为液态搅拌和半固态搅拌两种方法。液态搅拌法是使搅拌的温度保持在液相线以上，在添加颗粒的同时施加搅拌处理，搅拌之后可以直接进行浇铸。半固态搅拌法是指将搅拌的温度控制在固液相线之间，使熔体之中存在一定体积分数的固相体积分数，搅拌时存在较大的剪切力使得颗粒分布更加均匀。两种方法的基本原理都是将增强体颗粒直接加入到铝合金熔体中，通过一定速度的搅拌使颗粒均匀分散在铝熔体中，然后复合成颗粒增强铝基复合材料熔体，最后可浇铸成锭、坯、铸件等。搅拌铸造法的工

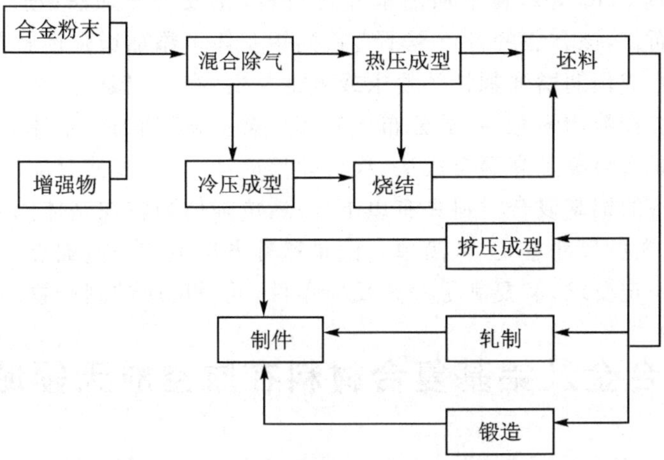

图 3-22　粉末冶金法制备工艺流程

艺过程较为简单、成本低,适用于大多数增强颗粒,可制造形状复杂的零件,是目前工业制备颗粒增强铝基复合材料的一种常见方法。其缺点是在搅拌过程中容易造成熔体氧化,熔体内引入杂质,造成熔体质量恶化、颗粒与铝合金基体界面反应、加入颗粒含量低,只能用于制备较低体积分数的复合材料。搅拌铸造法制备颗粒增强铝基复合材料工艺过程如图 3-23 所示。

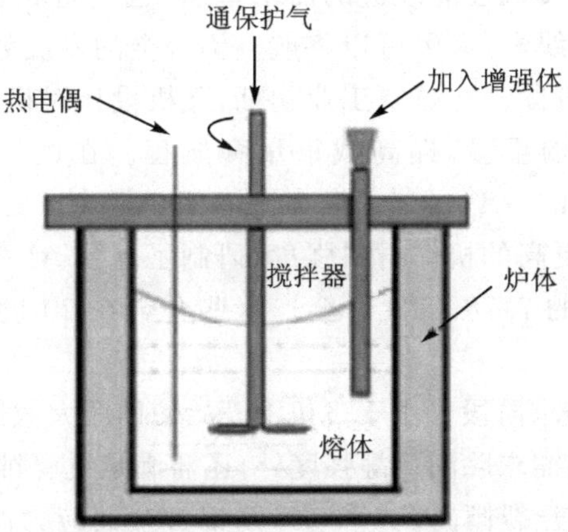

图 3-23　搅拌铸造法工艺示意图

(3) 喷射沉积法

喷射沉积法是一种将金属基体与增强颗粒在惰性气体的推动下,通过快速凝固制备颗粒增强铝基复合材料的方法。其基本原理是将熔化的铝液在高速流动的惰性气体中雾化向外喷出,同时将增强颗粒添加到雾化喷出的铝液中,使两者在沉降的过程中混合,最后共同在经过预处理的基体上沉积制得想要的复合材料。喷射沉积法制备颗粒增强铝基复合材料工艺过程包括铝合金熔化、液态铝雾化、增强颗粒加入与铝雾化流的混合、沉积和凝固。

利用喷射沉积方法制备铝基复合材料具有以下优点:增强颗粒的体积分数可以调节,增强颗粒与铝液滴接触时间极短,界面反应得到抑制、冷却速度高,增强颗粒分布均匀,组织细化,工艺简单,效率高。

(4) 原位自生法

原位自生法,是 20 世纪 80 年代中后期发展起来的一种新的复合材料制备技术。这种方

法主要用于制备 TiB_2、TiC 等颗粒增强铝基复合材料，相较于外加法（粉末冶金法、搅拌铸造法、喷射沉积法等）而言，该方法的特点是不直接向铝基体中添加增强体颗粒，而是在基体合金溶液中加入能反应生成预期增强颗粒的粉末或其他材料，在一定条件下，合金中的元素相互反应生成高硬度稳定的颗粒增强相，弥散分布于基体合金上，达到强化基体的作用。目前常用的原位自生法工艺主要有自蔓延高温合成法、混合盐反应法、熔体直接反应法、放热弥散法等。

原位自生法制备的铝基复合材料具有以下优点：增强体颗粒在基体内分布均匀，二者之间的界面干净无污染，颗粒尺寸小，工艺简单。但是这种方法也有一些缺点，主要是：对于制备复合材料的原材料有一定要求，需要满足一些反应条件，同时反应的副产物的生成难以控制等。

3.5 铝合金及铝基复合材料在航空航天领域的应用

3.5.1 变形铝合金在航空领域的应用

航空事业的发展与铝合金的发展是密不可分的。20 世纪初，莱特兄弟制造的飞机上就采用了 Al－Cu－Mn 铸造的飞机发动机的曲柄箱体。1906 年，A. Wilm 在 Al－Cu－Mg 系合金中发现时效硬化现象，使铝合金作为飞机主体结构材料成为可能。此后，铝合金作为飞机机体的主要结构材料登上历史舞台。

航空铝合金的发展既受飞机性能改进的需求牵引，也受材料自身技术发展的推动。按飞机对结构材料的需求牵引为线索，大致可以将航空铝合金的发展划分为 5 个阶段。

第一阶段，静强度需求阶段。在航空工业初期，飞机设计对机体材料的要求只是简单的高的静强度，目的在于减小结构重量，提高载重量和航程。在此期间，研制和开发了 2014 和 2017 合金，随后又研制了 2024－T3 合金，至 20 世纪 30 年代，2024 合金在飞机上得到了广泛的应用。二战期间，为获得更高的机体材料强度，研制了高强 Al－Zn－Mg－Cu 系合金 7075－T6，随后又研制了更高强度的 7178－T6 合金。这些合金在 20 世纪 60 年代以前广泛应用于民用及军用飞机上。

第二阶段，抗腐蚀性能需求阶段。由于飞机上开始使用厚大截面的结构，出现了机体结构的应力腐蚀问题，对机体材料的需求除满足静强度外，还需满足抗腐蚀性能。2024－T3、7075－T6 合金在短横向都有应力腐蚀开裂倾向。7×××系铝合金的应力腐蚀问题由于 7075－T73 的研制成功而得到解决，但同时降低了约 15％的静强度，随后又研制了在降低较小强度的条件下，可一定程度满足抗腐蚀性能要求的 T76 状态。20 世纪 60 年代，7075－T73 和 7075－T76 合金在飞机上获得广泛应用。

第三阶段，综合性能需求阶段。受飞机失效-安全设计的影响，对材料提出了高断裂韧度的要求，在这种需求牵引下，美国首先研制了 7475 合金。为进一步满足厚大截面结构强度和应力腐蚀性能的要求，美国铝业公司研制了 7050－T74 合金。20 世纪 70 年代后期，飞机设计提出了机体结构材料在具有高强度的同时应具有高的断裂韧度和优良的抗疲劳性能。美国铝业联合波音公司研制了 7050 改进型合金 7150－T6，随后，为满足腐蚀性能要求，又研制了 7150－T61。2×××系铝合金方面，美国铝业公司研制了高强 2324－T39 厚板及 2224－T3511 挤压件，以获得断裂韧度高且强度不低于 2024－T3 的高性能合金。

第四阶段，强烈的减重需求和高可靠性需求阶段。由于能源危机及为提高军机战斗力，对飞机设计提出了强烈的减重要求，另外，钛合金、树脂基复合材料逐渐兴起，铝合金面临极大的挑战，这些都大大激发了非传统铝合金的研制及传统铝合金的挖潜工作。非传统材料主要包括铝锂合金，快速凝固耐热铝合金及铝基复合材料等。在传统铝合金方面，为满足飞机减重需求，主要从提高合金比强度方面出发。美国铝业公司首先研制成功了 7150 合金的 T77 热处理状态，该状态第一次在铝合金中实现了在满足腐蚀性能的同时不降低合金强度的目标。随后，美国铝业公司又研制成功了超高强度的 7055 - T77 合金及具有优良疲劳性能的 2524 - T3 和 2197 - T861 合金。7150 - T77 合金是第一个真正意义上的高性能铝合金，实现了满足腐蚀性能、疲劳性能、断裂韧度的同时不降低合金强度的目标。这些高性能铝合金的出现极大地推动了航空铝合金的应用与发展，许多被预测需要使用复合材料和钛合金的部位结果仍选用了高性能铝合金，这在 B - 77、C - 17 和 F - 35 等飞机上得到体现。

第五阶段，降低制造成本的需求阶段。美俄冷战结束后，无论是民机还是军机，降低飞机成本的呼声越来越高。由于制造成本占飞机机体结构成本的 95%左右，因而降低制造成本成为机体材料研制的主要目标。最初始的目标是在不改变现有飞机结构设计的基础上，减少结构成本 25%，为了达到这个目标，西方国家开展的主要工作有：以整体机加工件代替锻件或多零件装配而成的结构部件，开展机翼的高温时效成形和高强铝合金的快速超塑成形，开展可焊接铝合金和铝合金焊接技术的研究，用优质铸件制造复杂构件以减轻结构重量和降低制造成本，开展低成本高性能铝锂合金研究以及开展铝基复合材料的研究等。

2024 - T3、7075 - T6 以及 7178 - T6 铝合金作为第一代铝合金的代表，在第一代和第二代战机中作为基体主要材料得到大量的应用。代表机型有 B707、B727、F - 100 以及 F4H - 1，如图 3 - 24 所示。

(a) B727客机

(b) F-100战斗机

图 3 - 24 第一代铝合金的应用

第二代铝合金的代表是 7075 - T7670 和 75 - T73，它们的出现解决了大断面构件应力腐蚀的问题，为新一代民航客机和战斗机的升级换代提供了可用材料。这些材料也在新一代大客机和三代战斗机上得到了大量的应用。典型的应用客机机型为波音公司的 B737 100 和 200 机型、B747 100、200 和 300 机型以及洛克希德 · 马丁公司的 L1001 机型，还包括 F - 14、F - 15 和 F - 111 战斗机以及两款大型军用运输机 C141 和 C5A，如图 3 - 25 所示。

第三代航空铝合金的出现是为了提高材料的断裂韧性，大幅提高飞机的安全性能。第三代航空铝合金的代表是 2 系铝合金的 2324 - T39、2224 - T3511 和 7 系铝合金的 7475、7050 - T74 以及 7050 的改进型 7150 - T6、7150 - T61。在应用方面，7475 合金的第一个用户是美国现役主力战斗机 F - 16，7050 - T74 在 F - 18 战斗机上获得大量应用，其他大量应用第三代航空铝合金的机型也都是一些著名的现役战机，如 F - 15C、F - 16C、B - 1A、台风- 2000 以及 F - 22 猛禽战斗机，其中 F - 22 猛禽为四代战机。在民用飞机方面，B767 飞机上采用了大量的 2 系铝合金 2324 和 2224，如图 3 - 26 所示。

(a) B737客机　　　　(b) F-15战斗机

图 3-25　第二代铝合金的应用

图 3-26　第三代航空铝合金在飞机上的应用

第四代航空铝合金的出现进一步提高了航空铝合金的韧性和飞机的可靠性，伴随着第四代铝合金出现的还有损伤容限这个衡量材料稳定性和飞机可靠性的概念。除了典型的 2 系和 7 系合金以外，在第四代航空铝合金中还包括第二代 Al-Li 合金。第四代航空铝合金在当前最主要的民用客机和现役最先进的战斗机上都有大量应用，典型机型有波音公司的 B737-N9、美国空军的 F-35 战斗机和 C-17 运输机以及欧盟的 A-400M 运输机，第二代 Al-Li 合金仅在俄罗斯战斗机米格-29 和苏-27 飞机上获得一定的应用，如图 3-27 所示。

第五代航空铝合金主要是为了降低飞机的制造成本和机体减重，在第二代 Al-Li 合金的基础上，逐步发展了第三代和第四代 Al-Li 合金。新的一代 Al-Li 合金性能达到了第四代 2 系和 7 系合金的水平而重量更轻，实现了对第四代航空铝合金的替代（见表 3-12）。第五代航空铝合金典型牌号包括：可以焊接的 1460、2195 合金，高韧性的 2097 和 2197 以及 2055 和 2060 合金。第四代 Al-Li 合金已经在最新的民用飞机上获得了大量的应用，比如国产的 C919 客机。2198-T8、Al-Li-S4-T8、2096-T8511、2099-T83 等三代 Al-Li 合金，在飞机的机身蒙皮、长桁、地板梁、座椅滑轨、边界梁、客舱地板支撑立柱等部件获得应用，其机体结构重量占比达到 7.4%，获得综合减重 7%的收益，在国际上属于领先水平。空客公司已经将第四代 Al-Li 合金 2055 合金应用于 A380 客机的机身纵梁、地板格栅和上翼桁条。除了民用

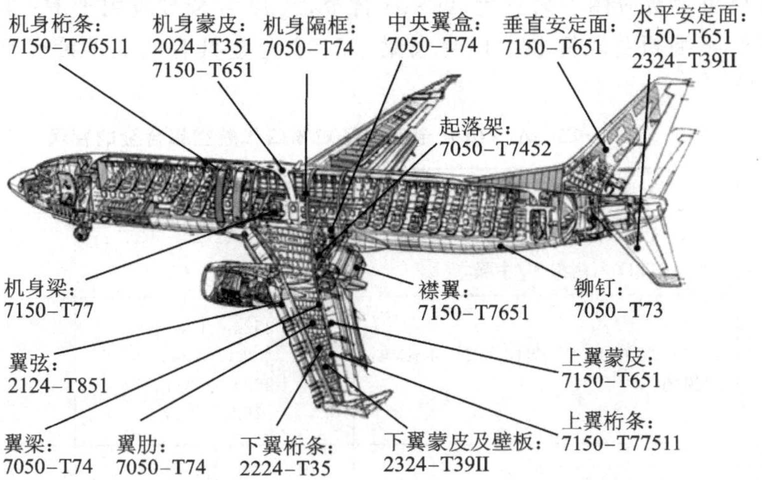

(a) B737–N9

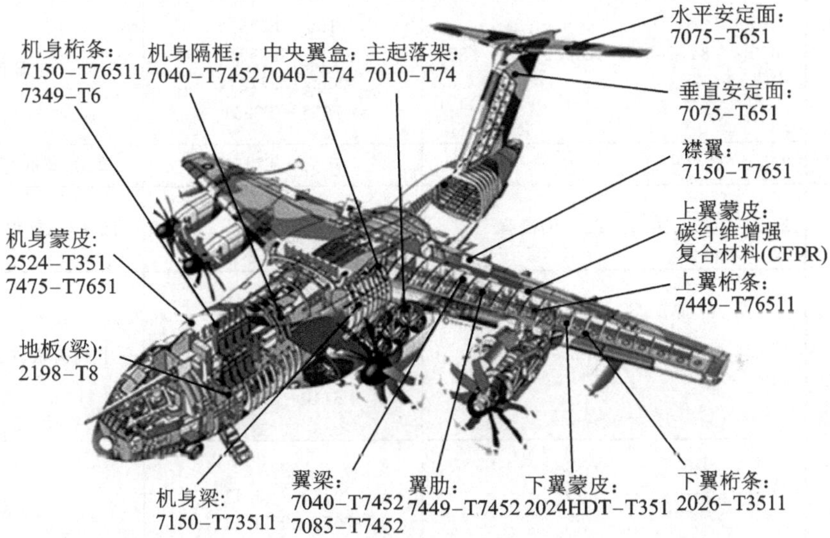

(b) A–400M

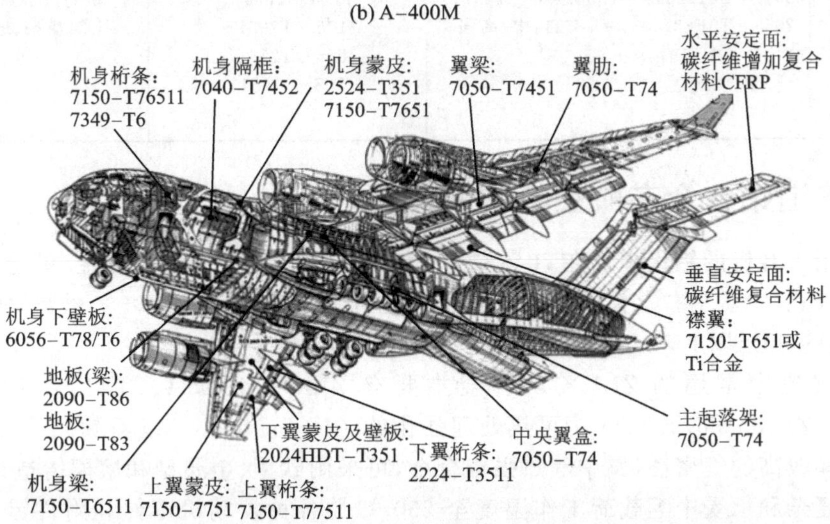

(c) C–17

图 3–27　第四代航空铝合金的应用

飞机外，战斗机也大量应用了第三代 Al-Li 合金，2197 合金被应用于 F-35 后机身整体框和壁板，以及 F-16 后机身隔框和中机身大梁。2098 合金具有较高的疲劳性能，用于制造 F-16 战机的机身。

表 3-12　Al-Li 合金实现了对第四代航空铝合金的替代

产品类型	合金：状态	被代替合金	应　用
薄板	2098-T851、2198-T8、2199-T8E74、2060-T8E30：耐损伤/中强	2524-T3、2524-T351、2024-T3	机身/机舱蒙皮
厚板	2199-T86、2050-T84、2060-T8E86：耐损伤	2524-T351、2324-T39、2624-T351、2624-T39	下翼面蒙皮
	2099-T86：中强	7050-T7451、7X75-T7XXX	机身内部构件
	2050-T84、2055-T8X、2195-T82：中强	7150-T7751、7255-T7951、7055-T7751、7055-T7951	上翼面蒙皮
	2050-T84：中强	7050-T7451	翼梁、翼肋、其他内部构建
锻件	2050-T852、2060-T8E50：高强	7175-7-T7351、7050-T7452	机身/机翼附件、窗户、框架
挤压件	2099-T81、2060-T8E50：高强	2024-T3511、2024-T4312、2026-T3511、6110-T6511	下翼檩条、机身、机舱檩条
	2099-T81、2099-T83、2196-T8511、2055-T8E83、2065-T8511：中/高强	7075-T73511、7075-T79511、7150-T6511、7175-T79511、7055-T77511、7055-79511	机身/机舱檩条、框架、上翼檩条、地板梁、座椅

3.5.2　铸造铝合金在航空领域的应用

当代民用大客机的铝化率仍在 70%左右，其中 85%以上为变形铝合金，铸造铝合金零部件的净质量仅占 15%左右。在航空航天器制造中用得最多的是 ZL1××系及 ZL2××系合金，占总用量的 95%以上。

在飞机制造中常用的 ZL1××合金主要有 ZL105、ZL105A、ZL112Y、ZL114A 以及 ZL116。其中 ZL105 和 ZL105A 为可热处理强化的 Al-Si-Cu-Mg 系铸造合金，具有良好的铸造性能和较高的气密性，属中等热强铝合金，可采用砂型、金属型和熔模铸造铸件，适于铸造形状比较复杂和承受中等载荷工作温度至 250 ℃的各种发动机零件和附件零件（气缸、机匣、油泵壳体等），是航空及其他工业部门中广泛应用的铸铝材料。ZL112Y 合金为 Al-Si-Cu 系压力铸造铝合金，具有优良的铸造性能和良好的力学性能，流动性、气密性、抗热裂性一般，该合金主要用于压力铸造，制造复杂薄壁力学性能要求高的飞机附件和仪表壳体零件等。ZL114A 合金是在 ZLl01A 合金基础上增加 Mg 含量发展起来的 A1 - Si - Mg 系高强度铸造铝合金。它既有优良的铸造性能，又有较 ZLl01A 合金更高的力学性能。在航空制造业中，利用该合金的优越特性铸造一些重要的大型薄壁结构件代替铝合金钣金。ZL116 合金为可热处理强化的 Al - Si - Mg 系铸造铝合金，是在 ZL101 合金基础上加入 Ti 和 Be 以提高合金的综合力学性能。ZL116 合金具有良好的铸造性能、可焊接性能和中等的室温力学性能，抗热裂倾向强、抗腐蚀性好、气密性好，该合金适用于砂型铸造和金属型铸造，也可以用于压铸和熔模铸造，常用来制造承载飞机零件和有气密性要求的零件。常见的 ZL1××系合金的整体精密铸件有，发动机复杂薄壁整体机匣与壳体、战斗机中进气道唇口、整体座舱盖骨架、油料管路、驾驶室仪表骨架、燃油泵壳体、整体舱门和民用飞机货舱门框、襟翼导轨等，如图 3 - 28～图 3 - 31 所示。

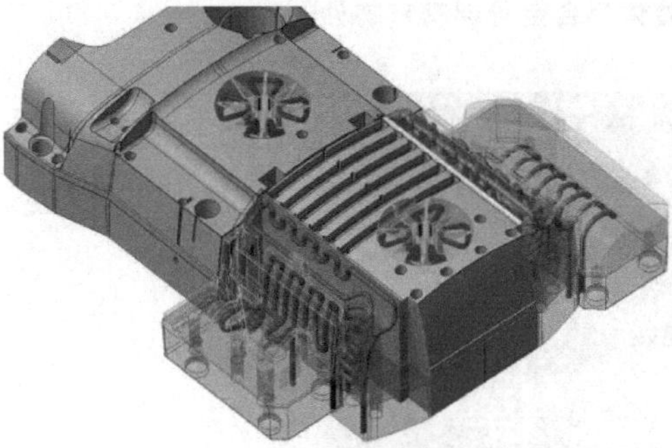

图 3 - 28　复杂薄壁航空铝合金构件

图 3 - 29　F - 16 战斗机进气道唇口

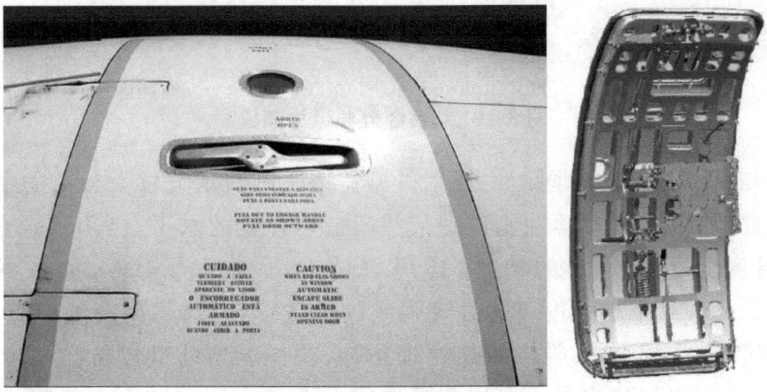

图 3 - 30　B757 客机整体精密铸造舱门

ZL2××系合金当前在航空工业中用得多的是 A1 - Cu - Mn 系的 ZL201、204A、205A 合金和 Al - Cu - Mn - RE 系的 ZL206、ZL207 合金以及 Al - Cu - Ni 系的 ZL208 合金。ZL201 为可热处理强化 A1 - Cu - Mn 系铸造铝合金，是一种常用的高强度铝合金，具有较高的室温力学性能、优良的可切削加工性和可焊性；但合金铸造性能不如 A1 - Si 系合金，有疏松、热裂倾向，不宜制造形状十分复杂的铸件，主要用于砂型铸造工作温度为 175～300 ℃的中等复杂程度以下的飞机承力构件，如挂架梁、支臂等，如图 3 - 32 所示。

ZL204A 为可热处理强化 A1 - Cu - Mn 系高强度铸造铝合金，它是在 ZL201A 合金基础上添加 Cd 和调整成分与工艺，使强度特性得到进一步提高，合金铸造、焊接、可切削加工性和

图 3-31　B767 飞机驾驶仪表整体铝合金骨架精密铸件

图 3-32　铝合金导弹挂架梁

耐腐蚀性能基本与 ZL201A 的相同。主要用砂型铸造法制造承受较大载荷的中等复杂程度以下的飞机高强度优质铸件，其力学性能达到某些锻造铝合金的水平，已用该合金代替 2A14 铝合金制造工作温度低于 200 ℃的铸件，还可以铸造飞机承力构件，如各种梁、框、肋等。ZL205A 属 Al-Cu-Mn 系高强度可热处理强化的铸造铝合金，采用高纯原材料，并添加 Ti、Cd、Zr、V 和 B 等微量元素，施以严格的热处理工艺，获得了当前世界抗拉强度最高的一种铸造铝合金，其力学性能达到某些黑色金属和锻造铝合金的水平。该合金热裂倾向和显微疏松倾向较大，但略优于 ZL201 合金的，铸造时应采用相应的工艺措施。该合金主要用于砂型铸造，也可用熔模铸造和简单零件用金属型铸造。该合金可用于承受大载荷的铸件，如飞机挂梁、框、肋、支臂及导弹连接框、火箭发动机的前裙和后裙等重要承力件。ZL206 为可热处理强化 Al-Cu-RE 系高强度耐热铸造铝合金，以稀土为主要强化元素，不仅具有突出的高温力学性能，而且兼有高的室温强度，与 ZL208 等同类合金比较，还具有成分简单和铸造工艺性能较好的特点，其他性能接近于 Al-Cu 系合金。该合金适用于砂型等铸造在 250～350 ℃温度下短时或长期工作的飞机发动机和附件零件，如机匣、壳体等。ZL207 为 Al-Cu-RE 系耐热铸造铝合金，混合稀土与其他元素形成难熔稳定的金属间化合物，分布于晶界，起高温强化作用。该合金高温力学性能优于现有的其他铸造铝合金的，可在 300～400 ℃温度下长期工作。

该合金中稀土共晶含量偏高，结晶间隔小，具有优良的铸造性能，流动性好，针孔、疏松倾向性小，气密性高，但集中缩孔倾向性大。由于该合金不能通过固溶热处理强化，其室温力学性能较低，因此适用于金属型、砂型或熔模铸造法制造耐高温（300～400 ℃）和能承受气压、液压的中小型飞机零部件，如空气分配器和电动活门壳体等，可取代某些钢或钛合金，显著减轻结构质量，降低生产成本。ZL208 合金是一种可经热处理强化、具有优良综合性能的 Al－Cu－Ni 系热强铸造铝合金，含有多种元素，除 Cu、Ni 外，还有 Co、Mn、Sb 和 Ti 等，具有优良的高温力学性能，并兼有较高的室温强度，长期使用温度为 250～300 ℃，瞬时工作温度可达 350 ℃。该合金在固溶、时效状态下使用，适于用砂型、熔模、石膏型等铸造法制造各种中、小型较复杂且对高温性能有一定要求的铸件，以及制造在 250～350 ℃温度下工作的飞机发动机零件减速机匣和输入机匣等。

3.5.3 铝合金在航天领域的应用

铝合金在航天领域也有广泛的应用，长期以来世界各国以液体火箭为动力的大型运载火箭，其箭体结构几乎毫无例外地选用铝合金制造。我国的 CZ－3A 运载火箭箭体结构如图 3－33 所示，除一/二子级级间段、卫星整流罩和卫星支架等结构分别采用了少量的 30CrMnSi 结构钢、玻璃钢、蜂窝结构和碳/环氧复合材料外，其余均采用铝合金制造。所使用的铝合金主要有一、二、三子级推进剂贮箱所用的 2A14，一子级尾段、一/二子级和二/三子级级间段采用的 2A12、7A04 和 7A09 等合金。由于火箭箭体结构材料的质量约占箭体总质量的 50％，而火箭贮箱结构材料的质量又占总体结构质量的较大比例，所以开发力学性能更好、密度更小的贮箱材料一直是国内外学者研究的重点。火箭贮箱由三部分组成，贮箱箱体部分、连接环部分和贮箱箱底部分。从运载火箭推进剂贮箱的发展历程来看，其结构选材可分为三代：第一代是铝镁合金，以 052、5A06、AMГ6 为代表；第二代是铝铜合金，以 2A14 和 2219 为代表；第三代是铝锂合金，以 2195、1460 为代表。我国成熟的贮箱材料为 2A14，最新发射的 CZ－5B 火箭贮箱材料为 2219 合金（见图 3－34），2219 合金的使用实现了火箭箭体结构减重 10％以上。美国早在“奋进号”航天飞机上应用了第三代铝锂合金 2195，俄罗斯也在“能源号”运载火箭上使用了第三代铝锂合金 1460。

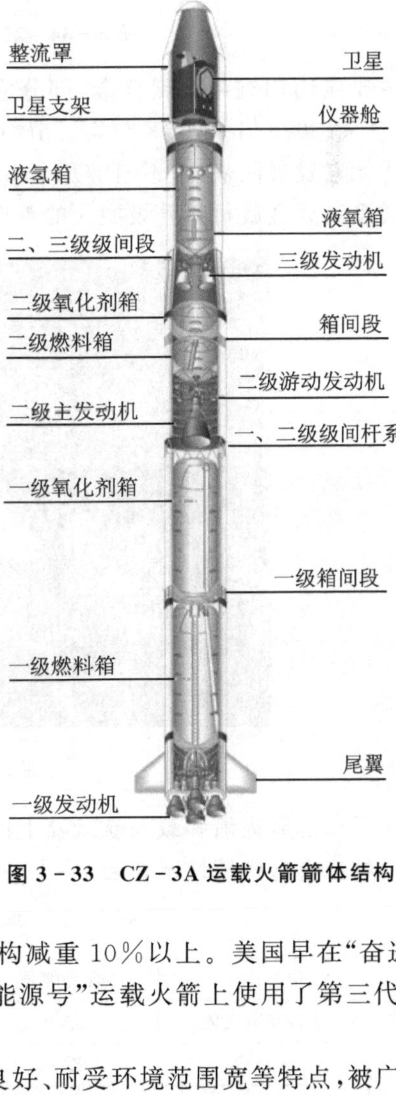

图 3－33 CZ－3A 运载火箭箭体结构

铝合金材料以其比强度高、材料性能稳定、焊接性良好、耐受环境范围宽等特点，被广泛用于大型载人密封舱主结构中，我国多次发射成功的“神舟号”飞船，由附加舱、轨道舱、返回舱和推进舱等 4 个舱段组成，其主要结构材料都是铝合金。附加舱、轨道舱和返回舱有气密性要求，采用焊接结构，材料为 5A06；推进舱为铆接结构，主要采用 2A12 制造。苏联的“联盟号”飞船、“和平号”空间站（见图 3－35），一直应用铝镁系列 AMГ6Al－Mg 合金。美国、欧洲的空

图 3-34　2219 合金在 CZ-5B 火箭上的应用

间站主要应用铝铜系列铝合金，部分应用铝镁系列铝合金，如 2014Al-Cu 系合金、2219Al-Cu 系合金、5086Al-Mg 系合金。5B70 铝合金新材料是在 5A06 基础上复合添加微量 Sc/Zr 合金化元素发展而来，它不但继承了 5A06 合金的所有优点，而且具备更高的使用性能，是未来铝镁系航天金属材料升级换代的重要备选材料。

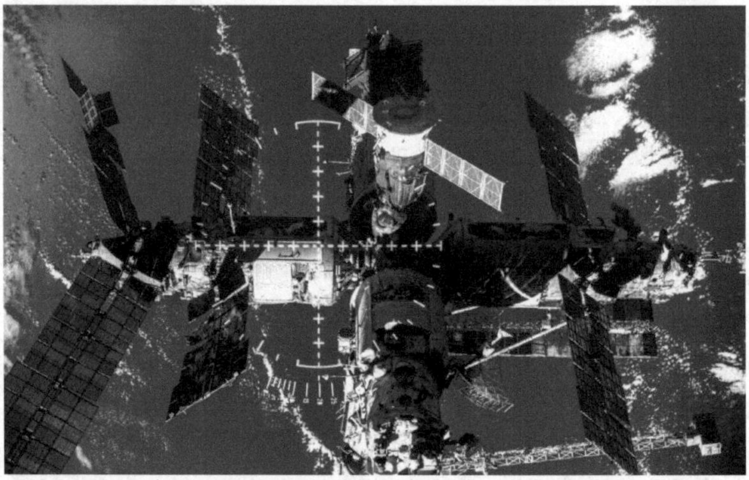

图 3-35　“和平号”空间站

除了在运载火箭和载人航天器上的应用以外，铝合金在导弹上也有大量的应用，我国某洲际导弹的铝合金使用情况如表 3-13 所列。

表 3-13　某固体洲际导弹的铝合金使用情况

应用部位	合金牌号	备　注
头部承载壳体	5A06	整体模锻件经机加工
末修舱	2A14	整体锻件经机加工
二/三子级级间段	2A14/7A04/7A09	预拉伸板材弯滚成型
一/二子级级间段	2A14	蒙皮为预拉伸板材，框为锻件经机加工后组装焊接
一级尾罩	2A14	同上
尾罩	2A14	板材旋压成型

3.5.4　铝基复合材料的应用

铝基复合材料具有质量轻、热稳定性好、剪切模量高、比强度和比刚度高、热膨胀系数低、导电导热性能好等优点，在航空航天领域有着广泛的应用前景。

硼/铝复合材料具有高的比强度和良好的比模量，以及良好的高温抗蠕变性能和持久强度，被广泛用于航天飞机机身框架及支柱、飞机起落架部件、飞机机翼蒙皮、飞机垂直尾翼、导弹构件等部件。图 3-36 所示为美军 B1-B 枪骑兵战略轰炸机，采用硼纤维增强铝基复合材料取代钛合金作为轰炸机的翼肋，既减重了 33%又降低了 43%～45%的成本。图 3-37 所示为F-18 大黄蜂战斗机，采用硼/铝复合材料取代钛合金制作风扇叶片，减重了 10%。

碳/铝复合材料具有高的比强度、比模量和良好的导热性、导电性、尺寸稳定性等优异性能，被广泛用于卫星抛面天线、卫星波导管、飞机上某些构件等对强度、重量、刚度要求很高的部件。如图 3-38 所示，我国首个拥有知识产权的国产大飞机 C919 中采用碳纤维增强铝基复合材料取代了铝合金作为部分飞机机身材料，不仅提高了材料的强度而且降低了重量。如图 3-39 所示，我国新一代静止轨道卫星“风云四号”，成功突破了代表国际前沿的高精度图像定位与配准、微振动测量与抑制等多项核心关键技术，其采用碳纤维增强铝基复合材料作为卫星天线材料，不仅降低了重量，而且具有优异的尺寸稳定性。

图 3-36　B1-B 枪骑兵轰炸机

图 3-37　F-18 大黄蜂战斗机

图 3-38　国产 C919 大飞机

图 3-39　“风云四号”气象卫星

碳化硅颗粒增强铝基复合材料作为颗粒增强铝基复合材料中的一种，因其具有优异的比强度、比模量、耐磨损、耐高温、成本低等优点，常被广泛用于制造航天器结构件及导弹、航空发

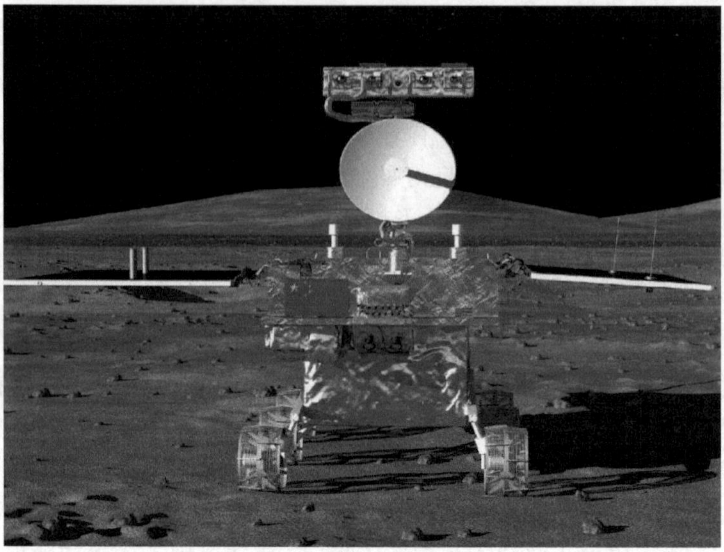

图 3-40 “玉兔二号”月球车

动机某些高温构件等。图 3-40 所示的“玉兔二号”月球车，采用碳化硅颗粒增强铝基复合材料作为月球车接触行走结构，能够承受月球表面各种苛刻复杂的服役工况条件，为“玉兔二号”月球车在月球背面行走保驾护航。图 3-41 所示的我国“天问一号”火星探测器，采用高性能碳化硅颗粒增强铝基复合材料作为机壳，满足了卫星对轻质高强结构材料的要求，有助于“天问一号”更好地开展火星探测。我国“北斗”全球导航系统卫星采用高体积分数的碳化硅颗粒增强铝基复合材料作为电源模块载体，与传统的钛合金、铝合金相比，其具有低膨胀、高热导、高弹性模量和良好尺寸稳定性等优点，能够更好地满足激光系统对结构件的高精度和高可靠性的要求。图 3-42 所示为“北斗”全球卫星导航系统示意图。

图 3-41 “天问一号”火星探测器

图 3-42 “北斗”导航卫星

习 题

1. 为什么要进行铝的合金化？
2. 铝合金可以通过哪些途径达到强化的目的？
3. 回归再时效工艺对高强铝合金的组织有哪方面的影响？

4. 简述铸造铝合金的主要类型、特点和用途。

5. 从第一代航空铝合金到第四代航空铝合金，每一代的更新解决的主要矛盾是什么？简要介绍其中的机理。

6. 铸造铝合金与变形铝合金相比，各有哪些优缺点？它们在航空航天中的应用有哪些不同？

7. 铝基复合材料的定义和分类是什么？

8. 什么是原位自生法？相较于传统的制备方法其优点是什么？

第4章　镁合金

本章思维导图

4.1　镁及镁合金的基本性质

镁元素在自然界广泛分布，是地球上储量最丰富的轻金属元素之一。英国的戴维于1808年用钾还原氧化镁制得金属镁。镁是一种银白色的轻质碱土金属，元素符号是Mg，其化学性质活泼，能与酸反应生成氢气，具有一定的延展性。镁及镁合金的基本性质有以下几种：

① 密度小。纯镁的密度只有1.74 g/cm^3，约是铝的2/3，铁的1/4，是目前实际使用中最轻的金属结构材料。

② 比强度与比刚度高。镁合金的比强度比铝合金和铁高，可以和钛合金相媲美。

③ 散热性能和阻尼减振性能好。

④ 抗电磁干扰及屏蔽性能好。

⑤ 室温塑性差。

⑥ 易燃、抗腐蚀能力差。镁的燃点约为520 ℃，远低于自身的熔点，且镁合金化学性质活泼，生成的氧化膜不致密，如图4-1所示，导致镁合金易燃且抗腐蚀能力差。

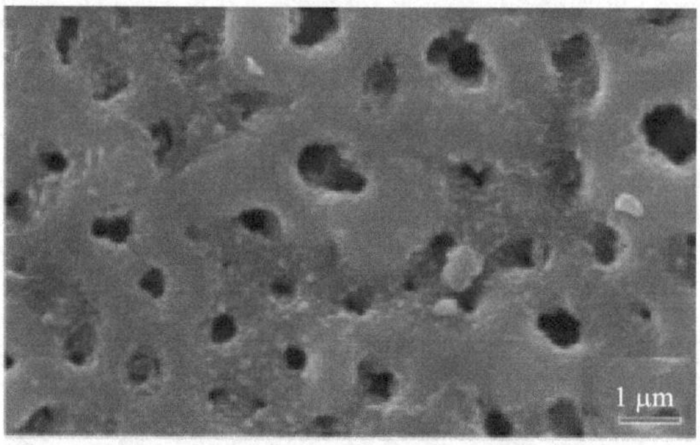

图4-1　镁合金表面氧化膜

4.2　镁的塑性变形特征

镁的晶体结构为密排六方(HCP)，$a=0.3209$ nm，$c=0.5211$ nm，其c/a约为1.624，与理论值1.633十分接近。镁的密排面为(0001)，密排方向为$<11\bar{2}0>$。当温度低于200 ℃时，镁仅有$\{0001\}<a>$基面滑移容易激活(见图4-2(a))。基面$<a>$滑移只能提供两个独立的滑移系，难以满足Von-Mises均匀塑性变形准则。除基面滑移外，还存在$\{10\bar{1}0\}<a>$柱面滑移(见图4-2(b))和$\{10\bar{1}1\}<a>$锥面滑移。$<a>$滑移只能协调晶体沿$<a>$方向的塑性变形，无法调节沿$<c>$方向的应变。此外，镁还存在$<c+a>$锥面滑移(见图4-2(c))，能够提供5个独立的滑移系，可以同时协调$<a>$方向和垂直方向的变形。然而，镁产生非基面滑移需要的临界分切应力远高于基面滑移，约为基面滑移的50～100倍，因此镁在200 ℃以下表现出较低的塑性。

孪生是镁合金中另一种重要的塑性变形方式。常见的孪晶类型有两种，分别为{10$\bar{1}$2}拉伸孪晶和{10$\bar{1}$1}压缩孪晶，此外还有二次孪生。图 4－2(d)所示为{10$\bar{1}$2}孪晶示意图。镁合金的层错能较低，在较低温度下易于形成形变孪晶。相较于位错滑移，孪生能够产生的应变较小，根据孪生类型不同一般在百分之几，对塑性变形的贡献较低。

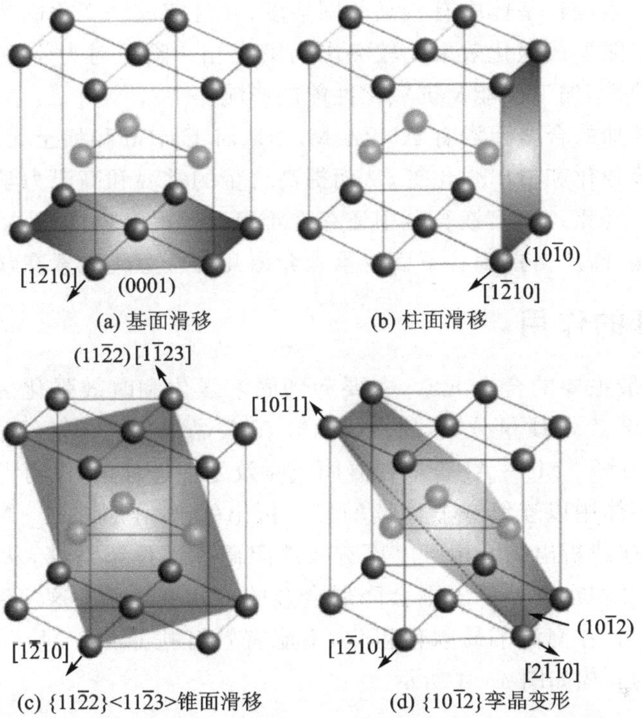

图 4－2　镁的孪晶变形示意图

滑移和孪生机制受变形温度的影响。室温下，镁合金主要的变形机制为基面滑移和孪生。随着温度升高，位错受热激活作用更容易摆脱晶格阻力而滑移，非基面位错开动的临界分切应力大大降低，孪生受到抑制，因此位错滑移是较高温度下的主要变形机制。如图 4－3 所示，纯镁单晶的基面滑移和{10$\bar{1}$2}孪晶的临界分切应力随着温度升高变化不大，一直处于较低水平，而非基面滑移和{10$\bar{1}$1}、{10$\bar{1}$3}孪晶的临界分切应力迅速降低。因此，提高温度是目前改善镁

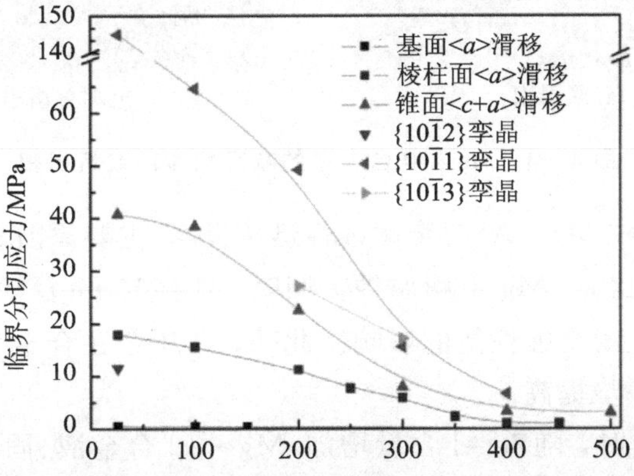

图 4－3　各滑移系和孪生系的临界分切应力随温度的变化情况

合金塑性变形能力的主要手段。

4.3 镁的合金化原理

镁合金的合金化原则和铝合金大致相同，固溶强化和时效强化是主要的强化手段。镁合金中加入的合金化元素应在基体中有较高的固溶度，并且随温度变化固溶度有明显变化，在时效过程中合金化元素能形成强化效果比较突出的第二相。除了对力学性能的影响外，还要考虑合金化元素对耐蚀性、加工性能及抗氧化性能的影响。

目前镁合金中常加的合金元素有 Al、Zn、Mn、Li、Si、Ca、Sn 和稀土元素(RE)等，这些元素的加入能够产生固溶强化和析出强化等，从而提高合金的常温和高温力学性能；有些镁合金中加入微量的 Be 和 Zr 元素；此外，镁合金中还存在难以避免的杂质元素，如 Fe、Ni、Cu 等，将降低合金的耐腐蚀性能，需严格控制。下面将重点介绍几种合金化元素在镁中的作用。

4.3.1 Al 元素的作用

Al 是镁合金中最主要的合金元素，主要起到固溶强化和时效强化的作用。Al 在 Mg 中的固溶度最大可达 12.7%(质量分数，后文同，437 ℃共晶温度)，但随温度降低固溶度显著减小，到 100 ℃时只有 2%。Mg－Al 合金在凝固或时效处理过程中，没有 GP 区或亚稳相产生，将直接从过饱和固溶体中以连续或非连续的形式析出弥散、平衡的 β－$Mg_{17}Al_{12}$ 相。与非连续析出的 β 相相比，连续析出的 β 相可以更有效地阻碍基面位错滑移，从而提高合金的强度。需要说明的是，如果 β 相在晶界析出则会降低合金的抗蠕变性能，这主要是由于 β 相与基体之间非共格，界面能高，在高温下易软化粗化，不能有效钉扎晶界。Mg－Al 合金中凝固形成的 β 相和时效析出的 β 相如图 4－4 所示。

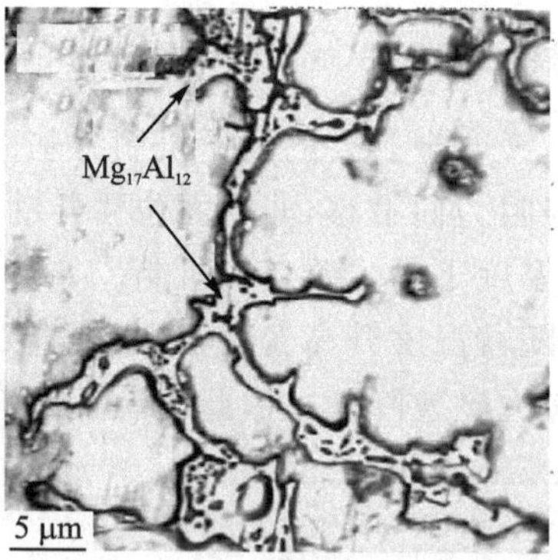

(a) 凝固相

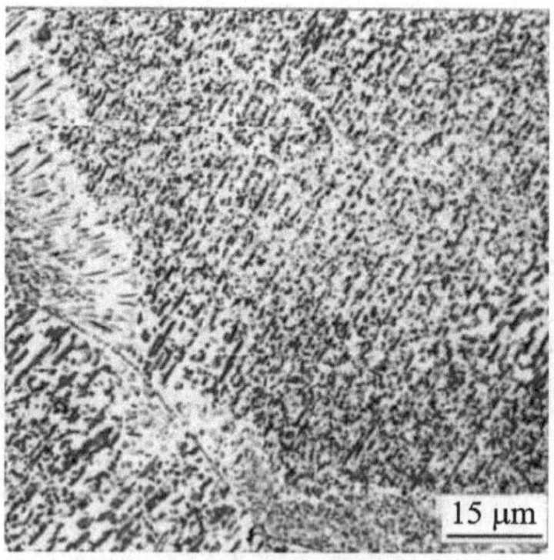

(b) 时效析出相

图 4－4　Mg－Al 合金中的凝固相和时效析出相

当 Al 含量大于 4%时，Mg－Al 合金耐蚀性迅速提高，主要原因是随 Al 含量增加，析出的 $Mg_{17}Al_{12}$ 相增多，而该相比 α－Mg 更耐腐蚀。同时，Al 会与 Fe 反应降低合金中的含 Fe 量，从而减少杂质元素对合金耐腐蚀性能的影响。此外，Al 还会在合金表面形成 Al_2O_3 保护膜，使合金的耐腐蚀性能进一步提高。

当 Al 含量小于 10%时，随着 Al 含量增加，Mg－Al 合金液、固相线温度均降低，凝固温度范围增大，合金的熔炼和浇铸温度降低，有利于减少镁合金液的氧化和燃烧，但凝固温度范围的加大又易使铸件产生缩松缺陷。

4.3.2　Zn 元素的作用

Zn 是镁合金有效的合金化元素，Mg－Zn 为重要的镁合金系。Zn 在镁中的固溶度较大，且随着温度降低显著减小，因此可以使合金产生固溶强化和时效强化效果。Zn 能增加熔体的流动性，改善铸件的品质，但有形成显微缩松的倾向。在 Mg－Al－Zn 系镁合金中，Zn 含量大于 1%时，合金的热裂倾向性增大。此外，Zn 有助于减少 Fe、Ni 等杂质元素对合金耐腐蚀性能的影响，但当 Zn 含量大于 2.5%时，合金的防腐蚀性能会下降，因此原则上 Zn 含量一般控制在 2%以下。

Mg－Zn 系合金的时效过程比较复杂，存在预沉淀阶段。在 110 ℃以下，观察到 GP 区→β′→β($MgZn_2$)。在 110 ℃以上，不形成 GP 区，而是 α→β′→β($MgZn_2$)。β′为亚稳定过渡相，具有与 $MgZn_2$ 同样的结构，稳定性较高。在 523 K 时效时，可保持到 5 000 h。

4.3.3　Mn 元素的作用

相比于其他元素，Mn 在 Mg 中的固溶度较低，从 Mg－Mn 二元相图(见图 4－5)可以看出，Mn 几乎不固溶于 α－Mg 相。因此镁合金中 Mn 含量一般都小于 1.5%，其中 Mg－Al 系镁合金中 Mn 含量在 0.3%左右。随着 Mn 含量增加，会析出粗大 Al_8Mn_5 相，降低合金的塑性。在镁合金中加入 Mn 主要为了提高合金的耐蚀性能和改善合金的焊接性能，因为 Mn 能与镁合金中的 Fe 或其他重金属元素形成化合物，消除这些元素对镁合金耐蚀性的有害影响。一般用于耐腐蚀性场合的 Mg－Al 系合金中都含有一定量的 Mn 元素。

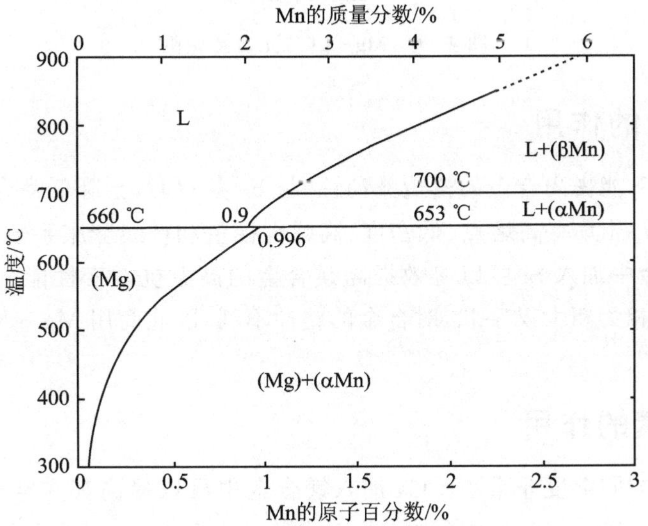

图 4－5　Mg－Mn 二元相图

4.3.4　Li 元素的作用

Li 是最轻的金属(密度为 0.55 g/cm^3)，与 Mg 组成合金构成迄今最轻的金属材料。Mg－Li 二元相图如图 4－6 所示。可以看出，Li 在镁中的固溶度较大，但随温度下降固溶度变化不大。随着 Li 含量的增加，Mg－Li 合金的晶体结构将发生改变，在共晶温度 592 ℃时发生共晶反应：L→α－Mg＋β－Li。α 和 β 相分别是以 Mg 和 Li 为基的固溶体，β－Li 为体心立方结构，塑性较好。当 Li 含量为 5.7%以下时，合金为密排六方结构的 α－Mg 固溶体；当 Li 含量为

5.7%～10.3%时，合金为α＋β两相组织；当Li含量超过10.3%时，则形成完成由体心立方结构组织的β固溶体。随着β相含量的增加，Mg－Li合金的塑性明显改善，α＋β具有超塑性。Mg－Li合金的主要问题是耐腐蚀性能低于一般镁合金；其次是性能不稳定，在稍高的温度（50～70 ℃）下就过时效而不稳定，并导致在较低载荷下发生过度蠕变。但Mg－Li合金是超轻合金，由于这一特性，必然促使人们通过合金化或其他途径进行改进和提高。

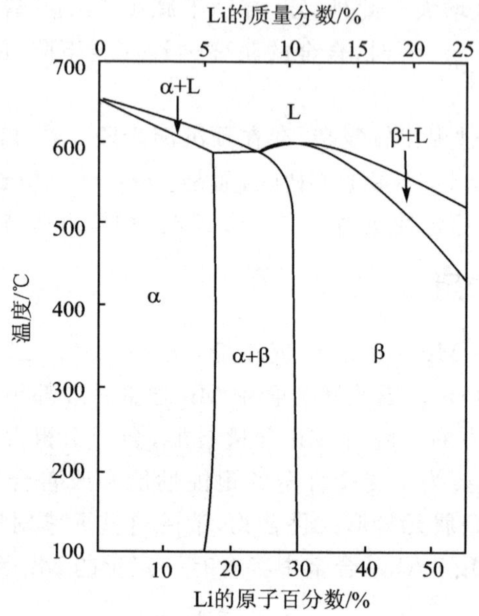

图 4－6　Mg－Li二元合金相图

4.3.5　Si元素的作用

镁合金中添加Si能提高合金的铸造流动性，与Fe共存时，会降低镁合金的抗蚀性。添加后合金中生成的Mg_2Si具有高熔点、低密度、高弹性模量和低线膨胀系数，是一种有效的强化相。在Mg－Al合金中加入Si可以有效提高镁合金的高温抗蠕变性能。但是在较低的凝固冷却速率下，Mg_2Si相为粗大汉字状，对合金的塑性不利，因此商用Mg－Al－Si耐热镁合金一般通过压铸工艺生产。

4.3.6　Ca元素的作用

Ca在镁合金中的固溶度非常小。Ca加入镁合金中可以提高其在空气中的燃点，起到明显晶粒细化作用。在Mg－Al合金中加Ca，形成Al_2Ca化合物，具有与镁相似的六方晶体结构，与基体形成牢固的界面，Al_2Ca的热稳定性和界面结合力强并在晶界起到钉扎作用，从而能提高合金的蠕变抗力。

4.3.7　稀土元素的作用

稀土元素具有独特的核外电子结构，在镁合金中起着独特的作用，例如净化合金熔体、细化合金组织、提高合金力学性能和耐腐蚀性能等。稀土原子与镁原子的半径之差相似，但又互不相同，因此在镁中的固溶度各异。其中，稀土镁合金中较为常用的合金化元素Ce、La等轻稀土元素在镁中的固溶度较小，主要以第二相的形式存在；而Y、Gd在镁中具有很高的固溶度，可以起到固溶强化和析出强化的作用。这些析出相与镁基体存在共格关系，且具有很高的热稳定性，在高温长时间时效后仍具有较小的尺寸(见图 4－7)，因此可以显著提高镁合金的耐热性能。

(a) 短时间时效组织　　(b) 长时间时效组织

图 4－7　稀土镁合金短时间和长时间时效显微组织

稀土与 Mg、Al 和其他合金元素（如 Zn、Zr、Mn)形成高熔点、热稳定性好的金属间化合物。例如，RE 元素能与合金中的 Al 结合生成 Al－RE 化合物，Al－RE 化合物具有较高的熔点，而且这些化合物在镁基体中的扩散速度慢，表现出很高的热稳定性，可有效钉扎住晶界阻碍晶界滑动，实现镁合金的弥散强化，从而提高耐热、抗高温蠕变等性能。此外，在含有 Gd、Y 等稀土元素的镁合金中若同时存在 Zn 元素，将可能形成一种长周期堆垛有序(LPSO)结构第二相。LPSO 相的形成会增加基面的临界剪切应力(CRSS)，激活$<c+a>$型位错的锥面滑移，从而提高其塑性。同时 LPSO 相结构本身拥有较好的容纳和协调变形能力，可以减少裂纹的产生和扩展。

4.3.8　Zr 元素的作用

Zr 在镁中的固溶度很小，在包晶温度下仅为 0.58%(质量分数)，具有很强的晶粒细化作用(见图 4－8)。Zr 可以添加到含锌、稀土、钍或这些元素的合金中充当晶粒细化剂。由于只有固溶体中的 Zr 用于晶粒细化，因此 Zr 不能添加到含铝的合金中，因为它能同这些元素形成稳定的化合物而从固溶体中分离出来。此外，Zr 也能与熔体中的铁、硅、碳、氮、氧和氢等形成稳定的化合物。

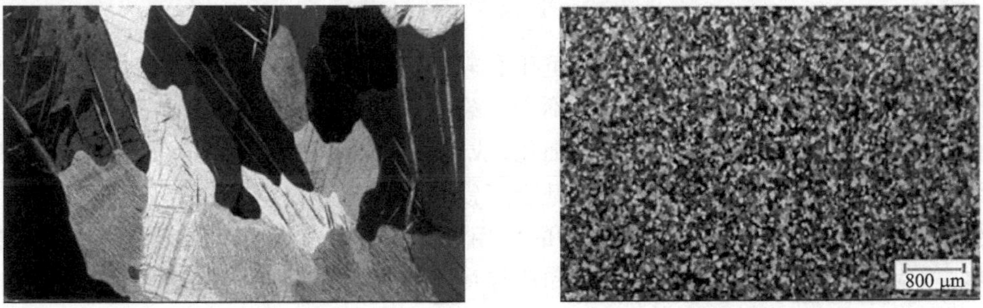

(a) 纯　镁　　(b) Mg-0.56%Zr

图 4－8　不同合金的显微组织对比

4.4 镁合金的分类和牌号

4.4.1 镁合金的分类

镁合金的分类方法有很多种,可以通过添加合金元素的种类及含量、功能、成型工艺等各种方法进行分类。按成型工艺,镁合金可分为铸造镁合金和变形镁合金两大类,详细分类如图 4-9 所示。

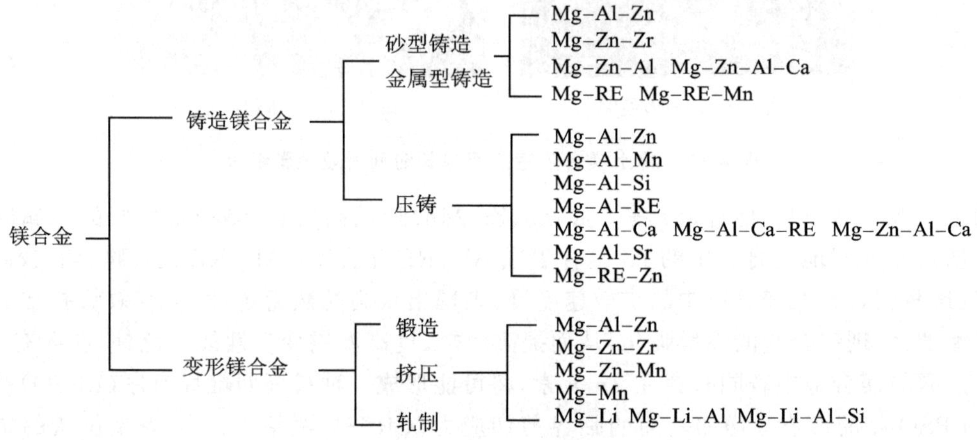

图 4-9 镁合金的分类

1. 铸造镁合金

铸造镁合金是目前应用最多的镁合金,其铸造方法主要有:砂型铸造、金属型铸造、低压铸造和高压铸造等。铸造镁合金具有优良的铸造性能和切削加工性能,常用于航空发动机、直升机传动系统等的机匣及壳体类零部件以及汽车、3C 产品的零部件等,能够很好地满足零件对材料的性能要求。民用领域的铸造镁合金多采用压铸工艺生产,其铸造特点是生产效率高、精度高、表面质量好、铸态组织优良、可生产薄壁及复杂形状的构件等。目前,常见的铸造镁合金有 Mg-Al、Mg-Zn 和 Mg-RE 等系列。然而,铸造镁合金的力学性能不够理想,产品形状尺寸存在一定的局限性且容易产生组织缺陷,导致镁合金的使用性能和应用范围受到很大限制。

2. 变形镁合金

变形镁合金的加工方式主要有锻造、挤压和轧制。由于镁合金通常为密排六方结构,常温下变形非常困难,为了得到较大变形量而不产生裂纹,镁合金通常采用热加工处理。与铸造镁合金相比,经过变形后的镁合金组织得到细化,成分更均匀,内部更致密,可获得更高的强度、更好的延展性及更多样化的力学性能,而且变形镁合金的比强度也优于其他金属材料,如铝合金、钢材等,因此能够满足不同场合结构件的使用要求。然而,镁合金的塑性加工性能差,变形加工成本高,大多数变形镁合金存在拉伸和压缩屈服不对称等问题,导致变形镁合金的应用并不广泛。目前常用的变形镁合金主要有 Mg-Al、Mg-Zn-Zr、Mg-Mn、Mg-Li 和 Mg-RE 等系列。

4.4.2　镁合金的牌号

镁合金的标记方法有很多种，各国标准不一。目前国际上一般采用美国材料试验协会(ASTM)使用的方法来标记镁合金。根据 ASTM 标准，镁合金的标记由牌号和状态组成。ASTM 牌号命名法规定镁合金名称由字母-数字-字母三部分组成。第一部分由 1～2 种主要合金元素的代号组成，按含量高低顺序排列，含量高的化学元素在前，如果两种元素的含量相同，则按英文字母的先后顺序排列，各合金元素的代号如表 4-1 所列。第二部分由主要合金元素的质量百分数组成，按元素代号顺序排列，质量分数"四舍五入"到最接近的整数。第三部分后缀字母 A、B、C、D、E 等是指在成分和特定范围纯度的变化，同时也表示合金发展的不同阶段。如 AZ91E 表示主要合金元素为 Al 和 Zn，其质量百分数分别为 9% 和 1%，E 表示 AZ91E 是含 9%Al 和 1%Zn 合金系列的第五位。

表 4-1　镁合金中合金元素代号

代　号	英文名称	中文名称	代　号	英文名称	中文名称	代　号	英文名称	中文名称
A	Al	铝	F	Fe	铁	N	Ni	镍
B	Bi	铋	H	Th	钍	P	Pb	铅
C	Cu	铜	K	Zr	锆	Q	Ag	银
D	Cd	镉	L	Li	锂	R	Cr	铬
E	RE	稀土	M	Mn	锰	S	Si	硅
T	Sn	锡	Y	Sb	锑	Z	Zn	锌
W	Y	钇						

ASTM 镁合金标记方法中还包括表示镁合金状态的代码系统，由字母外加一位或多位数字组成(见表 4-2)。合金代码后为状态代码，以连字符分开。如 AZ91D-T 表示热处理态 Mg-9Al-Zn 合金。

表 4-2　镁合金牌号中的状态代码

代　码		性　质	代　码		性　质
一般分类	F	铸态	T 细分	T1	冷却后自然时效
	O	退火、再结晶(对锻造产品而言)		T2	退火态(仅指铸件)
	H	应变硬化		T3	固溶处理后冷加工
	T	热处理获得不同 F、O 和 H 的稳定性质		T4	固溶处理
	W	固溶处理(性质不稳定)		T5	冷却和人工时效
H 细分	H1	应变硬化		T6	固溶处理和人工时效
	H2	应变硬化和部分退火		T61	热水中淬火和人工时效
	H3	应变硬化后稳定化		T7	固溶处理和稳定化处理
				T8	固溶处理、冷加工和人工时效
				T9	固溶处理、人工时效和冷加工
				T10	冷却、人工时效和冷加工

我国对镁合金的标记方法比较简单，用两个汉语拼音字母和其后的合金顺序号(阿拉伯数字)组成。依据前两个汉语拼音字母将镁合金分为 4 类：变形镁合金、铸造镁合金、压铸镁合金和航空镁合金。合金的顺序号表示合金之间的化学成分差异。变形镁合金用 MB 两个汉语拼

音字母表示，M 表示镁合金，B 表示变形；铸造镁合金用 ZM 两个汉语拼音字母表示，Z 表示铸造，M 表示镁合金；压铸镁合金虽然也属于铸造镁合金，但还是专用两个汉语拼音字母 YM 来表示，Y 表示压铸，M 表示镁合金。用于航空的铸造镁合金与其他铸造镁合金在牌号上略有区别，即 ZM 两个字母与代号的连接加一个连字符。如，1 号铸造镁合金用 ZM1 表示，2 号变形镁合金用 MB2 表示，5 号压铸镁合金用 YM5 表示，5 号航空铸造镁合金用 ZM－5 表示。可见，我国对镁合金标记的特点是按成型工艺划分镁合金的。表 4－3 所列为常见镁合金国内外牌号对照表。

表 4－3　常见镁合金国内外牌号对照表

中国(YB)	美国(ASTM)	英国(BS)	德国(DIN)	日本(JIS)	苏联(TOCT)	法国(NF)
变形镁合金						
MB1	M1A	MAC101	MgMnZ	—	MA1	G－M2
MB2	AZ31B	MAC111	MgAl3Zn	—	MA2	—
MB3	—	—	—	—	MA2－1	—
MB5	AZ61A	MAC121	MgAl6Zn	AZ61A	MA1	—
MB6	AZ63A	—	MgAl6Zn3	—	MA1	—
MB7	AZ80A	—	MgAl8Zn	—	MA1	—
MB8	—	—	—	—	MA8	—
MB14	—	—	—	—	MA17	—
MB15	ZK60A	MAC161	MgZn6Zr	—	BM65－1	—
铸造镁合金						
ZM5	AZ81A	MAG1	G－MgAl18Zn1	—	MJ15	GA8Z
	AZ91C	3L122	G－MgAl19Zn1			GA9Z
ZM10	AM100A	MAG3 3L125	G－MgAl19Zn1	—	AMJ16	GA9Z

4.5　典型镁合金的组织与性能

4.5.1　铸造镁合金

1. Mg－Al 系

Mg－Al 系镁合金由于具有优良的铸造性能、较高的室温力学性能和优异的腐蚀抗性，成为合金牌号最多且应用最广泛的铸造镁合金。图 4－10 所示为 Mg－Al 二元合金富镁端相图以及合金的力学性能随 Al 含量及热处理条件的变化情况。图中，P 为屈服强度；U 为抗拉强度；E 为延伸率。Mg－Al 系铸造合金组织在平衡态是由 α－Mg 和 β－$Al_{12}Mg_{17}$ 相组成的，β 相的含量随着铝含量的增加而增多。大部分 Mg－Al 铸造镁合金含有 8%～9%（质量分数）的 Al，为了提高合金的强度及耐腐蚀性能，通常会在合金中加入少量 Zn 和 Mn 元素，构成 Mg－Al－Zn(AZ)和 Mg－Al－Mn(AM)系列。表 4－4 所列为典型 Mg－Al 系铸造镁合金的室温力学性能。

表 4-4　典型 Mg-Al 系镁合金的室温力学性能

ASTM 牌号	名义组成								加工工艺	拉伸性能			特性
	Al	Zn	Mn	Si	Ca	Sr	RE (MM)	Sn		屈服强度 /MPa	抗拉强度 /MPa	延伸率 /%	
AZ63	6	3	0.3						砂型铸造	75	180	4	良好的室温强度及韧性
									T6	110	230	3	
AZ81	8	0.5	0.3						砂型铸造	80	140	3	含 0.05Be 的强韧渗漏铸造，用于压铸
									T4	80	220	5	
AZ91	9.5	0.5	0.3						砂型铸造	95	135	2	一般合金采用砂型铸造及压铸
									T4	80	230	4	
									T6	120	200	3	
									金属型铸造	100	170	2	
									T4	80	215	5	
									T6	120	215	2	
AM50	5		0.3						压铸	125	200	7	高压压铸
AM20	2		0.5						压铸	105	135	10	良好的塑性及冲击强度
AM41	4		0.3	1					压铸	135	225	4.5	150 ℃下良好的蠕变性能
AM21	2		0.4	1					压铸	110	170	4	150 ℃下良好的蠕变性能
AE42	4		0.3				2		压铸	122	238	12	150 ℃下良好的蠕变性能
AE44	4		0.3				4		压铸	130	252	13	150 ℃下良好的蠕变性能
AJ52	5		0.3			2			压铸	126	231	9	150 ℃下良好的蠕变性能
AXJ530	5		0.3		3	0.2			压铸	188	242	4	150 ℃下良好的蠕变性能
AXJ810	8		0.3		1.1	0.3			压铸	162	240	7	150 ℃下良好的蠕变性能
AXJT7201	6.5		0.3		2	0.4		1	压铸	180	221	4	150 ℃下良好的蠕变性能
EZ41		0.5					3.7		压铸	175	186	4	150 ℃下良好的蠕变性能

在铸造条件下，Al 含量大于 2%(质量分数)的合金中将形成 β 相。随着 Al 含量的增加，网状的 β 相将在晶界处形成，当 Al 含量达到 8%时，合金的塑性迅速下降。图 4-11(a)所示为典型的 AZ80A 镁合金铸造组织。在冷却速率较慢的铸造条件下，晶界处为不连续的 β 相，形成类似于珠光体组织，如图 4-11(b)所示。不连续的片状 β 相对合金的抗蠕变性能不利，

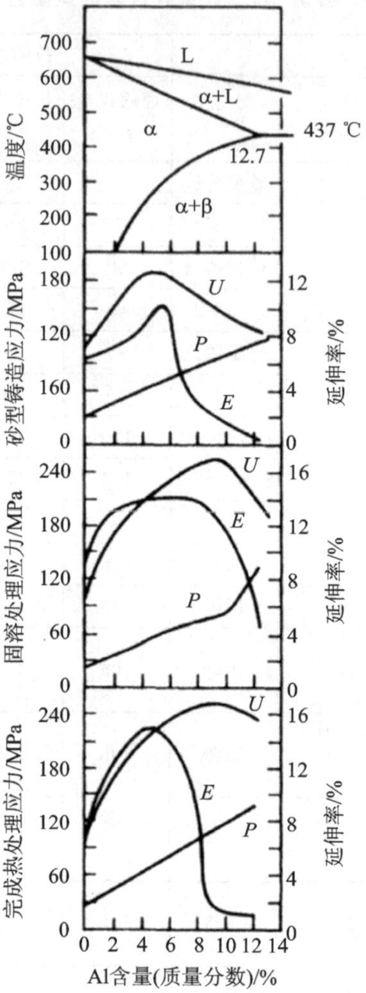

图 4-10　Mg-Al 二元合金富镁端相图以及力学性能随 Al 含量的变化情况

为此在 Mg-Al 合金中添加微量 Ag 元素(约 0.1%,原子百分数),可以抑制不连续 β 相析出,提高合金的蠕变抗力。此外,在 Mg-Al 合金中添加高含量的 Zn 元素也可以抑制不连续 β 相形成,但 Mg-Zn-Al 合金仅表现出中等的蠕变抗力。

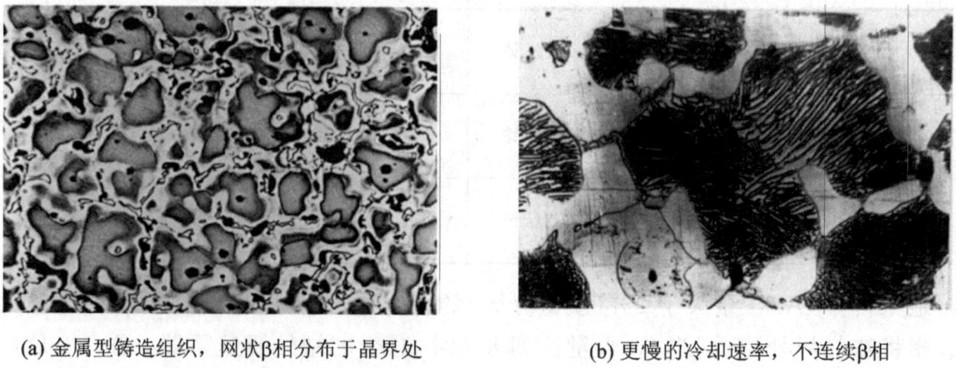

(a) 金属型铸造组织,网状β相分布于晶界处　　(b) 更慢的冷却速率,不连续β相

图 4-11　AZ80 铸造镁合金的显微组织

Zn 元素加入 Mg－Al 合金中可以产生较好的强化效果，然而由于 Zn 元素会增加合金的热裂倾向，因此需要控制在较低的含量。Zn 的实际添加量与 Al 含量成反比，例如 AZ91 成分为 Mg－9Al－0.7Zn－0.2Mn，而 AZ63 成分为 Mg－6Al－3Zn－0.3Mn。Mg－Al－Zn 合金最典型和常用的镁合金是 AZ91D。随着 Zn 含量的增加，合金中 β 相会转变为 $Mg_xZn_yAl_z$ 三元相，例如 AZ63 合金除 β 相以外，还含有 $Mg_3Zn_2Al_3$ 三元化合物。

由于 Al 在镁中的固溶度随着温度的降低逐渐下降，由 437 ℃时最大固溶度 12.7%下降到室温下约为 2%（质量分数），Mg－Al 合金理论上应具有较高的时效硬化能力。然而，在热处理过程中 β 相直接从过饱和固溶体中析出，并未形成 GP 区和亚稳相。β 相主要以粗大的棒状在基面析出，导致合金的时效硬化能力较弱。因此，传统的 Mg－Al－Zn 和 Mg－Al－Mn 合金一般以铸态或铸造退火态条件使用。

为了改善镁合金的特定性能，人们开发了适合于压铸生产的 Mg－Al 系镁合金。针对高塑性和高断裂韧性的应用需求，一系列高纯净及低 Al 含量的合金被开发，如 AM20、AM50 和 AM60，其性能的提升主要归因于晶界处 β 相的数量减少。

Mg－Al－Zn 和 Mg－Al－Mn 系镁合金虽然具有优良的铸造性能、较高的室温强度以及良好的耐腐蚀性能，但是这两类合金只适用于温度低于 120 ℃的服役条件。这是由于高温条件下镁合金蠕变变形主要以晶界滑移为主，而 Mg－Al 合金中 β 相的熔点仅有 460 ℃，容易发生软化无法钉扎晶界。为了提高 Mg－Al 合金的蠕变性能，可以将 Al 含量控制在较低范围以降低 β 相的数量，并同时添加 Si 元素形成高熔点和高硬度的 Mg_2Si 相，由此开发了商用 AS41（Mg－4Al－1Si－0.3Mn）、AS31（Mg－3Al－1Si－0.3Mn）和 AS21（Mg－2Al－1Si－0.3Mn）合金。由于慢速冷却条件下容易形成粗大汉字状 Mg_2Si 相，导致合金的塑性很低，因此 Mg－Al－Si 合金只适用于凝固冷却速度较快的压铸生产。图 4－12 所示为商用 Mg－Al 系压铸镁合金在 100 h 及应变量 0.1%时的持久强度随温度的变化情况。从图中可以看出，AS21 具有比 AS41 更好的抗蠕变性能，但由于 Al 含量较低，AS21 合金的流动性差，较难铸造成型。

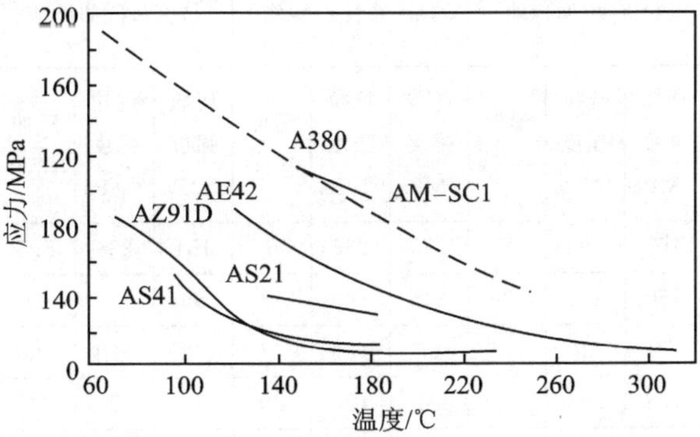

图 4－12　压铸 Mg－Al 系商用镁合金蠕变应力随温度的变化情况

如图 4－12 所示，Mg－Al－Si 合金的蠕变性能仍低于商业压铸铝合金，如 A380 等。为此，研究人员通过添加稀土元素和碱土元素 Ca、Sr 等开发了 Mg－Al－RE、Mg－Al－Ca、Mg－Al－Sr、Mg－Al－RE－Ca 和 Mg－Al－Ca－Sr 等系列耐热镁合金，如 AE42、AE44、AX81、AJ52、AXE522、AXJ530 等。稀土和碱土金属能够提高 Mg－Al 合金的耐热性能的原因在于它们与 Al 元素具有较强的亲和力，在高温凝固过程中 Al 元素优先于稀土或碱土金属元素反应形成高热稳定性的 $Al_{11}RE_3$、Al_2Ca 和 Al_4Sr 等含铝的金属间化合物，从而抑制了低熔点 β 相的形成。如图 4－13 所示，这些金属间化合物主要分布在晶界，高温下可以阻碍晶界的滑移,从而提高合金的高温力学性能。

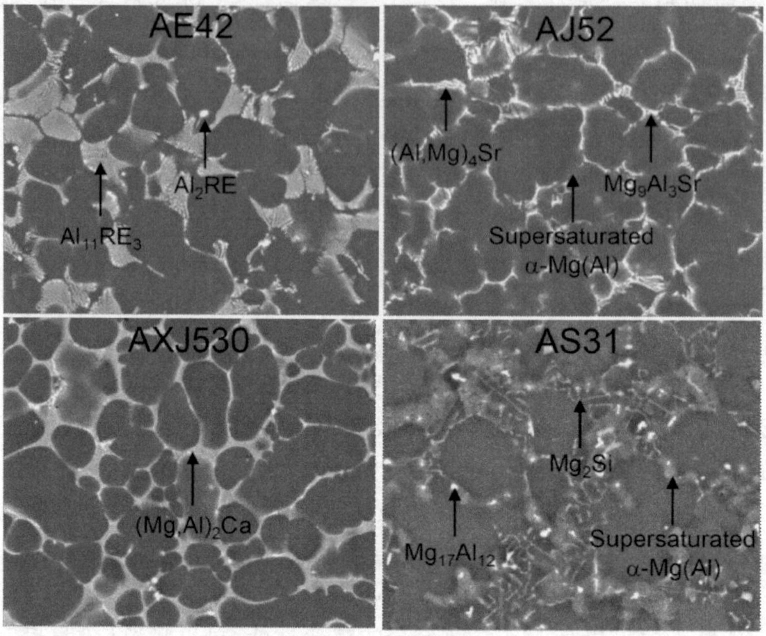

图 4-13　典型 Mg-Al 系耐热镁合金的显微组织

为了避免粗大金属间化合物的形成,上述 Mg-Al 系耐热镁合金一般只用于压铸工艺生产。表 4-5 所列为典型耐热镁合金在不同温度下的力学性能对比。可以看出,这些合金的抗蠕变性能明显优于 AZ91D 合金,150 ℃时的蠕变性能与 A380 压铸铝合金相当。

表 4-5　典型 Mg-Al 系耐热镁合金的力学性能对比

合　金	成　分	20 ℃拉伸性能			150 ℃拉伸性能			175 ℃拉伸性能			50 MPa/200 h 拉伸蠕变率		盐雾腐蚀速率
		屈服强度/MPa	抗拉强度/MPa	延伸率/%	屈服强度/MPa	抗拉强度/MPa	延伸率/%	屈服强度/MPa	抗拉强度/MPa	延伸率/%	150 ℃	175 ℃	(mg·cm^{-2}·d^{-1})
A380	Al-8.5Si-3.5Cu	168	290	3	155	255	6	151	238	8.5	0.08	—	0.34
AZ91D	Mg-9Al-1Zn	150	222	3	105	160	18	89	138	21	2.7	—	0.10
AS21	Mg-2Al-1Si	121	210	5.5	87	120	27	78	110	23	0.19	1.27	—
AS41	Mg-4Al-1Si	138	206	5	94	154	20	85	127	22	0.05	2.48	0.16
AE42	Mg-4Al-2RE	137	225	10.5	100	160	22	86	135	23	0.06	0.33	0.21
AX51	Mg-5Al-1Ca	128	192	7	102	161	7	—	—	—	—	—	—
AX52	Mg-5Al-2Ca	161	228	13	—	—	—	—	—	—	—	—	—
AJ52	Mg-6Al-2Sr	134	212	6	108	164	14	100	141	18	0.04	0.05	0.09
AJ62	Mg-9Al-2.2Sr	143	240	7	116	166	27	103	143	19	0.05	0.05	0.11
MRI153M	—	170	250	6	135	190	17	112	139	3.5	0.18	—	0.09
MR1230D	—	180	235	5	150	205	16	—	—	—	—	—	0.10

2. Mg－Zn 系

如图 4－14 所示，Zn 元素与 Al 元素相比，可以产生更高的固溶强化效果。Mg－Zn 合金为可热处理强化的镁合金体系，其沉淀强化相的析出行为较为复杂，一般包含四个阶段。对于 Mg－5.5Zn 合金，其 GP 区固溶线位于 70～80 ℃，通过低于该固溶线预时效再进行 150 ℃时效热处理，可以使杆状 $MgZn_2$ 共格相明显细化且数密度增加。然而，Mg－Zn 二元合金不能通过过热或添加孕育剂进行晶粒细化，并且容易形成显微缩松，因此不适合于商用铸造合金。

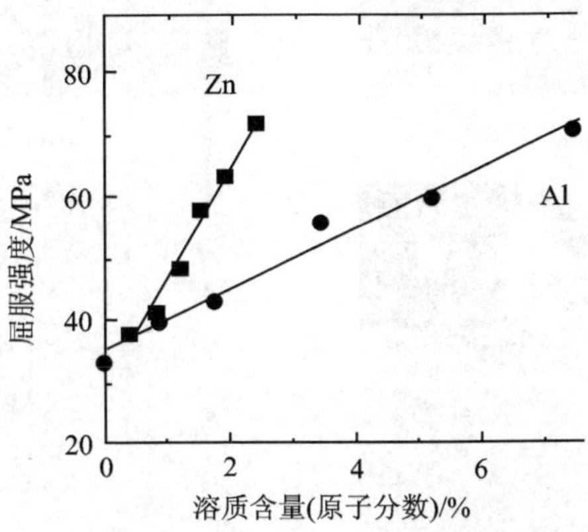

图 4－14 Mg－Al 和 Mg－Zn 二元合金的固溶强化效果

其他微量元素如 Ca、Sr、Co 和 Ag 等的添加可以促进析出相形成，减缓过时效，细化析出相，增加数密度，改变 Mg－Zn 合金的析出行为。Cu 和 Co 元素的加入可以提高 Mg－Zn 合金的共晶反应温度，这对于在更高的温度下固溶热处理使 Zn、Cu 元素充分溶解非常重要。一般地，在 Mg－Al－Zn 合金中添加 Cu 元素会降低合金的耐腐蚀性能，但在 Mg－Zn－Cu 合金中却不会出现，这可能是由于 Cu 元素主要以 $Mg(Cu,Zn)_2$ 相的形式存在。

典型的商业 Mg－Zn－Cu 合金为 ZC63 或 ZCM630(Mg－6Zn－3Cu－0.5Mn)合金，其典型的铸态组织如图 4－15(a)所示。经过固溶处理后，网状共晶相可以部分溶解(见图 4－15(b))，从而可以提高合金的塑性。Mg－Zn－Cu 合金的热处理工艺一般为 440 ℃/8 h 固溶处理后温水冷却，随后在 180～200 ℃时效 16～24 h。时效合金的析出相与 Mg－Zn 合金基本相同，主要为杆状的 β'_1 和盘片状的 β'_2。研究发现，当合金中存在 Cu 或 Co 元素时，组织中析出相的数密度更大，分布更加均匀，如图 4－15(c)和(d)所示。

3. Mg－RE 系

Mg－RE 系合金是主要的耐热铸造镁合金体系。在镁合金中添加稀土元素能够提高室温和高温强度，提高高温蠕变抗力，改善铸造性能，同时有利于提高耐腐蚀性能。重稀土 Y、Gd 以及轻稀土 Ce、La、Nd 为 Mg－RE 合金中常用的稀土元素。由于单独添加一种稀土元素对合金的力学性能提高有限，因此，Mg－RE 系合金多为多元稀土合金化镁合金。目前，Mg－RE 系常用的铸造合金主要有 Mg－RE－Zn(EZ)系、Mg－Y－RE(WE)系和 Mg－Gd－Y(VW)系合金。EZ 系镁合金一般添加 Ce、La、富 Ce 或富 La 混合稀土，形成 Mg－RE 和 Mg－Zn－RE 共晶相，从而提高合金的铸造性能和耐热性能。WE54 合金为第一个在商业上应用的含 Y 稀土镁合金。但是，该合金在 150 ℃以上长期使用韧性会降低，因此，降低 Y 含量，同时增加 Nd 含量，开发出了 WE43 镁合金。图 4－16 所示为砂型铸造 WE54 和 WE43 合金峰值时效态的力学性能随温度的变化情况。可以看出，两种合金均表现出较高的高温强度。

上述 WE 和 VW 系镁合金中均含有 Y 元素。Y 在镁中固溶度较大，可以产生较好的固溶

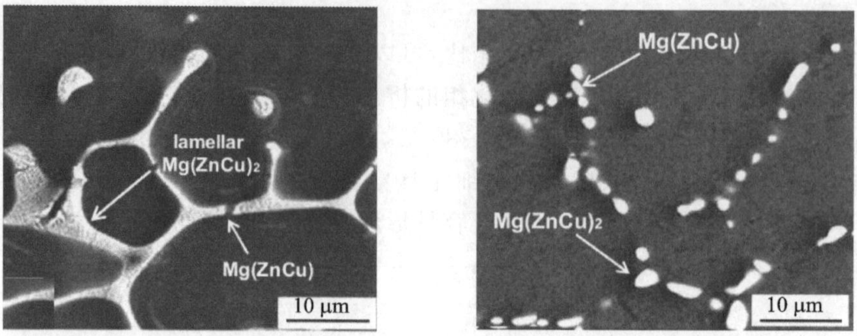

(a) Mg-Zn-Cu铸态组织　　(b) 固溶态组织

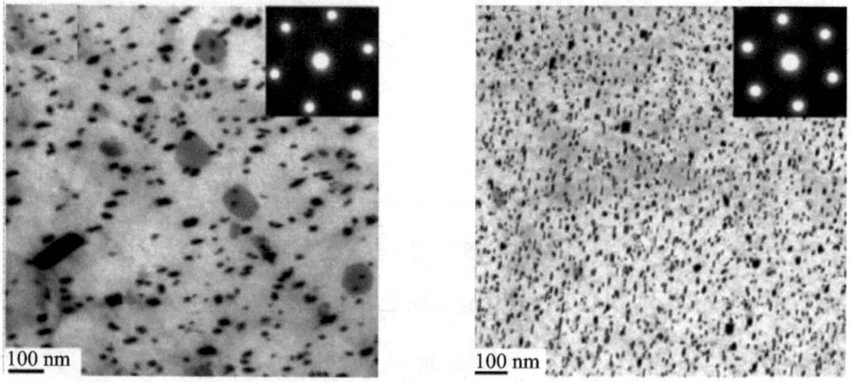

(c) Mg-8Zn时效组织　　(d) Mg-8Zn-0.6Co时效组织

图 4-15　Mg-Zn 系合金典型的微观组织

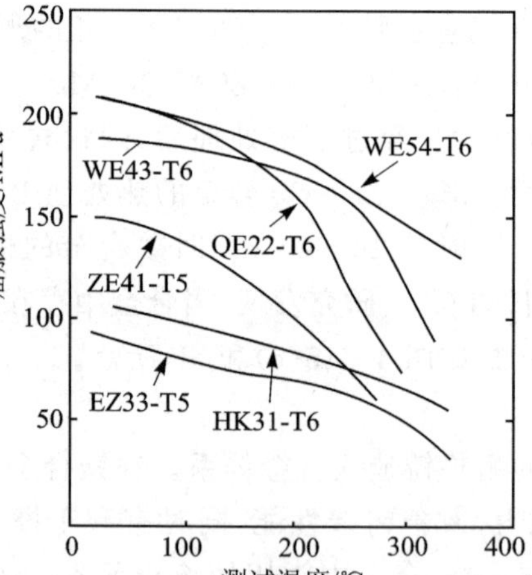

图 4-16　WE54 和 WE43 合金的屈服强度随温度的变化情况

强化作用。同时，Mg-Y 合金在高温条件下具有时效硬化效果。峰值时效的二元合金为体心正交结构的 β′ 相。Nd、Gd 等元素的加入可以提高合金的时效硬化能力，进而提高合金的力学性能。Mg-Y-Nd 合金的时效析出行为较为复杂，在时效温度低于 200 ℃时有非常细小的 GP 区形成。然而，合金在 T6 热处理的温度一般高于 GP 区固相线（250 ℃），此时将有三种亚稳相出现，其中沿棱柱面析出的面心立方结构的 β_1 相为主要的沉淀强化相，如图 4-17 所示。由于稀土在镁中的扩散速率较慢，镁稀土合金比 Mg-Al 和 Mg-Zn 系合金的时效温度更高，达到峰值需要的时间更长，组织热稳定性更高，因此具有更好的耐热性能。

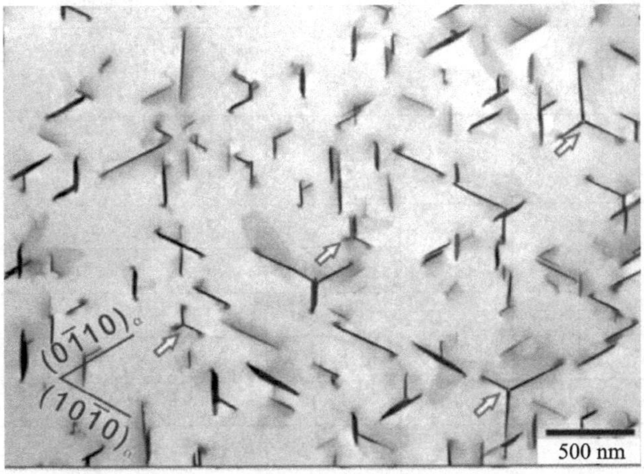

图 4-17 WE54 合金时效组织中的 β_1 相形貌

Gd 元素在镁中具有非常大的固溶度，当温度为 548 ℃时达到最大固溶度 23.5%（质量分数）。当 Gd 含量低于 6%（质量分数）时，Mg-Gd 二元合金的时效硬化能力较低，为此，通过添加 Y、Nd、Zn 等元素可以减少 Gd 元素的添加量，提高合金的时效强化效果。Mg-Gd-Y 系合金由于具有显著的时效强化作用，近年来受到了镁合金领域的广泛关注，我国已将几种该体系的镁合金列入国家标准，如 VW84 等。

4.5.2 变形镁合金

变形镁合金不同于铸造镁合金的液态成型，而是通过在 300～500 ℃温度范围内挤压、轧制、锻造的方法固态成型。由于变形加工消除了铸造组织缺陷及细化了晶粒，故与铸造镁合金相比，变形镁合金具有更高的强度、更好的延展性和更好的力学性能。表 4-6 列出了常见变形镁合金的力学性能及特点。

表 4-6 常见变形镁合金的力学性能及特点

ASTM 牌号	名义组成							加工工艺	拉伸性能			特性
	Al	Zn	Mn	Zr	Ce (RE)	Cu	Li		屈服强度/MPa	抗拉强度/MPa	延伸率/%	
AZ31	3	1	0.3					薄板+O	120	240	11	中强合金，可焊接，成型性好
								H24	160	250	6	
								挤压+F	130	230	4	
AZ61	6.5	1	0.3					挤压+F	180	260	7	高强合金，可焊接
								锻造+F	160	275	7	
AZ80	8.5	0.5	0.2					锻造+T6	200	290	6	高强合金
AM30	3		0.4					挤压+F	146	246	28	中强合金
ZM21		2	1					薄板+O	120	240	11	中强合金，良好的成型性及阻尼性
								H21	165	250	6	
								挤压	155	235	8	
								锻造	125	200	9	

续表 4-6

ASTM牌号	名义组成							加工工艺	拉伸性能			特性
	Al	Zn	Mn	Zr	Ce(RE)	Cu	Li		屈服强度/MPa	抗拉强度/MPa	延伸率/%	
ZK30		3		0.6				锻造+T6	215	300	9	高强合金，可焊接
								挤压+T6	240	290	14	
ZK60		6		0.6				锻造+T6	235	315	8	良好的成型性
								挤压+T6	280	320	12	
ZEK100		14		0.1	0.1			薄片+O	203	234	24	良好的成型性
ZMC711		6.5	0.75			1.25		挤压+T6	300	325	3	高强合金
LA141	1.2		0.15				14	薄板 T7	95	115	10	超轻(比重 1.35)
ME10		1		0.4				挤压+F	184	259	25	
ME20		2		0.5				板	163	241	18	
ME21		2		0.7				挤压	210	240	20	
								挤压板	230	270	13	
WE43			0.5			3	4	挤压+T6	160	260	6	耐高温蠕变，可应用于高温的高强合金
WE54			0.5			3.5	5.25	锻造+T6	180	280	6	
WV67			0.5		7		6	挤压+T5	310	410	9	

变形镁合金根据合金成分体系主要有 Mg-Al 系、Mg-Zn 系、Mg-Mn 系、Mg-RE 系和 Mg-Li 系。Mg-Al 系变形合金一般属于中等强度、塑性较高的变形材料，铝在镁中的含量为 0%～8%(质量分数)，典型合金为 AZ31、AZ61 和 AZ81 合金，由于 Mg-Al 合金具有良好的强度、塑性综合性能，而且价格较低，因此是最常用的合金系。Mg-Zn 系合金一般属于高强度材料，其变形能力不如 Mg-Al 系合金，通常采用挤压工艺生产，典型合金为 ZK60 合金。Mg-Mn 系变形镁合金最主要的优点是具有优良的抗蚀性和可焊性，但其铸造性能差，收缩率大，有热裂倾向，应用较少。Mg-RE 系一般为高强耐热镁合金系列。相对于其他常规镁合金，Mg-Li 系变形镁合金具有密度小、比强度高、优良的冷/热变形能力等特点，在航空航天和通信等领域具有广阔的应用前景。此外，变形镁合金根据产品形式可以分为板材和棒材，下面将做简要的介绍。

1. 变形镁合金轧制板材

变形镁合金板材制备流程包括铸造厚板坯料、均匀化热处理、机械加工、反复热轧等。铸造厚板坯料通常采用半连续铸造的方法。根据合金成分的不同，均匀化热处理一般在 300～500 ℃保温 24 h，从而使组织内金属间化合物充分溶解，消除成分偏析。均匀化热处理后对厚板坯进行机械加工，随后在 300～500 ℃进行多道次开坯轧制，通过动态再结晶的方式使初始晶粒细化。为了避免产生裂纹，开坯轧制压下量一般控制在 10%每道次，并且道次间需进行重新加热。开坯轧制结束后，为了获得更好的表面质量、更高的尺寸精度以及更高的力学性能，板材还需在较低的温度下进行最终轧制，有些合金板材可以进行冷轧，但轧制压下量低于 5%。

传统变形镁合金(如 AZ31 和 ZM21)热轧板材存在{0001}基面平行于轧制面的强基面织构，如图 4-18 所示。强基面织构导致板材在室温或接近室温的二次成型性能较差，为此大量的研究集中在如何降低变形镁合金的基面织构。研究发现，微量的钙和稀土可以弱化变形再结晶组织的基面织构，然而它们并不能降低冷轧变形态的基面织构，仅仅通过降低变形孪晶的长大而延缓强基面的织构形成。

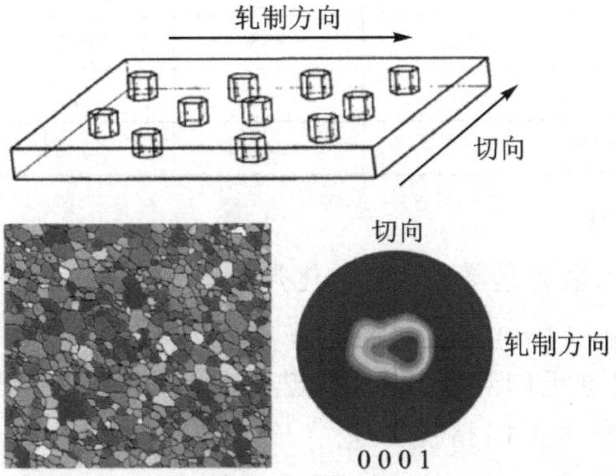

图 4-18　变形镁合金板材的强基面织构

由于强的基面织构，变形镁合金存在的主要问题在于力学性能存在各向异性。ZEK100 板材沿着轧制方向、切向以及与轧制方向成 45°角方向的力学性能如表 4-7 所列。可以看出，沿着不同方向合金的力学性能存在差异，这与板材的织构以及沿着拉伸方向启动的变形方式有关。板材的各向异性受到合金化因素的影响，即使是相似的合金体系。例如，含有不同稀土种类的 ZEK100 板材经过温轧和退火后的力学性能表现出不同程度的各向异性。沿着轧制方向的屈服强度明显高于切向，除了含 Ce 合金，所有合金沿轧制方向的延伸率最低，而沿着切向的延伸率最高。

表 4-7　温轧和退火态 ZEK100 变形镁合金板材的室温拉伸力学性能

合　金	测试方向	屈服强度/MPa	抗拉强度/MPa	屈服强度/抗拉强度	断裂延伸率/%
Ce 系	Rd	131	234	0.56	17
	45°	110	237	0.46	23
	TD	115	222	0.52	13
Ce 系	Rd	131	234	0.56	17
	45°	110	237	0.46	23
	TD	115	222	0.52	13
La 系	Rd	123	241	0.48	23
	45°	108	240	0.42	25
	TD	96	243	0.34	25
Nd 系	Rd	111	243	0.46	28
	45°	101	234	0.43	28
	TD	84	238	0.35	29
Gd 系	Rd	88	229	0.38	29
	45°	78	227	0.34	30
	TD	66	233	0.28	32

续表 4-7

合　金	测试方向	屈服强度/MPa	抗拉强度/MPa	屈服强度/抗拉强度	断裂延伸率/%
MM系	Rd	131	233	0.56	19
	45°	108	243	0.49	25
	TD	99	247	0.34	25

2. 变形镁合金挤压棒材

镁合金挤压制备流程包括铸造棒坯、均匀化热处理、挤压和校直。铸造棒坯通常采用半连续铸造生产，直径在150～550 mm。铸造棒料被切割成所需的长度后进行均匀化热处理，随后在300～450 ℃温度下通过正向热挤压、反向热挤压或者静液挤压制成实心棒料、空心管材或者型材等。工业上一般采用正向挤压工艺。该工艺通常将棒料加热到比目标挤压温度低25～50 ℃。挤压镁合金必须在200～300 ℃下进行校直。对于可时效热处理强化的镁合金，从模具中热挤出后通过强制空气进行快冷，随后在100～200 ℃温度进行时效热处理。低合金化的AZ系列合金以挤压态使用，对于AZ80A和ZK60A挤压镁合金一般通过T5热处理，WE43和WE54合金可以采用T6热处理。

与变形镁合金板材相似，镁合金挤压材存在强的基面织构，尤其是Mg-Al系合金。在温挤压或者热挤压AZ和AM系合金过程中，随机分布的基面将发生倾转，导致大多数基面与挤压方向平行，并且＜10－10＞晶向与挤压方向平行。因此，变形镁合金挤压材具有很强的纤维织构。对于这种类型的织构，试样沿着挤压方向在拉伸和压缩时不利于基面滑移变形。反而，{10－12}孪晶更容易在压缩条件下发生，引起压缩屈服强度明显低于拉伸屈服强度，如图4-19所示为AZ31挤压镁合金的拉伸和压缩应力-应变曲线。

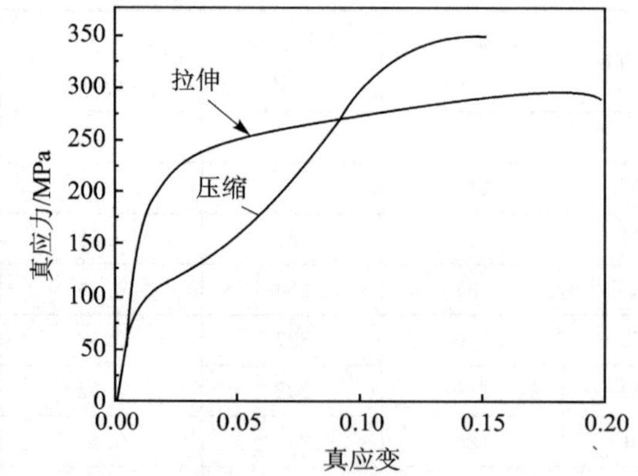

图4-19　AZ31镁合金挤压棒材拉伸和压缩真应力-真应变曲线

挤压镁合金的强基面织构导致力学性能各向异性。表4-8所列为典型挤压镁合金沿不同方向的拉伸力学性能。可以看出，AZ系合金垂直于挤压方向的拉伸屈服强度仅为挤压方向的60%～70%。对于ZK系合金，由于合金化程度更高并且为T6热处理态，不同方向的屈服强度差异相对较小。商用的WE43和WE54合金沿着两个方向的拉伸力学性能较为均匀，不存在屈服强度各向异性。

表 4-8　典型挤压镁合金的拉伸和压缩力学性能

合　金	状　态	拉伸(纵向)			压缩(纵向)	拉伸(横向)		
		屈服强度/MPa	抗拉强度/MPa	伸长率/%	屈服强度/MPa	屈服强度/MPa	抗拉强度/MPa	伸长率/%
AZ31	F	180	250	14	110	110	225	13
AZ61	F	220	300	12	130	137	294	12
AZ80	F	240	340	10	145	170	323	11
ZK30	T6	240	290	14	190	220	280	16
ZK60	T6	280	320	12	230	250	310	14
WE43	T6	170	260	12	165	165	250	14
WE54	T6	190	280	10	180	185	275	13

4.6　镁合金的应用情况

镁是自然界中储量非常丰富的金属元素，具有比强度高、比刚度高、减震性好及电磁屏蔽性能优异等优点，在航空航天和军工领域得到了广泛应用。在航空航天领域，镁合金的应用包括各民用和军用飞机的发动机零部件、螺旋桨、齿轮箱壳体、支架结构以及座椅等零部件，如图 4-20 所示。

(a) BMW 801D发动机　(b) B-36轰炸机　(c) Northrop XP-65试验机

(d) B747客机反推叶栅　(e) F-16战机发动机部件　(f) RB211发动机变速箱壳体

(g) 客机座椅、支腿、座管和吊具采用镁合金材料

图 4-20　镁合金在航空领域的应用

德国在二战时大量使用的 Arado 196 水上侦查攻击机采用镁铝合金锻造引擎支架和机身板。BMW 801D 发动机使用了约 20 kg 镁合金锻件，被大量应用于侦察机、战斗机和轰炸机。HE 111 轰炸机使用了 80～100 kg 镁合金构件，航程更远的 HE-111 使用了 400～500 kg 的镁合金。JU88A-4 使用了 350 kg 镁合金构件，其中约 96 kg 为锻件，剩余为铸件。美国

Northrop XP－56 试验机在设计上大量采用镁合金，机身机构和蒙皮都由镁合金构成。B－36 轰炸机使用 5 t 多镁合金板，约 700 kg 镁合金锻件和约 300 kg 镁合金铸件，占结构材料总重的 10 %，减重 862 kg，带来 300 公里续航提升。莱特 r3350 星型发动机曲轴箱采用镁合金。B－47 喷气式轰炸机总共使用了 5 500 kg 的镁合金板、型材和铸件。B－52 轰炸机使用了约 1 600 kg 镁合金构件，其中采用了镁合金制造的刹车制动盘。二战后，随着镁合金性能提高、成本降低，对材料性能和安全性要求更高的现代飞机和直升机中镁合金构件应用也越来越多。主要用来制造襟翼、减速装置壳体、传动系统、进气管、发动机部件、客机舱门、座椅支架、行李架等。B727 客机整机使用了约 1 200 个镁合金构件，包括前缘襟翼、后缘襟翼、飞行控制面、门的框架、齿轮箱和一些非主要的结构件。B747 客机使用了由镁合金铸造的反推叶栅构件，乘员座椅的置物板也使用镁合金。F－16 战斗机的部分发动机部件使用了 ZE41 镁合金，带来结构减重。CH53D 直升机的传动系统壳体采用 AZ91E 合金铸造，降低了重量。UH－60 通用直升机同样在传动装置外壳上采用镁合金铸造，使用的合金是 ZE41 合金，由于优异的性能一直服役至今。MD500 轻型直升机的齿轮箱采用 WE43 合金制造。Rolls－Royce RB211 涡扇发动机的变速箱壳体采用 ZE33A 合金铸造。Pratt & Whitney Canada PW500 涡扇发动机主体部分同样采用了 ZE41 合金铸造而成。

随着民航业关于客机使用镁合金座椅的规定变得宽松，许多试制型商用客机镁合金座椅得到发展。2015 年 2 月，德国的座椅制造商 ZIMFLUGSITZ GmbH 公司利用美国 Magnesium Elektron 公司提供的 Elektron 43 镁合金已成功用于生产航空座椅（见图 4－21），该座椅在保持强度和韧性的前提下，取代现有铝合金座椅，减重 25%。ST Engineering 公司也推出了采用镁合金构件的经济型座椅，与之前的铝合金版本相比，减重 37 %。

图 4－21 Elektron43 镁合金生产的航空座椅

航天器对结构材料的要求是强度和刚度高，且密度低，以实现更大的载荷，更少的燃料消耗。一般的材料，强度、刚度与密度呈矛盾的关系，而镁合金经过加工处理，可以获得很高的比强度和比刚度，在航天领域有极大发展前景。镁合金在卫星、载人航天、火星探测器、月球探测器等任务中发挥了重要作用，可作为卫星结构框架、卫星电子设备外壳、登陆器壳体、蜂窝夹层板、机械臂、火箭零部件支架、火箭壳体等。通信卫星 Echo 和 Telstar 均采用镁合金减轻自身重量，“探险者Ⅲ”号和“先锋Ⅴ”号科学卫星也使用了大量镁合金。美国“维热尔”火箭外壳采用高温镁合金挤压制造，在“大力神”系列火箭上也使用了约 600 kg 的变形镁合金。

我国用于航空航天工业中的镁合金主要有铸造稀土镁合金 ZM2、ZM3、ZM4、ZM5、ZM6、ZM9 和变形稀土镁合金 MB25、MB26。其中，ZM2 应用于涡喷-7、涡喷-13 发动机的前机匣、后机匣和主机匣等零件；ZM3 用于制造歼-6 飞机涡喷-6 发动机的前舱铸件和涡喷-11 发动机的离心机匣；ZM4 用于制造飞机液压恒速装置壳体。我国研制的昆仑号发动机附件机匣采用 ZM5 镁合金，某涡桨发动机的附件传动机匣和减速器机匣采用 ZM5 制造，某燃气涡轮起动机的附件传动后机匣选用 ZM6 镁合金，某型直升机主减速器主机匣采用 ZM6 镁合金，可在海洋环境下使用，MB25 可以制造飞机机身长桁和操作系统的栓臂、支座等受力构件。我国的歼击机、轰炸机、直升机、运输机、机载雷达、地空导弹、运载火箭、人造卫星和飞船上均选用了稀土镁合金构件。

据有关资料介绍，某一型号的飞机选用了近 400 件镁合金结构件。我军研制生产的红旗-9B 导弹，其弹体就是采用高强度镁合金材料制造的，由此把弹体总质量控制到了 1 200 kg，体积也大为缩小，最高速度提升到 6Ma。由金属所研制的一种 Mg-Zn-Y-Zr 变形镁合金成功应用到“神舟六号”飞船的电控箱和“天宫一号”空间站等航天器部件。“长征”系列火箭采用了镁合金铸造的惯组支架，由于铸件整体体积大，采用镁合金极大降低了构件质量(见图 4-22)。“嫦娥三号”月球探测器的机械臂臂杆、关节的连接件和其携带的“玉兔号”巡视器的驱动机构壳体均采用镁合金部件。

图 4-22　“长征 5 号”火箭和其使用的镁合金惯组支架

图 4-23 所示为“嫦娥三号”月球探测器和“玉兔号”月球巡视器的镁合金壳体。“嫦娥四号”探测器、测月雷达和“玉兔二号”巡视器共采用了 100 余件镁合金锻件，保障了“嫦娥四号”月球探测器发射任务的顺利完成。“天问一号”火星探测器应用了由西安交通大学研制的具有更低密度的镁锂合金，在减重方面又进了一步。

图 4-23　“嫦娥三号”月球探测器和“玉兔号”月球车的壳体

上海交通大学将先进镁合金材料与成型新工艺相结合，成功制备了某型号轻型导弹舱体、发动机机匣及某型号轻型导弹弹翼（见图 4－24），开发的直径 145 mm 的无缝管用于导弹壳体、直升机尾部减速机匣以及雷达部件。

图 4－24　上海交通大学研制的镁合金导弹部件

习　题

1. 镁合金中主要的合金化元素有哪些？
2. 镁合金的杂质元素有哪些？
3. 从合金化角度分析耐热镁合金的设计思路。
4. 稀土元素在镁合金中的作用是什么？其强化机理有哪些？
5. 镁合金的分类及标记方法有哪些？
6. 镁合金的塑性变形方式有哪些？
7. AZ 系轧制和挤压镁合金的组构特点是什么？
8. 铸造镁合金与变形镁合金各有哪些优缺点？
9. 列举镁合金在航空航天领域的应用。

第三篇　树脂基复合材料

第 5 章　航空航天复合材料应用概况

本章思维导图

“轻质化、长寿命、高可靠、高效能、高隐身、高突防、低成本”是新一代飞行器的发展目标。而复合材料具有质轻、高强度、可设计、抗疲劳、易于实现结构/功能一体化等优点，因此，先进复合材料继铝、钛、钢之后迅速发展成为飞行器四大结构材料之一，目前先进复合材料已成为航空航天飞行器结构的基本材料。

无论是航空航天器的发展带动了复合材料发展还是复合材料发展推动了航空航天器的发展，纵观近 20 年来，飞行器结构复合材料化是一个有目共睹的发展趋势，过去是这样，现在是这样，以后还会是这样。应该说，这几十年复合材料在飞行器结构上的应用取得了巨大成功，获得了许多宝贵经验，为后续发展奠定了坚实基础。当然也应该看到，复合材料自身还存在不少问题，有些方面还满足不了航空航天器的发展要求，同时也面临其他材料的挑战。因此，复合材料必须克服其存在的不足，要想在飞行器结构上获得大量应用，就必须强调更高效、可靠与低成本化。

5.1　航空航天结构用复合材料的发展历程

先进复合材料于 20 世纪 60 年代中期已应用于飞行器结构。50 多年来，先进复合材料在飞机结构上的应用走过了一条由小到大、由次到主、由局部到整体、由结构到功能、由军机应用扩展到民机应用的发展道路。

纵观国外军机结构用复合材料所走过的路程，大致可以将其分为三个阶段：第一阶段的复合材料主要用于受力较小或非承力件，如舱门、口盖、整流罩以及襟副翼、方向舵等，大约于 20 世纪 70 年代初完成。第二阶段的复合材料主要用于垂尾、平尾等尾翼一级的次承力部件，以 F－14 硼/环氧复合材料平尾于 1971 年研制成功为标志，大致于 20 世纪 80 年代初完成。第三阶段的复合材料开始应用于机翼、机身等主要的承力结构，主要以 1976 年美国原麦道公司研制成功的 FA－18 复合材料机翼为里程碑，此时复合材料的用量已提高到了 13％，军机结构的复合材料化进程进一步得到推进。

相对于铝合金材料，复合材料不仅具有较好的减重效果，而且其整体成型技术可以有效减少连接，提高结构可靠性和气动性能。20 世纪 90 年代以来，美国等发达国家的先进战斗机无一例外地大量采用复合材料结构，包括垂尾、平尾、机身蒙皮以及机翼壁板和蒙皮等。如 F－18E/F 战斗机的复合材料用量占全机重量的 19％，F－22 战斗机为 24％，F－35 战斗机为 36％，EF－2000 飞机达到 43％。目前世界军机上的复合材料用量约占全机重量的 20％～50％。如果达到 50％，则全机的主要结构几乎都由复合材料制成，复合材料成为飞机结构的基本材料，如 B－2 轰炸机，其复合材料用量高达 50％（见图 5－1）。

为了满足无人机的隐身性能、机动性能和生存力对材料的特殊要求，尽可能降低结构重量，提高燃油装载量，无人机结构大量使用复合材料。与此同时，在直升机领域，复合材料的使用对于提高抗坠毁性能具有重要的意义。因而由机身结构、桨叶和桨毂组成的升力系统和传动系统也大量采用复合材料。

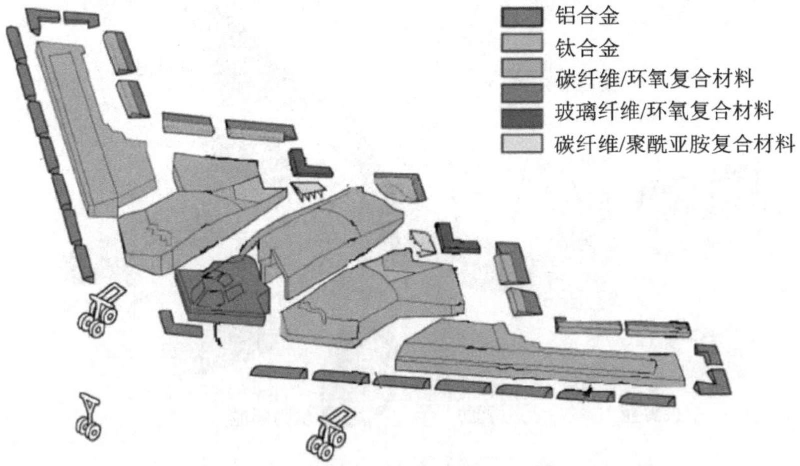

图 5-1　复合材料在 B-2 轰炸机上的应用状况

为了满足航空公司的运营和维护需求，并提升乘客的乘机体验，大型商用飞机重点强调安全性、经济性、舒适性和环保性，这些客观因素推动了复合材料，特别是先进复合材料在大型商用飞机机体结构中的应用。而随着航空复合材料的发展，大型商用飞机的复合材料结构用量（质量分数）和应用部位及范围已成为衡量飞机结构先进性的重要标志。其在商用飞机上的应用呈现出四个特点：

① 从 20 世纪末开始，商用客机复合材料结构用量开始了跨越式增长。美国波音公司 B757 客机上复合材料的用量达到 2 t，约占飞机结构总重量的 2.5%；B777 客机复合材料应用于垂尾、平尾等部位，用量增长到 9.9 t，约占结构重量的 11%；而 B787 客机复合材料用量则占总结构重量的 50%（见图 5-2），包括机翼、机身、垂尾、平尾等部位均采用复合材料制成，从而提高燃油效率 20%，客舱舷窗尺寸增大 30%，有力地提高了大型飞机的经济性、舒适性和环保性。空客公司方面，A300 及 A310 复合材料方向舵实现了减重 20%；在 A320、A322、A330、A340 等机型中复合材料用量达到结构重量的 15%左右。2005 年初下线并首飞的 A380 超大型客机，复合材料被大量用于中央翼、外翼、垂尾、平尾后承力框等部位，整机复合材料用量达到了 25%（见图 5-3）。在空客的 A350XWB 机型中，复合材料用量达到整机的 52%，A350XWB 也被称为“塑料飞机”。

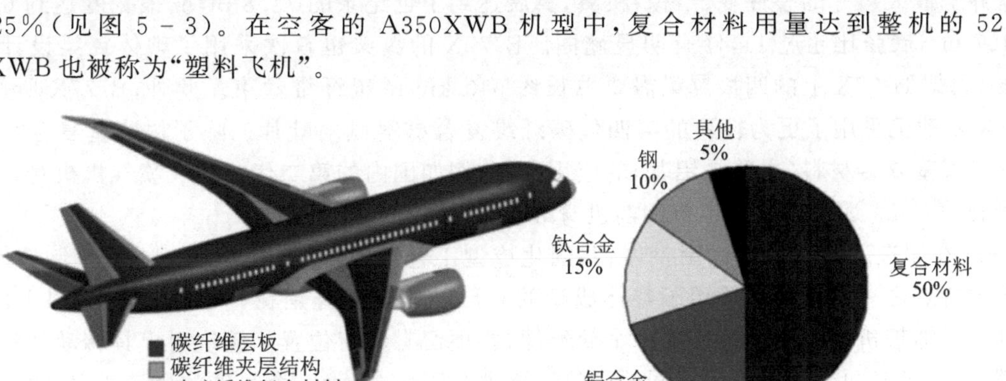

图 5-2　复合材料在 B787 客机的应用状况

② 商用客机主承力结构大量使用复合材料。首先以 C919 为例，国产 C919 型客机是由中国商飞负责研制的大型商用客机，最大载客量 190 座，最大航程超过 5 500 km。作为我国新

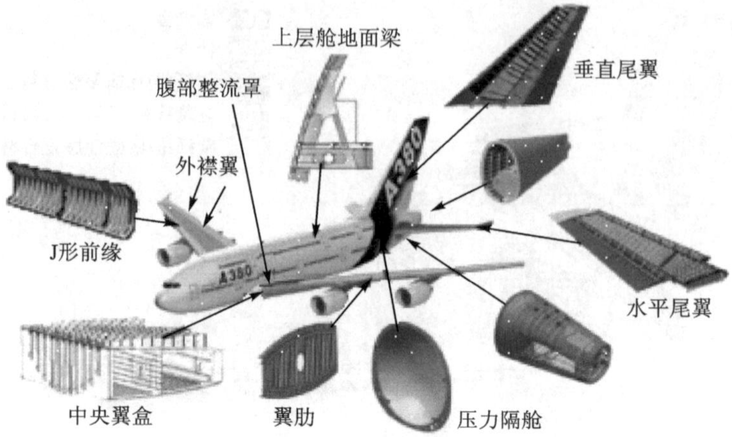

图 5-3　复合材料在空客 A380 客机的应用状况

一代大飞机，C919 的雷达罩、整流罩、机翼前后缘、活动翼面、翼梢小翼、后机身、尾翼等承力结构均使用了复合材料，复合材料结构占全机结构总重的比例达到了 11.5%。虽然同当前国际同类产品相比有明显差距，但我们也应该知晓，2008 年首飞的同由中国商飞生产的 ARJ21 支线客机的复合材料占比仅有 2%，而目前在研的 C929 机型的复合材料占比据悉超过了 50%。C919 上的复合材料包括以环氧树脂或酚醛树脂为基体，以碳纤维或玻璃纤维为增强体的树脂基复合材料以及芳纶蜂窝材料。这是我国民用航空制造领域第一次在主承力结构、高温区、增压区使用复合材料，为复合材料在民机制造领域的推广积累了宝贵的工程实践经验。

国际上，作为老牌的商用飞机制造企业，空客生产的 A380 机型同样采用了碳纤维复合材料生产中央翼盒、翼肋、机身蒙皮壁板、后机身、尾段、地板梁、后承压框、垂尾等主承力结构。波音 B787 机型的机身机翼则采用了碳纤维层合结构，升降舵和方向舵保留了碳纤维夹芯结构，发动机舱除承力较大的发动机吊挂外均采用碳纤维夹芯结构，整流罩采用玻璃纤维夹芯结构。为了应对空客 A350 的竞争，波音公司在 2013 年启动了 B777X 飞机项目，并于 2020 年 1 月完成了飞机首飞。相比于 A350，B777X 的油耗降低 12%，运营成本降低 10%，并且它具有世界上最大尺寸的整件复合材料机翼，翼展达到了创纪录的 71.8 m，翼根宽度达到 6 m，面积 467 m^2，展弦比超过 11，伴有明显翘曲。B777X 的翼梁也首次采用了整体翼梁设计，长达 32 m，每架 B777X 上的四根翼梁需要总长约 640 km 的碳纤维丝束。此外，B777X 所使用的 GE9X 发动机采用了更为轻盈的第四代碳纤维复合材料风扇叶片。除了树脂基复合材料外，也有金属基复合材料（主要是铝基）的应用实例，例如国内的第二代“愿景”喷气机机身，中俄联合研制的 C929 远程宽体大客机的前机身等。

③ 在制造工艺上大量运用整体、共固化成型工艺。以 B787 机型为例，B787 制造工艺最突出的特点之一就是机体采用了整体成型的筒形结构。机身是在一个直径 5 m 以上的圆柱模具上用铺带机将预浸料缠绕成一个筒形件，并预留有门窗位置。缠绕时模具转动，完成后退出模具，将机壳和梁等结构件一同放入热压罐中共固化，成为一个整体的机身段，如图 5-4 所示。这些整体成型的机身段仅需要使用少量的螺钉等紧固件就能完成总装。这种生产方案的优势在于减少零件、紧固件和工装模具的数量，压缩零件装配环节，在减轻质量的同时降低制造成本，提高生产效率。B787 的中央翼盒、主翼蒙皮、水平尾翼、垂直尾翼以及后机身前段都使用了铺带-热压罐固化工艺。窗框、客货舱地板、机翼前缘以及其他小部件采用模压-加热固化工艺制造，这种工艺受尺寸限制，仅适用于中小型产品。襟副翼和扰流片则采用缝合-真空

辅助树脂转移成型(VARTM)技术进行制造。

图 5-4　B787 整体成型的筒形结构

④ 复合材料零件自动化制造技术和先进专用设备得到迅速发展，如自动铺带技术(ATL)、纤维铺放技术(AFP)等。

复合材料广泛应用于航天器结构，包括卫星中心主承力筒、各种仪器安装结构板、太阳能帆板基板等结构。在运载火箭上被用于火箭排气锥体、燃料贮箱、燃烧室壳体、喷管、喉衬、扩散段以及整流罩等部位，还被用于导弹的壳体、飞船的返回舱等部位。

5.2　先进复合材料应用存在的主要问题

复合材料在飞行器结构上应用已经历了半个世纪，取得了巨大的成功，获得了宝贵的经验。但是从发展角度看，复合材料要在飞行器、结构上加大用量，满足新型空天飞行器需求，在与其他挑战材料竞争中取胜，必须解决现阶段复合材料整体应用技术存在的问题，这些问题主要表现在：

1. 减重效率有待进一步提高

造成这个问题主要有三方面原因：①设计合理性；②材料性能稳定性与协调性，例如 T800 碳纤维复合材料拉伸强度与压缩强度不协调，尽管拉伸强度高，而压缩许用值偏低；③检测可靠性。

2. 降低成本势在必行

飞行器复合材料结构成本主要来源于制造工艺、验证分析试验和增强纤维材料等三大方面。研发新型低成本制造工艺方法，提高制造的自动化水平，发展高效分析验证方法，以及开展纤维、树脂原材料的低成本化，将是重要的发展方向。

3. 制造自动化程度与材料高性能化需深化研究

尽管自动铺放技术近几年发展迅速，但是对飞行器复合材料结构制造工艺，无论是单个构件制造全过程还是不同类型结构件，其自动化普适性均有待根本改进，以进一步提高生产效率与质量。同时原材料需要更高性能以满足高效能飞行器结构的要求。

5.3　先进复合材料应用的核心技术发展

5.3.1　先进结构设计与验证分析方法是复合材料发展的先导

传统复合材料结构设计分析方法需要非常庞大的试验量，因而成本代价高，研发周期长。

为提高“积木式”方法的验证效率，美国制定了 AIM－C 快速插入研究计划，致力于将复合材料的验证模式由依赖实验向计算模拟分析为主转变，以减少试验量，缩短验证周期，降低成本(见图 5－5)。

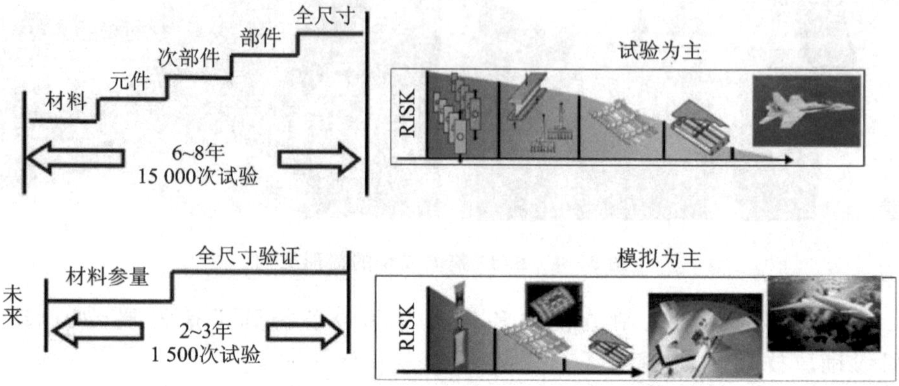

图 5－5　复合材料结构分析验证方式的发展

传统结构设计方法对载荷/环境的分散性、材料性能与制造过程的变异性等工程实践中诸多不确定因素的影响分析，均通过安全系数加权方法来保证结构的可靠性，往往导致复合材料结构设计过于保守，减重效率无法充分体现。NASA、Boeing、Airbus 等机构正在研究非确定性分析方法，该法不再以一个确定的安全系数涵盖和包容工程实践中的许多不确定因素，而是对诸多主要影响因素进行概率和影响程度分析，从而进行结构的可靠性设计(见图 5－6)。

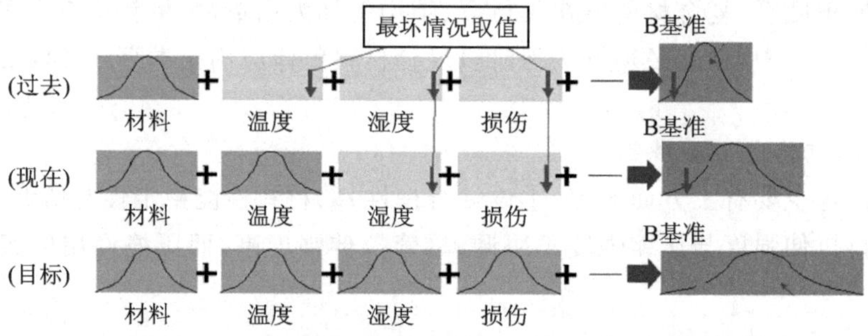

图 5－6　复合材料非确定性设计分析方法示意图

5.3.2　高性能增强材料与树脂基体是复合材料发展的基础

增强体与基体是复合材料组成的两个重要部分，原材料发展是复合材料发展的坚实基础。碳纤维、Kevlar(聚芳香族酰胺)纤维、UHMWPE(超高分子量聚乙烯)纤维、PBO(聚苯并噁唑)纤维等高性能纤维得到了较广泛的应用。

碳纤维研究发展主要是提高强度、模量与断裂伸长率，降低生产成本，稳定产品质量。应用最广的主要是聚丙烯腈(PAN)基碳纤维。如图 5－7 所示，日本东丽公司生产的高强碳纤维，其拉伸性能从早期的通用型 T300(模量 230 GPa，强度 3 500 MPa)，发展到高强型 T800H(模量 290 GPa，强度 5 490 MPa)，再到超高强 T1000(模量 290 GPa，强度 7 060 MPa)。其中 T300 一直是应用最广、质量最稳定的碳纤维牌号。T800H 是一种中等模量、高拉伸强度碳纤维，其拉伸模量比 T300 提高了 30%，拉伸强度则提高了 50%，用其制成的复合材料结构损伤容限得到明显提高。高模量碳纤维方面，以日本东丽公司生产的 M40 高模量碳纤维为基础，形成了两大系列，即 M 系列（M46、M50 等）和 M－J 系列（M35J、M40J、M46J、M55J、M60J 等），M65J 碳纤维虽然拉伸强度只有 4 000 MPa，但其拉伸模量已超过 600 GPa。

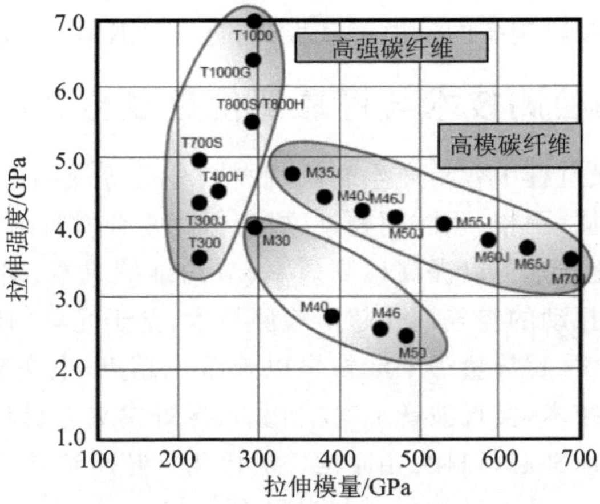

图 5－7　东丽公司生产的碳纤维发展状况

目前树脂体系按韧性可分为四代，按耐温性能可分为三代。从韧性角度来看，国外树脂已经发展到第四代（见图 5－8）。近期复合材料高性能树脂基体研究主要围绕提高长期服役温度，改善树脂韧性、工艺性及耐湿热性能等方面展开。热固性树脂体系研究主要集中在环氧树脂、双马来酰亚胺（简称双马）树脂，同时具有优异耐温性的聚酰亚胺树脂和综合性能优良的氰酸酯树脂也得到了关注。

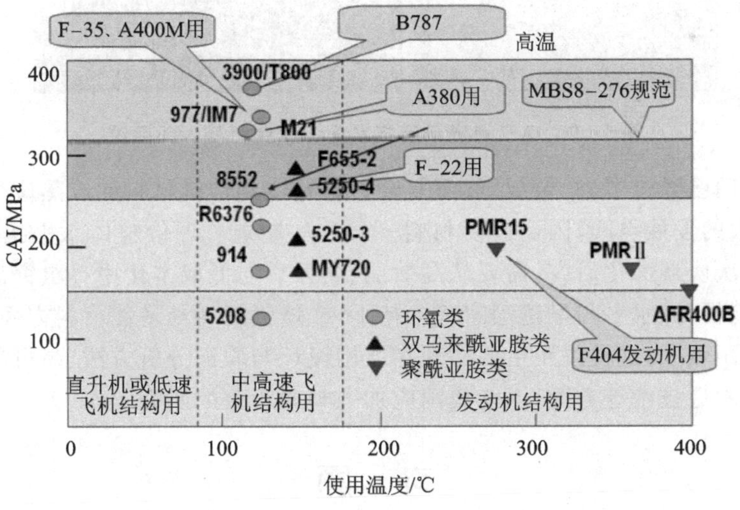

图 5－8　国外树脂基体的发展状况

热塑性树脂在航空航天领域内得到了越来越广泛的应用。其具有如下优点：①优异的抗冲击韧性、耐疲劳损伤性能；②成型周期短、生产效率高；③纤维预浸料不需要低温贮存；④制品可重复加工，废旧制品可再生利用；⑤产品设计自由度大、成型适应性广。例如在军机方面，美国 F－22 战斗机上热塑性复合材料用量达到 10%。研究人员将碳纤维增强聚醚醚酮和碳纤维增强改性双马树脂两种复合材料应用在 F－5E 和 T－38 飞机上，并在同样条件下进行飞行试验，结果表明，热塑性树脂基复合材料在抗分层和抑制损伤方面具有一定的优势。PEEK

预浸料已经应用在F117A全自动尾翼、C-130机身的腹部壁板、法国阵风机身蒙皮等部位。在民用飞机方面,先进热塑性树脂同样具有重要的应用,如空客A340/A380飞机机翼前缘应用碳纤维增强的聚苯硫醚复合材料。航天方面,热塑性复合材料应用也越来越广,如采用AS4c单向织物/PEEK预浸料制备的反射镜基板、复合PEEK树脂制成反射镜等。

5.3.3 高精度无损检测技术与可靠评价是复合材料发展的保障

复合材料在制备、服役过程中容易产生裂纹、脱粘、分层等缺陷。因而复合材料的性能蜕变、损伤演化、疲劳等的检测/预报/预防问题,已成为保障复合材料结构可靠应用的重要方面。目前,采用非接触无损检测技术可以提高检测效率、节约维护成本、缩短型号研制周期。此类技术主要可分为基于机械振动的空气耦合超声检测技术,基于光学的红外热像技术、散斑干涉技术、全息成像、太赫兹技术、超导量子干涉技术以及激光超声、电磁超声等混合技术[7-9]。例如采用空气耦合超声检测技术,实现波音B737机翼后缘蜂窝夹芯材料、空客A320副翼、B737尾翼、黑鹰直升机旋翼、泡沫夹芯材料及相应构件的检测。超声红外热像技术基于缺陷区机械波引起的摩擦热效应而建立,已在航空发动机叶片裂纹、Nomex蜂窝结构蒙皮脱粘及表面裂纹等缺陷的检测中得到验证和推广。此外电子散斑干涉技术(ESPI)及电子剪切散斑干涉技术(ESSPI)能实时、可靠地检测出玻璃纤维复合材料、蜂窝夹芯材料中脱粘、分层、冲击损伤等典型缺陷,尤其对复合材料内部开裂、裂纹较敏感,如图5-9所示。

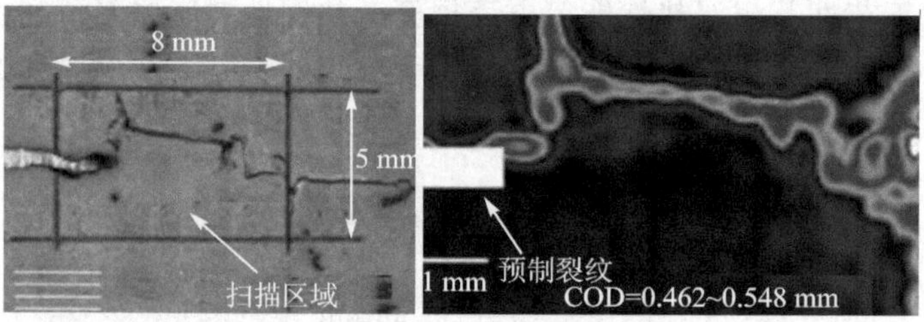

图5-9 电子散斑干涉技术探测复合材料内部裂纹

复合材料应用已经过了50余载,然而复合材料要达到传统材料的成熟应用水平还需要几十年,还存在很大的发展空间,因而需要材料—设计—制造—评价整体水平提升,需要微观—介观—宏观多层次协调深化研究,需要从高效能、高可靠与低成本化中寻求突破。

我国复合材料研究水平与发达国家基本持平,在增强材料与基体材料方面相对差距较小,但应用水平则差距较大,这种差距主要体现在结构设计与验证分析方法、高可靠检测评价技术与高品质自动化制造技术等方面,因此我国应加强与此相关的研究工作。

习 题

1. 如何定义复合材料、先进复合材料和结构复合材料?
2. 复合材料具有哪些性能优势?
3. 复合材料在空天飞行器上具有哪些应用?
4. 复合材料由哪些材料组成? 复合材料的组元材料作用是什么?
5. 碳纤维具有哪些性能特点? 不同类型碳纤维的性能特点与应用存在哪些差异?
6. 复合材料的核心技术包括哪些方面?

第6章 复合材料制造技术与工艺

本章思维导图

虚拟仿真实验

先进树脂基复合材料因其具有高比强度、高比模量、可设计性强、耐腐蚀、抗疲劳、易于整体成型等优异的综合性能，在航空航天领域获得广泛应用。飞行器结构复合材料化已成为常态，例如B787复合材料使用量为50%（质量分数，后文同）、空客A350XWB复合材料用量达到52%，我国大飞机研制也将复合材料列为三大关键技术之一，显示出复合材料成为大型民用客机结构主体材料的趋势；而战斗机、轰炸机、运输机、直升机、无人机、通用航空飞机以及航天飞行器中的导弹、火箭、卫星等也均大量采用复合材料结构，甚至出现全复合材料结构。复合材料用量和应用水平已成为衡量飞行器先进性的一个重要标志。

众所周知，对于飞行器复合材料结构，制造技术非常关键，不仅决定产品质量而且严重制约制造成本。与金属材料截然不同，复合材料的材料成型与结构成型是同时完成的，因此其结构性能对制造工艺敏感，材料的最终性能也是通过制造过程被赋予到结构，制造过程的控制影响着复合材料结构的质量。复合材料制造工艺自身的复杂性和对外界环境的敏感性，使得一旦工艺某环节不合理，复合材料制件将产生缺陷和尺寸偏差，严重影响其性能、使用寿命和装配性，甚至导致制件报废。另外，飞行器复合材料结构的制造成本一般要占到总成本的70%以上，可见制造技术在很大程度上决定了其制造成本。可以说，制造工艺是复合材料应用的关键，也是结构设计得以实现的关键。为此，各国对航空航天领域用复合材料结构制造技术都极其重视，给予了很多大型项目计划支持，使复合材料结构制造技术与工艺理论取得突破性进展。

6.1 数字化与自动化制造技术

除固体火箭发动机壳体、压力容器等回转体结构以缠绕工艺制造为主外，飞行器重要复合材料结构主要以热压罐工艺生产，并衍生出了各种整体化成型技术和自动化制造技术。

6.1.1 数字化制造技术

数字化制造是当今世界制造业发展的趋势，近年来，数字化因其柔性好、响应快、质量高、成本低，正逐渐成为先进制造技术的核心。在传统的复合材料研制模式中，设计、分析及制造之间的数据是通过模拟量传递的，构件质量在很大程度上依赖于工人的经验和熟练程度。而通过在复合材料构件研制过程中引入数字化技术，可以保证设计、分析、制造数据源的唯一，做到复合材料CAD/CAE/CAM一体化，便于数字量传递，减少研制时间，加快研制进度。复合材料构件数字化制造过程涉及主要技术包括可制造性分析、复合材料构件铺层展开、模具和夹具的快速设计、模架的选型及快速设计、工装零组件的快速装配技术、铺层排样技术、数控下料技术、激光定位技术、成型工艺的仿真及优化技术、工程数据管理系统、数据传递接口技术等。

以美国为首的西方发达国家首先采用了数字化技术。这项技术以全面采用数字化产品定义、数字化预装配、产品数据管理、并行工程和虚拟制造技术为主要标志，从根本上改变了复合材料传统的设计与制造方式，大幅度提高了制造技术水平。目前，世界先进的飞机制造商已经利用数字化技术实现飞机的“无纸化”设计和生产，美国波音公司的B777和洛克希德马丁公司的F-35，在研制过程中均采用了数字制造技术，较传统方式相比，研制周期缩短了2/3，研制成本降低了50%，开辟了航空数字化制造的先河。我国中航工业集团有限责任公司针对某机型复合材料制件的生产，建立了我国首个航空复合材料制件的数字化技术生产系统，依托数字化技术和数据库系统的支撑，通过数据库与生产线的数据交换接口系统，实现了数据库与数字化生产线对接，将产品结构设计、车间MES系统、工装设计生产、固化成型、无损检测、装配等实现数字化，并将各环节的软件接口进行对接，打通了复合材料制件数字化制造过程，达到提高产品质量、缩短研制周期、进一步减轻结构重量的目的。在我国民用飞机研制中也将复合材料构件设计制造技术与数字化技术相结合，以实现复合材料构件设计与制造各环节数字化、数据流畅通和复合材料构件在并行工作模式下的设计、工艺、制造、检测全过程的集成，促进飞机复合材料构件的大面积使用和降低制造成本。

6.1.2 自动化制造技术

采用预浸料/热压罐工艺制备复合材料结构，首先需要按设计要求将一定尺寸、形状、数量的预浸料在模具上铺叠成层合结构的坯料，然后再将其放入热压罐中固化。预浸料坯料，即预浸料预成型体的制备是整个制造过程中周期最长、劳动强度最大的工艺环节，也是决定复合材料制造质量的关键。传统的预浸料/热压罐工艺采用下料、人工铺贴、预压实的方式进行预浸料预成型体的制备，存在时间长、成本高、工艺质量不易控制、大型制件难以制造等问题。因此如何实现预浸料预成型体的机械化、自动化制造成为了复合材料结构低成本高品质制造技术的核心，近些年涌现出自动铺放技术、热隔膜技术、机械变形成型技术等，在极大提高生产效率的同时，保证了成型质量的稳定性。

6.1.2.1 自动铺放技术

自动铺放技术包括自动铺丝(AFP)技术和自动铺带(ATL)技术，它们的共同特点是使用预浸料实现预成型体的数字化、自动化制造。自动铺带技术主要用于机翼壁板等小曲率、平面类结构成型，自动铺丝技术主要用于机身等大曲率复杂结构成型。自动铺放技术集预浸料裁剪、定位、铺贴、压实等于一体，其自动化成型CAD/CAM技术涉及原材料选择、材料设计、产品结构与铺层设计、线型设计、工艺制度设计、运动参数计算、成型加工与检测、模具技术等多方面。

根据复合材料预浸带的特性，自动铺带CAD/CAM软件开发中都要遵循“自然路径”的概念，否则会出现纤维的褶皱、预浸带难以贴合模具表面以及预浸带之间留下缝隙等缺陷；而自动铺丝技术中，各预浸纱独立输送，不受自动铺带中“自然路径”轨迹限制，铺放轨迹自由度更大，甚至可实现连续变角度铺放，但不同的铺放轨迹可能会影响生产效率以及制件的成型质量。由此可见，对于自动铺放工艺，铺放轨迹的设计是控制工艺质量的核心，而通过计算机模拟铺放过程，定义并优化铺放轨迹是主要途径。

美国Cincinnati公司以CATIA为基础开发的ACRAPATH可实现离线的模型导入、轨迹生产、后处理、仿真和代码生成等功能；VISTAGY公司的FiberSIM软件不仅能够实现调用工程软件中的铺放模型，而且还能够自动生成铺带代码文件，兼容常见的CATIA、NX和ProE等工程软件；西班牙M-Torres公司以CATIA为基础开发了方便编程的CAD/CAM软件模块；法国Forest-line公司采用法国纯粹和应用数学中心(CIMPA)SA注册的TapeLay软件设计并集成到CATIA V5的CAM模块，能够实现铺带轨迹规划线型的比较与仿真。

国内方面研究起步相对较晚，主要是样机研制、产品试制以及技术储备阶段。在自动铺带方面，肖军等人根据微分几何理论证明了在可展曲面上“自然路径”与测地线的等价，并基于AutoCAD 环境，应用弧长展开变换方法构造了柱面铺带轨迹算法，开发了具有机器代码生成的仿真软件，能够实现给定形状、给定铺层构件的铺带轨迹生成与后置处理与加工指令生成。在自动铺丝方面，肖军等人开发了基于 OpenGL 的自动铺丝运动模拟设计与仿真软件和基于CATIA 的自动铺丝 CAD/CAM 软件原型，选取初始参考线，构建适当的曲面等距平移进行轨迹规划和选取合适的参考轴线，并构造曲面与该轴线固定角度的迭代格式。同时，韩振宇等人研究并开发了能够实现仿真纤维铺放路径规划的软件系统，利用平行投影定理实现铺放轨迹在网格单元共享顶点处良好衔接，提出并验证了等距偏置算法。

6.1.2.2　基于自动铺带的曲率结构成型技术

航空复合材料中加筋壁板结构十分常见，其筋条由于曲率加大，难以直接采用自动铺带工艺制备，而采用自动铺丝工艺效率偏低。为此常采用自动铺带工艺先制备平板预浸料坯料，然后采用热隔膜工艺或机械变形工艺将其成型为带曲率预制件，可以得到 L 形、C 形、I 形等筋条。

1. 热隔膜成型工艺

对于复合材料，热隔膜工艺最初用于热塑性复合材料的制造，而后发展为带曲率热固性复合材料预制件的重要成型方法。该技术先将自动铺带机或人工铺覆成的平板结构放置于热隔膜成型机上，平板结构表面覆盖一种延展性和强度较高的隔膜，在隔膜内部抽真空，利用负压和红外辐射加热，将平板结构整体贴合模具成型，从而压实成具有曲面结构的预制件，成型过程如图 6-1 所示。工艺过程中复合材料受热温度较低，未发生明显固化，因此需再用热压罐等工艺进行固化。该方法非常适合于大型曲面复杂件如梁和长桁的制造，预成型型面精度容易控制，并且自动化程度高，劳动力成本低。

热隔膜成型过程中预浸料铺层之间、预浸料与模具表面以及预浸料与热隔膜之间均发生着复杂的摩擦行为，还涉及红外加热、模具预加热带来的温度场分布变化，需要控制合理的预浸料滑移料和滑移速度，才能避免预制件中发生纤维褶皱等缺陷。作者团队针对热固性单向带，研究了热隔膜成型过程中 C 形预成型体和模具温度的变化规律以及成型温度、预成型体尺寸、成型速率对试件表面质量和内部缺陷的影响，并建立了预浸料滑移摩擦力测试方法，发现通过调控工艺温度和抽真空速率，可以改变预浸料滑移摩擦力的大小和滑移量，最终影响复合材料的工艺质量。

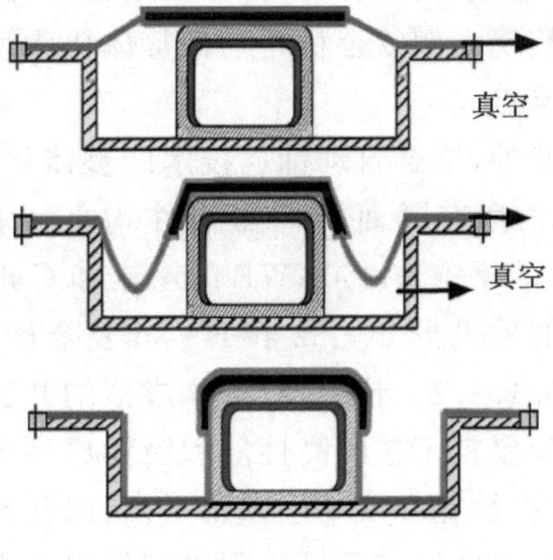

图 6-1　热隔膜成型过程示意图

借助计算机模拟技术，可以分析热隔膜工艺中温度场和预浸料的滑移状态。如Pantelakis 等研究了热隔膜工艺的产品质量及成本的最优条件；Labeas 和 Watiti 等通过有限元方法研究了红外辐射加热对热隔膜成型过程温度分布的影响；Smiley 等通过数值模拟分析了热塑性复合材料在隔膜成型过程中的变形行为；Krebs 和 Mallon 等对碳纤维/PEEK 复合材料双隔膜成型过程进行了研究，考虑了包括模具形状、层板厚度、铺层方式、隔膜种类等在内的影响成型质量的因素，并进一步分析了预浸料铺层的滑移变形过程。下一步研究趋势应为实现热隔膜成型全过程的有限元模拟，包括温度变化情况以及变形过程的应力分布的预报。

2. 机械变形成型工艺

机械方式的变形成型工艺,其实是热隔膜成型工艺的发展。热隔膜在成型时只有一个真空负压的作用,难以成型厚度较大的层板,而采用机械压力则可以完成厚层板的变形,得到带曲率预成型体。该技术依然是利用自动铺带技术将预浸料铺叠成平板,然后利用机械的方式将平板贴向具有一定曲面构型的模具,预浸料平板一端被设备对压运动机构固定,另一端放置在成型机构端的上下加热片间,加热后,预浸料层在设备下压运动的机械作用下成形成 L 型制件,并可通过对压运动机构的相对运动成形 T 型制件,最后利用热压罐等工艺固化得到制件成品。机械方式的变形成型工艺易于工厂自动化生产和流水线作业,对提高梁结构制件的生产效率具有重要意义。这类成型工艺最早曾用于制造 westland30－300 直升机的热塑性基体复合材料水平安定面。目前,空客已将机械方式的变形成型工艺运用到 A350XWB 机翼长桁的自动化生产线上。

6.1.3 整体化成型技术

易于实现大面积整体成型是复合材料制造的显著特点之一,对于飞行器结构而言,大面积整体成型复合材料在满足结构总体性能要求的前提下,可以大幅减少零件与紧固件数目,从而减轻结构重量、降低成本,特别是降低装配成本,这是美国 CAI 计划解决的主要关键技术之一。

6.1.3.1 基于热压罐成型的共固化技术

对于热压罐工艺而言,整体成型的关键是共固化/共胶接(Cocured/Cobonded)技术。在国防和民用飞行器方面,复合材料大面积整体成型技术均发展迅速,获得了显著效益,如 F－22 和 F－35 机翼均由四块整体成型机翼壁板构成,B－2 外翼由两块大的外翼蒙皮构成;大型客机方面,A380 中央翼、B787 机身、机翼、A350XWB 机翼都采用了复合材料整体化结构。目前对于大型复杂构件,如大尺寸变厚度结构、多筋厚蒙皮结构和整体框、梁等结构的整体成型技术,如何实现大型复合材料构件整体化成型与结构设计分析相结合,提高质量控制精度是目前的研究重点。

此外,结合自动铺放技术的整体化成型技术已成为航空复合材料结构的首选工艺。例如 B787 的所有翼面及翼盒构件均采用自动铺带技术制造,机身段采用自动铺丝技术制造。A380 的尾锥、A350XWB 的尾锥和 C 形梁均使用自动铺丝工艺制成,如图 6－2 所示。V－22 飞机的后机身、F－22 和 F－35 复合材料的 S 形进气道均采用自动铺丝技术制造。

6.1.3.2 预浸料/液体成型的共固化技术

预浸料工艺的高性能和液体成型工艺的低成本,促使制造技术人员考虑将两者结合,取长补短,在性能和成本上做出平衡,由此预浸料/液体成型共固化工艺应运而生。该工艺原理是将预浸料铺层和干纤维预成型体组合在一起,将树脂注入干纤维预成体中,进一步使其与预浸料铺层一同固化形成一个整体,预浸料铺层主要用于蒙皮结构,干纤维预成型体主要用于筋条、凸台、连接部分等复杂结构。该工艺可以通过改变预浸料铺层、干纤维预成型体的结构和组合方式,制造复杂形状构件,可以大幅度减少零件、紧固件的数量和装配工序,并且简化模具设计和树脂充模过程,从而降低制造成本,减轻制件重量。此外,预浸料铺层和干纤维预成型体所用的纤维可以根据要求选择不同种类的树脂、纤维和织构形式,从而灵活地设计制件的性能。

典型的预浸料/液体成型共固化工艺如图 6－3 所示。经过近年来的发展,目前分为树脂传递模塑/预浸料共固化工艺(Co－curing Resin Transfer Molding process,Co－RTM)、真空

图 6-2　自动铺丝技术在 A380 上的应用

灌注/预浸料共固化工艺(Co-curing Vacuum Assistant Resin Infusion process,Co-VARI)以及树脂膜熔渗/预浸料共固化工艺(Co-curing Resin Film Infusion process,Co-RFI)。共固化液体成型工艺用于飞机承力结构,被证明是一种极具发展前途的复合材料低成本整体成型制造技术。例如,Co-RTM 工艺首先由美国 Northrop Grumman 公司提出,用于生产大型整体复合材料制件,继而在美国 CAI 计划中得到进一步发展。F-35 垂直安定面采用自动铺带的 Co-RTM 工艺制造,制造成本降低 1.4 万美元,重量减少 7%,零件数量减少 52%,模具数量减少 38%;F-35 采用三维编织加强筋和丝束铺放的 Co-RTM 工艺制造整体进气道,紧固件减少 95%,减重 36.4 kg,成本降低 20 万美元。欧洲"Clean Sky"计划中包含了 Co-VARI 工艺,采用该工艺制备的复合材料力学性能达到了所用的 OoA 预浸料强度的水平。作者团队对 Co-RFI 和 Co-VARI 工艺开展了研究,通过对加筋壁板制备工艺的研究,证明 Co-VARI 获得的力学性能低于预浸料/热压罐工艺,而高于 RFI 工艺,预浸料部分与 RFI 部分的结合界面性能优异,同时工艺周期短,有望用于民机复合材料结构的制造。航天特种材料及工艺研究所采用 Co-RTM 工艺制备复杂弹体结构,简化了模具结构和工艺程序,显著提高了成品率、降低了工艺时间。

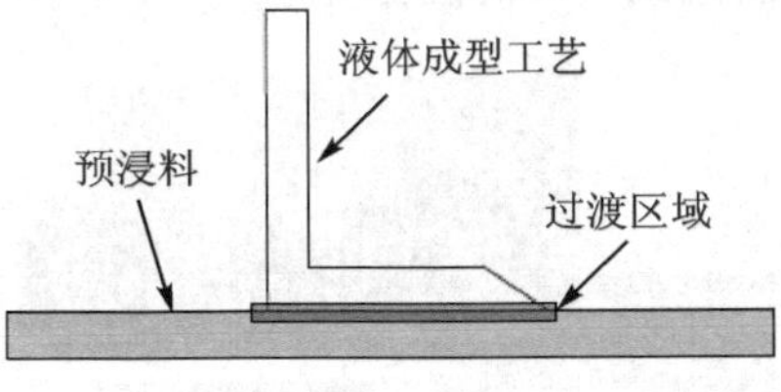

图 6-3　预浸料/液体成型工艺示意图

6.2　新型低成本制造技术

出于降低成本的考虑,以液体成型工艺、真空袋工艺、先进拉挤工艺为代表的非热压罐工艺也不断发展,逐渐在非承力、次承力乃至主承力结构上获得应用。

6.2.1 非热压罐技术

非热压罐技术常被称为OoA(Out of Autoclave process),是相对于传统的热压罐成型技术而言的,指不用热压罐而制造出具有与热压罐工艺相同性能和质量的复合材料制件。广义上来说,凡是不使用热压罐设备的复合材料制件的成型方法,都可以称之为非热压罐成型技术。目前为止,在航空航天制件中获得应用的非热压罐成型技术主要有以下几种:非热压罐预浸料技术、液体成型技术、先进拉挤成型技术、预浸料模压成型技术等。在这些技术中,由于非热压罐预浸料技术更接近于传统的热压罐成型工艺,有着广泛的手工铺贴和自动铺贴的工艺基础,因而被视为最有可能大规模实现的非热压罐成型技术。

非热压罐预浸料技术是以预浸料层合结构为主,沿用手工铺贴和自动铺贴,最后采用真空袋工艺固化的方法。为了满足制造质量和机械性能与热压罐工艺相当,主要需解决仅在真空压作用下如何保证足够高的纤维含量和满足要求的较低孔隙率水平,而采用具有适当流动特性的树脂体系,并制备出部分浸润纤维的预浸料是实现这一目标的关键,它能保证即使制备厚制件时树脂也能在低压下充分流动,保证纤维密实从而获得高的纤维含量;同时在真空作用下部分浸润形成的预浸料坯料内部通道,能够保证挥发充分和夹杂空气充分排除,获得低的孔隙率。

目前,国外的预浸料制造商已研发出多种用于OoA工艺的预浸料体系,用于制造飞机的非承力、次承力、主承力结构。如英国ACG公司推出的MTM44-1环氧预浸料体系已经通过了空客公司的认证,将应用于飞机的主承力结构,MTM44-1已经在ALCAS(Advanced Low Cost Aircraft Structure)计划中应用于制造民机机翼中央翼盒下壁板、商务机机翼平台、机翼C型梁试验件、C-17运输机后缘等飞机结构件演示验证件。ACG公司的MTM45-1正在空客认证过程中,已经在美国“先进复合材料货运飞机”(advanced composites cargo aircraft)计划中得到了初步应用,MTM45-1被作为该计划验证机的全复合材料机身结构材料。美国Hexcel公司的HexPly®M56、Cytec公司的Cycom®5215预浸料也在民用航空领域有好的应用前景,如图6-4所示。航天方面,NASA采用OoA制造航天器大型复合材料构件,如复合材料乘员舱(Composite Crew Module,CCM)、直径达10 m的太空发射系统的有效载荷整流罩等;ACG推出的LTM45系列材料应用于Delta火箭筒段等结构。国内的研究尚处于起步阶段,中航工业集团公司研制出“VB”系列真空袋固化树脂体系与T700SC碳纤维配合,制成的预浸料在真空袋压成型下能达到1%的孔隙率。

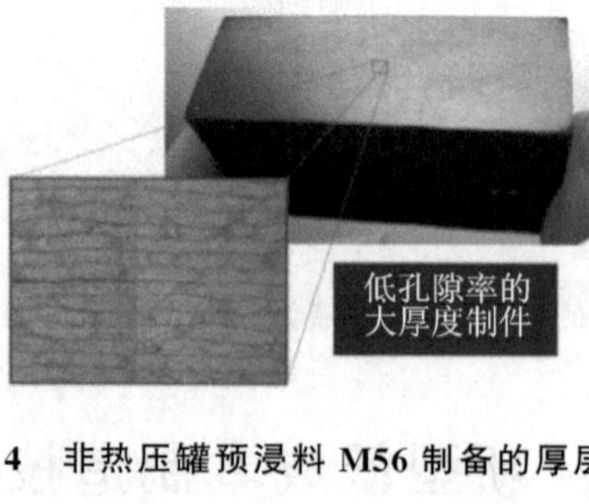

图6-4 非热压罐预浸料M56制备的厚层板照片

微波固化属于新兴的非热压罐固化技术。与热压罐和烘箱的表面加热技术不同,微波固化属于体积加热,通过电磁作用使制件整体均匀快速加热,热量传递滞后问题被大大减弱,固化效率提高的同时减少了能耗,微波固化设备如图6-5所示。英国GKN宇航公司在微波固化技术商业化方面开展了大量工作,该公司采用微波技术和商业化的环氧预浸料制备了飞机襟翼加筋壁板等复合材料结构，如图 6-6 所示，发现与热压罐工艺相比，固化质量相当，而工艺时间缩短 40%，能耗减少 80%。需要注意的是，由于不同材料对微波的吸收和反射特性不同，应充分掌握复合材料、模具、工艺辅助材料吸收微波能量的特性，以合理设计工艺条件。

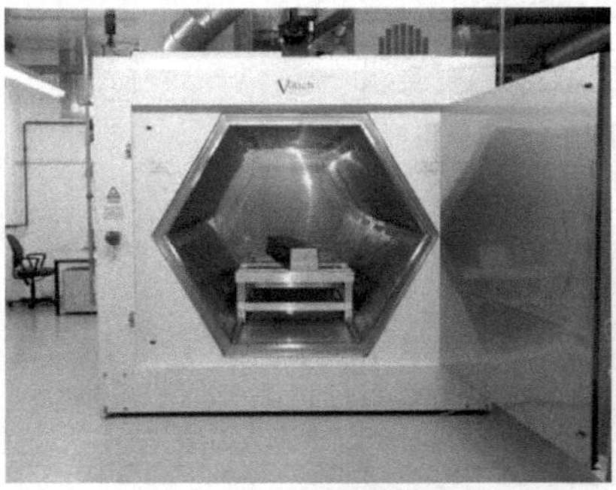

图 6-5　微波固化炉

图 6-6　微波固化的加筋壁板

6.2.2　液体成型技术

液体成型技术(Liquid Composites Molding，LCM)是一种世界公认的低成本制造技术，在航空航天领域发展十分迅速，主要包括树脂传递模塑成型 RTM(Resin Transfer Molding)、树脂膜熔化成型 RFI(Resin Film Infusion)、真空辅助树脂熔塑成型 VARI(Vacuum Assistant Resin Infusion)等。这些技术不采用预浸料，投资较小、生产效率高、能耗低，同时采用二维、三维编织及多向针织、缝编等技术制备纤维预成型体，克服了传统复合材料层间强度低、易分层的弱点，提高了复合材料的抗损伤能力。目前液体成型技术在航空航天承力结构上获得了越来越多的应用，如美国 F-22 的 360 个零件采用 RTM 工艺制造，包括机翼正弦波梁、尾翼工字形梁、肋、机身框、襟副翼等；空客 A380 的机翼后缘和后压力隔框，B787 机身的大部分隔框等均采用 RFI 工艺制造；VARI 工艺则已用于大型机翼蒙皮、前机身、机翼翼梁、垂尾、运输机货舱门、弹道导弹仪器舱段的制造。此外，国内外也开始将 Z 向增强技术与液体成型工艺相结合，具有工艺成本低、整体化程度高且界面连接强度大等优势。

由于对树脂体系低粘度等工艺性要求，其 LCM 工艺的树脂基体增韧受到限制，使得制备的复合材料韧性普遍低于预浸料/热压罐工艺，而纤维预成型体增韧技术成为了解决这一问题的重要途径。美国 Cytec 公司开发出一种称为“Priform”的液体成型工艺，该工艺将热塑性纤维与增强纤维编织，热固性树脂充模保温过程中热塑性纤维熔于热固性树脂中，在实现对复合材料增韧的同时不影响充模树脂优良的流动性，获得工艺质量易控、韧性优异的复合材料。益小苏等发明了 ESTM 织物，该织物表面以点阵方式附着了增韧剂，在不影响树脂充模的前提下极大提高了复合材料韧性。

为了进一步降低成本、扩大适用范围，新型的液体成型技术也不断涌现。例如澳大利亚 Quickstep 公司推出了新型的液体成型工艺，如图 6-7 所示，将模具漂浮于导热流体中，基于流体导热的优势，实现快速加热或快速冷却，热量传递速度比热压罐工艺快 25 倍，加热速率可达到 22 ℃/min。该技术已用于制造 F-35 战斗机的垂直尾翼翼梁等复合材料结构。美国 Hexcel 公司开发了能够铺放干纤维的自动铺放设备和单向带 HiTape®，实现了干纤维预成型体的自动化制备，然后进行树脂注射或灌注工艺，固化得到制件的纤维含量可以达到 60%，其力学性能与热压罐工艺相当，因此有望用于飞机主承力结构。

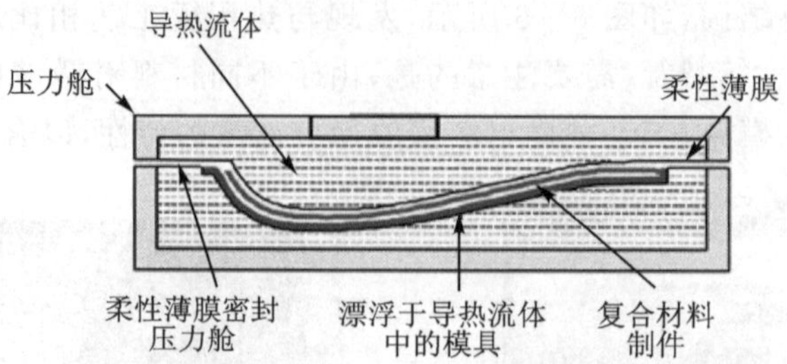

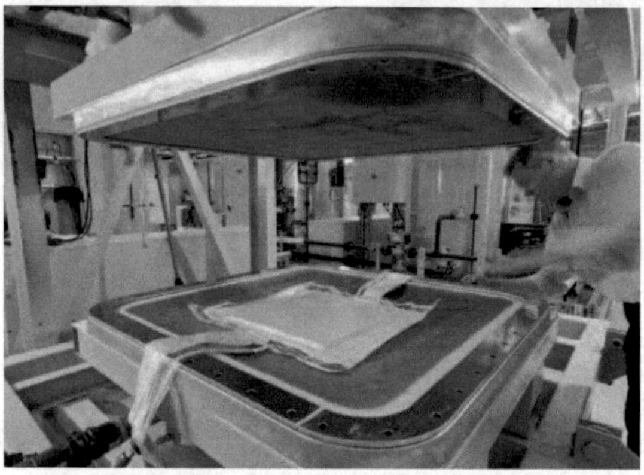

图 6-7　Quickstep 公司新型液体成型工艺

6.2.3　预浸料拉挤成型技术

拉挤成型是一种连续生产复合材料型材的工艺，一般在牵引力的作用下纤维丝束浸渍树脂后通过模具进行预成型和固化，其自动化程度较高。先进拉挤成型技术简称 ADP，是直接对预浸料进行拉挤成型的自动化生产工艺，尤其适合生产各类直线性、固定截面的型材。ADP 成形技术综合了手工预浸料铺叠力学性能优势和拉挤成形自动化的优势，根据最终型材外形和性能要求，选择预浸料的合适宽度、预浸料层数和铺层方向。由于原材料采用的是预浸料，可以根据构件的设计要求，实现任何铺层（包括单向和±45°织物预浸料）的组合。

由于 A380、A350、B787、A400M 等大型飞机大量使用复合材料筋肋与蒙皮共固化的工艺技术，采用 ADP 技术制造的长桁和梁类构件容易实现制件固化度的控制，达到一定固化度的型材既能保持截面形状又能在热力作用下通过微变形适应不同型面，如翼面、机身壁板，最终与壁板共固化得到加筋壁板结构件。

采用 ADP 技术制造的复合材料型材自 1996 年开始应用于 A330-200 的垂尾以来，空客所有垂尾上复合材料的拉挤构件全部改用日本 JAMCO 公司 ADP 型材，这些型材通过热压罐共固化与翼面蒙皮复合。同样，近年投入航线运营的空客 A380 机体结构中也大量使用了采用 ADP 成形技术生产的梁、桁构件，不仅在垂尾中大量采用了拉挤型材，而且机身客舱地板工字梁也采用了 ADP 制造，受载很大，如图 6-8 所示。

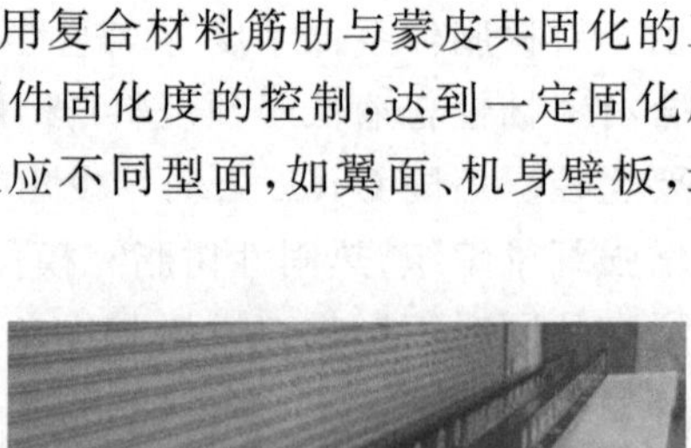

图 6-8　采用先进拉挤技术制造的 A380 上舱地板梁

6.2.4　连续纤维增强热塑性复合材料制造技术

与热固性树脂基复合材料相比，热塑性树脂基复合材料具有以下特点：①优异的抗冲击韧性，耐疲劳损伤性能；②成型周期短，生产效率高；③纤维预浸料不必低温存放，无限储存期；④制品可重复加工、废旧制品可再生利用；⑤可实现热焊接。以往的热塑性树脂基复合材料因力学性能偏低、尺寸稳定性差等问题，在飞行器结构上鲜有应用。然而随着聚醚醚酮(PEEK)、聚苯硫醚(PES)等航空级高性能热塑性树脂基体及其连续纤维复合材料的出现，使其在飞行器上的应用受到了广泛关注。例如，PEEK 预浸料已经应用在 F117A 的全自动尾翼、C-130 机身的腹部壁板、法国阵风机身蒙皮等，空客 A340/A380 飞机机翼前缘应用了玻璃纤维增强的聚苯硫醚复合材料。Fokker 公司目前正在开发碳纤维增强聚醚酮酮热塑性复合材料相关技术，拟用在下一代商业飞机的主承力结构上，目前已经做出了扭矩盒示范件，如图 6-9 所示。该扭矩盒长达 12 m，通过感应焊接法将加强筋焊接在扭矩盒上。

连续热塑性复合材料的制件成型工艺主要有热折工艺、隔膜成型、模压工艺、纤维缠绕成型、辊压成型、拉挤成型等。其中纤维缠绕成型以其高效、稳定的特点使其应用越来越广泛。此外，适用于热塑性复合材料的自动铺放工艺也在美国、加拿大、欧洲等国获得研发。热塑性预浸料粘性极低，需要铺放头有较高的加热能力才能实现铺放，通常采用激光加热的方式。此外，与热固性树脂基复合材料的自动铺放工艺不同的是，热塑性复合材料在铺放时若温度和压力适宜，铺放后可以达到足够的密实程度，有可能不需要再进行热压罐固化，从而进一步降低制造成本。

图 6-9　用 CF/PEKK 热塑性复合材料制备的长达 12 m 的扭矩盒

6.3　成型工艺质量控制方法

先进复合材料的成型固化是在一定压力和加热条件下完成的，该过程非常复杂且难以直接观察，涉及热量传递、固化反应、树脂流动、纤维密实、气泡的形成、生长及迁移等多种物理、化学及其耦合变化。不同的树脂体系和纤维增强体的物理和化学特性不同，造成成型固化过程有明显差异，这些因素与工艺参数、模具方案、产品结构等交织在一起。同时航空航天结构高昂的制造成本，要求保证高的成品率，这使得工艺质量的控制成为复杂而又核心的技术。复合材料工艺质量控制技术包含工程技术和科学研究两个方面，前者往往在产品生产中起决定作用，而后者往往在产品研制中有重要地位。

6.3.1　工程技术规范与数据库

航空航天工业已充分认识到复合材料结构这一特点，并在积木式设计验证程序中对材料与工艺控制进行鉴定，建立材料规范和工艺规范，保证能生产出可重现且可靠的结构。例如

FAA 制定出版了预浸料和复合材料规范及工艺规范编制指南,加快了复合材料结构研制与适航审定进度,降低了成本,保证了工艺质量。

复合材料工艺规范中,对相应产品所涉及的所有制造因素都进行了明确规定,如适用范围、引用文件、材料要求、设备和设施要求、人员要求、工装要求、制造要求(铺层、预压实、真空袋封装、温度监测、固化、胶接、脱模、工装)、验收标准等。

材料规范和工艺规范制定过程中,数据库是其必不可少的依据,数据库应包含原材料、中间材料、芯材、复合材料等物理、化学、工艺、力学等性能,这些数据的准确性、可靠性需要有足够的实验批次、合理的实验矩阵、先进的测试标准规范、严格的检测工作质量管理体系作为保障。

从 1994 年开始在 NASA、FAA 和美国 70 家企业、学术机构及政府机构组织开展了 AGATE(Advanced General Aviation Technology Experiments)项目,目的是在满足 FAR23、AC20 - 107A 和 AC21 - 26 要求的前提下,发展一种通用的复合材料鉴定和性能等同判断方法和规则,建立共享的数据库,大幅度降低材料鉴定的成本和时间,加快通用飞机设计、发展进程和适航审定。2005 年,NASA 的技术人员认识到 AGATE 的方法应该从通用航空领域推广到整个航空行业,于是建立了国家先进材料性能中心(National Center for Advanced Materials Performance,NCAMP),该中心制定了大量指导性文件,尤其是包含了复合材料体系适航审定中材料规范、工艺规范以及数据库的大量内容,为复合材料在民用航空上的应用奠定了技术基础。

中航工业集团公司针对中国航空用材料体系,建立了复合材料工程数据库,覆盖了目前中国航空工业的主要材料牌号,并研究了数据库的管理和应用技术。

高航等人归纳总结了复合材料典型构件加工特征,在此基础上构建了复合材料典型特征加工工艺数据库,利用该数据库可以将复合材料的相关加工工艺信息进行合理分类存储,便于用户进行检索。

美国十分重视复合材料的标准化工作。自 20 世纪 70、80 年代开始,由美国国防部下属的 MIL - HDBK - 17 协调委员会编制有关复合材料性能表征、性能数据和在结构中应用指南的军用手册,被国外的复合材料与结构研制的工程技术人员称为“复合材料的圣经”,该系列手册于 2013 年宣布废止,并由美国 SAE 协会制订的 CMH - 17 系列复合材料手册替代,其中与 MIL - HDBK - 17F 相比,在“生产材料和工艺过程的质量控制”章节中,有大量更新,包含了材料采购质量保证程序、零件制造检验、管理材料和工艺中的变更、改进工艺的统计工具等内容。

从目前工艺规范和数据库的应用看,建立统一的技术规范标准,构建复合材料结构设计/制造/评价共享数据库是促进复合材料工业快速发展的重要措施。

6.3.2 复合材料制造装备

制造装备无疑是复合材料制造的基础,也是显示制造技术水平的重要标志。实现自动化制造和高精度制造是复合材料制造装备发展的主要目的。

自动铺带和自动铺丝替代手工铺层的方式,可以大幅提高生产效率,降低手工操作的不确定性,保证了产品的质量稳定性。但是根据产品结构和尺寸的不同,它们各有适用的范围。由图 6 - 10 可以看到,当制件的结构较为简单时,如机翼蒙皮,采用自动铺带生产效率最高,当制件的结构十分复杂时,如机身,采用自动铺丝生产效率最高,而手工铺层可以适用于各种结构的制件,但其效率最低,且有制件最大尺寸的限制。

与手工铺层相比,自动铺带和自动铺丝对预浸料的粘性有更高要求,若粘性不满足要求,则铺叠质量无法保证。由于预浸料粘性与树脂、纤维、预浸料尺寸等多种因素有关,尚没有统一的粘性定量测试方法,因此国内外学者对预浸料粘性的表征开展了研究。此外,自动铺放工艺对预浸料的质量稳定性和尺寸均匀性控制的要求也更高。由此可见,先进制造装备能够真正在控制工艺质量方面显示出应有效果,材料技术的匹配至关重要。

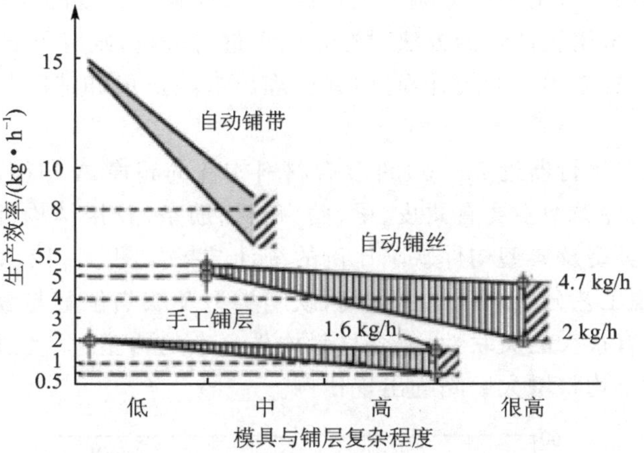

图 6-10　手工铺层与自动铺放的效率对比

在大型飞机和航天器上,部分关键复合材料产品具有大尺寸、大曲率复杂外形和装配精度要求高的特点,而成型工装的设计、材料、制造技术是关键。以航空工业为例,复合材料成型模具历经了铝合金/低碳钢材料、玻璃/碳纤维复合材料、Invar 钢材料为代表的三代工装材料解决方案。

Invar 钢材料的热膨胀系数极其接近于碳纤维/环氧复合材料,高温固化及冷却过程温差变化时成型工装与零件的变形小,两者之间因热膨胀差异导致的应力较小,有效地保证了成型工装与产品之间尺寸的一致性。目前,Invar 钢复合材料成型工装已经成为国外航空工业企业的首选。例如,空客公司在 A320 机型的生产线上,使用 Invar 钢复合材料成型工装制造长度达 14 m 以上的飞机方向舵,如图 6-11 所示;霍尼韦尔公司使用 Invar 钢复合材料成型工装制造直径 4 m 以上的发动机短舱。在国外航空工业中,Invar 钢复合材料成型工装的设计制造和应用技术水平得到了迅速提高。国内方面正在开展 Invar 钢工装的设计制造研究,但技术尚未成熟。

图 6-11　A320 飞机方向舵复合材料蒙皮 Invar 成型工装照片

6.3.3 工艺数据统计分析

复合材料制造缺陷是工艺质量控制的核心，而制造缺陷的形成原因复杂，且随机性强，若采用实验的方法则实验量大、费时，且只能得到工艺条件与制造缺陷之间的表象联系，得到的一些经验也难以直接用于新材料和新结构的设计与制造。

由于复合材料结构大量用于航空航天飞行器，已经积累了大量的工艺数据，如各种结构的无损检测数据，若能够采用统计学的方法对这些数据进行分析，则有可能定量研究各种工艺因素与制造缺陷的关联，建立相关的统计模型，并梳理出缺陷形成和消除的主控因素，从而为工艺质量控制提供依据。

作者团队针对航空飞行器近 20 000 件复合材料构件的超声 A 扫描数据进行了数值分类统计分析，所涉及的构件类型主要有蒙皮、梁、肋、角材、筋条、胶接结构件等，制造工艺均为热压罐工艺。制造缺陷类型及典型构件缺陷比例的统计结果如图 6 - 12 和图 6 - 13 所示，研究发现：复合材料热压罐工艺分层缺陷比例最高，缺陷类型及缺陷位置与复合材料构件形状、几何特征和工艺方法均有很大的关联性，复合材料构件复杂的构型、厚度过薄或过厚、变厚梯度突变以及曲率半径过小均将增大缺陷的出现比例。

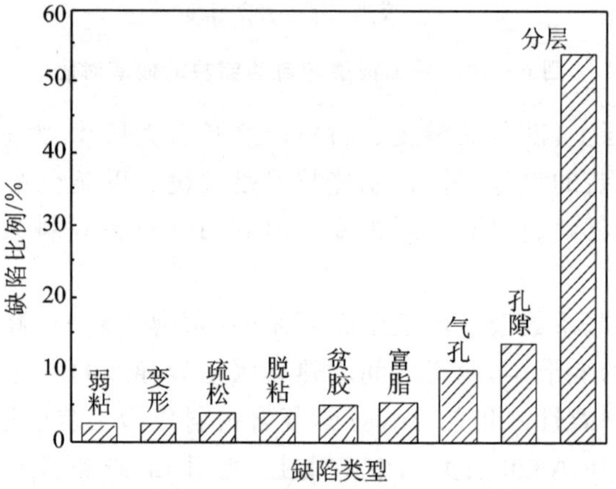

图 6 - 12　制造缺陷类型对比图

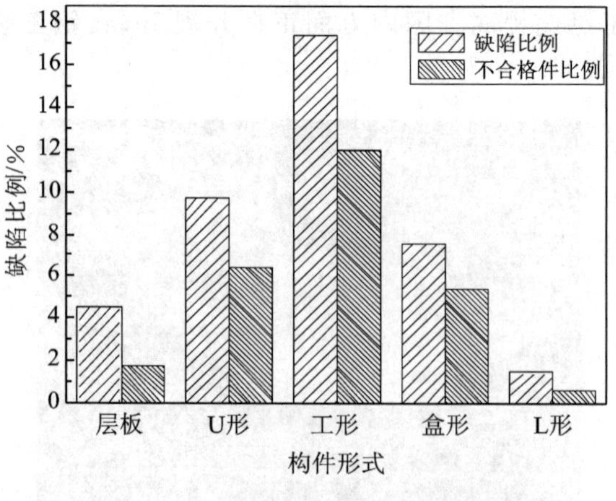

图 6 - 13　典型构件缺陷比例对比图

利用小样本量的统计分析方法求得了典型构件分层面积的概率分布和相对可接受率，如

图 6 - 14 所示。结果表明，复合材料构件的分层面积均符合对数正态分布，且分层面积在 100 mm^2 左右的分层出现概率最大，构型复杂(如工形件)和厚度过薄或过厚的复合材料构件的分层相对可接受率较低。进一步应用线性群子统计理论分析了制造缺陷的关键影响因素，发现复合材料构件中变厚梯度、曲率半径等几何特征以及复杂的构形是制造缺陷的关键影响因素，显著增大了制造缺陷(尤其是大分层)集聚产生的能力，缺陷产生概率增大。

上述研究工作说明，基于大量的工程数据统计分析，可以从复杂、随机的工艺-缺陷数据中获得规律性、定量性结论，从而为复合材料构件成型固化质量的控制和工艺改进提供方向。

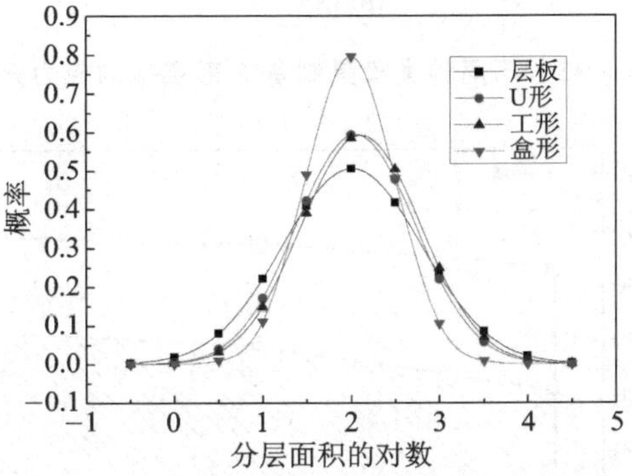

图 6 - 14 不同构型构件分层面积的概率分布

6.3.4 工艺过程计算机模拟

采用数值模拟技术可以对工艺过程中树脂流动、纤维密实、热量传递等物理化学变化进行仿真，预测温度分布、压力分布、内应力变化等，从而可以分析材料特性、工艺参数、模具方案等对成型过程、制造缺陷、制件尺寸的影响，为工艺方案的制定和质量控制提供依据，可以大幅缩短研制周期、提高工艺方案普适性、降低制造成本。

对于飞行器复合材料结构的常用制造方法热压罐工艺和发展迅速的液体成型工艺，都已经有一些商业的模拟软件。如加拿大 University of British Columbia 开发的 RAVEN 和加拿大 CMT 公司推出的 COMPRO 热压罐工艺模拟软件，可以分析树脂流动、热量传递及固化变形过程；法国 ESI 公司推出的 PAM - RTM 软件可以分析 RTM 工艺树脂充模过程等。作者团队开发了热压工艺固化仿真软件，能够实现各种复合材料结构的工艺仿真，考虑了罐内环境、模具、工艺辅助材料等对复合材料成型过程的影响，可进行工艺窗口优化和缺陷成因分析。

作者团队针对 L 形层板的阴模成型，数值分析了不同模具种类对层板密实过程的影响，对比了橡胶软模、钢模对拐角、平板区压力传递行为和层板厚度的影响，并通过对模具的改进，提高了压力和层板厚度的均匀性，如图 6 - 15 所示，实验结果证明了模拟结果和改进方案的正确性。

Poursartip 等人对 B767 - 400ER 的斜翼前梁和 B777 的后支柱整流罩的变形回弹问题进行了仿真分析，考察了不同的模具补偿量对回弹变形量的影响，从而为模具设计提供了依据。

作者团队采用数值模拟方法分析了工艺温度、压力对环氧、双马等多种树脂基复合材料密实过程的影响，以保证密实程度为目标，得到了不同铺层厚度、铺层方式下的工艺窗口，如图 6 - 16 所示，从而实现了材料工艺适用性的评价，进一步研究了储存时间对复合材料成型质量的影响，可以根据模拟结果和树脂在储存过程中固化状态、流变特性的变化，调整工艺参数。

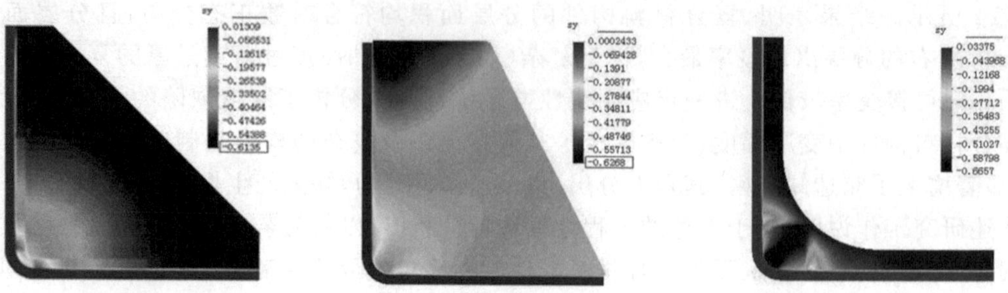

(a) 橡胶软模　　(b) 钢模　　(c) 改良模具

图 6－15　不同种类模具制备 L 形层板的应力分布

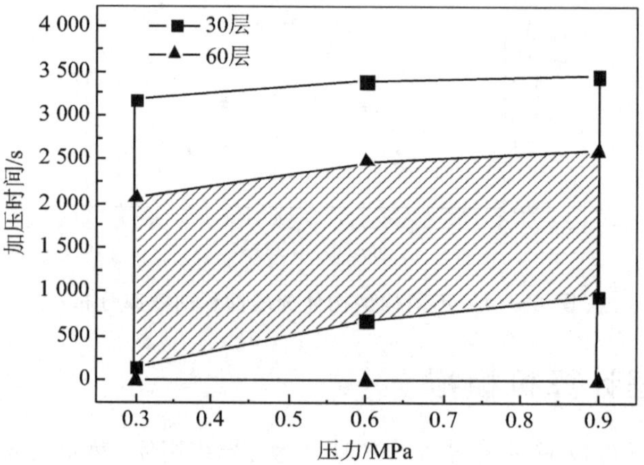

图 6－16　不同铺层层数的单向复合材料工艺压力窗口

6.3.5　工艺过程在线监测

一般而言，复合材料制造体系是由外部环境、限制条件和制造环境三部分组成。设备等外界条件提供的温度、压力、真空等条件要通过在产品成型过程中设置的人为边界条件施加在复合材料上，形成工艺边界和工艺参数，即外部环境通过限制条件传递给制造环境。外部环境本身具有相对均匀性，而当外部环境将热、压等重要的制造条件通过复杂且非均匀的限制条件传递给制造环境时，会导致制造环境本身的非均匀性，从而在时空场中形成温度场、压力场等多个非均匀场叠加耦合的制造环境。因此外部环境的温度、压力经常与复合材料内部的温度、压力有明显差异，外部环境往往是可知的、可控的，而复合材料内部的变化非常复杂，不易获取。这给工艺条件的优化和复合材料成型固化过程的控制带来了很大困难。

为了协调好外部环境、限制条件和制造环境的关系，实现无缺陷或低缺陷复合材料的制造，成型固化过程的实时监测技术受到了关注。固化过程中实时监测能反映复合材料成型过程的材料特性参量，为工艺参数的调整和优化提供依据。采用热电偶对设备内、模具以及复合材料温度进行监测的技术非常成熟，研究的重点集中在树脂固化状态和复合材料所受压力的监测。

6.3.5.1　树脂固化状态监测

动态介电分析是目前在线监测树脂固化状态的较成熟技术，该方法将介电传感器置于复合材料内部，监测树脂固化反应引起的介电场变化，可以得到粘度和固化状态的信息，其基本原理是：传感器由两个电极组成，两个电极与处于电极间的树脂组成了一个电容器，工作时低电压交流电信号输入到一个电极，电信号经过树脂传到另一个电极，树脂固化过程中介电性能发生变化，导致所监测电信号的强度和相位移发生变化，由此可以在线监测整个固化过程中固化程度的变化。目前已经有采用该技术的商品化设备，例如德国耐驰公司研制出了适用于实验室和工业用的介电分析仪 DEA288 系列，其采用嵌入在陶瓷基底的银-钯电极传感器，耐温达到 400 ℃，可以用于热压罐工艺、RTM 工艺、模压工艺等树脂固化反应的在线监测，从而优化固化温度、固化时间、加压时机等工艺参数。

6.3.5.2　树脂流动压力监测

树脂压力是复合材料成型过程中的一个重要工艺参量，树脂压力差是层板内部树脂流动的驱动力，并决定层板树脂含量分布及纤维密实状态；树脂压力影响孔隙缺陷的生成及成长，是抑制孔隙缺陷产生的重要条件；此外，树脂压力也反映了复合材料的受压状态。因此。获取树脂压力的变化情况对研究成型过程和控制工艺质量有重要意义。通常的流体压力测试技术，由于传感器尺寸比较大，只能安装在复合材料构件底部，得到复合材料构件边界树脂压力的变化，而无法获知复合材料内部的树脂压力。另外，压力传感器置于复合材料固化的高温高压环境中，其测试精度及准确性大幅度下降，甚至无法应用。

作者团队基于帕斯卡定律，利用液体传压原理，建立了热压罐工艺过程树脂压力在线测试系统，其结构如图 6-17 所示。将不锈钢毛细探针置于复合材料内部，探针前端处的树脂压力通过探针、传压管及储液腔将树脂压力传递到传感器感应区域，传感器将感应压力并将其转变为电流信号，通过巡检仪对电流信号进行采集，从而实现复合材料内部树脂压力的实时监测。探针从热压罐外穿入热压罐内，传感器在热压罐外的室温常压下使用，同时优化探针的直径，可以保证在高温高压环境下，实时准确地测试树脂压力，适用于热压罐工艺、模压工艺、吸胶工艺、零吸胶工艺中平板、非等厚、带曲率等复合材料结构的测试。该测试技术已在工程中获得应用。如用于后机身帽型长桁壁板的工艺研制中，如图 6-18 所示。

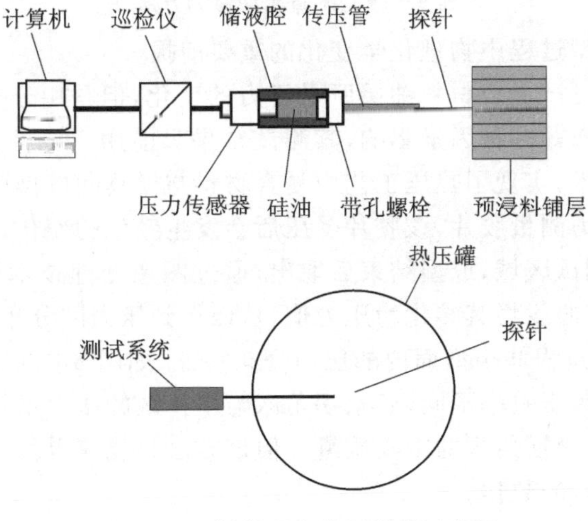

图 6-17　树脂压力监测技术示意图

利用相似的原理，改进该测试技术，还可用于 RFI 工艺、液体成型工艺中树脂流动前锋的监测（见图 6-19）和热压工艺中蜂窝夹层结构芯材内压的监测，分别为树脂流动行为和蜂窝夹层结构变形的分析提供了定量依据。

6.3.5.3　模具加压与纤维承压监测

成型过程中热压机或热压罐等成型设备施加的压力通过模具、辅助材料等传递到复合材料制件上，此压力称为密实压力，并由纤维和树脂共同承担。密实压力会对纤维密实、树脂流动、缺陷形成等产生重要影响。往往设备施加的压力与密实压力存在差异，掌握密实压力的变

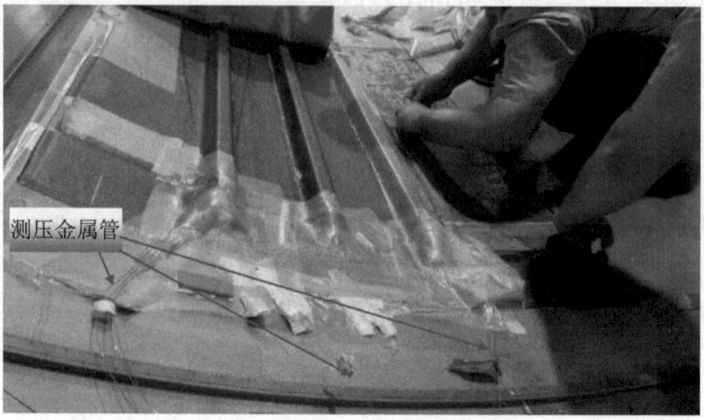

图 6-18　树脂压力监测技术用于帽型长桁壁板研制

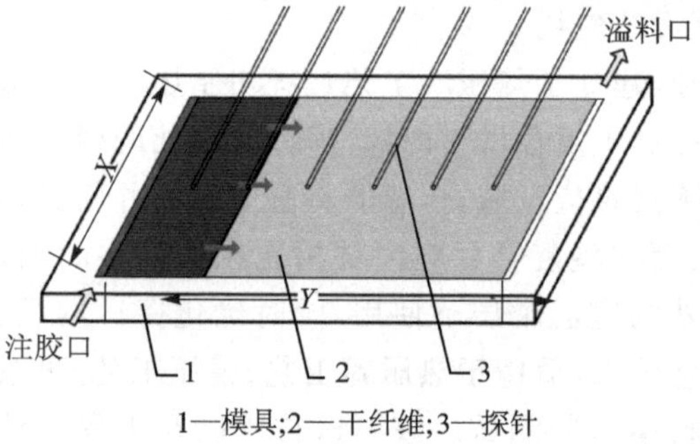

(a) 探针放置位置示意图

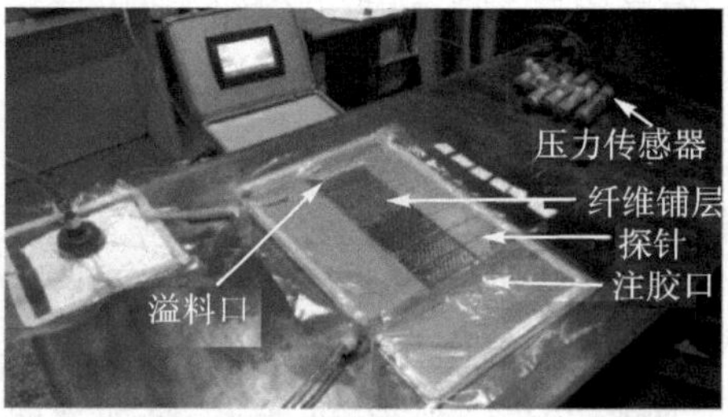

(b) 探针放置情况及硅油流动前锋实物图

图 6-19　树脂流动监测方法

化是分析加压方案及成型过程中物理化学变化的重要前提。

采用光纤技术可以测试复合材料铺层所受压力的变化，但是由于光纤信号除了受压力影响外，还受温度、纤维分布等多种因素影响，其测试结果只能用于定性分析。作者团队建立了两种膜片式压力测试技术，实现了热压工艺中复合材料与模具间成型面区域的压力测试。

第一种方法采用压力测量胶片，该胶片受压后会发生颜色的变化，压力大的地方显示更深的红色，将该胶片置于测试区域，成型结束后取出，通过图像处理技术得到胶片上不同位置的灰度值，然后再通过标定曲线将其转化为压力值，从而得到压力的分布数据。采用压力胶片方法分析了 T 形结构成型过程筋条型面内的压力分布特征，如图 6-20 所示。结果表明采用不同模块(刚模或软模)的传压效率不同，筋条拐角区与平板区的压力不均匀性不同，从而可以分析模具方案的合理性，改善拐角区的密实质量。但该方法只能获得每一位置所受的最大压力，不能得到工艺过程中实时的数据。

第二种方法采用 Tekscan 公司生产的 Flexiforce HT201 薄膜压力传感器，如图 6-21 所示，该传感器厚度为 0.20 mm，其受力敏感区域是位于传感器前端的直径为 9.53 mm 的圆形区域。当敏感区受到压力时，电阻会发生相应变化，从而实时得到敏感区平均压力的大小。由于该传感器具有可挠折、耐高温高压(最高可承受 204 ℃的高温，1.8 MPa 的压力)的优点，因此能够置于热压罐等工艺环境中，测试复合材料成型面的压力大小。

采用该方法，将多个薄膜压力传感器置于模具表面，测试了热压罐阳模成型和阴模成型中 L 形层板拐角区与平板区的压力，如图 6-22 所示，结果表明阳模成型时拐角区的密实压力大于平板区的密实压力，阴模成型时，拐角区的密实压力小于平板区的压力和外加压力，相关数

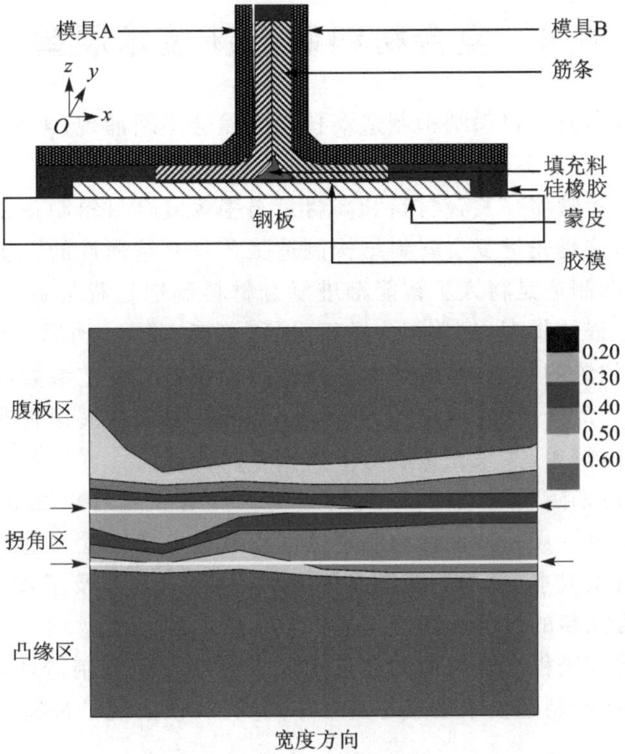

图 6－20　T 形结构筋条型面内压力分布

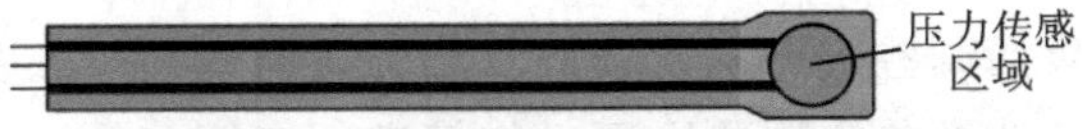

图 6－21　Flexiforce 薄膜压力传感器

据可为工艺参数和模具方案优化提供重要依据。

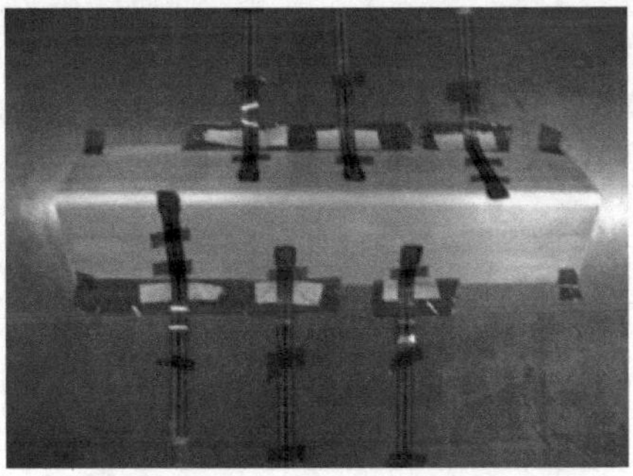

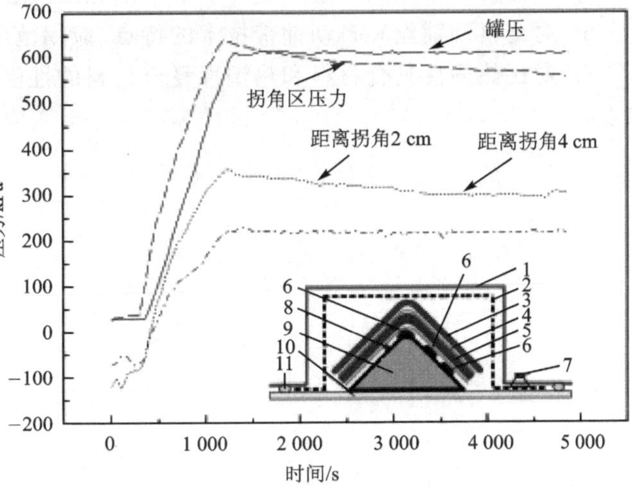

1—真空袋；2—透气毡；3—阴模；4—脱模布；5—预浸料；6—感测片；
7—真空阀；8—压力传感器；9—阳模；10—不锈钢板；11—密封条

图 6－22　L 形层板热压罐成型中密实压力变化曲线

6.4 复合材料制造新技术展望

随着科学技术发展，复合材料结构制造新技术必然会不断涌现，未来复合材料制造新技术的发展可以从三个方面加以关注：①已有制造技术的深化与优化；②适合新兴复合材料的制备技术研发，如连续碳纳米管增强复合材料和高含量石墨烯复合材料制备技术；③复合材料结构智能制造与智能车间，这是先进复合材料结构制造工艺具有革命性的进步与挑战。

所谓复合材料智能制造是将人工智能融进复合材料制造过程的各个环节，通过模拟专家的智能活动，对制造过程的物理、化学行为进行分析、判断、推理、构思、决策，自动实时监测复合材料成型过程任意位置的状态，并通过专家系统自动调整其工艺参数，以实现复合材料成型质量最佳状态的制造。此外，建立通用性、兼容性、功能性强大的虚拟制造软件集成平台，通过构件制造全过程的模拟技术，实现完整制造工艺方案的优选。

人们对智能制造越来越予以关注，如美国NASA制定的2010—2030年太空技术制造发展路线图中指出，为了改变飞行器设计与制造之间以点对点和经验为主的研发模式，加快新产品的研发周期，降低研发成本，强调发展集成智能制造技术，其涉及了基于准确制造过程数学模型的虚拟工艺、包含完整的设计和制造信息的数字产品定义模型、下一代机器人和自动化制造技术、计算进程与物理进程高度协调的信息物理系统以及整合制造环境所有元素中数据的模型操作系统。这种智能制造技术集成与其在车间实践，便实现了智能化车间。

习 题

1. 树脂基复合材料包括哪些成型工艺方法？其工艺原理是什么？
2. 纤维和树脂的工艺性都包含哪些方面？如何进行表征？
3. 复合材料低成本制造技术有哪些？
4. 热压罐成型与低压预浸料技术的异同有哪些（工艺原理、对原材料的要求等）？
5. 复合材料常见的缺陷形式有哪些？缺陷形成受哪些因素影响？
6. 对比自动铺丝和自动铺带技术的特点、应用范围及其对原材料的要求。
7. 对比热固性复合材料和热塑性复合材料的性能特点，阐述两类复合材料成型工艺的优缺点。

第7章　碳纳米管复合材料

本章思维导图

纳米复合材料作为一种新兴的复合材料，具有与传统复合材料明显不同的力学与功能特性。碳纳米管(Carbon Nano Tube，CNT)是迄今为止强度和模量最高的轻质纳米材料，同时兼具优异的电、热等多功能性，作为新一代高性能复合材料增强体具有难以估量的潜力。为了满足新一代飞行器结构轻量化、小型化、高速化和高性能对新材料的需求，发展高含量、高取向度碳纳米管增强体，实现复合材料由宏观尺度到微米尺度再在到纳米尺度的跨尺度设计与制造，才能真正充分发挥碳纳米管超高强、超轻质、高功能特性优势，为新一代航空航天飞行器的研制提供强有力支撑。

“碳纳米管有序增强体”是指以连续碳纳米管纤维和碳纳米管膜为代表，具有一维或二维有序排列结构的碳纳米管宏观集合体总称。将碳纳米管有序增强体与树脂复合可制得连续碳纳米管复合材料。这种复合材料与目前先进的碳纤维复合材料相比，其密度更低，比强度和比模量更高，抗损伤性更强，功能性更突出，被公认为是具有划时代意义的第三代先进复合材料。

碳纳米管是日本科学家Iijima于1991年研究发现的，由sp^2杂化碳原子排列成的石墨片层卷曲而成，具有纳米级的一维管状结构的纳米碳材料。碳纳米管继承了石墨片层优异的机械性能，理论预测和实验结果均表明，CNT具有超高的强度、模量和韧性，其弹性模量高达1 TPa，拉伸强度超过100 GPa，断裂伸长率达到15%～30%。碳纳米管的制备技术主要有电弧放电法、激光蒸发法和化学气相沉积法。基于上述技术，近年来在高品质碳纳米管可控生长方面取得了突破进展，如Los Alamos实验室Li等研制生长出长达4.7 mm的碳纳米管阵列，清华大学Zhang等研制有效控制催化剂活性制备出长达半米的碳纳米管。

近年来有关碳纳米管纤维/膜及其复合材料的研究一直是国际前沿热点方向，最具学术影响力的《自然》和《科学》杂志也持续大量及时报道其最新研究成果。

碳纳米管诞生之初，主要作为添加剂用于改性树脂基体、胶黏剂等，以求获得增强增韧效果，但因易团聚、难分散等问题制约了碳纳米管的添加量，难以发挥其优越性能。其后，多尺度混杂复合材料一度成为研究热点，将碳纳米管接枝到纤维表面以改善纤维与树脂基体间的界面结合，或者采用CVD(Chemical Vapor Deposition)法、碳纳米管阵列转印、预浸料表面喷射、电泳等方法在纤维织物或预浸料表面沉积碳纳米管，从而有效改善复合材料层间性能、韧性和导电性，但其添加量最高不超过10%，所制备的复合材料力学性能难有大幅度提升。因此，如何制得高CNT含量的复合材料，实现其性能的高效转化，是“纳米时代”实现CNT工程应用价值的一个巨大难题。2000年后碳纳米管纱线和碳管纸的相继问世，使得纳米复合材料中CNT的含量可达40%～60%(质量分数，后文同)，为上述问题的解决，突破了技术关键，具有里程碑意义。

本章即围绕连续碳纳米管纤维、碳纳米管膜及其与树脂复合形成的复合材料，结合作者已有研究工作介绍其制备方法、控制技术、结构特点、力学与功能特性等国内外研究进展，揭示碳纳米管有序增强体中独特的多级结构特征与多级复合强化机制，阐述该复合材料应用特色，展望其应用前景与潜能，以期为碳纳米管纤维复合材料革新未来航空航天超轻结构的多功能化设计与研究提供参考。

7.1 连续碳纳米管纤维制备与强化

连续碳纳米管纤维是将碳纳米管在一定张力下沿一定角度取向，所形成的连续纱线，被看作是下一代结构复合材料增强体。CNT 纤维与碳纤维虽同属碳系纤维状材料，但它们的制备工艺方法截然不同。CNT 纤维制备无需前驱体交联氧化、碳化过程，碳管靠过剩的表面自由能、管间范德华力等作用，排列组装形成宏观连续纤维。基于 CNT 纤维特殊的“自下而上”的组装方式，其制备方法主要包括湿法纺丝技术、阵列纺丝技术及气凝胶直接纺丝技术。

7.1.1 碳纳米管纤维的主要制备方法

7.1.1.1 湿法纺丝技术

湿法纺丝技术源于传统的聚合物溶液或聚合物凝胶纺丝原理，是将含有碳纳米管的溶液挤注到含有其他液体的凝固浴中，其中碳纳米管不能溶于凝固剂，但溶剂可以，从而在凝固浴中经过相分离沉积形成初生的碳纳米管纤维聚集体，如图 7－1 所示。2000 年，法国波尔多大学的 Vigolo 等首先将单壁碳纳米管（Single－Walled Carbon Nano Tube，SWCNT）分散在十二烷基硫酸钠中，并以一定速度注入聚乙烯醇溶液中，形成连续的碳纳米管丝带，其弹性模量为 9～15 GPa，拉伸强度在 150 MPa 左右，具有良好的柔韧性。进一步通过丙酮蒸汽使碳纳米管集聚致密化，纤维的强度可提高至 1.8 GPa，断裂吸能高达 570 J/g。2004 年，美国 Rice 大学的 Ericson 等基于碳纳米管在强酸溶液中高浓度液晶行为，以发烟硫酸作为分散液，制得了 8%高浓度的 SWCNT 溶液，以乙二醚、硫酸、水等作为凝固浴，制得模量高达 120 GPa 的碳纳米管纤维。

由此可见，湿法纺丝技术可采用任意无序的碳纳米管粉体或阵列为原料，通过重新组装、有序化，进而加工成纤维。该方法存在的主要问题为：①在制备 CNT 的高浓度悬浮液时，需要被迫引入某种表面活性剂或因 CNT 表面功能化，会导致 CNT 结构和性能的破坏；②纤维的均匀性难以控制；③碳纳米管纤维中 CNT 含量较低，导致强度不高，模量较差，导电性能较低。鉴于上述原因，湿法纺丝制备碳纳米管纤维技术未得到进一步发展。

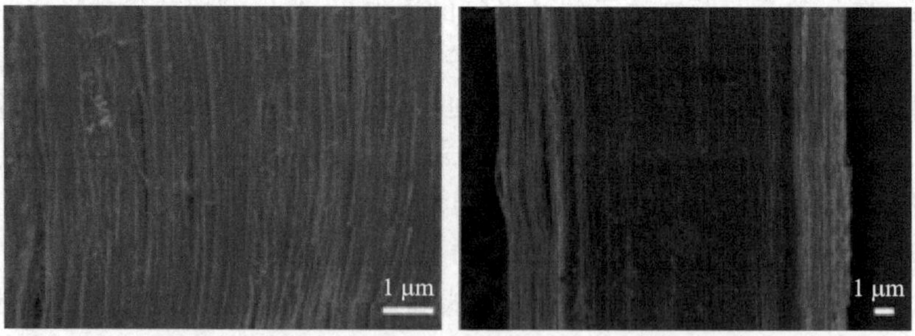

图 7－1 湿法纺丝技术制备得到的碳纳米管纤维形貌

7.1.1.2 阵列纺丝技术

阵列纺丝原理如图 7－2 所示，将生长于基片（一般为硅）上的碳纳米管阵列作为前驱体，抽出 CNT 单膜，再通过牵拉和加捻作用制备出连续碳纳米管纤维。拉伸过程中 CNT 单膜牵拉方向一般垂直于 CNT 的生长方向，即与基片表面平行，但实际上牵拉方向可以在与基片表面夹角成 0～90°变化。

2002 年清华大学的 Jiang 等率先从碳纳米管阵列中抽出长为 30 cm、直径为 200 μm 的碳纳米管纤维丝。Zhang 等通过阵列纺丝法，获得了强度为 460 MPa、韧性良好的碳纳米管纤维，且机械打结和高低温处理都不会对其强度和柔性产生影响，显示出碳纳米管纤维力学性能的高度稳定性。美国 Los Alamos 国家实验室从不同高度的碳管阵列中纺丝得到碳纳米管纤维，其拉伸强度和弹性模量分别达到 3.3 GPa 和 263 GPa。中国科学院苏州纳米所的 Jia 等攻克了可纺丝碳纳米管阵列的可控生长技术，实现了碳纳米管纤维连续纺丝。在此基础上，与北京航空航天大学合作采用在线浸润树脂方法制备的阵列法碳纳米管纤维，其强度由 1.0 GPa 提高到2.1 GPa。另外，澳大利亚联邦科学与工业研究组织、南洋理工大学、北卡罗来纳州立大学、日本大阪大学、名古屋工业大学和韩国浦项工业大学等在阵列纺丝技术方面也开展了相关研究。

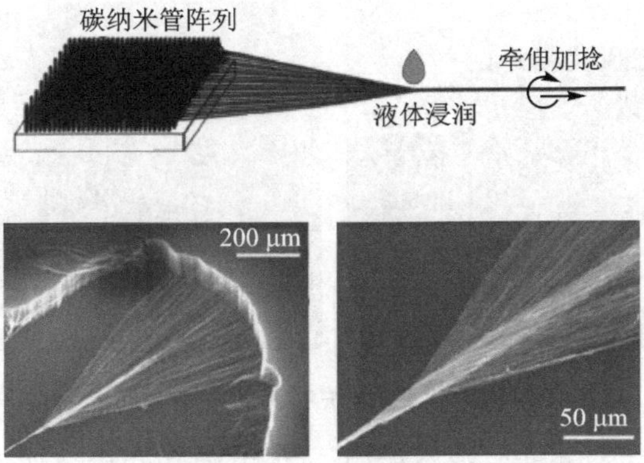

图 7-2　碳纳米管纤维阵列纺丝工艺

阵列纺丝法制备得到的 CNT 纤维直径均匀、纯度高，催化剂和无定形碳只占 2%～4%，CNT 含量可达到 96%～98%，并且碳纳米管取向性好，纤维力学性能和电学性能突出，是最有望实现纤维高性能化的一种方法。另外，在纺丝中可以引入多种处理手段，如拉伸、浸润、干燥、热处理等。纤维纺丝完全和原料制备分离，因而整个过程也更节能和绿色化。但是，该方法所需的可纺丝碳纳米管阵列的制备工序复杂、条件苛刻、制备效率低，难以实现规模化生产。

7.1.1.3　气凝胶直接纺丝技术

浮动催化 CVD 直接纺丝，其原理是将含有金属催化剂的碳氢液作为碳源，注入到高温管式反应器中，在一定气流条件下生长的 CNT 即可形成连续的 CNT 气溶胶，通过绕卷等方法收集，再将集聚体直接纺成 CNT 纤维。这种方法最先是 Zhu 等发现的。

2004 年，英国剑桥大学的 Li 等发现，在碳纳米管 CVD 垂直生长炉中生成的碳纳米管气溶胶可以直接纺丝，得到的 CNT 纤维纯度在 80%左右，具有高断裂伸长率和较高导电性。天津大学的李亚利研究组通过改进 CVD 纺丝工艺，利用水密封反应炉可连续制备出数千米长的具有多层结构的碳纳米管纤维，其强度达 1 GPa。后来，美国 Nanocomp 公司采用该方法成功实现了碳纳米管纤维的批量生产，制备的碳纳米管纤维强度达到 3 GPa。

如图 7-3 所示，浮动催化 CVD 可直接制备连续碳纳米管纤维，其优势是制备过程简单、效率高、易于实现工程化、成本低；缺点是由于催化剂的不断加入，CNT 纤维中杂质含量偏高，并且 CNT 的取向、直径均匀性和纤维性能一致性等方面仍有待提高。另一方面，由于 CNT 纤维需要从高温（T=1 200 ℃）氢气氛围中抽丝至大气环境下，操作安全性及对环境的影响不容忽视。

7.1.2　结构因素对碳纳米管纤维性能的影响

对于连续碳纳米管纤维，力学性能与其微观结构密切相关，连续碳纳米管纤维的微观结构

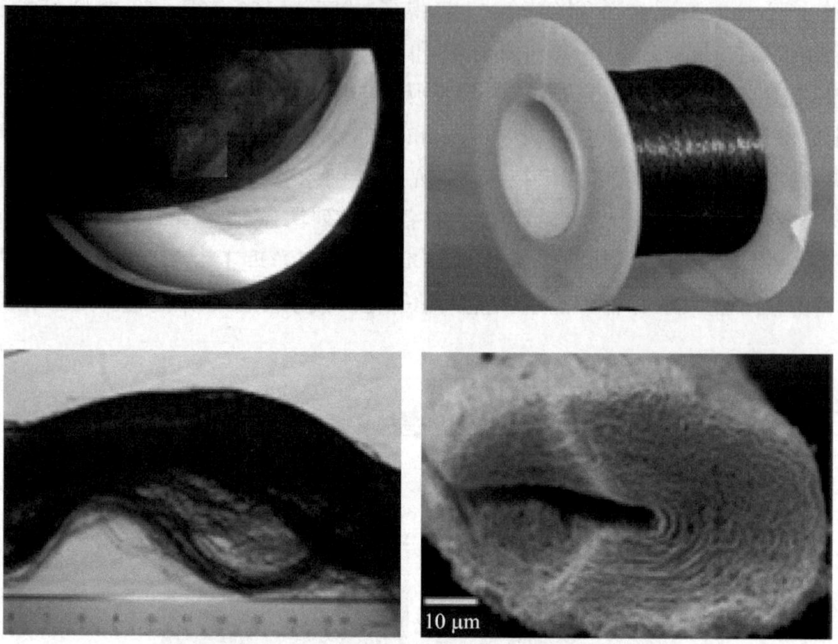

图 7-3　采用浮动催化 CVD 法制备的碳纳米管气凝胶与纤维

受 CNT 本征结构和纺丝工艺参数等综合作用。CNT 本征结构包括直径、壁数、缺陷、长径比、碳管波浪度等。另外，纺丝工艺条件形成的碳纳米管纤维直径、捻角、CNT 的取向度等均对碳纳米管纤维的性能具有显著影响。

7.1.2.1　碳纳米管本征结构的影响

Jia 等采用阵列纺丝法研究了 4 种不同碳管结构（记为 C_2H_2-Ⅰ、C_2H_2-Ⅱ、C_2H_4、C_2H_2-CM）的纤维性能，考察了直径、壁数、阵列高度（碳纳米管长度）和不同缺陷程度（拉曼峰 G/D 比）对其性能影响，见图 7-4 和表 7-1。表 7-1 还给出了拉曼峰的 G/D 比、纤维强度、纤维模量等。从图 7-4(e)可知，C_2H_4 碳纳米管得到的纤维，强度较高，达到 1.17 GPa，模量为 53.5 GPa；其次是 C_2H_2-Ⅱ碳纳米管纤维，强度为 866 MPa；C_2H_2-Ⅰ碳纳米管纤维的强度为 689 MPa；较低的是 C_2H_2-CM 碳纳米管纤维，强度仅为 383 MPa。由此可见，纤维性能与碳纳米管的壁数直接相关。C_2H_2-Ⅱ碳纳米管壁数小于 6，而 C_2H_2-Ⅰ壁数大约为 8～10，当 CNT 的壁数从 8 减少到 6 以下时，纤维强度从 689 MPa 增加到 866 MPa。随着管壁数增多，CNT 缺陷程度增加，C_2H_4 碳纳米管具有双壁或三壁结构，其纤维强度可达到 1.17 GPa，这是由于 C_2H_4 碳纳米管壁数少，截面容易发生形变，有利于增加 CNT 间的接触面积，提高载荷传递效率，从而纤维拉伸强度获得提高。Jia 等还研究了碳管屈曲度对 CNT 纤维力学性能的影响，结果见图 7-5，其中，最左侧曲线为 PVA 增强纤维，右侧两条曲线为纯 CNT 纤维。从图 7-5 可以看出，屈曲度最高的纤维具有最大的断裂应变，拉伸应力随应变增加而缓慢上升。随着屈曲度降低，纤维断裂应变逐渐变小，纤维模量增加。3 种纤维的抗拉强度几乎相当，均在 830～880 MPa 之间。在碳纳米管阵列高度优化方面，CNT 阵列在生长过程中第 1 阶段高度随时间呈线性增加，后因催化剂失效，增长速度减缓，同时在阵列底部出现壁数增加的非均匀生长现象，进而影响纤维性能。因此，对于可纺丝阵列而言，最佳的阵列高度即出现在线性生长即将结束之前。

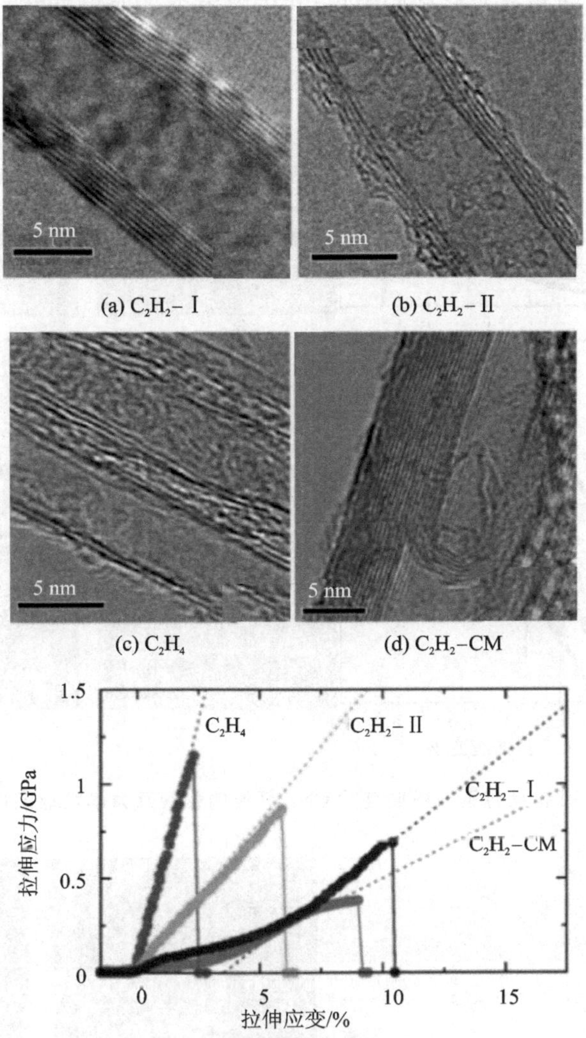

(a) C_2H_2-Ⅰ (b) C_2H_2-Ⅱ (c) C_2H_4 (d) C_2H_2-CM (e) 应力-应变曲线

图 7-4 4 种 CNT 的透射电镜照片和具有不同壁数连续碳纳米管纤维的应力-应变曲线

表 7-1 4 种 CNT 纤维的结构参数与性能

	C_2H_2-Ⅰ	C_2H_2-Ⅱ	C_2H_4	C_2H_2-CM
直径/nm	8～10	8～10	≤6	≥17
壁数	8～10	≤6	2～3	≥15
长度/μm	320	320	260	1 000
I_G/I_D	0.88	0.99	1.27	1.65
强度/MPa	689	866	1 170	383
模量/GPa	10.1	16.0	53.5	6.5

7.1.2.2 捻度的影响

在纺丝过程中通过加捻方式也可以提高纤维性能。CSIRO 研究组利用 FIB(Focused Ion Beam)方法研究了加捻 CNT 纤维内部结构与拉伸强度的关系，如图 7-6 所示。在 5～35 mm^{-1} 捻度范围内，随着捻度的增加，纤维芯部的 CNT 堆积密度不断增大，纤维直径减小，对于高捻度碳纳米管纤维可观察到皮芯结构，表层碳纳米管堆积密度明显低于纤维芯部。测试发现，纤维拉伸强度随着捻度增加呈现先增后降的趋势，表明皮芯结构不利于纤维拉伸强度的提高。

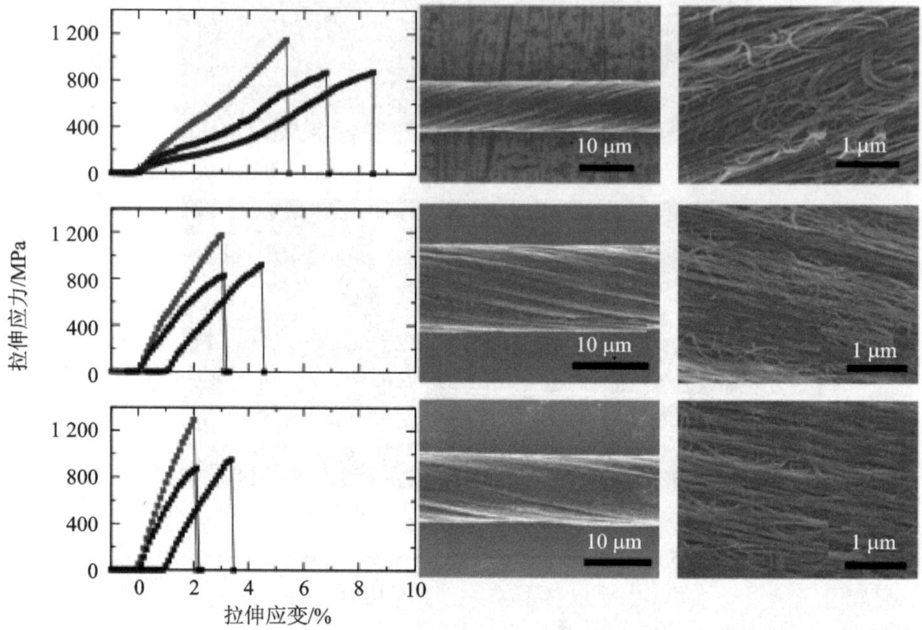

图 7-5　具有不同屈曲度的 CNT 纤维的形貌及力学性能测试图

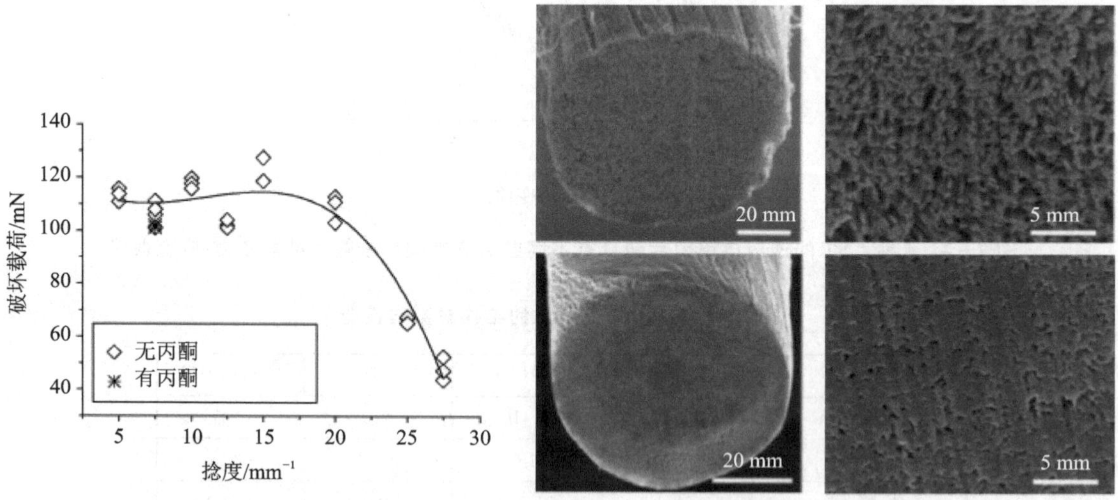

(a) 捻密对拉伸破坏载荷的影响　　(b) 碳纳米管纤维微结构

图 7-6　加捻密度对拉伸断裂载荷与纤维微结构的影响

7.1.2.3　溶剂浸润的影响

纺丝过程中可以采用有机溶剂改善碳纳米管纤维致密化程度，进而提高纤维性能。图 7-7 为乙醇浸润前后的碳纳米管纤维表面形貌对比，可见经乙醇浸润后 CNT 纤维直径明显变小。因为纺丝阵列相同，拉出的单膜宽度相同，纺丝参数也完全相同，所以直径的缩小是乙醇浸润提高 CNT 致密度所致。此外，溶剂浸润也可以改善纤维形貌，经乙醇浸润处理后的 CNT 纤维，表面更加紧密，无"起毛"现象。其他溶剂浸润也有类似效果。

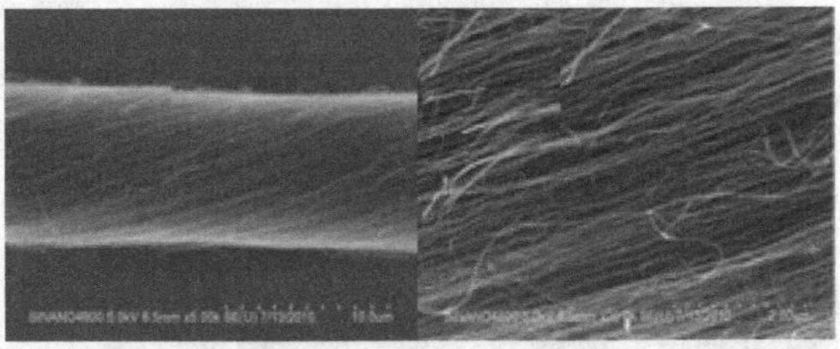

(a) 初生纤维

(b) 乙醇浸润后纤维

图 7－7　初生和乙醇浸润后纤维的 SEM 形貌

Li 等分别采用非极性溶剂、质子极性溶剂和非质子极性溶剂三类液体浸润 CNT 纤维，发现乙醇、丙酮、DMF、NMP、DMSO 等极性溶剂分子有比较好的浸润效果，其中乙二醇浸润效果最佳，而水、甘油、乙腈等浸润效果不理想，如图 7－8 所示。当溶剂分子和碳纳米管表面存在较高吸附能时浸润效果好，如甲苯、苯乙烯优于正己烷和环己烷。具有较高偶极矩的溶剂分子具有更高的浸润效果，如 DMF、DMSO 和 NMP。另外，纤维浸润中如果采取强酸溶液，也可以大幅提高 CNT 纤维的力学性能。为了分析溶剂对 CNT 纤维的致密化作用，采用溶剂浸润 CNT 阵列，其堆积变化情况如图 7－9 所示。乙二醇、NMP 对 CNT 阵列的致密化程度要远高于乙醇和丙酮。由于乙醇和丙酮极易挥发，其浸润后的阵列筛孔结构小而均匀，而乙二醇和 NMP 挥发慢，其收缩的阵列筛孔尺寸大。通过比较可知，溶剂极性对 CNT 阵列致密化的作用不可忽视，经乙二醇收缩后的阵列较经丙酮收缩的阵列中 CNT 有序性更好，也更加致密。

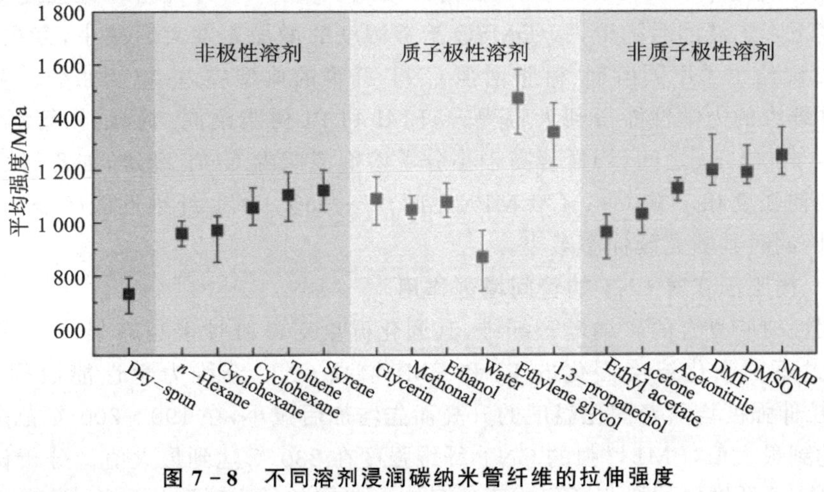

图 7－8　不同溶剂浸润碳纳米管纤维的拉伸强度

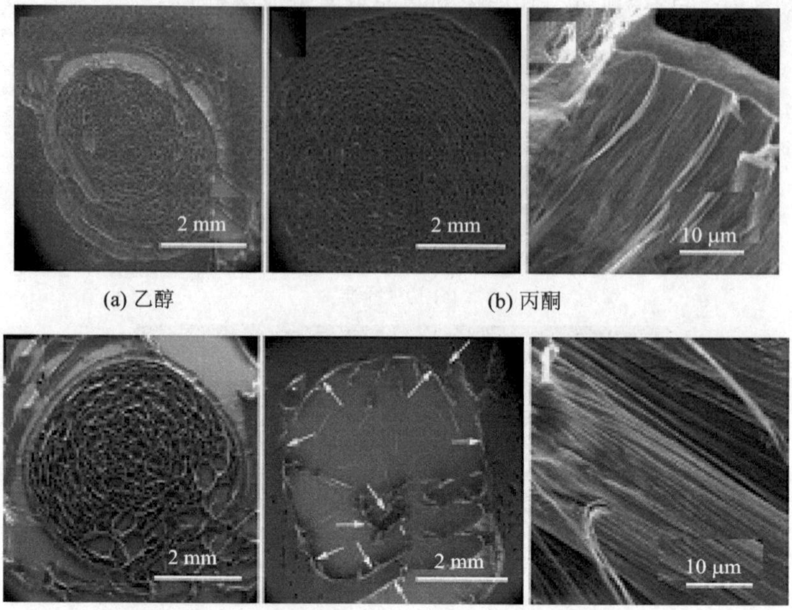

(a) 乙醇　(b) 丙酮

(c) NMP　(d) 乙二醇

图 7－9　不同溶剂浸润收缩后的 CNT 阵列照片

7.1.3　碳纳米管纤维的树脂复合与强化

纺丝过程中，除了溶剂浸润作用所带来的碳纳米管纤维致密化提高其强度外，还可通过树脂溶液浸润，在 CNT 间引入聚合物分子，改善纤维内碳纳米管间作用，从而进一步强化纤维性能。

7.1.3.1　不同树脂对纤维的浸润增强作用

聚乙烯醇(Poly Vinyl Alcohol，PVA)是一种常用的具有柔性分子长链结构的线型高分子材料，它与 CNT 之间有良好的粘结性能，近年来已成为增强 CNT 纤维的一种常用聚合物，在 CNT 阵列纺丝法和表面活性剂分散 CNT 纺丝法中均得到了广泛的应用。Li 等采用质量分数分别为 2%、4%、6%、8%、10% 的 PVA/DMSO 溶液，制备的 CNT 纤维力学性能如图 7－10(a)所示。结果表明，PVA/DMSO 溶液浸润少壁 CNT 纤维后纤维强度提高，但多壁碳纳米管强度下降。浸润后随 PVA/DMSO 溶液浓度的增加先增大后减小，存在最佳浸润浓度。图 7－10(b)给出了不同溶剂、树脂增强 CNT 纤维的典型应力-应变曲线。可以看出，浸润后碳纳米管纤维的力学性能得到大幅提升，BMI 和 PI 树脂浸润的碳纳米管纤维的拉伸强度在 1 700～2 300 MPa 之间，均显著高于小分子溶剂浸润的 CNT 纤维，如乙醇、乙二醇浸润后碳管纤维拉伸强度在 1 100～1 400 MPa 之间。一般地，CNT 纤维性能随浸润液体的分子量增加而上升，同时其断裂延伸率减小。

7.1.3.2　树脂固化对 CNT 的管间增强作用

对于热固性树脂复合的碳纳米管纤维，其固化温度对纤维性能也有显著影响。图 7－11(a)给出了经过不同固化温度固化的 PI 和 BMI 增强 CNT 纤维力学性能数据，可见，两种 CNT 纤维的拉伸强度均随着固化温度的升高而先增加后减小，在 190～200 ℃范围内 PI 增强的纤维强度达到最大值，BMI 增强的 CNT 纤维强度在 230 ℃达到最大值。分析认为，当固化温度较低时，CNT 纤维中的树脂预聚物不能反应形成完整的交联网络结构，导致 CNT 纤维承

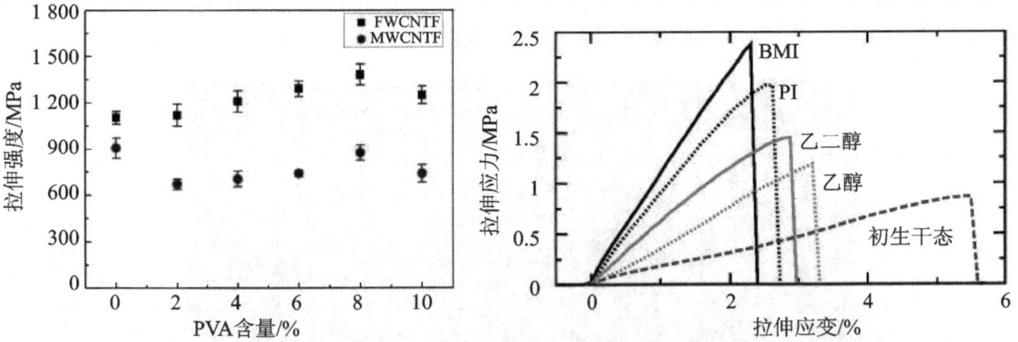

(a) CNT纤维拉伸强度　(b) 不同CNT纤维应力-应变曲线

图 7-10　PVA/DMSO 溶液浸润后的 CNT 纤维平均强度和不同 CNT 纤维的拉伸曲线

载能力有限，纤维的拉伸性能提升不明显。而当固化温度过高时，化学反应速率过快，形成的交联网络结构同样不完整，因而纤维力学性能也不能得到大幅提高。通过优化固化温度才能形成完整稳定的交联网络结构，从而达到最佳增强效果。以 PI 树脂为例，对 PI 增强 CNT 纤维进行了热分析试验，如图 7-11(b)所示，可以看出经过 190 ℃、60 min 比较完全的固化，制得的纤维呈现较好的拉伸性能。

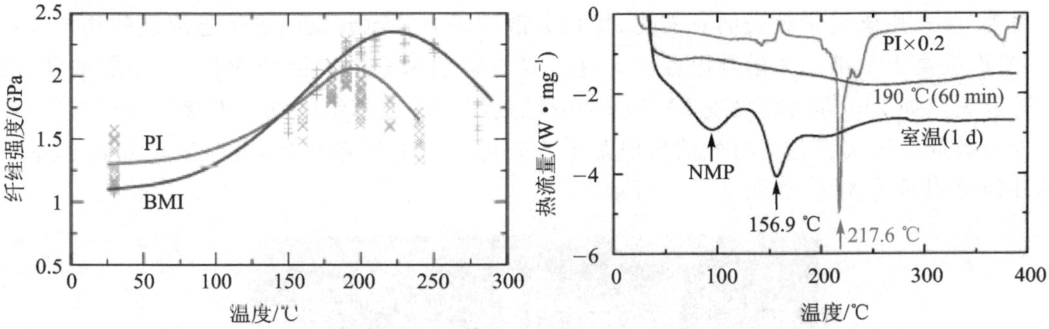

(a) CNT复合纤维拉伸强度　(b) DSC曲线

图 7-11　CNT 复合纤维拉伸强度与固化温度关系和 PI 增强 CNT 纤维热分析试验

7.2　碳纳米管膜制备与有序致密化

碳纳米管膜是碳纳米管相互缠结或交织而成的具有自支撑结构的二维宏观体。其制备方法主要有 3 种：①溶液抽滤法，是将碳纳米管悬浮液经过真空抽滤，使 CNT 无规排列堆积成厚度约 5～100 μm 的二维薄片结构，这种方法制备的碳纳米管薄膜又称为巴基纸(Buckypaper)；②阵列前驱体法，是基于可纺丝碳纳米管阵列通过牵伸卷绕的方式制备定向排列的二维宏观体；③浮动催化 CVD 法，是直接由碳纳米管气凝胶卷绕得到的面内无规的二维宏观体。后两种方法所用的碳纳米管具有极高的长径比，并且可纺性好，形成的碳纳米管薄膜厚度可远低于巴基纸，只有 10^2 nm～10^1 μm。

7.2.1　溶液抽滤法制备巴基纸及其特性

1998 年，美国莱斯大学的 Liu 等首次通过溶液抽滤法制备得到单壁碳纳米管膜，命名为巴基纸。Casavant 等在溶液抽滤过程中施加强磁场，使碳纳米管沿磁场方向取向排列，并且磁场强度越高，巴基纸中碳纳米管排列有序度越高。Chen 和 Tian 等在 8.5 T 磁场下制备得到取向巴基纸如图 7－12 所示，其碳纳米管含量接近 50%。

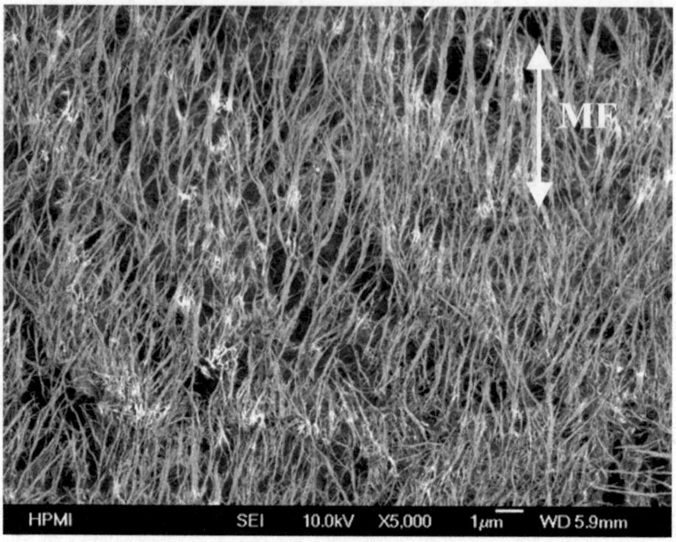

图 7－12　磁场法制备取向巴基纸的表面形貌

另外，可采用碳纳米管表面官能化、优化分散剂等方式改善碳纳米管悬浮液的均匀性和稳定性，进而提高巴基纸的力学与电性能。这主要与碳纳米管的表面吸附状态、分散浓度、舒展程度等有关。如 Liu 等研究发现 PVP 作为分散剂得到的巴基纸中碳纳米管分散较均匀，优于曲拉通分散剂。压实工艺可有效改善巴基纸中碳纳米管的团簇现象，并且官能化后巴基纸的力学性能得到显著提高，如图 7－13 所示。

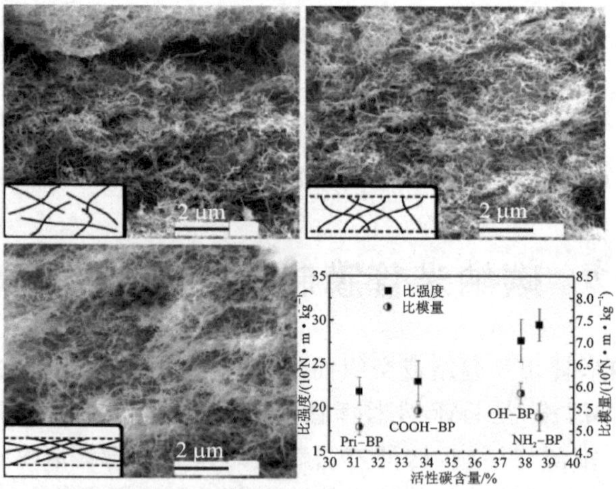

图 7－13　巴基纸压实处理后的断裂形貌和功能化处理后的力学性能

在巴基纸制备方面还有其他一些方法，如电化学沉积法、水力针刺法以及溶液旋涂法。Rigueur 等采用电化学沉积法，在电极上成功制备出一种巴基纸。水力针刺法是通过将干燥的碳纳米管直接放在多孔平台，在约 50 psi(145 psi＝1 MPa)的水力针刺作用下，使碳纳米管直接形成巴基纸。综上可知，湿法成型的巴基纸中碳纳米管容易团簇，并且长径比大、浓度高时团簇现象更加显著，造成巴基纸厚度大、性脆易碎，导致其力学性能不高。

7.2.2　阵列前驱体法制备碳纳米管膜及其特性

阵列前驱体法制备碳纳米管膜目前主要有两类方法。清华大学的 Wang 等发明了一种利用滚压法产生多米诺效应来制备碳纳米管水平定向排列碳纳米管膜的方法；Bradford 等则采用剪切法使碳纳米管定向排列，制备出具有较好取向的碳纳米管膜。另外，直接从可纺丝超顺排碳纳米管阵列中抽出连续的碳纳米管膜，如 Zhang M 等采用该方法制备出长度超过 1 m 的碳纳米管单层膜，如图 7-14 所示。在此基础上，Zhang L 等将单层膜直接连续卷绕层层堆叠得到取向碳纳米管膜，并通过乙醇收缩和机械压实可将其密度从 0.81 g/cm^3 提高到 1.39 g/cm^3。

Di 等采用少壁碳纳米管阵列为前驱体，制备了乙醇收缩的碳纳米管膜，如图 7-15 所示，其强度和模量的最高值分别可以达到 2.0 GPa 和 90 GPa。Liu W 等在卷绕过程中引入树脂喷洒工艺制备出取向的碳纳米管/聚乙烯醇复合膜。这种工艺可以使树脂充分地浸润碳纳米管，并且可以通过调节树脂溶液浓度提高复合膜中碳纳米管含量。Liu Y N 等进一步采用热压工艺改进碳纳米管的排列密实度，所制备的碳纳米管复合膜拉伸强度提高 3 倍以上。

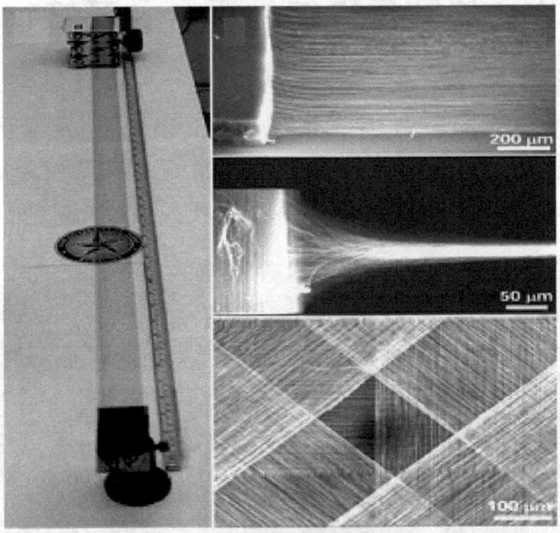

图 7-14　超顺排多壁碳纳米管阵列中抽出高取向薄膜

图 7-15　取向碳纳米管膜的制备装置及表面形貌

Wang 等采用预牵伸降低碳纳米管的屈曲程度，进一步提高了碳纳米管复合薄膜的性能，其制备的碳纳米管/双马树脂复合薄膜的拉伸强度和弹性模量分别达到 3.8 GPa 和 295 GPa，如图 7-16 所示。

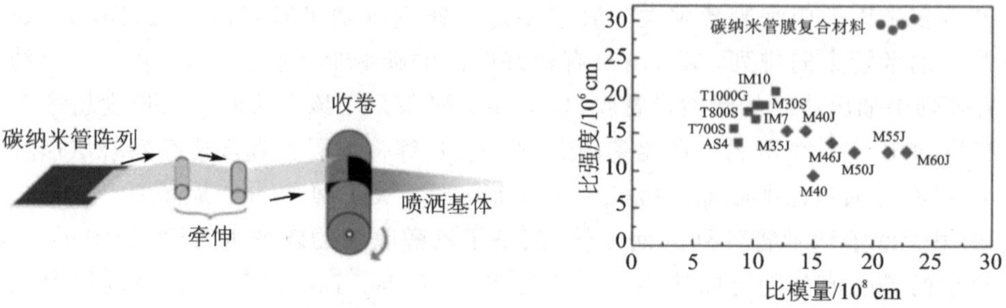

(a) 碳纳米管膜拉伸卷绕实验装置示意图　　(b) CNT复合材料拉伸性能比较

图 7-16　碳纳米管膜牵伸工艺及其复合材料性能与碳纤维复合材料的对比

7.2.3　浮动催化 CVD 法制备碳纳米管膜及其特性

浮动催化 CVD 法制备碳纳米管膜原理与制备碳纳米管纤维类似，其区别只是在高温炉末端不加捻，而是将碳纳米管气凝胶直接收集成膜。2007 年，美国 Nanocomp 公司采用此方法制备出长 220 m、幅宽超过 1 m 的碳纳米管薄膜，如图 7-17 所示，实现了规模化生产。Liu Q 等也突破了相关技术，采用该方法制备出 1.0 m×0.5 m 的高性能碳纳米管膜。

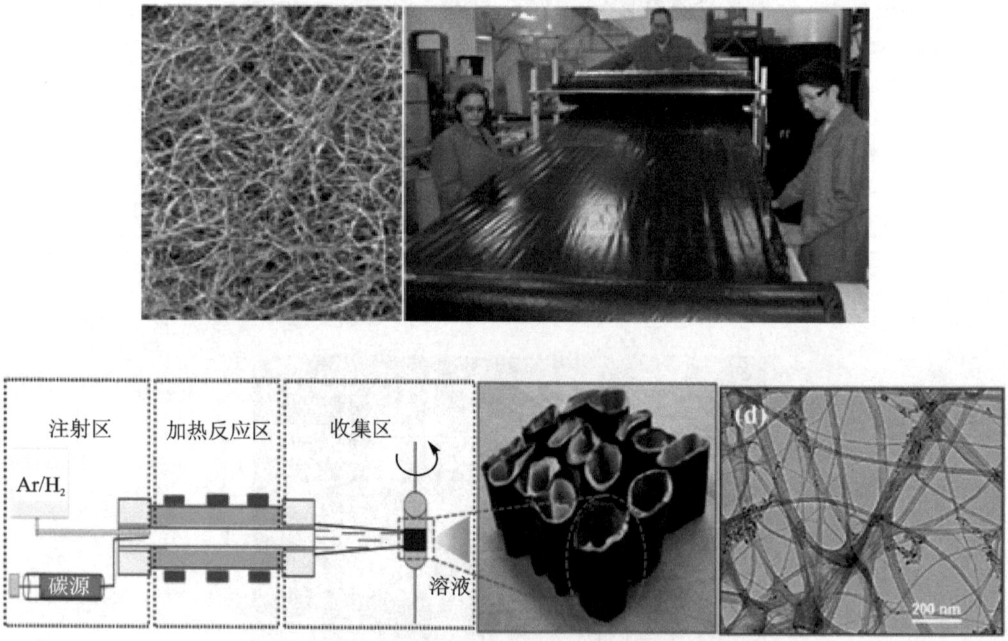

图 7-17　采用浮动催化 CVD 法制备无规碳纳米管膜示意图

浮动催化 CVD 法制得的碳纳米管膜拉伸延展性高，初始碳纳米管膜的断裂延伸率可达 70%，并且碳纳米管长径比越高，其延展性越大。因此，可以通过牵伸取向方式，提高碳纳米管膜中 CNT 的排列规整度和取向度，有效提高膜的力学性能。Cheng 等利用简单的机械方法对该方法制备的碳纳米管膜进行牵伸，当牵伸率达到 50%时，碳纳米管膜中 95%以上的 CNT

沿拉伸方向发生取向。Liu Q 等采用多次牵伸和压实方法得到高取向高致密化碳纳米管膜，拉伸阶段碳纳米管膜表面取向程度随拉伸率变化情况如图 7－18 所示，与高分子材料相似，碳纳米管膜在拉伸过程中出现颈缩现象，随着碳纳米管的排列有序化，其膜密度和拉伸强度均提高两倍，分别为 0.98 g/cm^3 和 598 MPa。Wang J 等通过控制 CNT 薄膜卷绕速率和使用机械辊压来改善 CNT 膜中 CNT 的排列和致密化，制备出强度高达 9.6 GPa 的高致密化 CNT 薄膜，不过该种薄膜的厚度仅约 120 nm。

综上可知，与碳纳米管阵列前驱体方法相比，采用浮动催化 CVD 法制得的碳纳米管膜电导率高，力学性能略低，但是该工艺方法简单，生产效率极高，成本低，特别适用于工业化连续生产。

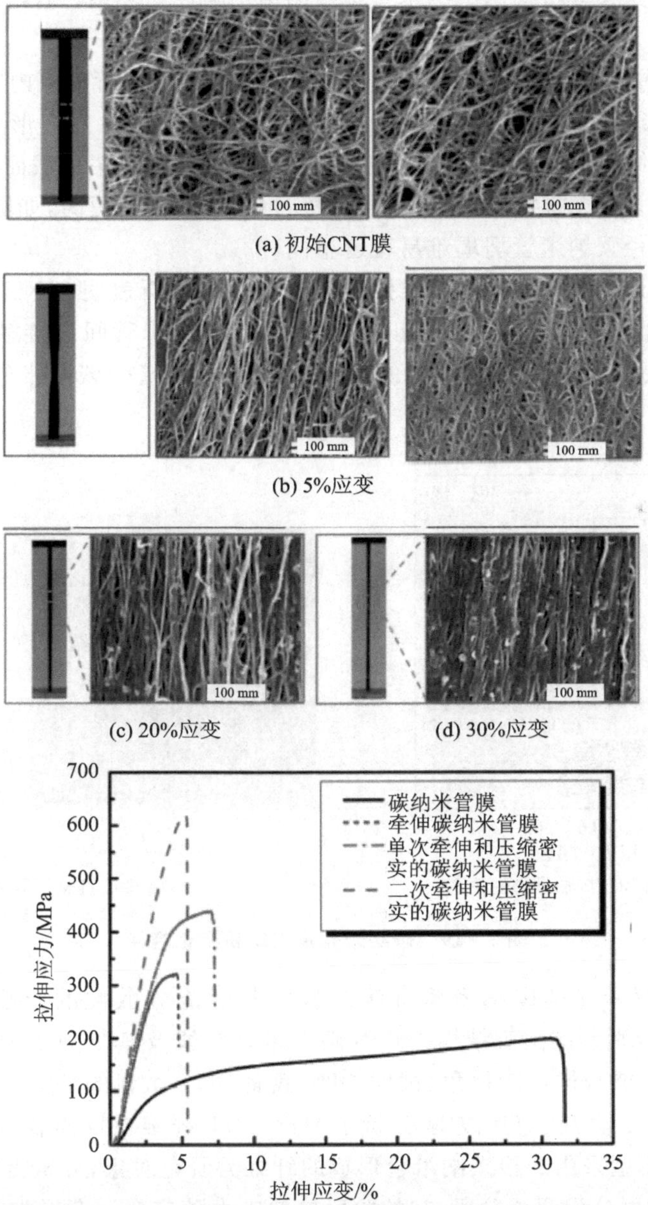

(a) 初始CNT膜

(b) 5%应变

(c) 20%应变　(d) 30%应变

(e) 拉伸应力-应变曲线

图 7－18　碳纳米管膜在不同拉伸率下的表面形貌及薄膜的拉伸应力-应变曲线

7.3 碳纳米管宏观体的结构与性能

7.3.1 碳纳米管纤维性能的理论计算与分析

碳纳米管纤维中含有纳米、微米多重非连续的组织结构，既包括单根管的结构参数，如直径、壁数、长径比，也包括碳纳米管排列堆叠状态，如致密度、取向度。对于上述结构特征的调控，直接决定了碳纳米管力学性能的转化程度，是制备超高比强比模增强体的关键。由于碳纳米管纤维多尺度结构特征，使其力学性能影响因素复杂，难以通过实验手段明晰主控机制。因此，需要通过模拟计算和分析揭示碳纳米管纤维的结构与性能关系，为深入研究和实际应用提供指导。

Zhang 和 Li 利用分子动力学模拟方法研究了压力对碳纳米管集束内 CNT 载荷传递的影响。分析发现，当碳纳米管所受压力达到临界值后，碳纳米管开始发生形状变化，逐渐坍塌并形成扁平截面形状，卸压后不可恢复。该扁平结构一方面降低了集束截面积，另一方面增加了碳纳米管间摩擦作用，其摩擦力增加 1.5～4.0 倍，可使纤维性能提高，如图 7－19 所示。同时指明，不同手性和直径碳纳米管坍塌难易程度不同。

Windle 等建立了连续碳纳米管纤维拉伸强度模型。分析表明，CNT 纤维的拉伸强度与碳纳米管间的接触面积及其相互作用成正比例关系，且碳纳米管间的接触面积由碳纳米管截面形状决定，并受碳纳米管直径和壁数的影响，大直径、少壁的碳纳米管接触面积更大，如图 7－19(b)所示。

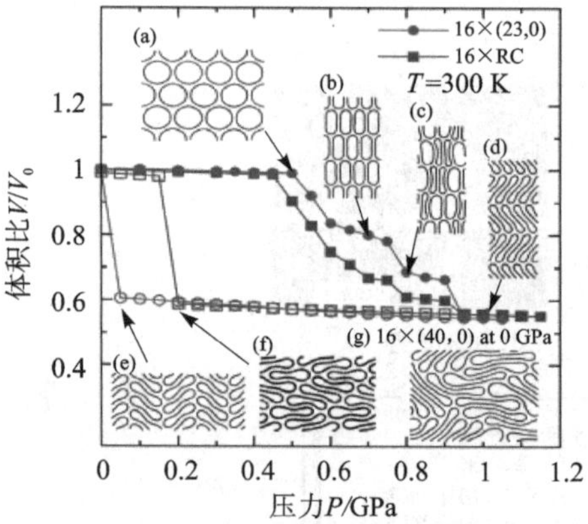

(a) 集束体积与施加压力的关系

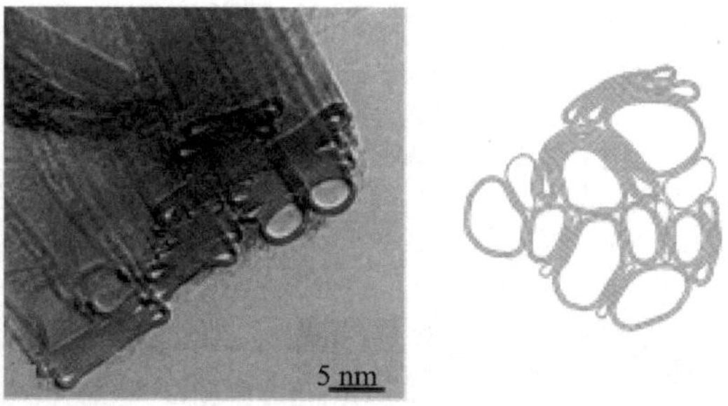

(b) 集束TEM形貌和模拟结果

图 7－19 碳纳米管集束体积变化规律

Beyerlein 等为解释连续碳纳米管纤维结构对其性能分散性的影响，建立了多层次的 Monte Carlo 模型，分别预测微观结构与连续碳纳米管纱线及其单向增强复合材料性能的关系，分析表明，纤维性能分散性随捻角、试样长度、截面 CNT 数目的增加而减小。

Liu X 等采用分子动力学模拟方法分析了加捻 CNT 纤维在拉伸载荷作用下微结构演变与其力学行为。该模型采用 7 根碳纳米管形成的纤维为研究对象，分析得到的应力-应变曲线如图 7－20(a)所示，可分为两个阶段，初始阶段拉伸应力随应变逐渐增加，其后拉伸应力呈现上、下波动状态。初始加捻 CNT 纤维中碳纳米管弯曲并通过范德华力作用部分接触，第一阶段 CNT 被牵伸并发生去捻，见图 7－20(b)；当应力继续增加，碳纳米管间的范德华力难以保持稳定的纤维微结构，从而发生碳纳米管间滑移，见图 7－20(c)，这也是应力-应变曲线第二阶段波动变化的主要原因。同时，研究表明增大 CNT 间的相互作用可有效提高纤维拉伸性能。

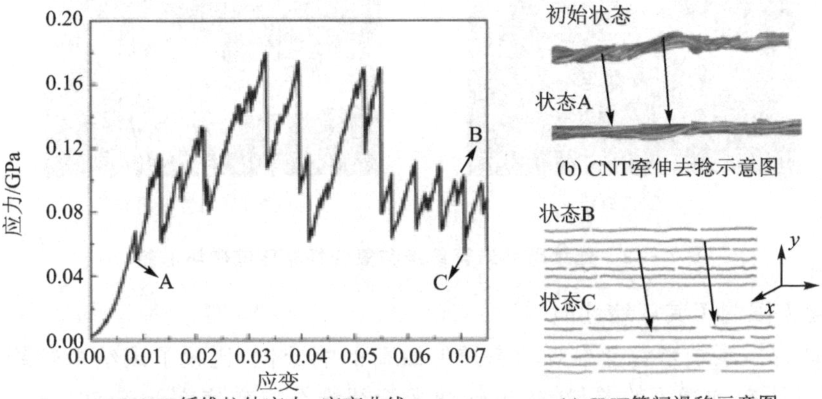

(a) CNT纤维拉伸应力-应变曲线　(b) CNT牵伸去捻示意图　(c) CNT管间滑移示意图

图 7－20　CNT 纤维拉伸应力-应变曲线与微结构演变

7.3.2　连续碳纳米管纤维其他力学特点

连续碳纳米管纤维呈现独特的多级结构，完全不同于碳纤维等传统的实体增强纤维，其柔韧性、弯曲、压缩、扭转及动态力学性能等行为特点也引起了广泛的关注。

自碳纳米管纤维问世以来，研究者就发现了其突出的柔韧性和抗扭转性能，甚至打结也不会造成纤维的破坏，如图 7－21 所示。碳纳米管纤维这种超强的柔韧性在碳纳米管膜中同样有所体现，可以随意弯曲扭折而不破坏。

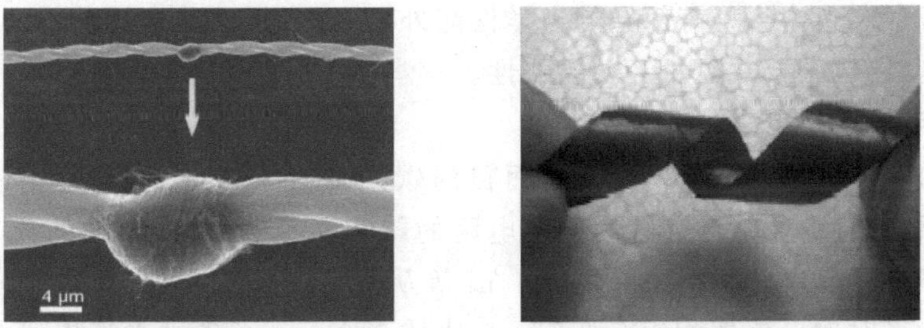

(a) 打结的CNT纤维　(b) 可折叠的CNT薄膜

图 7－21　打结的碳纳米管纤维和高强韧性碳纳米管膜

碳纳米管纤维轴向压缩性能测试难度很大，迄今为止已发展了一些方法来测试微米尺度纤维的压缩性能，如弹性弯曲法、弯曲横梁法、拉伸回弹法和单丝复合法等。Zu 等采用拉伸回弹法测量了碳纳米管纤维的压缩性能，如图 7－22 所示。该方法测试的连续碳纳米管纤维和碳纳米管复合纤维的压缩强度分别为 416 MPa 和 573 MPa，失效形貌分析表明，连续碳纳米管纤维呈现扭折破坏模式，而复合纤维呈弯曲失效模式，纤维断口受到拉压应力综合作用。

Gao 等对环氧树脂包埋的 CNT 纤维进行了轴向压缩研究，并与碳纤维进行了对比分析，结果表明连续 CNT 纤维的拉伸弹性模量要比碳纤维低，但包埋的 CNT 纤维的压缩模量却高于碳纤维。高应变下碳纤维承受的应力达到一个平台，而 CNT 纤维却在大应变下持续负载而不断裂。当环氧基体中连续碳纳米管纤维被压缩，能够保持单根 CNT 或丝束的优异弹性，并且能够发生很大程度的形变而不造成永久变形或断裂，而碳纤维中的石墨结晶会微屈曲或

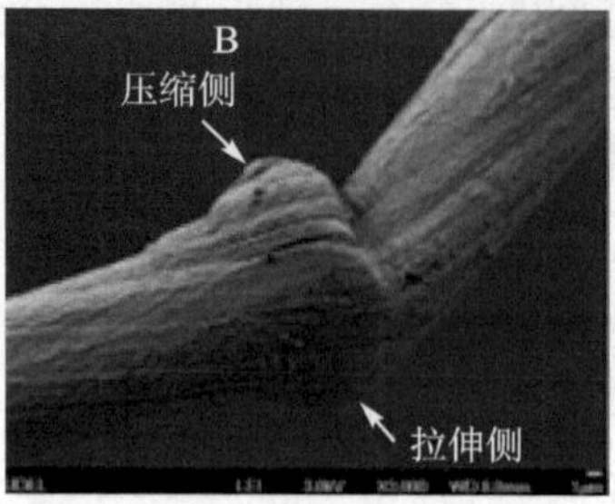

(a) CNT纤维

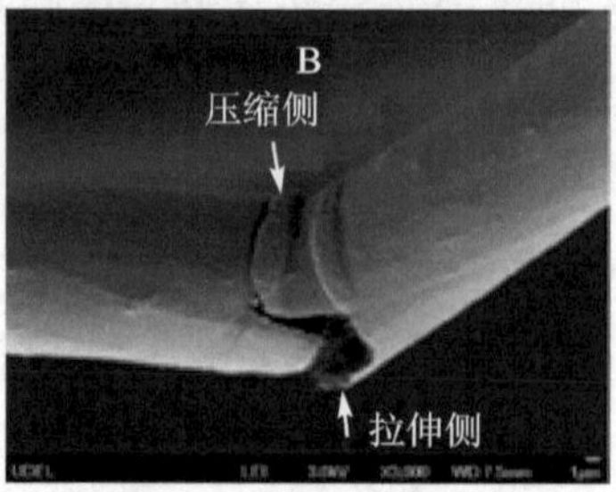

(b) CNT环氧复合纤维

图 7-22　连续碳纳米管纤维和复合纤维压缩破坏形貌

扭结，很大程度上限制了其压缩性能。

Wu 等还研究了碳纳米管纤维对动态拉伸载荷的响应性，比较了碳纳米管纤维在动态载荷和准静态载荷下拉伸行为的差异，指出碳纳米管纤维在应变速率低于 800 s^{-1} 时表现出应变依赖性。

Di 等采用高温应力拉伸的方法（ITAP）使纤维的强度提高到 2.0 GPa（比强度 1.6 N/Tex），弹性模量提高到 170 GPa（比模量 137 N/Tex）。将碳管纤维竖直放置在保护气氛中，下端挂上一个砝码提供应力对纤维起牵伸的作用，接通电源利用纤维自身产生的焦耳热加热碳管纤维到 2 000 ℃。Di 等人发现经过 ITAP 处理后的纤维直径与捻角均减小，对处理前后纤维截面扫描电镜测试发现，ITAP 处理后纤维内的碳纳米管束发现明显的键合作用，这是提高纤维强度的主要原因。

7.3.3　碳纳米管宏观体的功能特性

碳纳米管有序宏观体除具有优异的力学性能外，还继承了碳纳米管独特的物理特征，从而具备优异的导电、导热、驱动、阻燃等功能特性。

7.3.3.1　电导率和电磁性能

碳纳米管的电导率可高达 10^6 S/cm，而目前碳纳米管宏观体的电导率还远低于这一水平，主要受到碳纳米管本征结构和管间接触电阻的影响。一般而言，浮动催化 CVD 法碳纳米管宏观体电导率高于阵列前驱体法宏观体。Li 等从 0.3 mm 长碳纳米管阵列中纺出的碳纳米管纤维在 300 K 时的电导率为 465.3 S/cm，比从 1.0 mm 长碳纳米管阵列中纺出的纤维电导率低 22%，原因在于其末端接触点多，相邻管间接触面积小。Badaire 等发现，拉伸作用下，随着纤维中碳纳米管取向度提高，纤维的电导率提高。Behabtu 等近期采用湿法纺丝技术制备出连续碳纳米管纤维，其电导率可达 2.9×10^6 S/m，热导率为 380 W/(m·K)，拉伸强度为 1.0 GPa，模量为 120 GPa，断裂伸长率为 1.4%，显示出突出的结构/功能一体化优势，并得到应用，如图 7-23 所示。Cheng 等将毫米级超长碳纳米管组成的无规碳纳米管膜进行牵伸，当牵伸率为 40%时，其电导率由 915 S/cm 提高到 5 500 S/cm。Miao 等发现通过增加碳纳米管纤维表面的扭转角可降低孔隙率从而提高纤维密实度，连续碳纳米管纤维的电导率相应提高。

此外，碳纳米管有序宏观体具有优异的电磁屏蔽特性。Park 等将碳纳米管膜与聚酰亚胺泡沫、聚乙烯膜进行组合，研究不同结构的屏蔽效果并揭示相应的屏蔽机理。结果表明，在 2～18 GHz 频率范围内该体系具有极好的电磁屏蔽效果，最高可达 60 dB 的电磁屏蔽效率。

7.3.3.2　导热性能

碳纳米管在室温下的热导率最高可达 6 000 W/(m·K) 以上，碳纳米管有序宏观体也展

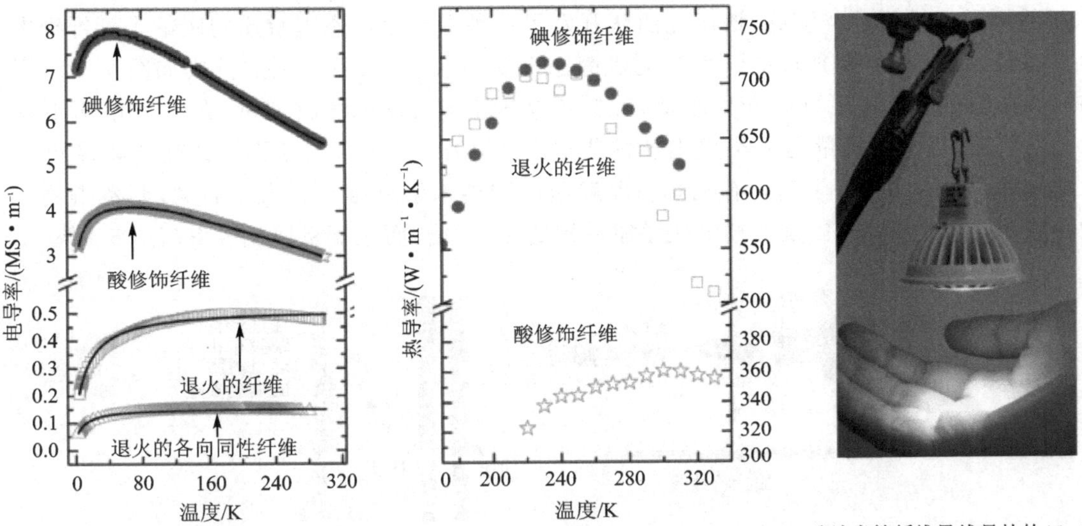

(a) 电导率　　(b) 热导率　　(c) 碳纳米管纤维导线悬挂的46 g发光体

图 7-23　碳纳米管纤维的电导率、热导率及其应用验证

现出较高的导热系数。Ericson 等采用湿法纺丝方法制备的连续碳纳米管纤维热导率约 20 W/(m・K)。Jakubinek 等利用阵列纺丝法制备的碳纳米管纤维热导率为(60±20)W/(m・K)。Wang 等采用阵列前驱体通过滚压法制备的取向碳纳米管膜热导率高达 331 W/(m・K)。Zhang 等研究了密度对碳纳米管膜导热系数的影响,结果如图 7-24 所示,随着碳纳米管堆积密度的提高,碳纳米管膜的热导率逐渐增加,当密度从 0.81 g/cm^3 提高到 1.39 g/cm^3,其面内导热系数从 472 W/(m・K)提高到 766 W/(m・K),高于任何传统的金属材料。

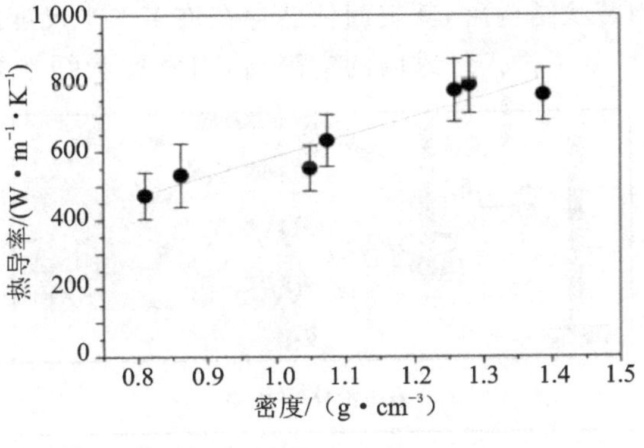

图 7-24　碳纳米管膜热导率随密度变化规律

7.3.3.3　人工肌肉驱动器

碳纳米管纤维因其具有独特的力-电-热耦合机制,可以实现电能、热能和机械能的高效相互转换而成为近年来人工肌肉驱动器领域的研究热点。

1999 年,Baughman 等首次提出了碳纳米管人工肌肉,用两片单壁碳纳米管(SWNT)薄膜组装而成,在 NaCl 溶液中,向两个电极施加电场,电极表面形成双电层结构,电荷之间的库仑排斥作用使得薄膜中碳纳米管之间 C—C 键键长增大,从而造成薄膜整体膨胀;而阳极侧薄膜基本保持体积不变,故而单壁碳纳米管薄膜驱动器整体表现出向阳极侧弯曲的变形。

Foroughi 等针对碳纳米管纱线在有机电解液环境下电化学过程中的驱动行为展开了研

究。当这种碳纳米管纱线浸润在电解质中时，施加电压可产生转速为 590 r/min，最大角度为 15 000°的可逆旋转驱动。随后，该研究团队开发了一种基于全固态电解质的碳纳米管纤维电化学驱动器。Lee 等将粗加捻的纤维与无机固态电解质复合，然后分别加捻成如图 7-25 所示结构。在较低的电压下可以产生驱动，2.5 V 电压下有 1.3%的收缩量，在 1 V 电压下有 0.52%的收缩，提升的重量是人类肌肉所能提升的 25 倍。在 5 V 电压下，其旋转幅度可达 53 (°)/mm。他们又研究了基于有机固态电解质的碳纳米管纤维复合人工肌肉，制备得到的驱动器收缩量可达 16.5%，是上述电化学驱动器的 12.7 倍，而且能量转化效率高达 5.4%。

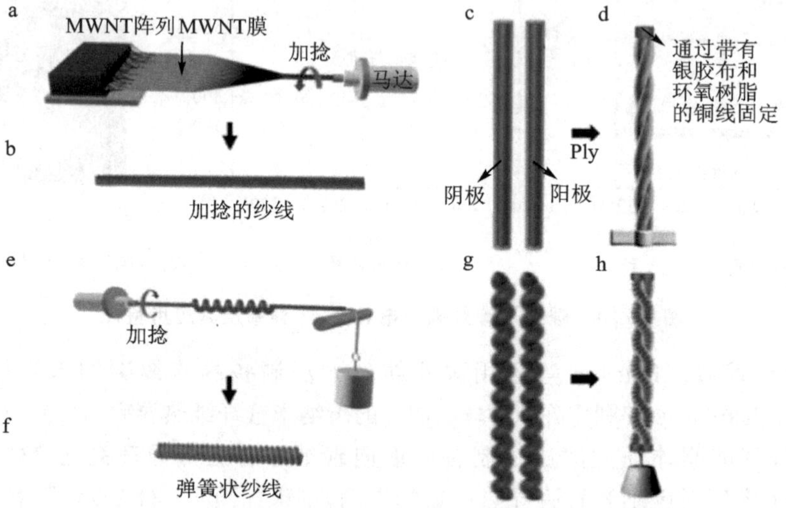

图 7-25　全固态电化学人工肌肉制备过程示意图

Peng 等开发了一种由溶剂和气体驱动的碳纳米管纤维人工肌肉，如图 7-26(a)所示，碳纳米管纤维被加成螺旋弹簧状结构后，其表面依然存在许多纳米尺度的孔洞，这有利于极性分子在纤维表面的吸附，极性分子进入纤维内的空隙后，引发螺旋纤维的旋转和伸缩驱动，而且

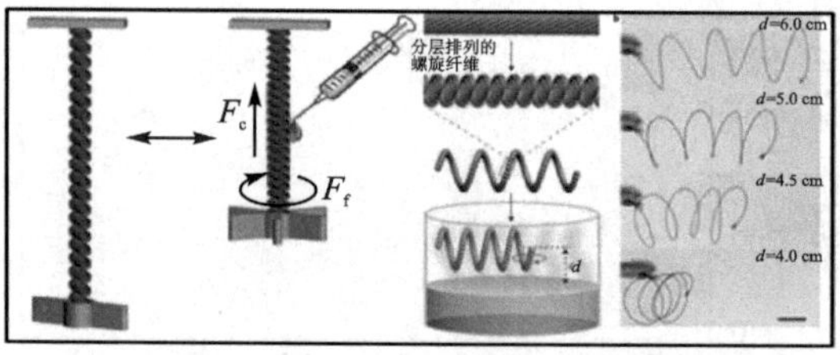

(a) 有机液体/气体驱动

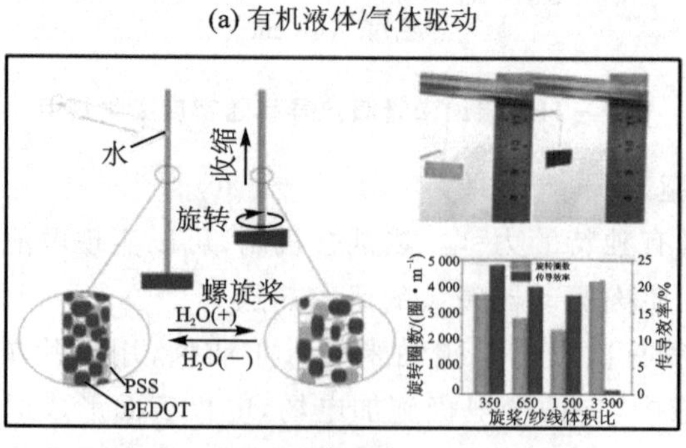

(b) 水驱动

图 7-26　碳纳米管纤维驱动器

响应迅速，经过短暂 0.5 s 的吸附后，即可获得最大的收缩应力和旋转速度。

Xie 教授团队在此基础上做了进一步研究，如图 7 - 26(b)所示，他们将极易吸湿的亲水高分子与碳纳米管纤维进行复合，制备出了具有液体水和湿度驱动效应的新型人工肌肉，人工肌肉中的高分子吸收水分子之后，复合纤维的体积迅速膨胀，从而做出快速的旋转和伸缩驱动响应。可以将是自身重量 350 倍的重物提升纤维原长 24%的高度，输出的能量密度高达 96.9 J/kg，是哺乳动物肌肉的 12 倍。

7.3.3.4　智能传感器

研究发现碳纳米管的电学性能随着外界应力、温度、湿度、化学环境等的变化而变化，从而为碳纳米管纤维在智能传感领域的应用奠定了良好的材料基础。

碳纳米管纤维在应力或应变的作用下，其电阻呈现有规律的变化，存在着明显的力-电耦合作用。Wu 等测试了碳纳米管纤维在力学拉伸过程中电阻变化，结果发现其电阻随着其拉伸应变或应力的变化而单调地增加或减少，电阻变化可逆。Zhao 等通过将碳纳米管纤维和金属铝复合制备了一种应变传感器，应变保持在 3.3%以内，纤维电阻变化随着应变可以反复循环进行，而且其还可以作为温度传感器，通过测试碳纳米管纤维在不同温度下电阻的变化，发现在温度为 196 ℃、25 ℃和 110 ℃时电阻始终保持稳定。Ryu 等将高弹体聚合物与碳纳米管纤维进行复合，并对其进行预牵伸可以得到监测范围高达 900%的应变传感器，如图 7 - 27(a)所示。

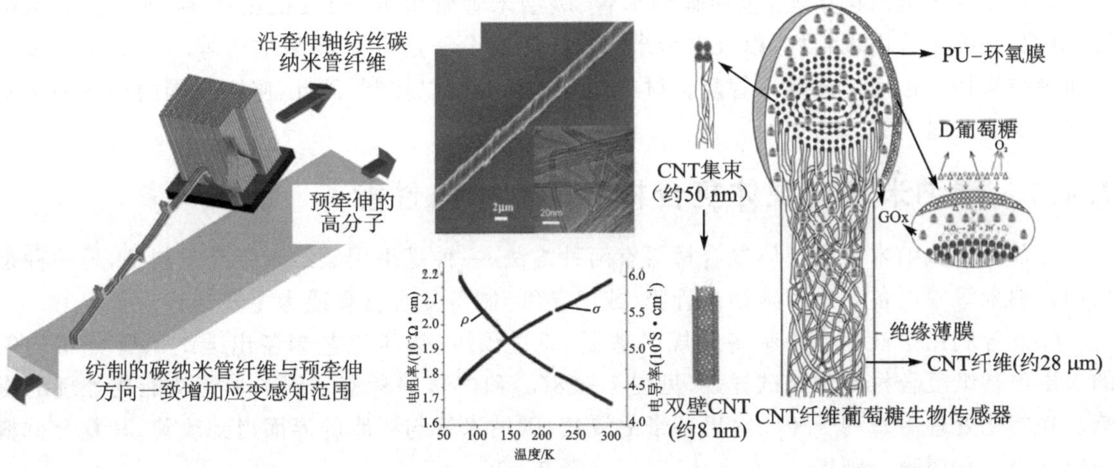

(a) 应变传感器　(b) 温度传感器　(c) 生物传感器

图 7 - 27　碳纳米管纤维传感器

Li 等测试了碳纳米管纤维电导率随温度的变化，如图 7 - 27(b)所示，实验结果表明，碳纳米管纤维的电导率在 75.4～300 K 的温度范围内随着温度的升高而增大，而且呈线性关系。他们认为电阻随温度的变化受纤维中半导体碳管的影响，升高温度，纤维中的半导体管会产生更多的电子-空穴对，导电的载流子增加，因而电阻减小。此外，在 Ar/H_2 气体环境下，纤维经过 750～800 ℃热处理后，其电导率下降。Miaudet 等将 PVA 与碳纳米管纤维复合制得复合纤维，以 5 ℃/min 的升温速率从室温加热至 200 ℃，研究发现纤维的电阻随温度的升高而减小。

2003 年，Poulin 等采用湿纺工艺制得一种 CNT/PVA 复合纤维电化学微电极传感器，与碳纤维相比，该传感器在检测生物分子(如还原型烟酰胺腺嘌呤二核苷酸(NADH)、双氧水、多巴胺等)时具有更高的活性和灵敏度。2010 年，Zhu 等切开碳纳米管纤维的一端，并将葡萄糖氧化酶固定在端口处的碳纳米管束，如图 7 - 27(c)所示，每个碳管束均可以用作葡萄糖分子的传感单元，这样制得的传感器尺寸比传统的 Pt－Ir 电极小 10 倍，但拥有更好的葡萄糖传感性能，因此，碳纳米管纤维在生物传感领域具有广泛的应用前景。

7.3.3.5 电加热固化

Jeonyoon Lee 使用阵列碳纳米管薄膜和复合表面膜复合设计了一种 CNT 薄膜加热器，同时也可以用作固化状态传感器。研究了不同固化温度和不同铺层数下热压罐固化和 CNT 薄膜固化后层板固化度的差异，发现使用 CNT 薄膜固化可以达到甚至超过热压罐工艺固化的固化度。

N. Nguyen 等将 CNT 薄膜逐层加入到预浸料中进行原位加热并成型 CF/CNT 混杂复合材料，考察了固化过程中加压对于成型质量的影响，并对比了不同成型方式材料的动态力学性能。研究结果表明，CNT 加热固化和热压罐固化达到的 Tg 和固化度基本相似，但是只加真空压和额外加压的 CNT 加热固化储能模量仅为热压罐固化的 35％和 70％。热压罐工艺、额外加压 CNT 加热和真空压 CNT 加热成型的层板纤维体积分数依次增加，真空压 CNT 加热成型缺陷明显，施加外压力有利于固化缺陷的减少。

7.4 碳纳米管复合材料的性能转化与界面

碳纳米管复合材料与传统的碳纤维复合材料具有显著的差异性。碳纳米管复合材料中含有多种尺度的多级结构单元，包括碳纳米管、碳纳米管管束（CNT Bundle）、碳纳米管交织结构、空隙、碳纳米管坍塌结构、以及碳纳米管与树脂高分子的互贯网络结构等。由于存在多级界面等结构特殊性使得碳纳米管复合材料性能转化等难以控制，因此，吸引了国内外众多学者对此开展了大量研究。

7.4.1 碳纳米管宏观体复合材料的制备与性能

目前制备碳纳米管宏观体复合材料有两种方法，一种是采用碳纳米管纤维制备，另一种是采用碳纳米管膜制备。采用碳纳米管膜（或巴基纸）制备复合材料成为主要趋势。

Guo 等利用溶液抽滤法制备无规巴基纸，通过预浸、热压工艺制备出碳纳米管分布均匀的多层巴基纸复合材料和测试样条，见图 7－28(a)和(b)，并考察了碳纳米管功能化处理的影响。功能化处理后有利于树脂对巴基纸的浸渍，碳纳米管与树脂的界面得到改善，其复合材料的拉伸强度和模量分别提高 68％和 37％，见图 7－28(c)。

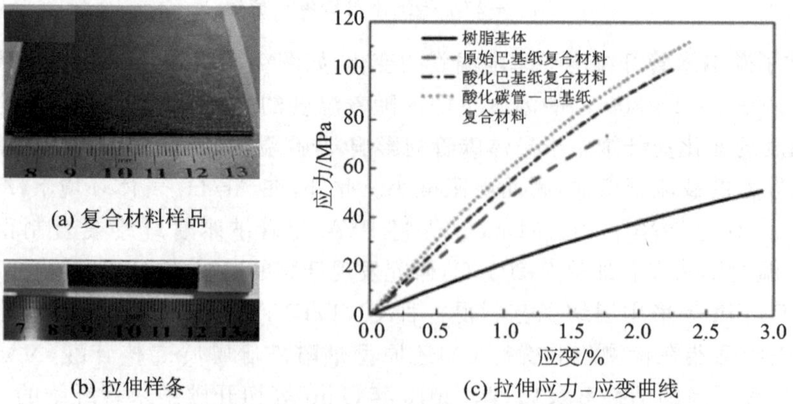

(a) 复合材料样品

(b) 拉伸样条

(c) 拉伸应力－应变曲线

图 7－28 多层巴基纸复合材料与拉伸试样及其力学性能

Cheng 等将牵伸取向的碳纳米管膜与马来酰亚胺树脂体系复合，采用热压工艺制备得到碳纳米管膜复合材料，其碳纳米管质量分数高达 60%，拉伸强度和弹性模量分别为 2 GPa 和 169 GPa，断口呈膜状形貌，如图 7－29 所示。此外，Cheng 等对碳纳米管膜进行环氧功能化处理，从而成功在碳纳米管表面引入环氧基团。通过功能化处理和热压工艺制备的碳纳米管膜复合材料，拉伸强度和弹性模量高达 3 GPa 和 350 GPa，均高于单向 T800H、T800S 和 IM7 碳纤维增强的复合材料，如图 7－30 所示。

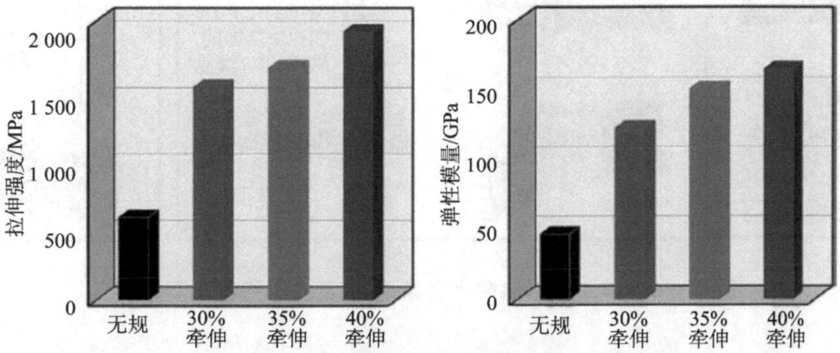

(a) 拉伸强度和弹性模量

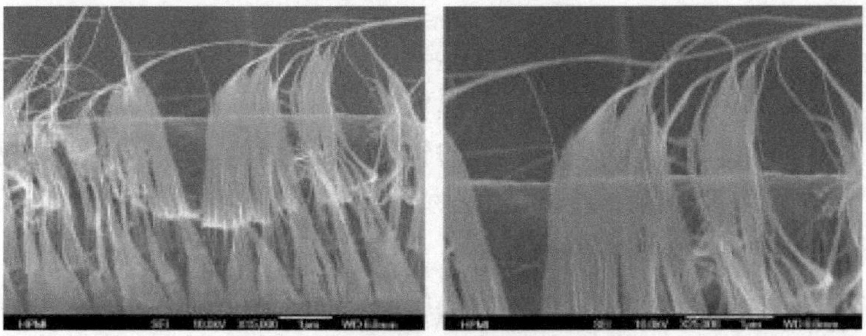

(b) 拉伸破坏模式

图 7－29　取向碳纳米管膜复合材料的拉伸性能与断口形貌

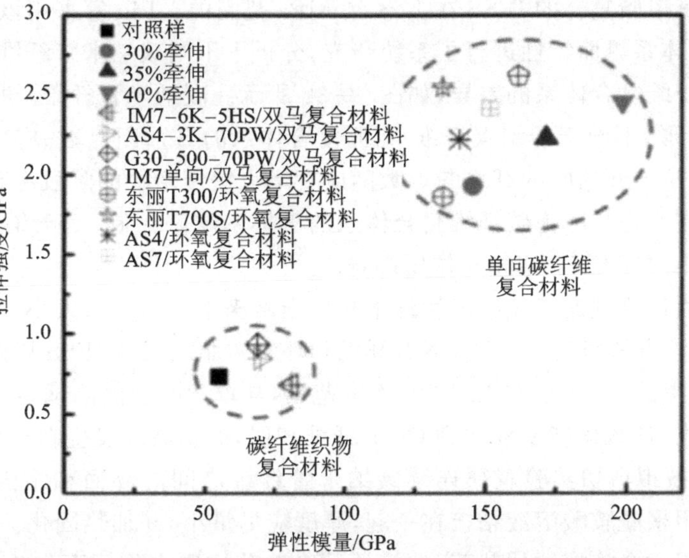

图 7－30　MWNT/BMI 复合材料与碳纤维复合材料力学性能对比

Cheng 等研究发现通过调节浮动催化 CVD 法的工艺参数可以制备出大直径少壁碳纳米管膜，在成型压力作用下，碳纳米管容易坍塌形成扁平结构，如图 7-31 所示。采用牵伸和热压工艺制备出多尺度仿生层状碳纳米管膜/环氧复合材料，其强度为 1.6 GPa。

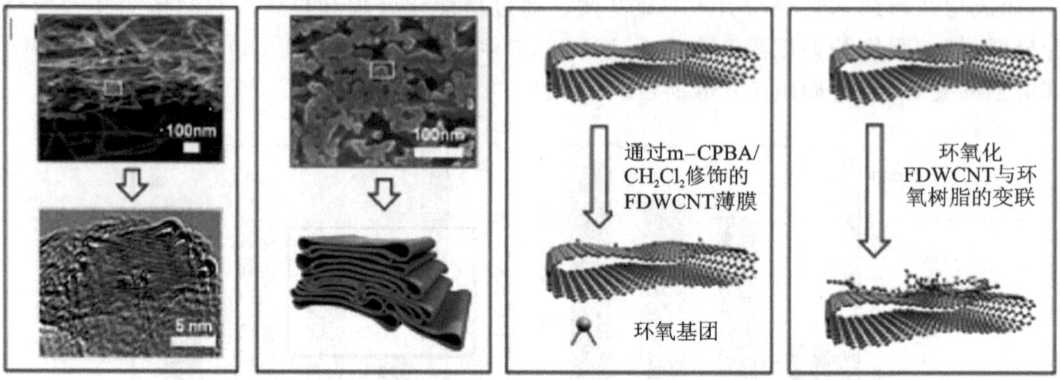

图 7-31　仿生层状碳纳米管膜/环氧复合材料制备示意图

7.4.2　碳纳米管宏观体复合材料的界面

由于结构单元的多重性，碳纳米管宏观体复合材料中存在多种界面作用，包括宏观体内部碳管之间、管束之间、碳管/树脂之间，以及宏观体/树脂之间、碳管膜之间等，合理的界面调控可有效提高碳纳米管性能向宏观体复合材料的性能转化效率。因此，对于这种不同于传统增强纤维的新一代增强体及其复合体系，从表征方法到界面特性都成为新的研究热点。

7.4.2.1　界面表征方法

目前关于碳纳米管纤维复合体系界面特性的测试表征方法，仍然借鉴传统纤维/树脂复合体系的界面测试方法，如单丝断裂法、微滴脱粘法、以及模拟剪切实验方法等。

单丝断裂法可通过纤维断点数和断口模式分析计算纤维与树脂的界面粘结强度(IFSS)。Deng 等首先将该方法用于连续碳纳米管纤维/树脂复合体系，研究发现未浸渍树脂的连续碳纳米管纤维与环氧树脂复合的 IFSS 在 12～20 MPa 范围内。Liu 等采用该方法对连续碳纳米管纤维/树脂复合体系界面特性进行了系统研究，分析了不同碳纳米管纤维与环氧树脂复合体系界面特性与碳纤维复合体系的差异，如图 7-32 所示。碳纳米管纤维/树脂复合体系的断点数-应变曲线为 Γ 形，不同于传统碳纤维/树脂复合体系的 S 形断点数-应变曲线，即传统碳纤维/树脂复合体系拉伸开始时的纤维断点数随应变增大缓慢增加的阶段在碳纳米管纤维/树脂复合体系中不存在。这是因为碳纤维复合体系的破坏由缺陷控制，而碳纳米管纤维复合体系的破坏行为受纤维内部 CNT 间相互作用影响。

微滴脱粘法通过测试连续碳纳米管纤维从树脂微滴中拔出力的大小计算其与树脂间界面强度。Zu 等采用该方法研究了连续 CNT 纤维和环氧树脂之间的 IFSS 以及界面破坏机理，如图 7-33 所示，测得的 IFSS 也在 12～20 MPa 范围，与单丝断裂法测试结果相当；对于高孔隙率纯碳纳米管纤维，环氧树脂易浸润到 CNT 纤维表层，剪切破坏发生在树脂浸润前沿。

Fang 设计了模拟剪切实验表征连续碳纳米管纤维之间的界面粘结强度，如图 7-34 所示。将两根纤维用聚酰胺酸溶液粘接在一起，厚度应尽量小，并加热固化。然后对两根连续碳纳米管纤维向不同方向施加拉伸载荷，粘接处最终在剪切应力作用下发生破坏。记录将两根纤维完全拉开时的最大拉伸载荷，最大拉伸载荷与搭接长度的比值即可反映试样粘接部分的

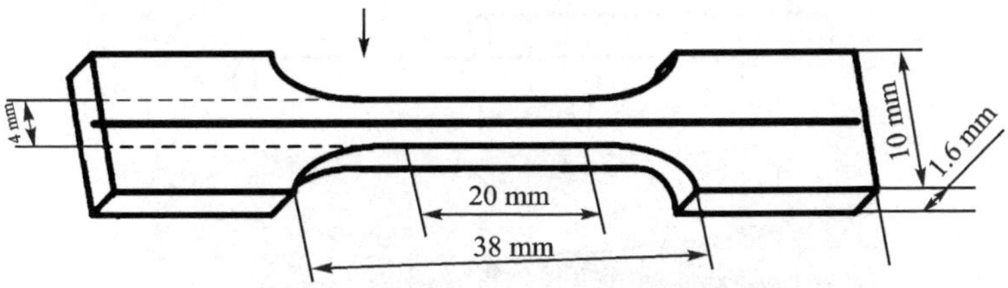

(a) 单丝断裂测试试样

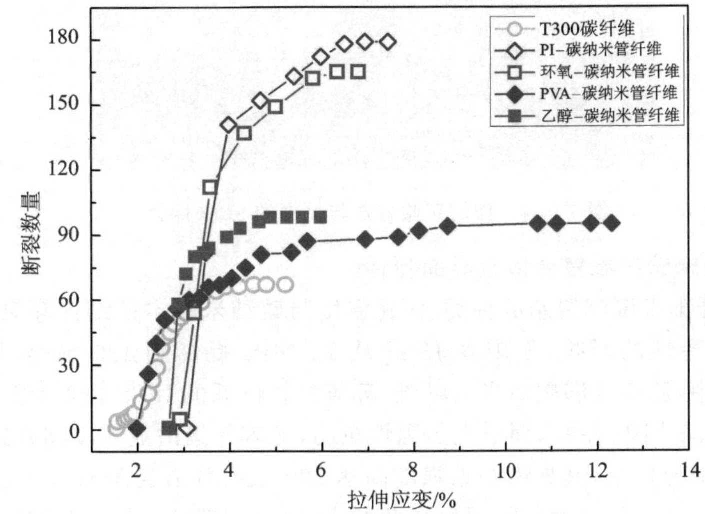

(b) 单丝断裂测试结果

图 7－32　单丝断裂试样和断点数-应变曲线

剪切强度。该方法同时可扩展用于碳纳米管膜间的界面性能评价。

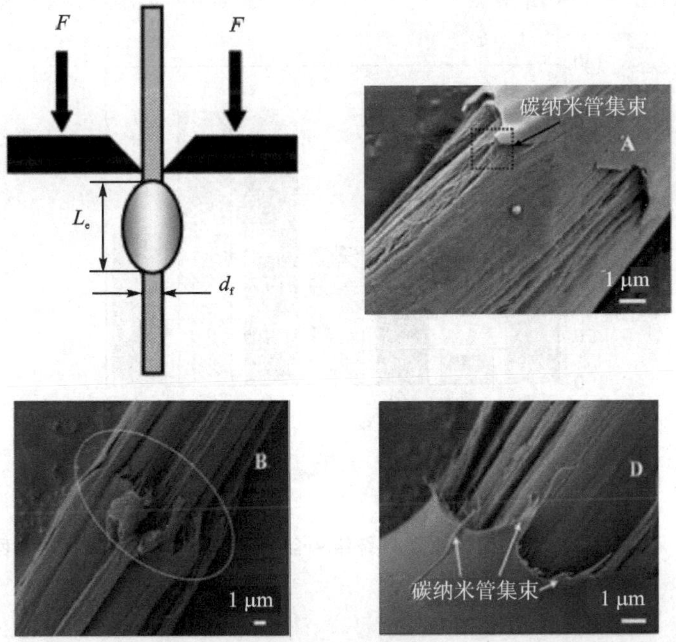

图 7－33　界面脱粘前后 CNT 纤维/微珠形貌

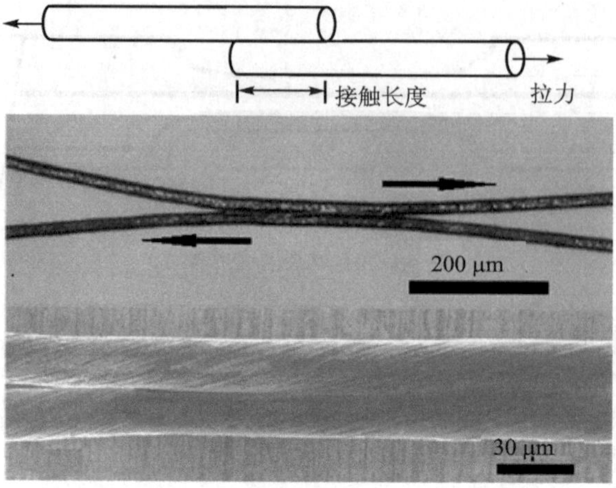

图 7-34 剪切实验方法与试样的 SEM 照片

7.4.2.2 碳纳米管纤维复合体系界面特性

Liu 等研究了纤维中浸润树脂的种类、固化温度与碳纳米管本征结构等对碳纳米管纤维/树脂复合体系界面特性的影响，发现其 IFSS 从 12 MPa 提高到 120 MPa，提升幅度大，如图 7-35 所示。其中，乙醇浸润碳纳米管纤维/环氧复合体系的 IFSS 较低，当引入长链大分子后，其 IFSS 提高到 36 MPa 左右，而引入热固性树脂，尤其是聚酰亚胺浸润并经 190 ℃固化处理的碳纳米管纤维复合体系，其界面粘结强度高达 120.32 MPa，甚至超过了已有报道中大多数传统的碳纤维复合体系的界面粘结强度。此外，还研究了碳纳米管本身壁数、捻度等对复合体系界面性能的影响规律，指出多壁碳纳米管纤维比少壁碳纳米管纤维 IFSS 高。通过对不同种类连续碳纳米管纤维/树脂复合体系界面性能进行统计分析，发现在其实验范围内碳纳米管纤维/树脂复合体系的 IFSS 与纤维本体强度和模量基本成正比关系，并且 IFSS 随纤维直径的增大而降低，如图 7-36 所示。

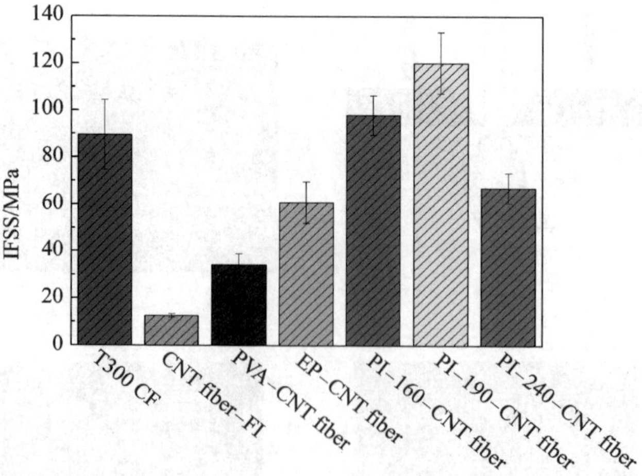

图 7-35 不同种类碳纳米管纤维及碳纤维单丝与环氧基体复合体系的界面粘结强度

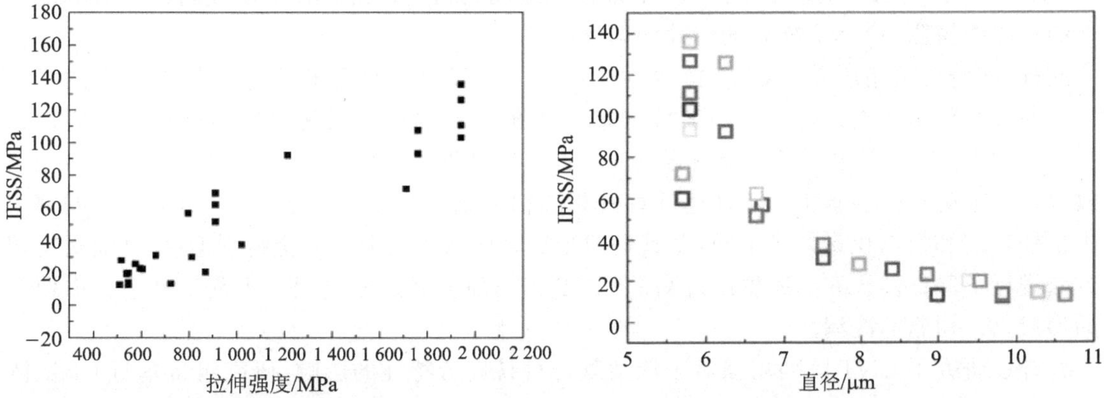

(a) IFSS随CNT纤维拉伸强度的变化　　(b) IFSS随纤维直径的变化

图 7-36　碳纳米管纤维/环氧复合体系界面性能与拉伸强度和直径的关系

7.5　碳纳米管宏观体/碳纤维混杂复合材料的力学增强

诸多研究表明，碳纳米管宏观体的加入有效提高了碳纤维树脂基复合材料的层间性能，同时对复合材料面内力学性能以及功能特性进行了强化。

7.5.1　碳纳米管宏观体/碳纤维混杂复合材料层间增强增韧

碳纳米管宏观体层间混杂主要包括使用碳纳米管阵列和碳纳米管薄膜两种形式，由于阵列与薄膜在复合材料层间呈现的结构特性不同，因而在对层间性能的增强机理上也有所不同。

7.5.1.1　碳纳米管阵列层间混杂与增强增韧

碳纳米管阵列是碳纳米管按同一方向有序排列而成的材料体系。美国麻省理工学院的 Brian L. Wardle 研究组在碳纳米管阵列增强碳纤维复合材料层间性能方面开展了大量研究，提出了如图 7-37 所示的“Nanostitching”的概念。

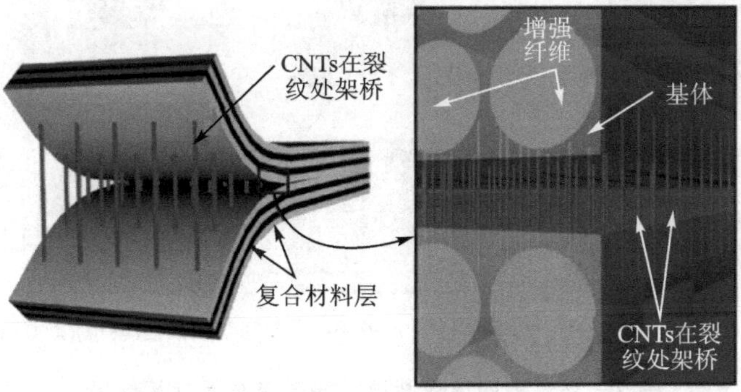

图 7-37　“Nanostitching”概念图

该研究组将碳纳米管阵列在室温下转印至单线碳纤维预浸料，从而保持 CNT 在整个厚度方向上的垂直取向。研究发现，CNT 阵列改性界面可以使得 I 型层间断裂韧性提高 1.5～2.5 倍，使得 Ⅱ 型层间断裂韧性提高 3 倍。研究组认为，合适的中间层结构和 CNT 的桥接是实现层间增韧的主要机制，并且在断口图像中观察到了 CNT 桥接的现象。研究组还将垂直碳纳米管阵列通过化学气相沉积的方法直接生长在了机织碳纤维织物表面，层板的层间剪切强度(ILSS)增加了69%,并提出了一种毛细作用驱动的机理以解释在层压板内部观察到的未改性的热固性树脂与CNT阵列的有效均匀润湿。

此外,该研究组还研究了CNT阵列纳米缝合对于薄预浸料层板和厚预浸料层板的增强效果。通过短梁剪切测试,发现CNT阵列增强薄预浸料层板的层间剪切强度相比于空白试样提高了约15%,这其中包括纳米缝合约5%的提升和薄预浸料层压约10%的提升的协同增强效果。短梁剪切样品基于同步加速计算机断层扫描结果如图7-38所示,纳米缝合的薄层板中损伤轨迹和损伤积累方式不同,尤其是纳米缝合区域中的分层完全得到抑制,并通过有限元方法进行了验证。研究组还提出过高的CNT阵列高度在成型过程中不利于其垂直取向结构的形成以及树脂的浸润。

此外还研究了CNT阵列增强对于混杂复合材料疲劳特性的影响,研究组将垂直CNT阵列引入航空级单向碳纤维层间树脂富集区域,测试了混杂复合材料的剪切疲劳特性。测试结果表明,在静态强度的60%～90%下,疲劳寿命平均增加115%,而在高周疲劳(静态强度的60%)下,疲劳寿命提高了249%。从低应力状态(高周疲劳)到高应力状态,主要机制从CNT拔出引起的高能量耗散到CNT断裂引起的低能量耗散过渡。

Brian G. Falzon将生长在硅基底上的CNT转移至预浸料上,通过施加一定温度和压力保持阵列的垂直性后制备复合材料,制备的T700复合材料的G_{IC}和G_{IIC}分别最高提高了61%和161%。同时SEM显示CNT阵列具有良好的润湿性,并且有形貌显示阵列渗透到相邻的碳纤维层。

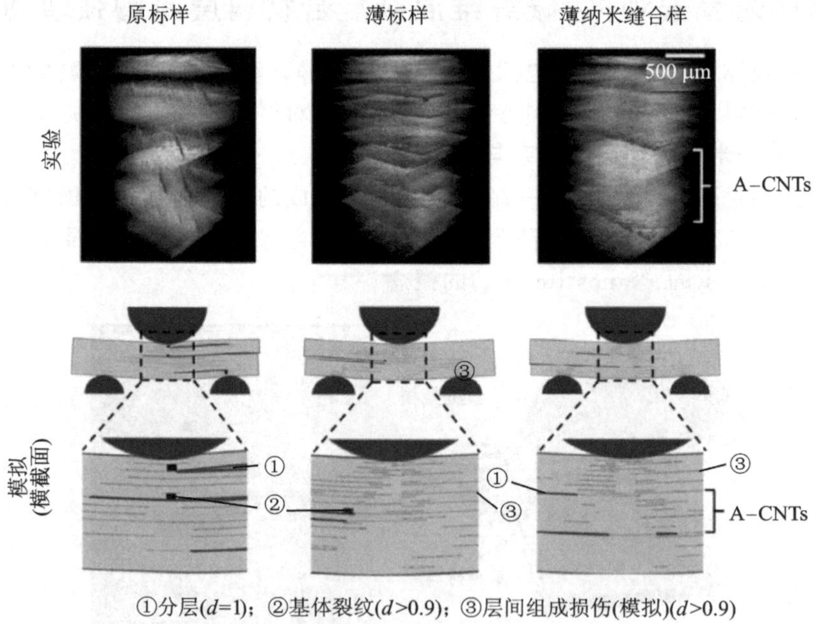

图7-38 不同层板断层扫描与有限元计算结果

7.5.1.2 碳纳米管薄膜层间混杂与增强增韧

为了满足碳纳米管宏观体的工程应用需求,将抽滤法制备巴基纸以及浮动催化化学气相沉积法制备碳纳米管薄膜用于碳纤维复合材料的层间增强与增韧也具有优异的增强效果。

刘刚等将真空抽滤法制备的碳纳米管膜(巴基纸)与碳纤维/环氧树脂复合材料进行层间改性,并利用树脂传递模塑工艺制备混杂复合材料。研究发现碳纳米管网络结构对张开型的Ⅰ型层间断裂韧性没有明显的改性作用,而对于滑移型的Ⅱ型层间断裂韧性则具有明显的提升，层间断裂韧性值 G_{IIC} 从 1 292 J/m^2 提高到 2 869 J/m^2，碳纳米管的网络结构也有效阻碍了层间微裂纹的拓展。

邓火英等分别采用喷涂沉积的无规碳纳米管薄膜和碳纳米管阵列取向薄膜进行层间增韧，研究了碳纳米管膜的种类、取向和面密度对复合材料力学性能和层间韧性的影响。结果表明，CNT 膜平行碳纤维铺放时复合材料的压缩强度和层间剪切强度均高于 CNT 膜垂直铺放时。面密度较小的 CNT 膜对复合材料的增韧效果较好。喷涂法成型的碳纳米管膜层间改性的复合材料层间断裂韧性优于阵列碳纳米管膜。无规 CNT 膜的面密度为 0.75 g/m^2 时，复合材料的 G_{IC} 和 G_{IIC} 分别提高 21%和 42%，达到最优状态。

Shaokai Wang 等使用浮动催化法制备的碳纳米管薄膜制备了高 CNT 含量的碳纳米管膜/碳纤维混杂复合材料，如图 7－39 所示。并研究了热压罐工艺下的树脂流动规律与混杂复合材料拉伸性能与 CNT 含量的关系。Jiao Pan 等则将浮动催化的碳纳米管薄膜与超薄预浸料混杂，以制备高碳纳米管含量的强韧化的混杂复合材料，在此基础上研究了混杂复合材料的拉伸协同效应、阻尼性能和导电性能。

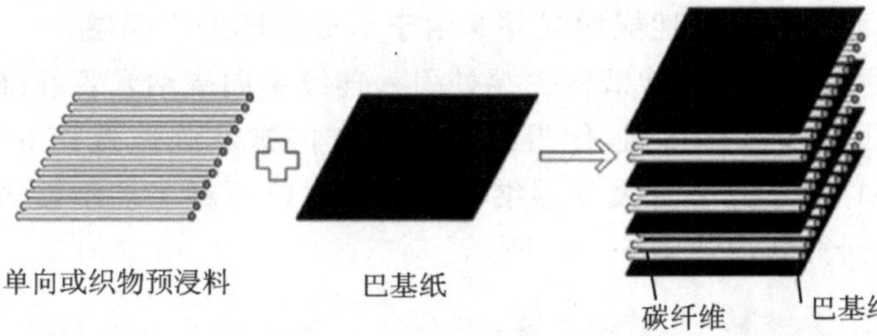

(a) 制备过程

(b) 平行纤维截面形貌

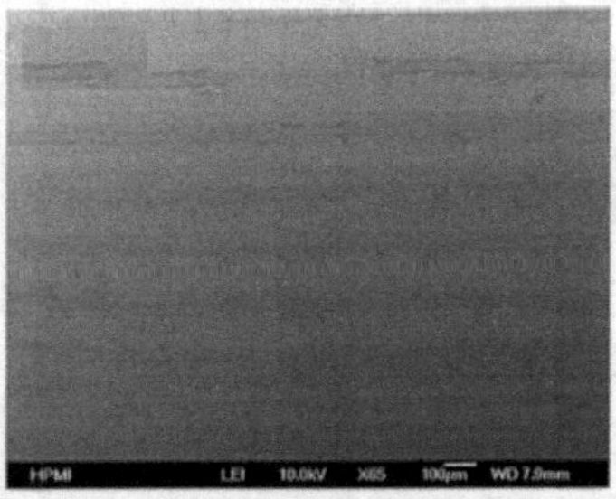

(c) 垂直纤维截面形貌

图 7－39　碳纳米管薄膜/碳纤维混杂复合材料

Hong Xu 等将浮动催化化学气相沉积法制备的碳纳米管薄膜原位缠绕在碳纤维织物表面，并通过控制缠绕的 CNT 薄膜层数控制混杂复合材料层板中 CNT 膜的含量，如图 7－40 所示。研究发现，复合材料的层间剪切强度随 CNT 含量的增加先增加而后减小，在 CNT 含量达 0.22%时，ILSS 达到 43.5 MPa，相比初始样提高了 22%。断口的 SEM 图像也表明破坏区域由层间富树脂区变为薄弱的纤维/树脂界面区，CNT 含量较高时出现了薄膜的不完全浸润。

7.5.2　碳纳米管宏观体层间混杂对面内力学性能的影响

许多层间增强技术如三维编织、Z－pin、层间薄膜增韧等均是以损失复合材料面内力学性能为代价的。因此，层间 CNT 增强技术如果能够实现混杂复合材料面内力学性能不降低，甚至能够对面内力学性能进行增强，将有利于该技术的广泛应用。基于这种考虑，研究者们对混

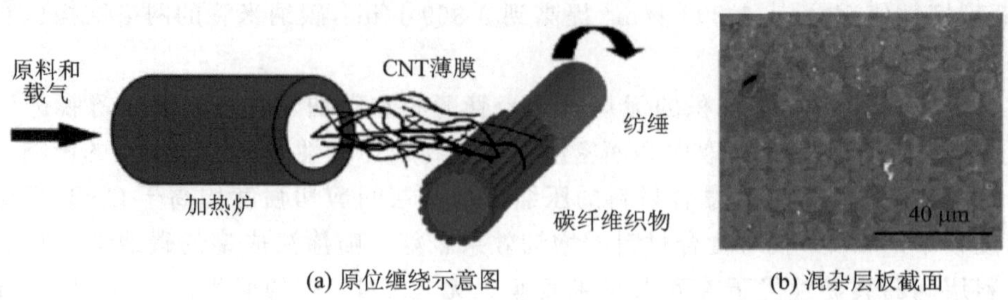

图 7-40　混杂复合材料原位缠绕示意图及混杂层板截面

杂复合材料的面内力学性能进行了相关研究。

R. Guzman de Villoria 将高密度 CNT 阵列引入航空级单向碳纤维复合材料层压板中，发现 CNT 阵列在层压板面内加载时也会抑制分层损伤的产生，从而显著提高了层板的承载能力。测得的螺栓开孔拉伸临界强度提高了 30%，开孔压缩强度提高了 14%，L 形截面弯曲能和挠度提高了 25%。同时并未观察到层间或层板厚度的增加，而是直径约 10 nm 的碳纳米管在相邻碳纤维层之间相互交错，性能增强并非由于形成较厚的中间层。

A. Mikhalchan 等在双缺口拉伸试样尖端处引入连续单向碳纳米管纤维排成的薄夹层对复合材料进行额外的面内增强与增韧，使得双缺口试样的破坏强度提高 9%，破坏应变提高 15%。通过 FIB-SEM 表征，作者还发现碳纳米管纤维在热压罐工艺中被压实成了贴合碳纤维的倒三角状态，整体研究情况如图 7-41 所示。

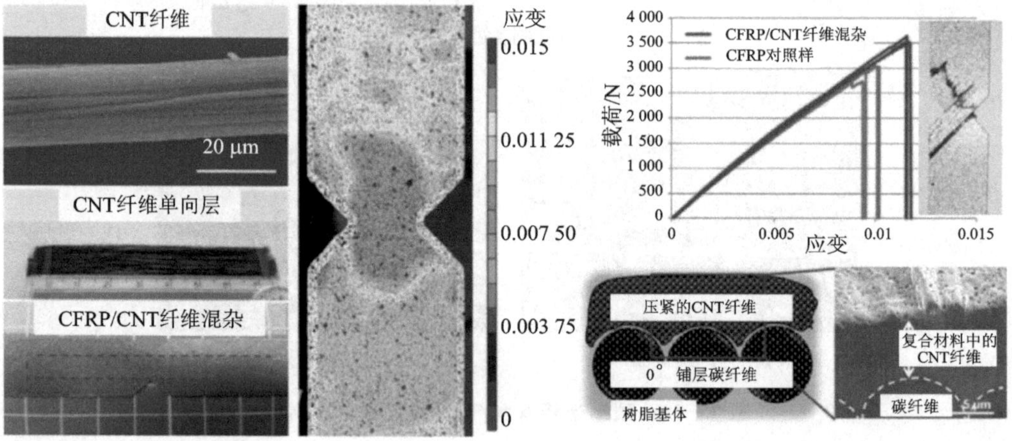

图 7-41　碳纳米管纤维成膜层间增强提升复合材料层板的双缺口拉伸性能

Hong Xu 发现除了 ILSS 外，少量的浮动催化化学气相沉积制备的 CNT 薄膜原位缠绕在层间也能提高碳纤维织物复合材料的弯曲性能，弯曲强度与模量同样随 CNT 含量的提高先增加而后减小，弯曲强度的下降程度要明显高于弯曲模量的下降程度。

Shaokai Wang 通过热压罐工艺制备的 CNT 薄膜/IM7/CYCOM 混杂复合材料中，当 CNT 薄膜添加量为 4.95%时，混杂复合材料拉伸强度和模量相比于空白试样分别仅有 4%和 6.3%的少量下降，然而当 CNT 薄膜的添加量增加到 7.99%时，混杂复合材料拉伸强度和模量出现了 25%和 31%的大幅下降。

Jiao Pan 研究了 CNT 薄膜化学处理对混杂复合材料拉伸性能的影响，结果表明，氧化处理的 CNT 薄膜的协同效应得到了改善，混杂复合材料的破坏模式由脆性破坏转变为渐次破坏，这主要是由于良好的载荷传递以及良好的界面键合抑制了分层的产生。

7.6　碳纳米管有序宏观体的应用

碳纳米管有序宏观体作为继玻璃纤维、碳纤维之后的第三代复合材料增强体，具有优异的力学与物理性能，既可作为结构材料，同时由其制备的复合材料又具有导电、导热、阻尼、阻燃、防弹等功能特性。

碳纳米管有序宏观体的高电导率使其有望成为下一代电力传输导线。电子沿碳纳米管移动不会像铜、铝等导电材料一样发生散射现象，避免因散射导致的电阻增加、电线变热、膨胀及松弛等问题。如图 7－42 所示，连续碳纳米管纤维可以代替家庭输电回路中的金属线，连续碳纳米管纤维电缆的电导率随温度的变化只有铜电缆的 1/5。

由于碳纳米管膜出色的电磁屏蔽性能，NASA 已将 Nanocomp 公司生产的碳纳米管膜应用于“朱诺”飞船以保护其关键部件免受静电放电带来的损伤，如图 7－43 所示。应用部位主要包括：电机支柱以及主发动机机房。

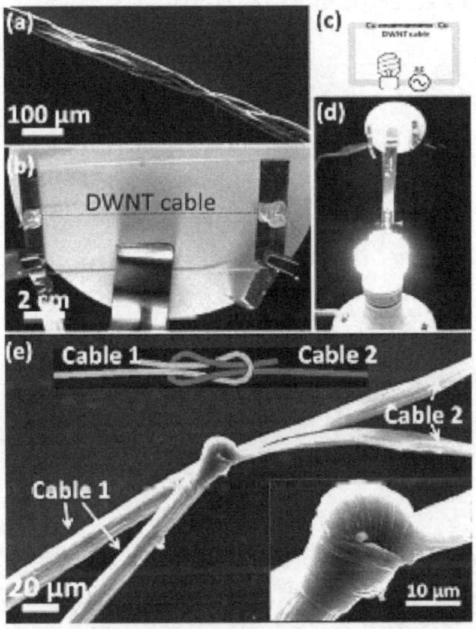

图 7－42　碳纳米管纤维在家庭输电回路中的应用

图 7－43　包含碳纳米管膜制品的“朱诺”飞船

碳纳米管膜及其复合材料在防雷击应用方面已经引起广泛关注。商务飞机平均一年就会遭受雷电的袭击，超强的瞬时电流很可能会对其造成毁灭性破坏。目前，通常采用导电性能优异的铝网铺覆在机体表面起到传导电流的作用。Park 等的研究表明，单壁碳纳米管膜具有很好传导超强电流的能力，从而能够起到保护内部材料的作用，由此推测碳纳米管宏观体有望成为新一代轻质高效的防雷击材料。

碳纳米管是迄今为止强度和模量最高的轻质材料，作为新一代高性能复合材料增强体具有难以估量的潜力。为了满足新一代飞行器结构对新材料的需求，发展高含量高取向度碳纳米管增强体，将复合材料设计从微米尺度推进到纳米尺度，才能真正充分发挥碳纳米管超高强、超轻质、高功能的特性。

美国 NASA 制定的 2010—2030 年太空技术发展路线图中指出，碳纳米管纤维复合材料有望革新未来航空航天超轻结构的多功能化设计理念；到 2030 年，预计碳纳米管纤维拉伸强度可达到 40～60 GPa，碳纳米管纤维复合材料的比强度和比模量将是碳纤维复合材料的 10

倍,替代应用可实现结构减重50%以上。

目前,已实现的碳纳米管纤维(复合膜)的最高拉伸强度仅为10 GPa左右,不及单根碳纳米管性能的10%。因此,其性能提升空间巨大,这是国际范围内一个亟待攻破的难题。

习 题

1. 碳纳米管的性能特点是什么?其在复合材料中的潜在应用有哪些?
2. 碳纳米管纤维的制备方法有哪些?其制备原理是什么?
3. 简述碳纳米管纤维的性能特点以及与其微结构的关系。
4. 对比分析碳纳米管纤维与碳纤维的结构与性能异同。
5. 简述碳纳米管纤维增强复合材料多级界面的性能特点。
6. 碳纳米管膜的制备方法有哪些?其制备原理是什么?
7. 碳纳米管膜具备哪些力学和物理性能优势?
8. 碳纳米管纤维与碳纳米管膜微结构调控方法有哪些?
9. 碳纳米管在实现复合材料结构功能一体化方面可能会发挥什么作用?

第四篇　航空航天结构材料的腐蚀与防护

第 8 章　飞行器结构及服役环境特点

本章思维导图

航空航天事业的发展是推动国民经济和科学技术进步的重要体现,也为社会发展做出了不可磨灭的贡献。随着高性能的先进航空航天飞行器的涌现,飞行器结构特点、功能要求的特殊性及服役环境的复杂严酷性,使得航空航天飞行器结构材料的腐蚀老化问题成为制约其使用安全与延长寿命的关键。所以,加强对航空航天飞行器结构材料的腐蚀特点、规律及原因的分析,并且针对不同的腐蚀老化问题采取相应的表面防护技术,最大限度地降低航空航天飞行器结构材料的腐蚀老化事故,是航空航天领域亟待研究的重要课题。因此,了解和认识飞行器的特殊结构特点、功能要求和满足航空航天复杂严酷的多种环境以及材料的腐蚀老化规律就非常重要。

8.1　飞行器的种类

依据不同的飞行环境、飞行原理,飞行器分为航空器、航天器、火箭和导弹。

航空器是指大气层内飞行的飞行器,它们靠空气的静浮力或空气相对运动产生的空气动力升空飞行,主要包括气球、飞艇、飞机、滑翔机、旋翼机、直升机、扑翼机、倾转旋翼机等。

航空器是飞行器中的一个大类,任何航空器都必须产生大于自身重力的升力,才能升入空中。根据产生升力的原理,航空器可分为两大类:轻于空气的航空器和重于空气的航空器。前者靠空气静浮力升空;后者靠空气动力克服自身重力升空。轻于空气的航空器是靠空气净浮力升空,其主体是一个气囊,其中充以密度较空气小得多的气体(氢或氦),利用大气的浮力使航空器升空,气球和飞艇都是轻于空气的航空器,二者的主要区别是前者没有动力装置,升空后只能随风飘动,或者被系留在某一固定位置上,不能进行控制;后者装有发动机、安定面和操纵面,可以控制飞行方向和路线。

重于空气的航空器的升力是由其自身与空气相对运动产生的,需要靠空气动力克服自身重力升空。固定翼航空器、旋翼航空器、扑翼机、倾转旋翼机都属于重于空气的航空器。

固定翼航空器主要由固定的机翼产生升力。飞机是最主要的、应用范围最广的航空器。它的特点是装有提供拉力或推力的动力装置,产生升力的固定,控制飞行姿态的操纵面。而滑翔机与飞机的根本区别是,它升高以后不用动力而靠自身重力在飞行方向的分力向前滑翔。虽然有些滑翔机装有小型发动机(称为动力滑翔机),但主要是在滑翔飞行前用来获得初始高度。

旋翼航空器是由旋转的旋翼产生空气动力。旋翼机的旋翼没有动力驱动,当它在动力装置提供的拉力作用下前进时,迎面气流吹动旋翼像风车似地旋转,从而产生升力。有的旋翼机还装有固定小翼面,由它提供一部分升力。直升机的旋翼是由发动机驱动的,升力和水平运动所需的拉力都由旋翼产生。

扑翼机又名振翼机,是人类早期试图模仿鸟类飞行而制造的一种航空器。它用像飞鸟翅膀那样扑动的翼面产生升力和拉力,但是,由于人们对鸟类飞行时翅膀的复杂运动还没有完全了解清楚,加之制造像鸟翅膀那样扑动的翼面还有许多技术上的困难,扑翼机至今还没有获得成功。

倾转旋翼机(也叫可倾斜旋翼机),是一种同时具有旋翼和固定翼,并在机翼两侧翼梢处各安装有一套可在水平和垂直位置之间转动的可倾转旋翼系统的航空器。倾转旋翼机在引擎旋转到垂直位置时相当于横列式直升机,可进行垂直起降、悬停、低速空中盘旋等直升机的飞行动作;而在引擎旋转至水平位置时相当于螺旋桨飞机,可实现比直升机更快的航速。以上特点使得倾转旋翼机兼具直升机和固定翼飞机的优点,应用前景十分看好。

航天器是指大气层外飞行的飞行器,如地球卫星、航天飞船、航天飞机、行星探测器等。它们在运载火箭的推动下获得必要的速度进入太空,然后在引力作用下完成轨道运动。通常,航天器可分为人造地球卫星、空间探测器和载人航天器。

人造地球卫星,简称人造卫星,是数量最多的航天器,约占航天器总数的90%以上。它们按照用途可以分为科学卫星、应用卫星和技术试验卫星。科学卫星用于科学探测和研究,主要包括空间物理探测卫星和天文卫星等。应用卫星是直接为国民经济和军事服务的人造卫星。应用卫星按照用途可以分为通信卫星、气象卫星、侦察卫星、导航卫星、测地卫星、地球资源卫星、截击卫星和多用途卫星等。应用卫星按照是否专门用于军事又可分为军用卫星和民用卫星,有许多应用卫星是军民兼用的。

火箭是以火箭发动机为动力的飞行器,包括探空火箭、地球物理火箭等。导弹既包括在大气层外飞行的导弹(如远程弹道导弹),也包括装有翼面在大气层内飞行的导弹(如空-空导弹、巡航导弹等)。

8.2 飞行器结构特点

航空航天飞行器的发展方向是更高、更快、更远、性能更稳定,同时还要有优良的机动操纵性、安全可靠性等。因此,飞机、发动机、导弹、航天器等必须要在保证必要的强度和刚度的前提下尽可能减轻结构的质量。航空航天产品与一般的工程结构和设备的强度与刚度要求不同,要求结构材料的比强度(材料的强度与密度之比)和比刚度(材料的刚度与密度之比)高。"轻、强、刚"是航空航天飞行器结构材料的特征。发动机也不例外,其主要性能指标不仅是推力大小,还要兼顾推重比(发动机的推力与其自身重量之比值)的高低。

航空航天产品不仅结构复杂,造价昂贵,而且要求长寿命和高可靠性。航空航天产品制造技术,包括材料选用、加工成型、表面防护等都与国民经济其他行业领域有着密切的联系,要求航空航天飞行器结构材料具有高可靠性、适用性和可维修性,以保证飞行器产品在规定寿命期内保持应有的功能和正常服役。不仅长期使用的飞机、直升机、卫星、空间站如此,各类导弹、火箭也要在贮存、运输、安装和发射时保持高的可靠完整性。航空航天器由于系统复杂,工作负荷和环境条件严酷,要在规定条件下和规定时间内完成既定任务,必须保证足够的结构完整性和耐久性。

航空航天器结构的复杂性是因为其外形要符合飞行条件要求,一般是全封闭的;各种航空器、导弹、航天飞行器等要在大气层中穿越飞行,还须满足空气动力学要求,具备优良的气动外形;飞行器内部要有足够空间以装备推进系统、控制操纵系统、通信系统、特种设备(如军机、导弹的火器系统,民机的厨房、厕所,救生设备等),以及乘员舱、货舱等;为便于维护修理,在整体外形封闭的同时,还要预设各种通道和舱盖,为检查、测试提供方便;整体结构同时还要满足"轻、强、刚"的要求(低质量、高强度、高刚度)。

航空航天飞行器结构的主要特点如下:

① 整体结构承载,薄壁结构。航空航天飞行器构件由于减轻重量,常用的材料壁薄厚度

小、面积小，在服役过程中的轻微损伤和腐蚀就有可能影响飞行器结构的强度和安全完整性。

② 承载零部件的形状复杂。表 8-1 所列是飞机主要受载分类与受载情况。为了受力合理和使有限空间得到充分利用，常用不同的零部件组装非常复杂的结构构造，形成许多空腔和不敞开结构，还有大量的铆接和螺栓连接造成的各种缝隙，使飞行器结构内部易贮存湿气，凝聚水分，为材料的腐蚀提供有利的环境条件。这样复杂、紧凑而又有很多封闭的结构构成，使得很多零件部位都难以检查观察、难以维修，一些飞行器内部零件表面出现了腐蚀坑洞也难以发现。

表 8-1　飞机主要受载分类与受载情况

分　类	受载情况
飞行载荷	平衡机动、俯仰机动、对称垂直突风、不对称垂直突风、横向突风、发动机扭矩、发动机侧向、陀螺力矩、增压舱
着陆载荷	水平最大垂直、水平最大起转、水平最大回弹、尾沉着陆、侧向载荷、回跳着陆、应急着陆
地面操作载荷	起飞滑跑、滑行刹车、倒行刹车、转弯、回转

③ 结构设计的安全系数小，选用材料的强度裕量少。一般结构产品中，都会尽量增加安全系数，高达 8～10，而飞行器的结构复杂和材料轻量化的要求，通常选择安全系数为 1.5，从而导致航空航天飞行器结构部件的承载和应力水平相对较高，从环境引发的材料腐蚀风险较大。

④ 飞行器选用材料品种多。在飞行器的不同部分，不仅使用金属材料，也使用了很多非金属材料和复合材料(如树脂基复合材料等)。不仅使用传统的高性能材料，也使用了新型功能材料。并且要求不同材料构件的配置均力求受力合理，“物尽其用”。因此，异类材料和异种金属的接触在航空航天飞行器上到处可见，当服役环境处于潮湿、温度变化凝露积水时，很容易导致结构材料发生腐蚀，影响飞行器结构的安全与使用寿命。

⑤ 材料的比强度高，增加结构材料在强载荷下的腐蚀风险性。这些材料主要是指一些超强铝合金(LC-4、LC-9 等，美国的 7000 系列)、硬铝合金(LY-12 等，美国的 2000 系列等)，还包括一些超高强度钢(30CrMnSiNiA，美国的 300M 等)和高强度钢(30CrMnSi，美国的 ASTM4340 等)。这些高强度材料对应力腐蚀、腐蚀疲劳、氢脆往往比较敏感，在加工过程后注意消除应力和除氢。

⑥ 飞行器部件制造技术复杂。由于飞行器构造复杂，零件加工和装配技术要求高。例如飞机机身和机翼蒙皮以及机身机翼连接处蒙皮(导弹也相同)都是变形量不大的三维不规则曲面，为成形须采用蒙皮拉形技术而非简单的冲压；飞机长桁的微小变形，也要用型材拉弯技术才能完成。这些需在成形过程中对零件施加拉应力。一些集中承载的重要受力构件，如飞机起落架支柱和翼梁对接接头，都是用超高强度钢材料制造，为保证必需的静、动强度和抗疲劳性能，最终均需经高精度磨削加工。而且由于零件形状复杂，容易产生磨削损伤。而像钛合金构件，因对重金属铅、锌、镉敏感，加工过程中必须防止它们污染，以免导致钛构件在使用过程中脆断。为提高结构抗疲劳强度和寿命，飞机构件在用铆接或螺栓连接技术装配时，还采用紧固件和紧固孔过盈配合的“干涉配合”机械连接法。这种技术虽然明显强化了连接孔，改善了机械结构的疲劳性能，但因导致孔外围构件基体的拉应力，增加了航空航天飞行器结构材料的应力腐蚀敏感性。

8.3　飞行器服役环境特点

与普通装置在大气使用环境的特点不同，航空航天飞行器既有在地面环境中的存放，又有在空中飞行的变化着的复杂环境。而且航空飞行器与航天飞行器的服役环境也有很大差异。

就航空飞行器的使用环境而言，包括飞机的飞行环境和停放环境，航空器的停放期约占其全寿命的 70%（民机）和 90%（军机）。而环境的腐蚀作用并不因停飞而终止。相反，地面停飞时的环境有时还要带到空中在飞行时继续发挥作用，因此十分关键。

航空器使用环境大致可分三类：第一类是总体环境，即整机所处环境，多为自然环境。第二类是局部环境。航空器不同部位、不同部件、组合件因其功能和作用不同，工作条件各异，除受一般总体环境作用外，还有自己的特殊环境。例如飞机发动机短舱温度高；油箱易积水；起落架滑跑时砂石磨损；民用飞机的厨房、厕所易污染等。因仅局部出现，故称局部环境（亦称工况环境，或诱导环境）。第三类是细节环境，其影响范围仅涉及飞行器结构的细节，如一个接头，一个盖，甚至一个紧固件连接或一段搭接缝等。航空飞行器材料的腐蚀常常由细节环境引起，因此，不容忽视。

其实，航空飞行器在出厂投入使用之前，其生产制造、装配过程中，各种零、部件便已受到环境的影响。制造、装配过程的环境，除总体自然环境（系室内大气环境）外，也包括局部环境（零、部件加工环境等）。此时不仅要注意其在各个生产环节中不能因加工造成零件局部损伤，还要注意不让环境带来腐蚀隐患，成为日后飞机使用过程中出现延迟性腐蚀破坏的原因。

8.3.1　飞行器的典型总体环境

不论军用还是民用飞机，其总体环境为自然大气环境（水上飞机和舰载机在停放和起降时将受到海水的溅射和冲刷，属特定环境）。与腐蚀有关的大气环境因素有：环境温湿度变化、雨量、盐分、空气中工业污染物种类和浓度等。自然大气环境中的空气相对湿度愈大，气温愈高，空气污染愈严重，飞行器的结构材料的腐蚀也会愈严重。

美国洛克希德飞机公司生产的 C－130 型大型运输机，其结构材料的防护系统在美国本土使用时，一切正常。但在太平洋地区（如关岛基地、菲律宾、关塔那摩基地），飞机结构零件表面的防护层经 18 个月便遭到浸蚀破坏。还有，在美国温带大陆服役的直升机发动机，涡轮叶片寿命可达 12 000 h，而在越南热带海洋气候环境，同样的发动机涡轮叶片寿命只有 1 200 h。当这种直升机用于海上石油平台时，因发动机叶片受海洋影响而叶片发生热腐蚀，平均寿命不到 300 h 便报废。

总体环境中的大气湿度和降雨量是两个影响结构材料腐蚀的重要因素，这两个环境因素既相互独立，又密切相关。在降雨期间大气相对湿度可达 90%～98%。而且受气候、地形、海拔、纬度等因素的影响，不同地区、不同季节、不同高度其大气环境湿度是不同的。如我国南方湿热沿海地区的广州和海口，其相对湿度年均值为 78%～90%，年降雨量为 1 680 mm 左右；西部干旱地区的兰州和西宁，相对湿度年均值为 59%左右，年降雨量仅为 330 mm 左右。而西藏的拉萨市，年降雨量在 450 mm 左右，因海拔远高于兰州，相对湿度仅为 45%左右。

一般在大气对流层中，随着高度的增加，同一地方的相对湿度则降低。某地的湿度数据表明，海拔高度为 0 m 时，相对湿度值为 95%；在海拔高度 3 000 m 处，相对湿度值降至 81%；在海拔高度 6 000 m 处，相对湿度值减至 66%。

同大气湿度一样，大气温度的值也是随不同地区、不同季节、不同海拔高度而变化的。按照材料腐蚀手册，大气温度对腐蚀速率既有直接影响（通过改变水膜与金属界面处附面层中扩散速率和反应速率），也有间接作用（因日夜温度差和海拔高度变化温度差导致凝露，改变金属表面水膜厚度，从而影响腐蚀速率）。

由于大气污染的影响，大气环境中有害物质有煤粉尘、二氧化硫、二氧化碳、二氧化氮、碳化氢、硫化氢、氨以及细颗粒 PM2.5 等。我国部分城市大气监测表明，SO_2 平均浓度在 0.02～0.45 mg/m^3；NO_2 平均浓度在 0.01～0.09 mg/m^3。PM2.5 细颗粒物的化学成分主要包括有机碳（OC）、元素碳（EC）、硝酸盐、硫酸盐、铵盐、钠盐（Na^+）等，它能较长时间悬浮于空气中，其在空气中含量浓度越高，空气污染就越严重。由于大气污染而造成了酸雨现象。一般农村地区的雨水 pH 值约为 6.5，沿海地区的雨水 pH 值约为 6.9，而污染严重的地区的雨水 pH 值为 4.0～4.8，有的地区甚至更低，雨水 pH 值为 3～4。2015 年，全国降水 pH 值年均在 4.2（浙江台州）～8.2（新疆库尔勒）之间。其中酸雨（降水 pH 年均值低于 5.6）、较重酸雨（降水 pH 年均值低于 5.0）和重酸雨（降水 pH 年均值低于 4.5）的城市比例分别为 22.5%、8.5% 和 1.0%。雨水 pH 值越低，对于这个区域的飞行器结构材料的腐蚀影响就越大。

另外，我国从北到南海岸线长达万余公里，沿海大小岛屿 6 500 余个。37 万平方公里的领海、300 万平方公里的管辖海域，沿海地区属海洋大气环境。海浪和海风将海水溅起后带入大气中，使大气中含有相当多的盐分，沿海地区一般大气中含盐量为 0.11～0.74 mg/m^3（月平均值），而且大气中含盐量随距海岸距离增加而降低。离海岸 20 km 时，大气中含盐量下降到原值的 1/50 到 1/100。但含盐潮湿大气凝露后，经过反复蒸发—凝结，含盐浓度会不断增加，可以加速这种环境中的结构部件材料的腐蚀程度，因此，含盐大气环境是影响航空飞行器材料腐蚀的主要因素之一。

对于水上飞机、航母舰载机、舰船直升机来说，因为会在起降滑行中接触或浸入海水，常受海浪溅起的海水喷淋等。而海水的含盐浓度高达 3.3%～3.8%（不同海域略有差异），其中 NaCl 占约 78%，$MgCl_2$ 占约 11%，还有 $MgSO_4$、$CaSO_4$、K_2SO_4 等，都会加速对飞机结构材料的腐蚀。

8.3.2 飞行器的典型局部环境

对于大部分飞机来说，飞机内部一般设计有驾驶舱、仪表和电子设备舱、发动机舱、客机客舱、运输机货舱、军机特设及炮、弹舱、客机厨房和厕所专用舱等。在机翼、尾翼中还有许多仅为满足气动外形和结构承载以及飞行控制系统管路、线路和各种器件安装所需的盒形空腔。这些舱和腔结构根据其功能需要有些是密封的，有些是不密封的。即使是非密封舱，往往也不是敞开的，这些都属于飞行器的舱内局部环境。

实际上，舱内环境的温度与湿度也是变化的。因为飞机在机场停放时（不同地区的机场环境温湿度也不同），昼夜 24 h 的变化远大于舱外机场温度变化。军机在机场起飞线长时间停机待命时，飞行员舱内温度很高。飞机飞行时，在爬升和下降过程中，环境温度的变化很大，对舱内的温度、湿度都有影响。舱内湿度同样会随舱内温度变化而改变，夜间舱内相对湿度达 90%～98%，白天舱内相对湿度为 43%～80%。对客机舱，乘员呼吸和出汗不仅会排出水气，而且呼吸还会吐出 CO_2，导致舱内为弱酸性腐蚀湿气氛。随着飞行高度的上升，机内温度逐渐下降，舱内潮气会凝结成水分，停留在隔音层和蒙皮表面之间，成为腐蚀飞机的主要介质。飞机降落到潮湿空气的地面上，在高空冷却了的表面易再次出现冷凝水分。一架载有乘客 100 人的客机，在潮湿夏天，从广州起飞到武汉，再返回广州，在舱出水口汇集处可收集 40～60 kg 的冷凝水。中短程飞机起降频繁，凝水更多，比远程飞机的腐蚀更重。

运输机空运牲畜的货运舱从饲养到排泄，会有污物产生，对于飞机结构材料有较强的腐蚀作用，长期还会滋生细菌微生物，因此要防止细菌微生物的腐蚀。客机的厨房、厕所等专用舱内的湿度较大，该部位的飞机结构材料也易遭受腐蚀。而飞机发动机的短舱，无论停放还是飞行期间，都是敞开的，日夜温差易导致舱内底部暖流积水，引起结构材料的腐蚀。

舱外局部环境也会对于飞机结构部件造成材料腐蚀。如飞机在跑道状态下也会给起落架及其短舱、飞机机体材料的腐蚀造成影响。即使正规机场，常有意外散落物，飞机起降时有可能被跑道上意外散落物扬起撞击飞机的部位，包括表面防护层的损伤。在严寒的冬季，用一些氯化物融雪剂清除飞机跑道上的冰雪，使得飞机机体及起落架等处于含浓盐腐蚀介质的影响之下。尤其在盐碱土壤区和海岛机场，飞机起降时卷起的含盐、碱的砂土，均会冲刷、损伤飞机结构部件表面的防护层，从而影响起落架和机体部件的安全可靠性。

飞机在飞行中有可能会遇到恶劣的天气情况，包括大气中的沙尘暴、冰雹、暴风雨等的袭击，均会损伤飞机的外表面，导致防护层破坏。飞机在高速飞行时，因空气与机体摩擦而产生气动力热，使飞机机身的头锥、机翼和尾翼的前缘等部位的温度明显升高。另外高空飞行时接受太阳的辐射热能也高。地面的太阳辐射热流约为 $2.093\,4\times10^6$ $J/(m^2 \cdot h)$，而在 11 km 以上的高空则达 5.78×10^6 $J/(m^2 \cdot h)$，且飞行高度愈高，太阳辐射热流愈大。飞机飞行过程中还同时受地球和云层反射来的太阳能辐射作用以及大气的热辐射，但这些能量均比较小，尚不及太阳辐射的 1/10。

此外，飞机发动机、武器系统属内部热源，也会影响飞机相关部位的温度，因飞机多为金属薄壁结构，热传递快，温度达到平衡仅需 20～30 s，结构本身的材料腐蚀会因为环境温度的升高而加快。

飞机多用燃气涡轮发动机作动力，其构造相当复杂，工作环境条件苛刻。而且压气机冷端部件与燃气涡轮、加力燃烧室热端部件的工况环境差异很大，所以这些部位出现的腐蚀情况也有不同。

在海洋大气和工业污染的大气中，飞机的起降与飞行过程中，发动机压气机会吸入一些腐蚀性大气成分。而涡轮进口受到的是燃烧室排出的高温燃气，腐蚀性强，不仅含有氧化性高温气体，还含有 SO_2 和 SO_3 以及某些金属氧化物甚至盐类，如 Na_2SO_4，$Na_2O-V_2O_5$ 等，它们都是由于空气和燃油中含有的杂质燃烧后形成的。盐类和固态氧化物微粒沉积于发动机热端零件上，在一定条件下会产生严重的材料热腐蚀。

飞机燃油箱既是单独的部件，也可以是机体如机翼整体结构的一部分(整体油箱)。其内部燃油以及贮油过程中自燃油分离出来的油箱积水，常引起飞机油箱材料的严重腐蚀。油箱积水还有利于微生物繁衍，微生物腐蚀也是油箱材料腐蚀的一种典型形式。

8.3.3　飞行器的典型细节环境

无论飞机或发动机，结构多以机械连接为主，因此航空飞行器的结构就有大量的连接，如螺栓连接、铆接、焊接等，这些构成了飞行器的典型细节环境，都会对结构材料的腐蚀带来影响。

螺栓连接、铆接均会构成一定的缝隙，狭窄的缝隙有毛细吸附作用，稍宽的也易滞留水分，而且缝隙内外有明显的氧浓度差，由于环境条件的影响，缝内环境便会因闭塞电池效应而酸化，加速了缝隙部位材料的腐蚀。即便是缝外为中性(pH＝6～8)的溶液环境，吸入缝内并发生材料腐蚀后，其缝隙内 pH 降至 2～4，处于一种酸化的环境，更进一步促进材料的腐蚀。

在飞机结构中，大量存在着异金属材料接触。在适当的环境条件下(潮湿、材料表面吸附水膜),其中电位正的金属会促进环境对与之接触的电位较负金属的腐蚀。例如,钢螺栓螺帽与铝合金紧固连接时,铝合金材料就更易腐蚀。因此,在结构设计方面要采取必要的紧固件防接触(电偶)腐蚀的措施。

还有一些金属-非金属材料的接触情况,金属与导电的非金属材料接触时,如碳纤维增强复合材料与铝合金材料接触,以及碳纤维增强铝基复合材料本身,如同电偶作用一样,均会促进电位较负的铝合金材料的腐蚀。当金属与非导电的非金属材料(如绝热、隔音、绝缘)接触时,这类材料常含有易为水沥滤出的腐蚀性化学成分,当有水附着其上时,长期间的积聚便可形成腐蚀介质,引起金属材料的腐蚀。

仪表壳体塑料以及内部构造所用材料可逸出腐蚀性有机气体如甲醛、乙酸、甲酸,以及氨等,它们封闭在仪表壳内,容易导致内部金属零件以及镉、锌镀层的腐蚀。

在飞行器制造加工过程中,从备料、零件加工、装配,直至总装、整机喷涂等众多工序,都有可能因为接触到一些工作介质而导致结构部件材料的腐蚀风险。如钣金成形零件的润滑剂、机械加工零件的切削液,都要经试验证明对加工零件无腐蚀作用;焊接助剂及焊接气体应不腐蚀金属材料;不得在零件表面处理的除油、酸洗、电镀、除氢等工序中发生零件材料腐蚀的风险;手持飞机结构零部件需要注意手汗(腐蚀介质)可能带来的腐蚀。

钛合金零件对某些清洗溶液敏感,易引起应力腐蚀开裂,如盐酸、三氯乙烯、四氯化碳、甲醇、含氯化物的切削液等。

飞机在实际服役中总会处于一定腐蚀性的环境中,从总体自然环境、局部环境到细节环境,均要考虑到结构零件在所处环境条件中的腐蚀风险。因为飞机从停放到飞行,飞行中由滑行起飞、爬高、续航、下降到着陆,每一个循环的不同阶段,飞机结构不仅经受了不同的疲劳载荷,也经受了不同环境的作用。通常把一次飞行任务各阶段所受疲劳载荷按任务剖面编成载荷谱,把上述各阶段所遇的环境作用按腐蚀强度和出现频率编成环境谱,把载荷谱和环境谱作为飞机结构耐久性分析的主要手段。需要说明的是,飞机结构应用材料类型多,使用环境条件差异,材料的腐蚀老化规律不同,如金属结构材料的腐蚀多为延滞破坏,环境作用与力学作用常无法同步;座舱玻璃、树脂基复合材料以及胶铆结构的胶接缝等对于温度、湿度和光照等因素的影响敏感。因此,环境载荷对飞行器结构材料的腐蚀影响非常复杂,需要根据具体情况进行分析。

8.3.4 航天飞行器使用环境特点

航天器主要指各种太空飞行器,如人造卫星、空间站、宇宙飞船、航天飞机、行星探测器等。

不同航天器产品的功能是不同的,从出厂到完成设计目标,常经历若干阶段,并且在不同的阶段环境中。任何不利的环境因素均有可能导致航天产品的结构材料的腐蚀损伤、设备故障和功能失效,从而引起航天飞行器的事故,出现灾难性严重后果。一般航天飞行器均需经历运输、贮存、发射和动力飞行等阶段。各阶段影响航天飞行器结构和设备腐蚀的主要化学环境因素有:

运输阶段——环境温度、湿度、气压、沙尘、盐雾、雨、雪、大气污染物等;贮存阶段——温度、湿度、盐雾、霉菌、大气污染等;运输发射阶段——温度、湿度、气压、雾、雨雪、沙尘、盐雾、海浪、太阳辐射、爆炸性大气等;动力飞行阶段——温度、湿度、气动力加热、爆炸性大气等。当然,像宇宙飞船等航天器,除上述基本阶段外,还有再入大气层的任务阶段,这一阶段的环境作用更加严酷(如原子氧辐射等)。

一般来说,各类导弹以及运载火箭,其特点就是长期贮存,多是一次使用(少量回收),停放期间还会遭遇非自然的与发射和飞行有关的诱导环境的作用。美国肯尼迪宇航中心和美国空军的卡纳维拉尔角发射中心，由于不断发射太空飞行器，运载火箭排出的废气和燃烧残余物与湿气反应，生成的盐酸雾与发射场自然海洋大气的腐蚀性共同作用，形成了腐蚀环境。

导弹大部分在海防前线地区贮存和执勤，安装在舰艇上的巡航导弹，会遭受到盐雾、海水、湿热、霉菌等环境因素的影响，导致导弹及发射设备发生腐蚀而出现故障。从局部环境来讲，使用液体火箭发动机的飞航导弹、弹道导弹和运载火箭，其零部件除环境因素之外，还要遭受发射化学介质的腐蚀作用。所以燃料贮箱、发动机壳体等动力系统的管材一定要能抗硝酸、偏二甲肼等介质的腐蚀。

导弹在大气层中以极高的速度飞行，因空气摩擦产生的气动热使导弹处于严酷的高温环境，远程导弹进入大气层时，弹头前端温度达几千℃，即使中程导弹，在主动段飞行时，仪器舱表面的温度也达数百℃。当飞航导弹以两倍声速超低空（数米至数十米）飞行时，弹体表面温度达 200 ℃以上。飞航导弹的飞行速度愈快，弹体表面温度愈高。而导弹多为薄壁结构，气动加热的平衡时间仅需 20～30 s，结构内部（舱内）温度若不控制，设备将因零件、材料的快速腐蚀老化而无法正常工作。此外，液体火箭发动机的火药起动器、燃气发生器和燃烧室均在高温下（526～2 700 ℃）工作，固体火箭发动机工作时产生的高温高压燃气流，温度达 3 000 K 以上。因此，无论是气动加热严重的部位，还是受高温高压燃气作用的部位，都需要注意部件的热防护问题。

卫星和空间站等属于长期使用的航天飞行器，须具备足够的安全耐久可靠性。这些航天器的外部环境属近地太空，运行轨道在地面以上 100～1 000 km 高度范围（通常在 250～700 km 高度范围）。航天器在这一近地外层空间中运行，环境比较严酷，可能会遭遇强辐射、高温和原子氧的浸蚀。原子氧是太阳紫外线把残余大气中的分了氧光解离的结果（光解作用）。如果航天飞行器以 8 km/s 的相对速度在 300 km 高度飞行，平均每 1 s・m^2 将有 1 015 个相对动能为 5 eV 的氧原子迎面冲击到航天器上。正是因为近地外层空间的严酷环境，才使卫星的存空寿命缩短。此外，像空间站这类长期载人航天器，其内部环境要适应航天员的生存和活动需要。在这样的温度和湿度下，常会在内表面形成微生物膜，它们将导致空间站结构表面的聚氨酯有机防护涂层加速老化。

8.4　服役过程中飞行器腐蚀老化失效案例

自 1915 年德国飞机设计师 Hugo JunKers 设计制造了世界上第一架全金属飞机 J－1 起，飞机材料的腐蚀问题就已存在了。为了保障飞机的安全，减少和防止金属材料的腐蚀，从事结构材料、腐蚀领域的科学技术人员为此作出了很大努力，"对症治疗"解决了不少飞机结构材料的腐蚀问题，包括早期发明至今沿用的用包纯铝的技术防止铝-铜合金（硬铝）的晶间腐蚀等。经过近一个世纪，尤其近 50 来年的发展，不断汲取相关科学技术领域的最新成就，使得航空航天材料的表面防护技术取得了长足进步。从 20 世纪 60 年代到现在，军用飞机的使用寿命从 1 500 飞行小时提高到 5 000～10 000 飞行小时；民用飞机则从 20 000 飞行小时提高到 30 000～60 000 飞行小时，航天领域的"和平号"空间站设计寿命为 5 年，实际上使用了 15 年。

金属材料的腐蚀与纯机械破坏不同。表面磨损、过载和过量变形等纯机械作用，虽破坏材料，但不改变材料的成分。而腐蚀的结果是形成腐蚀产物，使材料原有性质和成分都改变了（变质了）。由于除真空外一切自然环境几乎都有一定程度的腐蚀破坏性，在人们的生活和工作中，真正的纯机械磨损和纯机械断裂，其实是不存在的，往往是伴有材料的腐蚀过程，发生了结构材料的腐蚀磨损、腐蚀疲劳和腐蚀断裂(如应力腐蚀开裂等)。

航空航天工业中涉及的材料腐蚀与防护技术,集中于航空航天工业产品即航空器和航天器在设计、制造、储运、使用直到报废的全寿命过程中的腐蚀与防护问题。生产厂房、机器设备、工厂设施以及使用、维修过程中的辅助设备如机场设施、地面导航、发射架等的腐蚀与防护,可以参考专门的书籍文献。此外,还应强调航空航天飞行器结构材料的腐蚀与防护技术,指的是航空航天器的结构及其装备器件的腐蚀与防护技术,它与航空航天器选用材料本身的腐蚀与防护性能密切相关,又有一定的区别。一般说来,单纯的某个材料发生腐蚀要比飞行器结构和装备的材料发生腐蚀的原因、环境要简单,也易进行防护处理。而对于航空航天飞行器,由于结构、服役环境的复杂,分析其发生腐蚀的原因和需要采取的表面防护技术要困难得多。

航空航天飞行器结构零件往往要在超高温、超低温、高真空、高应力、强腐蚀等极端环境条件下服役工作,而且受到重量和容纳空间的限制,需要以小体积和结构材料的质量轻,在同样的情况下发挥等效功能;在大气层中或外层空间长期运行的航天飞行器,停机检查或更换零件比较困难,因而要保证其高可靠性和功能性。对于航空航天结构材料来说,要满足服役环境条件的不断变化,就必须具有高比强度和比刚度、优良的耐高低温性能、耐老化和耐腐蚀、适应复杂环境能力、可靠的寿命和安全性等特点。

复杂环境的影响与结构设计局限也会导致航空航天飞行器结构零部件材料发生腐蚀老化,从而对飞行器的安全可靠性造成影响。

一些典型的飞机事故都与材料、制造工艺、服役环境条件、结构特点有关,如某型轰炸机主起落架固定螺桩应力腐蚀断裂;歼 X 型飞机主起落架腐蚀疲劳断裂;运 8 型运输机襟翼滑轨氢致开裂;歼 X 型机身对接框氢致开裂;还有某涡喷型燃气涡轮发动机九级压气机盘镉脆断裂、压气机铝合金叶片严重剥蚀等。

2008 年 2 月 23 日,一架美国 B-2 隐形轰炸机自关岛基地起飞后不久即告坠毁,调查显示,事故原因是由于飞机长期处于潮湿的环境,导致机上飞行控制系统紊乱,使得飞机在飞行中猛然抬头急升,造成空中熄火从而坠毁。这种 B-2 轰炸机美国只生产了 21 架,损失 1 架就损失 14 亿美元。

2007 年 8 月 20 日,日本冲绳那霸机场发生空难,中国台湾的一架客机降落时不幸起火,随后爆炸解体。通过机场监控摄像头,全世界都目睹了当时惊心动魄的场面,浓烟滚滚,飞机尾部的紧急安全门被打开,乘客们顺着充气滑梯鱼贯而下,紧急逃生。事故的原因是飞机发动机某个部位的螺丝松动导致的(见图 8-1),对于出事客机螺丝松动的原因,东京大学飞行力学教授加藤宽一郎提出 4 种可能:①飞机吸入的异物撞上螺丝,造成螺丝受损松动;②“肇事”螺丝本身的强度不够,出现金属疲劳;③固定螺丝的零件脱落;④螺丝长期受潮后发生腐蚀。实际结果分析,认为发动机螺丝的腐蚀是事故的起因,因为这个松动的螺丝具有明显的腐蚀特征。

2003 年,我国一架民航客机的右起落架轮轴枢轴销掉落在大连某中学楼板上,万幸的是中午学校没人,飞机迫降成功。分析右起落架轮轴枢轴销断裂的原因,发现这个零件表面的镀铬层发生了磨损与腐蚀(见图 8-2),在机械载荷作用下导致右起落架轮轴枢轴销表面镀铬层大面积脱落,进而发生腐蚀断裂。1981 年 8 月 22 日,台湾一架 B737 客机由台北飞往高雄途中,在苗栗县上空爆炸坠毁。机上 104 名旅客及 6 名机员全部罹难。事后经调查发现,该机后机体发生了严重腐蚀,导致机身蒙皮破裂,进而发生飞机解体的事故。

1985 年 8 月 12 日,日本一架 B747 客机因结构部件发生应力腐蚀断裂而坠毁,死亡人数

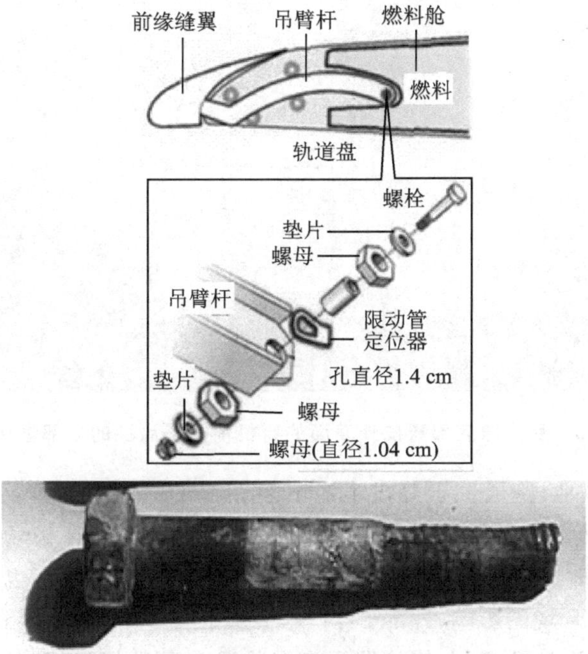

图 8-1　事故客机的发动机前缘缝翼吊臂杆前螺栓固定示意图

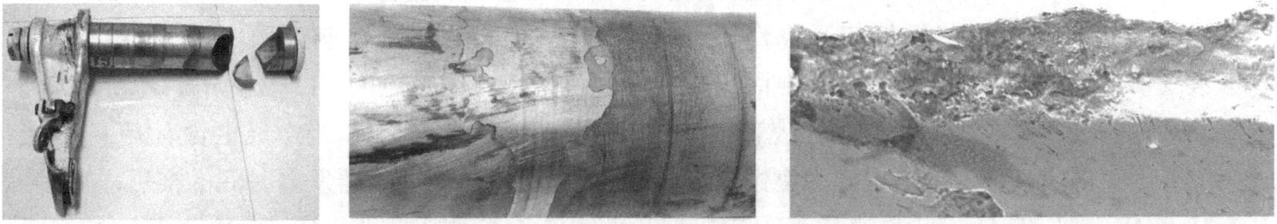

(a) 右起落架轮轴枢轴销　(b) 枢轴销表面镀铬层大面积脱落　(c) 枢轴销裂纹源毗邻表面出现的磨损腐蚀形貌

图 8-2　某民航客机的右起落架轮轴枢轴销腐蚀破坏

达几百人。英国彗星式客机和美国 FIII 战斗机坠毁事件，是国际上著名的材料应力腐蚀断裂事故。

在我国海南机场服役的飞机，飞行二十多个小时叶片就出现了点蚀、晶间腐蚀，进而诱发了应力腐蚀断裂。这是由于叶片的热处理工艺不当，出现了晶间贫铬，加上海南地区的高温、高湿和盐雾的环境，使叶片出现了应力腐蚀破坏，打坏了飞机发动机压气机，最终导致事故的发生。

因此，环境及材料本身缺陷导致的应力腐蚀和疲劳腐蚀问题，要引起飞行器设计、加工、装配等部门的高度关注，因为一旦发生零部件的应力腐蚀和疲劳腐蚀断裂，将会导致灾难性事故，危及人们生命安全。

除了飞机应用的金属材料出现腐蚀引发的破坏事故外，飞机上一些非金属材料也会出现腐蚀老化现象。如一架空客 A321 飞机在检修过程中发现，后货舱底部蒙皮外表面的有机高分子涂层出现了局部老化脱落现象（见图 8-3），且高分子涂层下的金属材料也已产生了腐蚀，这些都会给飞机的安全带来危害。

此外，飞机上的一些辅助部件也会因恶劣环境的影响，出现腐蚀现象而影响飞机的性能。

图 8-3　后货舱底部蒙皮外表面的有机高分子涂层的局部老化脱落

如在美国夏威夷空军基地，跑道位于海拔 1.8 m 且距海面只有 91.4 m，波浪常冲击到跑道上，使飞机上的镀铜天线仅几天就被腐蚀，无论飞机是在飞行中还是在机场上停放，每隔 7 天就要更换一次天线，即便是镀镉的短波天线和偶极板天线，只有 15 天时间也出现了严重的腐蚀。

某型轰炸机受恶劣环境的影响，外部 24 个传感器中有 3 个受潮，导致飞行计算机错误计算了起飞所需飞行速度和上升角度，在传感器受潮时校准各种数据，得到的是错误数据信息，机上两名飞行员发现后，试图修改这些错误数据，但飞机突然熄火，左侧机翼猛烈撞击地面，飞行员弹射逃生。这是飞机电子设备的环境适应性问题，如果及时进行加温除湿，事故就可以避免。

除了飞机出现的一些事故与环境作用下材料出现腐蚀相关外，在航天领域，飞行器结构材料也会受服役环境与结构特点的影响而出现严重的事故。

美国“阿波罗”登月飞船，贮存高能燃料 N_2O_4（氧化剂）的钛合金贮罐，当空气中含有 SO_2 时，会进一步氧化使得钛合金贮罐出现应力腐蚀断裂的现象，导致该航天飞行器发射时间的推后。

1986 年 1 月 28 日，美国“挑战者号”航天飞机载 7 名宇航员，进行第 25 次飞行。成千上万名参观者聚集到肯尼迪航天中心，等待一睹“挑战者号”腾飞的壮观景象。上午 11 时 38 分，竖立在发射架上的“挑战者号”点火升空。飞到 73 秒时，突然传来一声闷响，“挑战者号”顷刻之间爆裂成一团桔红色火球，碎片拖着火焰和白烟四散飘飞，坠落到大西洋。“挑战者号”发生爆炸，酿成一场惨祸（见图 8-4）。事故调查发现，主要原因是由于航天飞机助推器上 O 形橡皮圈的老化失效问题，引发装有液态氢贮箱的爆炸。

图 8-4　美国“挑战者号”航天飞机因助推器上 O 形橡皮圈老化失效引发爆炸

2003 年 2 月 1 日,“哥伦比亚号”航天飞机防热瓦上出现裂缝返回地面时使得超高温气流乘虚而入,机体材料瞬间熔化,飞机解体,航天员全部遇难。据调查,航天飞机起飞时,燃料箱保温用的海绵套碎片脱落,击破高温防护用的防热瓦(用作轨道器返回时的防热),返航路经空气层时高温防护层失效,引发航天飞机爆炸,造成机毁人亡。

习 题

1. 简述飞行器的种类,并说明分类依据。

2. 飞行器的结构特点是什么?飞行器结构的复杂性对材料提出了哪些要求?

3. 试从总体环境、局部环境、细节环境三方面分析飞行器的服役环境特点。

4. 试分析环境温湿度、雨量、盐分、空气中工业污染物种类和浓度对飞行器结构材料腐蚀的影响。

5. 简述航天飞行器在运输阶段、贮存阶段、发射阶段、动力飞行阶段受到的环境影响。

6. 导弹和卫星分别属于哪种飞行器?其工作环境有何异同?

7. 为满足服役环境条件的不断变化,航空航天结构材料应具备什么特点?

8. 根据本章某一个飞行器事故案例,分析造成材料腐蚀老化失效的原因,并谈一谈如何解决这一问题?

第 9 章　飞行器机体材料的腐蚀与防护

本章思维导图

9.1　飞行器机体材料的腐蚀特点

9.1.1　金属材料的腐蚀

虚拟仿真实验

飞行器机体的金属材料几乎会发生所有类型的腐蚀，从各类腐蚀失效事故统计来看：全面腐蚀占 17.8%，局部腐蚀占 82.2%。全面腐蚀是指腐蚀发生在整个金属材料的表面，其结果是导致金属材料全面减薄。局部腐蚀则是指腐蚀破坏集中发生在金属材料表面的特定局部位置，而其余大部分区域腐蚀十分轻微，甚至不发生腐蚀，可见局部腐蚀的危害性比全面腐蚀大。

从工程技术上看，全面腐蚀相对局部腐蚀其危险性小些，而局部腐蚀危险极大，往往在没有什么预兆的情况下，金属构件就突然发生断裂，甚至造成严重的事故。从结构完整性、可靠性和耐久性等考虑，局部腐蚀和应力作用下的腐蚀对航空器的腐蚀破坏更严重。金属材料的局部腐蚀主要有电偶腐蚀、点蚀、缝隙腐蚀、晶间腐蚀；应力腐蚀主要有应力腐蚀开裂、氢脆、腐蚀疲劳和磨损腐蚀。

9.1.1.1　电偶腐蚀

电偶腐蚀又称接触腐蚀或异（双）金属腐蚀。在一定条件下（电解质溶液或大气中），当两种金属或合金相接触（电导通）时，电位较负的金属腐蚀加速、电位较正的金属腐蚀减慢。

在工程技术中，不同金属的组合是不可避免的，几乎所有的机器、设备和金属结构件都是由不同的金属材料部件组合而成，所以电偶腐蚀非常普遍。利用电偶腐蚀的原理，可以采用牺牲电位较负的金属的策略来保护其他有用的部件，即牺牲阳极的阴极保护法。

电偶腐蚀实际上是宏观腐蚀电池的一种，产生电偶腐蚀应同时具备下述三个基本条件：

① 具有不同腐蚀电位的材料。电偶腐蚀的驱动力是金属与电连接的高腐蚀电位金属或非金属之间产生的电位差。

② 存在离子导电支路。电解质溶液必须连续地存在于接触金属之间，构成电偶腐蚀电池的离子导电支路。对多数机电产品而言，电解质溶液主要是指凝聚在零构件表面上的、含有某些杂质（氯化物、硫酸盐等）的水膜或海水。

③ 存在电子导电支路。即金属与电位高的金属或非金属之间要么直接接触，要么通过其他导体实现电连接，构成腐蚀电池的电子导电支路。

因此，设法控制或排除以上产生电偶腐蚀的三个基本条件，即可达控制电偶腐蚀的目的，具体措施包括：

① 在设计时尽可能选用电位差小的金属材料相接触。一般工业中，当两金属的电位差小于 50 mV 时，电偶效应通常可以忽略不计；而对于安全性要求高的航空结构来说，通常规定接触金属的电位差必须小于 25 mV。即使这样往往还要采取其他必要的防护措施。此外，国内外均颁布了有关双金属电偶腐蚀敏感性分类的标准，如我国航空标准 HB5374 按电偶腐蚀敏感性增大的顺序将电偶腐蚀分为 A、B、C、D、E 五个级别，在结构设计时可参考有关标准和实

际工况条件等因素确定相应的腐蚀控制方案。

② 采用合理的表面处理技术。例如，钢零件镀锌、镀锡后才可与阳极化的铝合金零件接触；铆接铝合金板材结构的钛合金铆钉表面需要采用离子镀铝处理。对1Cr11Ni2W2MoV制备的航空发动机压气机零部件使用的固定卡环表面上镀镍或钝化处理，均可控制卡环与钛合金叶片及盘之间的电偶腐蚀。

③ 设计中应避免出现大阴极小阳极面积比的不合理结构。例如，在螺接或铆接结构中螺栓、螺帽或铆钉材料的电极电位不应低于被连接构件材料的电极电位。

④ 在接触金属之间进行电绝缘处理，如放置绝缘衬垫(纤维纸板、硬橡胶、夹布胶木、胶粘绝缘带等)或涂绝缘胶。但是不允许用吸湿性强的棉花、毛毡、报纸及不涂漆的麻布作为绝缘材料，否则反而使之接触的金属发生强烈的腐蚀。

⑤ 设计时尽可能使处于阳极状态的部件易于更换或加大其尺寸，以延长寿命。

⑥ 阴极保护措施，使用耐蚀材料(如用Cr17Ni2耐热不锈钢取代1Cr17Ni2W2MoV钢作发动机压气机零部件用固定卡环，也可控制卡环与铁合金叶片及盘之间的电偶腐蚀)等。在许可的情况下，向环境介质中加入缓蚀剂，也可以达到控制接触金属电偶腐蚀的目的。

9.1.1.2　点　蚀

金属材料在某些环境介质中，经过一定的时间后，大部分表面不发生腐蚀或腐蚀很轻微，但在表面上个别点或微小区域内出现孔穴或麻点，且随着时间的推移，蚀孔不断向纵深方向发展，形成小孔状腐蚀坑，这种现象称为点腐蚀，简称点蚀。

由于蚀点最终发展成腐蚀孔洞，蚀孔直径小、深度深，因此又称为小孔腐蚀或孔蚀。点蚀的程度用点蚀系数来表示，即蚀孔的最大深度与按失重计算的金属平均腐蚀深度的比值。点蚀系数越大，点蚀越严重。

点蚀是破坏性和隐患性最大的腐蚀形态之一，仅次于应力腐蚀开裂。点蚀导致金属的失重非常小，但由于阳极面积很小，腐蚀很快，常使设备和管壁穿孔，从而导致突发事故。对点蚀的检查比较困难，因为蚀孔尺寸很小，而且经常被腐蚀产物遮盖，因而定量测量和比较点蚀的程度也很困难。此外，点蚀同其他类型的局部腐蚀的发生，如缝隙腐蚀和应力腐蚀，有着密切的关系。

点蚀的形貌种类多样，随材料与腐蚀介质的不同而异。常见的蚀孔形貌如图9-1所示，具体形状与材料的组织有关。

点蚀的基本防护措施应从材质、环境、结构、表面处理等几个方面考虑，具体措施如下：

① 选用耐点蚀的合金材料：钛及其合金在通常环境中具有优异的抗点蚀性能；含高Cr、Mo或少量N及低C($W<0.03\%$)的奥氏体不锈钢、双相钢和高纯铁素体不锈钢抗点蚀性能良好。对于铝合金，降低那些能生成沉淀相的金属元素(如Si、Fe、Cu等)，以减少局部阴极，或加入Mn、Mg等合金元素，能与Fe、Si等形成电位较负的活泼相，均能起到提高抗点蚀能力的效果。

② 改善介质条件：降低溶液中的Cl^-含量，减少氧化剂(如除氧和Fe^{3+}、Cu^{2+})，降低温度，提高pH值，使用缓蚀剂均可减少点蚀的发生等。

③ 合理的表面处理和改善热处理制度：使用钝化处理和表面镀镍可以提高不锈钢的抗点蚀性能；包覆纯铝可以提高铝合金的抗点蚀性能；在金属表面注入铬、氮离子也能明显改善合金抗点蚀的能力。对于不锈钢，应避免敏化热处理；对于铝合金，应避免在500 ℃左右退火，以防止过多的阴极性沉积相析出。

④ 电化学保护：对于金属设备、装置采用电化学保护措施，将电位降低到保护电位E_p以

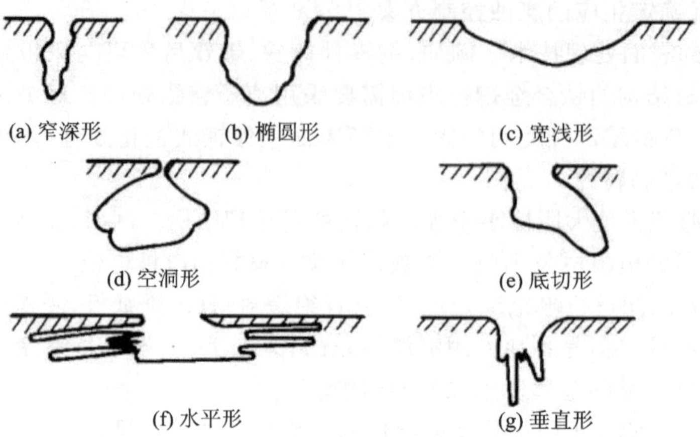

图 9－1　各种点蚀的形貌

下，使设备金属材料处于稳定的钝化区或阴极保护电位区，应用时要特别注意严格控制电位。

9.1.1.3　缝隙腐蚀

缝隙腐蚀是有电解质存在，在金属与金属及金属与非金属之间构成狭窄的缝隙内，介质的迁移受到阻滞时而产生的一种局部腐蚀形态。

造成缝隙腐蚀的狭缝或间隙的宽度必须足以使腐蚀介质进入并滞留其中，所以缝隙腐蚀通常发生在 0.025～0.1 mm 的缝隙中。而在那些宽的沟槽或宽的缝隙中，因腐蚀介质畅流而一般不发生缝隙腐蚀损伤。缝隙腐蚀是一种很普遍的局部腐蚀，在许多设备或构件中缝隙往往不可避免地存在着，如板材之间的搭接处、法兰连接面之间、螺母压紧面之间，以及铆钉头、焊缝气孔、焊渣、溅沫、锈层、污垢等与金属的接触面上。在工程结构中，一般需要将不同的结构件相互连接，因而缝隙是不可避免的。缝隙腐蚀将减小部件的有效几何尺寸，降低吻合程度。缝内腐蚀产物的体积增大，形成局部应力，并使装配困难，因此应尽量避免。

合理设计避免缝隙的形成最能有效地预防缝隙腐蚀的发生。图 9－2 所示是防止钢板搭接处缝隙腐蚀设计方案的比较。另外，从选材、电化学保护及应用缓蚀剂等方面也可以减轻缝隙腐蚀：

① 根据介质的不同选择适合的材料。在平静的海水中 Hastel－loyC 和 Ti 不发生缝隙腐蚀，90Cu－10Ni(1.5Fe)、70Cu－30Ni(0.5Fe)、青铜和黄铜等 Cu 合金有优异的耐蚀性能，奥氏体高 Ni 铸铁、铸铁、碳钢表现良好，304、316、铁素体和马氏体不锈钢，以及 Ni－Cr 合金易于发生缝隙腐蚀。对于带有垫片的连接件，注意选择的垫片尺寸要合适，不能用吸湿性的材料。

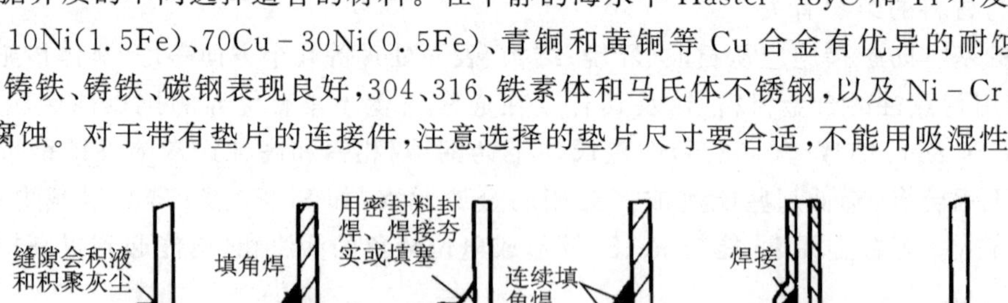

图 9－2　防止钢板搭接处缝隙腐蚀的几种设计方案比较

② 电化学保护。阴极保护有助于减轻缝隙腐蚀，但并不能完全解决缝隙腐蚀问题，关键

是能否有足够的电流达到缝内形成必需的保护电位。

③ 应用缓蚀剂。采用足量的磷酸盐、铬酸盐和亚硝酸盐的混合物对钢、黄铜和 Zn 结构是有效的，也可以在结合面上涂有加缓蚀剂的油漆。

9.1.1.4　晶间腐蚀

晶间腐蚀是金属材料在特定的腐蚀介质中沿着材料的晶粒边界或晶界附近发生腐蚀，使晶粒之间丧失结合力的一种局部破坏的腐蚀现象。晶间腐蚀是一种危害性很大的局部腐蚀，因为材料产生这种腐蚀后，宏观上可能没有任何明显的变化，但材料的强度几乎完全丧失，经常导致设备的突然破坏。再者，晶间腐蚀常常会转变为沿晶应力腐蚀开裂，成为应力腐蚀裂纹的起源。在极端的情况下，可以利用材料的晶间腐蚀过程制造合金粉末。

产生晶间腐蚀的根本原因是晶粒间界及其附近区域与晶粒内部存在电化学腐蚀的不均匀性，这种不均匀性是金属材料在熔炼、焊接和热处理等过程中造成的。例如：①晶界析出第二相，造成晶界某一合金成分的贫乏化；②晶界析出易于腐蚀的阳极相；③杂质与溶质原子在晶界区偏析；④晶界区原子排列杂乱，位错密度高；⑤新相析出或转变，造成晶界处较大的内应力。这些原因均可能构成特定体系的晶间腐蚀机理模型。

晶间腐蚀的控制主要是通过科学的合金化设计及合理地实施热处理工艺，以避免晶界沉淀相析出或有害杂质元素的晶界吸附。根据合金材料的品种不同，具体措施有所差异，提高不锈钢合金耐晶间腐蚀能力的主要措施包括：

① 降低碳含量。低碳不锈钢（$W_C \leqslant 0.03\%$），甚至是超低碳不锈钢（$W_C + W_N \leqslant 0.002\%$），可有效减少碳化物析出造成的晶间腐蚀。

② 合金化。在钢中加入 Ti 或 Nb，如在 Cr18Ni9（304）不锈钢基础上加 Ti 成为 Cr18Ni9Ti(321)、加 Nb 成为 Cr18Ni9Nb(347)，再经过 850～900 ℃保温 2～4 h 的“稳定化处理”，就会使 Cr23C6 全部溶解，析出 TiC 或 NbC，避免贫 Cr 区的形成。

还可以通过调整钢的成分，形成双相不锈钢，如在奥氏体中加入 5%～10%的铁素体。由于相界的能量更低，碳化物择优在相界析出，从而减少了在晶界的沉淀。

③ 适当的热处理。对碳含量较高（0.06%～0.08%）的奥氏体不锈钢，要在 1 050～1 100 ℃进行固溶处理；对铁素体不锈钢在 700～800 ℃进行退火处理；加 Ti 和 Nb 的不锈钢要经稳定化处理。

④ 适当的冷加工。在敏化前进行 30%～50%的冷形变，可以改变碳化物的形核位置，促使沉淀相在晶内滑移带上析出，减少在晶界的析出。

9.1.1.5　应力腐蚀开裂

应力腐蚀开裂（SCC）是指受一定拉伸应力作用的金属材料在某些特定的介质中，由于腐蚀介质和应力的协同作用而发生的脆性断裂现象。通常在某种特定的腐蚀介质中，材料在不受应力时腐蚀甚微；而受到一定的拉伸应力时（可远低于材料的屈服强度），经过一段时间后，即使是延展性很好的金属也会发生脆性断裂。一般这种断裂事先没有明显的征兆，因而往往造成灾难性的后果。常见的 SCC 有黄铜的“氨脆”（也称“季裂”）、锅炉钢的“碱脆”、低碳钢的“硝脆”和奥氏体不锈钢的“氯脆”等。

为了防止应力腐蚀开裂，主要应从选材、消除应力和减轻腐蚀等方面采取措施：

① 选材：根据材料的具体使用环境，尽量避免使用对应力腐蚀开裂敏感的材料。

② 消除应力：改进结构设计，减小应力集中和避免腐蚀介质的积存；在部件的加工、制造和装配过程中尽量避免产生较大的残余应力；可通过热处理、表面喷丸等方法消除残余应力。

③ 涂层：使用有机涂层可将材料表面与环境分开，或使用对环境不敏感的金属作为敏感

材料的镀层，都可减少材料应力腐蚀开裂敏感性。

④ 改善介质环境：控制或降低有害的成分；在腐蚀介质中加入缓蚀剂，通过改变电位、促进成膜、阻止氢或有害物质的吸附等，影响电化学反应动力学而起到缓蚀作用，改变环境的敏感性质。

⑤ 电化学保护：由于应力腐蚀开裂发生在活化-钝化和钝化-过钝化两个敏感电位区间，因此可以通过控制电位进行阴极保护或阳极保护防止应力腐蚀开裂的发生。

9.1.1.6 氢 脆

氢脆是原子氢在合金晶体结构内的渗入和扩散所导致的脆性断裂的现象，有时又称作氢致开裂或氢损伤。严格来说，氢脆主要涉及金属韧性的降低，而氢损伤除涉及韧性降低和开裂外，还包括金属材料其他物理性能或化学性能的下降，因此含义更为广泛。

氢脆可以归结为作为裂纹源的缺陷所捕获的氢量 CT 与引起缺陷开裂的临界氢浓度 CCr 之间的关系。当 CT≪CCr 时，材料不会开裂；当 CT 接近 CCr 时，起裂；当 CT＞CCr 时，裂纹扩展。因此，任何可提高 CCr 和降低 CT 的措施均可减轻氢脆的敏感性。

1. 降低 CT

可从减少内氢和限制外氢的进入两方面入手。

① 减少内氢。通过改进冶炼、热处理、焊接、电镀、酸洗等工艺条件及对含氢材料进行脱氢处理，减少带入材料的氢量。还可以通过添加陷阱分摊吸氢，以降低 CT。必须要求添加的氢陷阱本身具有较高的 CCr，否则会先在这些地方引发裂纹。陷阱的数量应足够多，具有不可逆陷阱的作用，并在基体中均匀分布。能满足条件的陷阱很多，如原子级尺寸的陷阱（以溶质原子形式存在）有 Sc、La、Ca、Ta、K、Nd、Hf 等；碳化物和氮化物形成元素（以化合物形式存在）有 Ti、V、Zr、Nb、Al、B、Th 等。

② 限制外氢。限制外氢有建立障碍和降低外氢活性两方面的措施。通过在材料表面施加限制氢的扩散和溶解的金属镀层（如 Cu、Mo、Al、Ag、Au、W 等）进行表面处理生成致密氧化膜，通过喷砂及喷丸在表面形成压应力层及涂覆有机涂料，均可在材料表面建立直接障碍。通过向材料中加入某些合金元素抑制腐蚀反应或生产抑制氢扩散的腐蚀产物，向介质中加入某些阳离子，使材料表面形成低渗透性膜，可对氢的渗透构成间接障碍。此外，在气相含氢介质中加氧，在液相中加入某些促进氢原子复合的物质，可降低外氢的活性。

2. 提高 CCr

与降低 CT 相比，提高 CCr 是更为重要的途径。可控制的因素主要与材料的组织相关。

① 晶界。晶界是杂质元素 As、P、S、Sn 等及碳化物、氮化物偏析的地方，晶界的 CCr 因此下降。通过改进冶炼、热处理可减少杂质含量，消除偏析，对提高晶界的 CCr 有益。细化晶粒使晶界表面积增大，加之细晶粒边界较为致密，结合力强，可使 CCr 提高。

② 夹杂物和碳化物。控制有害夹杂物（如硫化物、氧化物）以及碳化物的类型、数量、形状、尺寸和分布可提高 CCr，如球状 MnS 夹杂较带状的 Ccr 高，添加钙或稀土元素对改善 MnS 的形状和分布有非常好的效果。

③ 位错。位错是一种特殊的陷阱。可动位错能够在塑性变形的情况下载氢运动，与第二相质点相遇时，往往造成质点附近氢的过饱和。适当的冷变形、热变形、表面处理造成的高密度静位错可分摊氢原子，降低 CT。故大变形量的冷拔钢丝抗氢脆性能较好。

④ 显微组织。组织结构对氢脆的影响较复杂。不同的组织对裂纹扩展的阻力不同，因而 CCr 不同。一般认为，热力学较稳定的组织敏感性小，奥氏体结构较铁素体结构更耐氢脆，这可能与奥氏体结构中氢的溶解度较高、扩散系数较低因而 CCr 较高有关。

9.1.1.7　腐蚀疲劳

腐蚀疲劳是指材料或构件在交变应力与腐蚀环境的共同作用下产生的脆性断裂。这种破坏要比单纯交变应力造成的破坏(即疲劳)或单纯腐蚀造成的破坏严重得多，而且有时腐蚀环境不需要有明显的侵蚀性。船舶的推进器、涡轮和涡轮叶片，汽车的弹簧和轴、泵轴和泵杆及海洋平台等常出现这种破坏。

防止腐蚀疲劳主要从选材、改善表面应力及防腐蚀处理三个方面着手，具体如下：

① 合理选材与优化材料。提高材料的耐蚀性能对改善其抗腐蚀疲劳性能一般是有益的，如不锈钢在水中的腐蚀疲劳强度比普通碳钢高出一个数量级。减少材料中的夹杂或有害元素(如钢中的 MnS 夹杂，S、P 有害元素等)有利于提高耐蚀性，因而对改善材料的抗腐蚀疲劳性能也是有效的。

② 降低张应力水平或改善表面应力状态。设计上注意结构合理化，减少应力集中，避免缝隙结构，适当加大截面尺寸。采用消除内应力的热处理。通过氮化、碳氮化、喷丸、滚压、高频淬火等表面硬化处理，引入表面残余压应力。

③ 防腐蚀处理。常用的措施有施加表面涂(镀)层、添加缓蚀剂和实施电化学保护技术。例如，高强铝合金外层包铝，可降低其在雨水或海水环境中的腐蚀疲劳断裂倾向，钢丝镀锌可显著延长其在海水中的疲劳寿命。阴极保护技术已成为广泛用于海洋金属结构物腐蚀疲劳的防护措施。

9.1.1.8　磨耗腐蚀

应力与环境介质对材料的协同作用，不仅表现在金属承受拉、压、弯、扭等静载荷或交变载荷的情况下，也发生在金属受到磨损的情况下。磨损是金属同固体、液体或气体接触进行相对运动时由于摩擦的机械作用引起表层材料的剥离而造成金属表面甚至基体的损伤。磨损可看作是在金属表面及相邻基体的一种特殊断裂过程，它包括塑性应变积累、裂纹形核、裂纹扩展及最终与基体脱离的过程。在工程中有不少磨损问题涉及腐蚀环境的化学、电化学作用，材料或部件失效是磨损与腐蚀交互作用的结果。

9.1.2　非金属结构的腐蚀特性及选材

一些非金属材料用于航空航天工业，它们的环境老化和腐蚀问题也要注意。

1. 非金属材料选用原则

腐蚀主要以物理、化学和生物作用引起的材料性能退化为主。某些塑料如甲基丙烯酸酯有机玻璃和苯乙烯也有应力腐蚀。某些非金属材料如石墨等与金属接触时，由于电偶作用，还会引起与之接触的其他金属材料产生腐蚀。

选择非金属材料时应考虑下列原则：

① 与其他材料接触时应具有相容性，非金属材料之间也应具有相容性。与金属材料接触时应不会引起金属材料的腐蚀或应力腐蚀。否则，应视其为金属，并按 GJB1720 或 MIL-STD-889 的异种金属要求进行处理。非金属材料所逸出的气体不应引起金属及镀层腐蚀。

② 应考虑材料的吸水性和透水性对腐蚀的影响。

③ 选择复合材料时必须考虑使用环境、系统要求以及结构和功能要求、使用寿命和可维修性等问题。

④ 限制使用室温固化型胶接用胶粘剂。

2. 非金属材料选用规定

① 有机材料都应具有抗裂解和抗老化性能(包括在大气中抗水解、抗臭氧分解和其他化

学分解副产物)，并具有符合性能要求和相应规范的最小易燃性。

② 与其他材料特别是金属材料和其他有机材料相接触时，不应引起腐蚀和应力腐蚀，并应与那些材料完全相容。在正常工作条件下，有机材料分解出来的物质包括挥发物和浸出成分，不应对材料、构件和与之经常接触的人员有伤害。

③ 不应把多孔塑料和木材作为蒙皮增稳材料或结构中的夹芯材料，但是根据详细设计要求的规定可以用作雷达天线罩和类似的全塑料夹层零件的芯材。这些材料可用在不重要的和非结构件中，但要取得认可。

④ 除可卸的内部装饰外，不得使用天然皮革。

⑤ 密封胶应满足电连接器及电气系统要求，如聚硫橡胶化学硫化密封剂、加速器用硅橡胶绝缘封口胶、聚氨基甲酸酯化学固化的模塑配料和罐材料、敏感性金属和设备使用的抗腐蚀硅酮室温硫化密封胶粘剂或渗入还原耐久硅的电绝缘混合剂等；不使用易水解的不稳定密封材料。使用聚酯和聚氨酯时，要求保证其水解稳定性。

⑥ 用于飞机结构的粘接剂，包括金属面板或金属夹芯用的胶合剂应予以充分验证并经过认可。

⑦ 整体油箱密封材料应满足整体油箱和燃油隔板舱用高黏度耐温密封剂的要求，如使用温度达 182 ℃的整体油箱和燃油舱用密封剂。可拆卸面板和燃油箱检查板应满足用低黏度密封剂的要求；直接与燃油接触的材料应能抗燃油腐蚀，并能防止漏油。

⑧ 不采用聚酯和聚氨酯制造的有机组件。

⑨ 所有合成橡胶构件应具有足够的抗老化能力、抗使用环境条件能力和抗流体作用能力。

9.1.2.1 复合材料

1. 复合材料的腐蚀特性

复合材料的腐蚀特性主要表现在：环境介质的腐蚀、生物腐蚀、雨蚀及复合材料对其他飞机结构材料的电偶腐蚀。

① 环境介质的腐蚀包括树脂基体的腐蚀、增强材料的腐蚀、界面的腐蚀、应力腐蚀及腐蚀疲劳。

树脂基体的腐蚀。基体的腐蚀可分为物理腐蚀和化学腐蚀。物理腐蚀是腐蚀介质经扩散、渗透、吸附或经吸收而进入基体内部，导致聚合物性能的改变。化学腐蚀是指介质与基体发生化学反应，破坏其分子结构(如降解或生成新化合物等)，从而改变了原来的性质。图 9－3 所示是树脂基体的腐蚀类型。

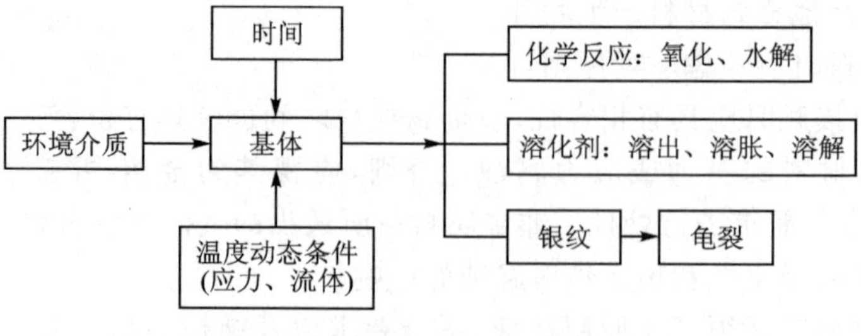

图 9－3　树脂基体的腐蚀类型

增强材料的腐蚀。尽管增强材料处于基体的包围之中未能与介质直接接触，但各种介质一旦沿界面或通过微裂纹、工艺过程中形成的气泡及应力作用下破坏而形成的串通通道浸入基体，就将与增强材料作用。对于无缺陷的复合材料表面，介质虽不能大量浸入，但对于水等一些有很强吸附、渗透和扩散能力的液体介质，仍能进入树脂层，使纤维与基体的粘接劣化，并增加微裂纹。

界面的腐蚀。腐蚀介质通过各种渠道聚积在复合材料界面处，使树脂溶胀，并从界面析出可溶性物质，在局部地区形成浓度差，产生渗透压，同时介质与界面物质也发生化学反应，破坏其化学结构，使粘接劣化，纤维与树脂脱粘，导致脱粘破坏。

应力腐蚀及腐蚀疲劳。腐蚀介质渗入基体表面的薄弱部位，产生局部增塑作用，在应力作用下增塑部位局部取向，形成较多银纹。当介质进一步浸入，使银纹末端应力集中处进一步增塑，银纹逐步发展、汇合终至开裂。在外载荷作用下，介质分子更易浸入基体，一些表面活性物质使材料开裂所需的能量降低，加速了应力腐蚀开裂。若作用应力是交变载荷时，发生腐蚀疲劳。

② 生物腐蚀。发生在油箱部位，对复合材料造成危害的主要指细菌、真菌、霉菌等微生物。微生物在水/油界面上繁殖，迅速成倍地在油箱中形成黏质物或缠结的滋生物。当油箱表面上大面积的保护涂层连续经受含微生物的缠结网和微生物的排泄物（草酸、乳酸等）的水浸泡时，表面保护涂层会破裂，产生腐蚀。

③ 雨蚀。飞机在雨中飞行时，其迎面受到雨滴的直接撞击，使得复合材料构件表面脱粘、破裂并受雨水浸蚀，形成蚀坑甚至使复合材料产生剥离。

雨蚀的程度与材料表面状况（如粗糙度、硬度、冲击强度等）及雨滴的作用方向有关。对前缘区，需要在 15°切点的前缘部位进行雨水浸蚀防护。对于翼面结构，当冲击角小于 15°时，雨滴的运行方向与构件表面几乎平行，雨蚀作用极小，如图 9－4 所示。

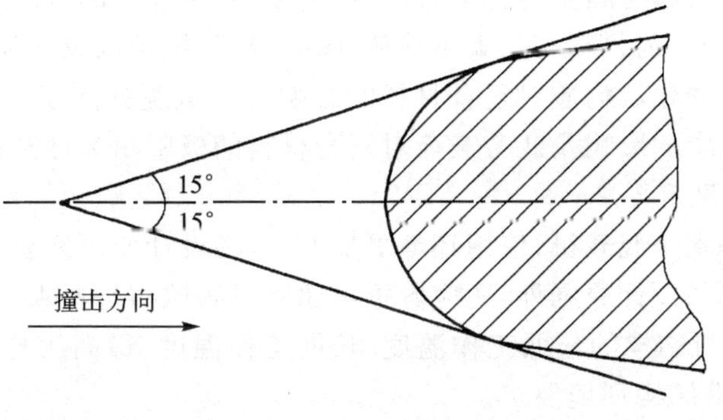

图 9－4　雨蚀作用范围

④ 复合材料与金属的电偶腐蚀。碳纤维复合材料在一般环境中呈现惰性，但碳纤维是导电的，因而显示出贵金属的特性，对飞机上用的各种金属材料几乎都起阴极作用，当它与各种材料相连接时会加速其他金属的腐蚀。

表 9－1 给出石墨-环氧复合材料与飞机上常用的一些金属材料偶合的平均电偶电流。一般认为，当平均电偶电流密度 $I<5\ \mu A/cm^2$ 时，金属与复合材料相容，可直接使用；当 $I>15\ \mu A/cm^2$ 时为不相容，不允许使用；当 $5\ \mu A/cm^2<I<15\ \mu/cm^2$ 时，采取防护措施后可以使用。

电偶腐蚀（疱状腐蚀）：当碳纤维没有暴露在复合材料表面时，由于腐蚀介质的吸附，复合材料本身会产生物理腐蚀和化学腐蚀，当腐蚀介质穿透外层环氧树脂到达碳纤维表面，导致偶接金属的电偶腐蚀。碳纤维导电，在腐蚀过程中，复合材料表面发生阴极氧还原反应，对碳纤维环氧复合材料腐蚀及性能退化有较大影响，在复合材料表面出现高 pH 的疱状腐蚀介质。

表 9-1 环氧复合材料与某些金属材料偶合的平均电偶电流

材料	开路电位/mV	电偶电流/($\mu A \cdot cm^{-2}$)	材料	开路电位/mV	电偶电流/($\mu A \cdot cm^{-2}$)
4340	−534±4	21.7	2024-T3	−652±25	8.7
2020-T651	−724±5	17.9	MA-87(72)	−862±3	7.1
300M	−330±5	17.2	Be-Cu	−225±5	1.42
AF1410	−358±30	15.7	PH17-7	−252±23	1.05
7075-T6	−775±5	12.5	AFC-77	−318±70	1.03
4130	−537±55	10.4	Inconel	−364±100	0.435
2024-T6	−656±12	10.3	Ti-6Al-2Sn-4Zr-2Mo	−359±29	0.001
1020	−543±15	9.9	Ti-6Al-4V	−343±4	0.000

阴极反应产生的OH^-作用于复合材料基体的化学键上，导致碳纤维复合材料退化和腐蚀。这是电偶疱状或电化学疱状腐蚀，疱状腐蚀发生在碳纤维与树脂的界面上，疱状介质的pH高达14，氧的还原并在碳纤维表面附近产生大量的OH^-腐蚀介质。

2. 选用复合材料应考虑的因素

复合材料具有比强度和比模量高、各向异性和可设计性、良好的抗疲劳性和尺寸稳定性等优异特性。

结构用复合材料的选择应考虑影响强度、刚度和结构可靠性等要求的所有因素：包括(但不限于)预浸处理复合材料树脂基的化学特性、冲击损伤、制造中的分层、划痕、电磁环境效应、鸟撞击、冰雹损伤、生产工艺、静载荷、重复载荷、瞬态载荷、振动以及所使用环境温度升降带来的影响(包括所用的各种化学物质对复合材料的影响等)、重复暴露于气候、腐蚀和磨损条件、保护漆的使用、应力集中的影响及疲劳载荷对复合材料的极限耐久性和极限强度的影响。

3. 复合材料结构限用要求

对于海军飞机，特别是舰载机，使用环境更加恶劣，在设计使用复合材料构件时，除满足一般的复合材料选材原则、设计原则外，还应着重考虑以下腐蚀防护要求：

① 应满足海军飞机结构的最低工作温度、长期工作温度、最高工作温度及结构后期可能达到的最大水分含量等结构环境要求。

② 为防止与碳纤维复合材料零件或组件连接的贱金属的电偶腐蚀，可采用下列规则：

ⓐ 在选择与碳纤维复合材料相配合的金属材料时，应优先选用与之相容的钛合金、耐蚀钢或镍合金等，这些金属材料可直接与碳纤维复合材料装配，或选择其他同类金属(碳纤维复合材料和碳视为石墨)，在复合材料接合面上采取涂两层底漆。

ⓑ 碳纤维复合材料不能与一些金属直接装配。可采取如下的防护措施：隔断电化学腐蚀回路，不与金属材料直接接触；也可对金属材料如铝合金进行阳极化、涂漆等处理；或与金属的连接面事先贴一层玻璃纤维作为隔离层，可与复合材料共固化，且玻璃纤维层至少应大于金属接合面，并用密封剂封边；在金属与复合材料间采用惰性材料制成垫片、胶带、套管，以形成断开电路的绝缘层，且选用的绝缘或密封材料不吸湿、不含有腐蚀性成分等。

ⓒ 注意避免与腐蚀介质的接触，如用密封剂将复合材料与金属接触的整个面积进行密封，不让其暴露在海军飞机的使用环境中；或将复合材料的切割边用密封剂密封，防止湿气和腐蚀介质沿加工面浸入，导致芯吸作用；紧固件用密封剂湿态安装。

③ 对复合材料构件的前缘区等容易受雨蚀的部位都必须进行防雨蚀防护。如波音公司

对石墨/环氧结构的整个前缘区采用 MIL－C－83231 底漆和雨蚀防护涂料。

④ 对复合材料油箱，要彻底排除油箱中的水，定期监测燃油供应系统、油箱积污槽(清理污物系统)，对油及时过滤并除水，改进表面涂层系统和在燃油中加入防霉剂等，都可以防止微生物的形成，控制生物腐蚀的发生。对长期处于无油状态的整体油箱，要用润滑油加以保护，一方面防止密封剂和涂层干裂，另一方面为防止干裂后微生物穿透复合材料提供腐蚀途径。

⑤ 按防腐蚀要求选择装配紧固件。紧固件与板件之间、紧固件各部分之间(如螺栓、螺母、垫圈)都可能产生电偶腐蚀，所以应选用与复合材料电位接近的钛、钛合金等作为紧固件材料。在无法避免将两种电位不同的零件装在一起时(如高锁螺栓和铝合金螺母)，应在接触部位涂密封剂进行隔离，紧固件用密封剂进行湿态安装。

⑥ 使用防护涂层，避免海军飞机所用复合材料受海洋环境直接作用，达到提高抗蚀性能的目的。复合材料在与不宜直接接触而又必须与之相连的金属材料连接时，金属与复合材料应同时采用涂层，以免涂层损伤后，电解液通过微孔渗入时形成大阴极小阳极的不利情况。

⑦ 导电要求(如防雷击)应采用搭接线保证，不能通过金属(如铝合金)/复合材料的直接接触或通过紧固件来实现。

4. 具体应用

波音公司按防腐蚀要求选择紧固件时建议采用的措施如表 9－2 所列。

表 9－2 波音公司按防腐蚀要求选择紧固件时建议采用的措施

类 型	建 议
内六角头螺栓(即高锁螺栓)	采用带磷酸盐氟化物涂层的钛合金内六角头螺栓(高锁螺栓)
	采用耐蚀钢垫圈，以防止损坏石墨/环氧表面
	采用耐蚀抗剪型环帽(高锁螺母)
螺栓(用于可拆卸场合)	采用经过钝化处理 A286 耐蚀螺栓
	采用耐蚀垫圈，以防止损坏石墨/环氧表面
	采用耐蚀钢抗剪螺母(或耐蚀钢托板螺母与耐蚀钢铆钉)
	为了防止使用损坏，对于螺栓头用扳手拧装的螺栓，应规定扳手的拧紧力矩
	对于特殊应用情况，应与材料技术部门商洽

按防腐蚀要求设计金属与碳纤维增强塑料(CFRP)连接时，考虑使用电位序相容的金属、钛合金，这些金属不要求特殊表面处理和密封就可防腐蚀。若不用这种设计，而用铝合金与 CFRP 连接，按波音公司规定，须满足表 9－3 的要求。

9.1.2.2 塑 料

塑料质量轻、可塑性好，对酸、碱、盐溶液抵抗力强，可在潮湿空气或腐蚀气氛中长期工作，还有电绝缘、热绝缘等特性。但其力学性能差、耐热性低、导热性差、尺寸稳定性差、易受环境因素和应力作用而老化等。

塑料主要用于有特殊功能要求的非受力部位，使用过程中需要注意：

① 塑料易老化，尽量避免用于飞机外表面易受紫外线辐射部位。

② 塑料耐热性低，尽量避免用在受发动机热影响较大的区域内。

③ 用于海军飞机等特殊使用环境时，需要通过必要的盐雾、湿热和霉菌试验。

④ 在密闭及通风条件差的环境，部分塑料挥发出的腐蚀性气氛对周围金属锌、镉镀层有强的腐蚀作用，因此应避免使用挥发性强的塑料。

⑤ 避免使用吸水性强的塑料以及与金属产生接触腐蚀的塑料。

⑥ 必要时，应根据塑料不同的使用环境进行表面处理。

表 9-3 铝合金与 CFRP 装配要求

设计准则	铝合金只应用于次要结构或应用于对疲劳不敏感的主要结构
	组装件中的铝合金构件应易于充分目检
	应易于接近铝合金构件，以便于修理或更换
	铝合金构件应可拆卸，拆卸时不应损伤周围的结构
	结构设计应保证具有足够的排水能力，特别是防止湿气在铝合金构件区积集
	导电要求(如防雷击)应有搭铁线保证，而不能通过铝合金/CFRP 的直接接触或通过紧固件来实现
材料与表面处理要求	7000 系列铝合金应进行过时效处理
	不能使用有包铝层的 7000 系列铝合金
	在铝合金 102 mm(4 in)范围内的 CFRP 层压板边缘应按 BAC5010 之 70 型要求，涂 BMS5-92 I 型胶
	铝合金应进行阳极化处理，在装配之前应涂一层 BMS10-11 I 型底漆和 BMS10-Ⅱ 型磁漆
装配要求	其中一面为铝合金的所有接合面按 BAC5000 的要求，用 BMS5-95 接合面密封剂进行湿装配。对于主要结构装配不应采用就地成形密封垫片
	紧固件应为钛合金、耐蚀钢或蒙乃尔高强耐腐蚀镍铜合金，并且应涂 BMS10-85，以便与铝合金相容，紧固件应按 BAC5000 中的方法 2 用密封剂湿安装，应保证密封剂从紧固件头或埋头孔四周挤出
	若需要用铝合金或镀镉的耐蚀钢垫圈、螺母或卡环，则只能在接合件的铝合金的一侧使用。所有的卡环、螺母和垫圈都应按 BAC5000 的要求，用 BMS5-95 作帽状密封保护

9.1.2.3 透明材料

无机玻璃和有机玻璃，耐蚀性好，不会产生电偶腐蚀。

有机透明材料在大气中长期暴露，受热、潮湿和紫外线辐射等综合作用发生老化。老化速率和程度，随材料成分不同有差异。根据飞机的使用环境条件要求，需通过必要的耐湿热、盐雾、霉菌试验和老化试验。

用于座舱盖、机舱盖、风挡、玻璃窗和舷窗制造中的透明材料，应注意：

① 聚甲基丙烯酸甲酯塑料应参照 MIL-P-25690 抗裂纹扩展的改性丙烯酸基塑料板和零件的规定进行预拉伸。超过 120 ℃时，不采用预拉伸聚丙烯塑料。

② 层压复合玻璃应符合 MIL-G-25871 航空玻璃的要求，防弹玻璃应符合 GJB502 或 MIL-G-5485 的要求。

③ 使用聚碳酸酯应予以充分验证方批准。

9.2 飞行器结构/设计腐蚀控制技术

军用飞机是空军、海军航空兵、陆军航空兵的主要武器装备，是我军战斗力的重要组成部分，具有极其重要的军事地位。飞机在地面停放时由于不断地受到温度、湿热、盐雾、酸雨以及大气中的 SO_2、H_2S 等环境因素的作用，防护涂层会发生粉化、龟裂、起泡、剥落等现象导致防腐功能失效，进而导致机体结构腐蚀，造成结构材料疲劳寿命大幅度下降。在飞行过程中，腐蚀环境和载荷的共同作用构成的腐蚀疲劳则会加剧结构的疲劳损伤，使结构的疲劳寿命显著下降。

舰载飞机极易发生严重腐蚀问题，国外经验证明，要解决陆基飞行器向海上飞行器改型的问题，必须先攻克腐蚀防护难题。据资料统计，美国在 1994—2004 年期间，每年需耗费大量维修工时用于解决腐蚀及腐蚀检查工作，平均为 7.6 维修小时/飞行小时，占整个检查维修时间的 36%；腐蚀引发的安全事故 224 件，涉及飞机 227 架，经济损失达 10 亿美元/年。

军用飞机结构的腐蚀损伤主要取决于其服役环境因素（如温度、湿度、降水、盐雾及凝露、环境污染程度、日照时间、风速等）以及飞机本身的抗腐蚀能力。与美国、俄罗斯等发达国家相比，我军飞机的服役环境更加严酷，飞机结构的腐蚀速率更快，特别是沿海和内陆湿热地区（如重庆等）服役环境更加严酷。总的来说，飞机结构的腐蚀在沿海地区比内陆地区严重，南方地区比北方地区严重。而在内陆地区，湿热地区比温和干冷地区严重。

9.2.1　飞行器结构设计

合理的结构设计对于飞行器腐蚀防护至关重要，可通过优化通风、排水等预防腐蚀现象。主要的设计措施有：

① 应设置必要的舱门和口盖，以便打开后通风与迅速排除机内湿气；机体结构及细节应避免封闭的内腔，以防湿气的聚集与凝露。

② 所有设计应包括防水、防冷凝措施，以及对其他不希望的液体侵入和聚积的防护措施；所有金属构件应尽可能敞开以允许检查、排水和清洗；应设计适当的排水系统和排水装置，以利于飞行和停放时将液体及其他有害物排出机外。

③ 机体结构及细节避免采用沟槽、缝隙等形式，否则应采用适当的密封措施阻止介质的进入；不应存在不规则的粗糙表面，内外几何形状（包括外形和安装位置）应防止湿气及其他有害介质存留。

④ 结构及细节维修性设计要求是可达、可检、可修、使用维护简易与安全、维修工作量和费用最低。

9.2.2　飞行器零件防护体系选择

飞机零件防护（防腐蚀）体系通常由结构材料表面的金属镀覆层或化学覆盖层外加有机涂层组成，选择依据主要包括：

① 将环境-基体材料-防护体系视为一体，综合进行优选组合；对处于恶劣环境中的结构/零件应采用重防护体系（有重防护涂层或多层）。所有暴露于外部环境中的内表面以及经常处于腐蚀环境中的内表面，应视为外表面，并按外表面要求进行防腐蚀处理。

② 金属镀覆层和化学覆盖层的选择应符合国家或行业标准，否则应通过试验确定与评估。

③ 金属镀覆层与化学覆盖层应根据结构或零件工作环境和材料的特性、结构形状与公差配合要求、热处理状态、加工工艺与连接方法等选择。带有螺纹连接、压合、搭接、铆接、点焊、单面焊等的组件，原则上不允许在溶液中镀覆。

④ 航空有机涂层的选择，应根据飞行器工作环境，综合考虑涂镀层之间及与基体的附着力、涂层的耐蚀性能、耐大气老化性能与耐湿热、盐雾、霉菌的“三防”性能以及涂层系统各层之间的适配性和工艺性等。航空涂料须能耐温度、空气压力的骤变，抗得住不同空气湍流。无论怎样的飞行条件，航空涂料要经受住温度起伏、高强度紫外线照射、潮湿环境、化学品侵袭（如燃油、液压油、清洗化学品）腐蚀等考验，此外，航空涂层须有尽可能低的厚度和质量，以便降低

能耗。表 9-4 列出了一些镁合金复合有机涂层耐腐蚀性能指标。航空涂料须是具有高性能、轻质的涂料，例如美国一公司开发出单液型聚氨酯底漆，涂膜随飞机振动而弯曲，防止接触铆钉和其他高应力部位涂层的开裂，即便面漆部分损坏底漆层仍能继续保护铝合金底材，该漆用于美国大部分军机，而且对环境友好（底漆无铬、无铅化、高固体分、水性）。

表 9-4　镁合金复合有机涂层耐腐蚀性能指标

测试项目	技术性能	测试标准
耐盐雾（1 000 h）	无腐蚀、漆膜无变化	GB/T 1771—1991
耐湿热（1 000 h）/级	1	GB/T 1740—79(89)
耐水[(50±2)℃，100 h]	涂层无剥落、漆膜无变化	GB/T 1733—1993
铅笔硬度	2H	GB/T 6739—1996
附着力/级	1	GB/T 9286—1998
耐 RP-3 燃油[(70±2)℃，100 h]	不起泡、不变软	GB/T 9274—1988
耐 4050 合成润滑油[(150±2)℃，100 h]	不起泡、不变软	GB/T 9274—1988
耐 YH-12 液压油[(70±2)℃，3 h]	不起泡、不变软	GB/T 9274—1988
耐甲醇[(25±1)℃，100 h]	不起泡、不变软	GB/T 9274—1988
耐甲醇/水溶液[(25±1)℃，100 h]	不起泡、不变软	GB/T 9274—1988
耐 5% H_2SO_4[(25±1)℃，100 h]	漆膜无变化	GB/T 9274—1988
耐 5%NaOH 液压油[(25±1)℃，100 h]	漆膜无变化	GB/T 9274—1988
耐热性[(180±5)℃，100 h]	不起泡、不脱落	GB/T 1735—2009
再进行 500 g 划痕试验	不穿透漆膜、无>1 mm 锯齿状边缘	GB/T 9279—1988

⑤ 分析涂层防护体系合理性，涂镀层及厚度、施工工艺、涂镀层寿命尽可能与结构零件寿命匹配，实现航空产品的高性能、长寿命。

有一些防护（防腐蚀）方法在飞行器零件表面获得应用，如水置换腐蚀防护剂（脱水防锈油）作为临时控制材料腐蚀的一种方法，在飞机上已使用数年。还有憎水剂、防锈纸等的应用。随着飞机使用寿命的增加，这种方法将以其使用更灵活、价格更便宜而广泛用于老龄飞机。

9.2.3　飞行器表面处理技术

飞行器表面处理技术主要有涂镀层、表面改性和薄膜技术三类；也可根据特点分类，如干法和湿法等。实际上一些航空航天零件需要用到复合涂层改性技术，如飞机起落架采用多层膜涂覆，以抵御严酷环境的浸蚀，满足抗腐蚀、抗冲击等性能要求。

航空航天飞行器使用的材料种类多，功能范围广，零件安全可靠性要求高。所以材料的表面涂覆技术、改性技术等表面处理技术类型就更广泛，图 9-5 所示是常见的材料表面技术种类。图 9-6 所示是飞行器各部件材料组成，如起落架等受力结构零件是超高强度钢材料；飞机蒙皮是铝合金材料；还有钛合金材料、高温合金、不锈钢、复合材料等。要根据不同材料采用相应的表面涂覆或者表面处理技术。如：铝镁钛合金的化学氧化技术、电化学阳极氧化技术、铝镁钛合金表面的电镀、化学镀技术；高强度钢材料表面的电镀技术＋化学转化处理＋有机树脂涂覆；不锈钢材料的表面化学转化（钝化）处理、电镀；碳纤维复合材料表面的化学处理、化学镀处理等。发动机零件的热扩渗（化学热处理）、热喷涂、电子束、激光束处理、PVD/CVD 等技术。

从满足飞机、发动机部件的功能来看，不同的表面处理技术有时候可以实现类似的功能。

如飞机发动机零件表面需要抗高温氧化、耐腐蚀等性能，可采用热喷涂获得抗高温氧化涂层，也可以采用热扩渗、气相沉积等技术同样也可以获得相当的抗高温氧化涂层。一些飞机的铝合金零件，表面要涂覆多层有机涂层，如底漆、中间漆、面漆等。涂覆的方式可以是浸、刷、喷（静电喷涂、高压喷涂）、电泳沉积等，这些都可以在飞机零件表面获得所需要的油漆膜层，实现防腐蚀等目的。碳纤维作为树脂的增强体构成复合材料，通过对其进行表面处理（溶胶处理、电化学氧化处理），可提高这种复合材料的材料力学性能、耐热性及烧蚀性能。

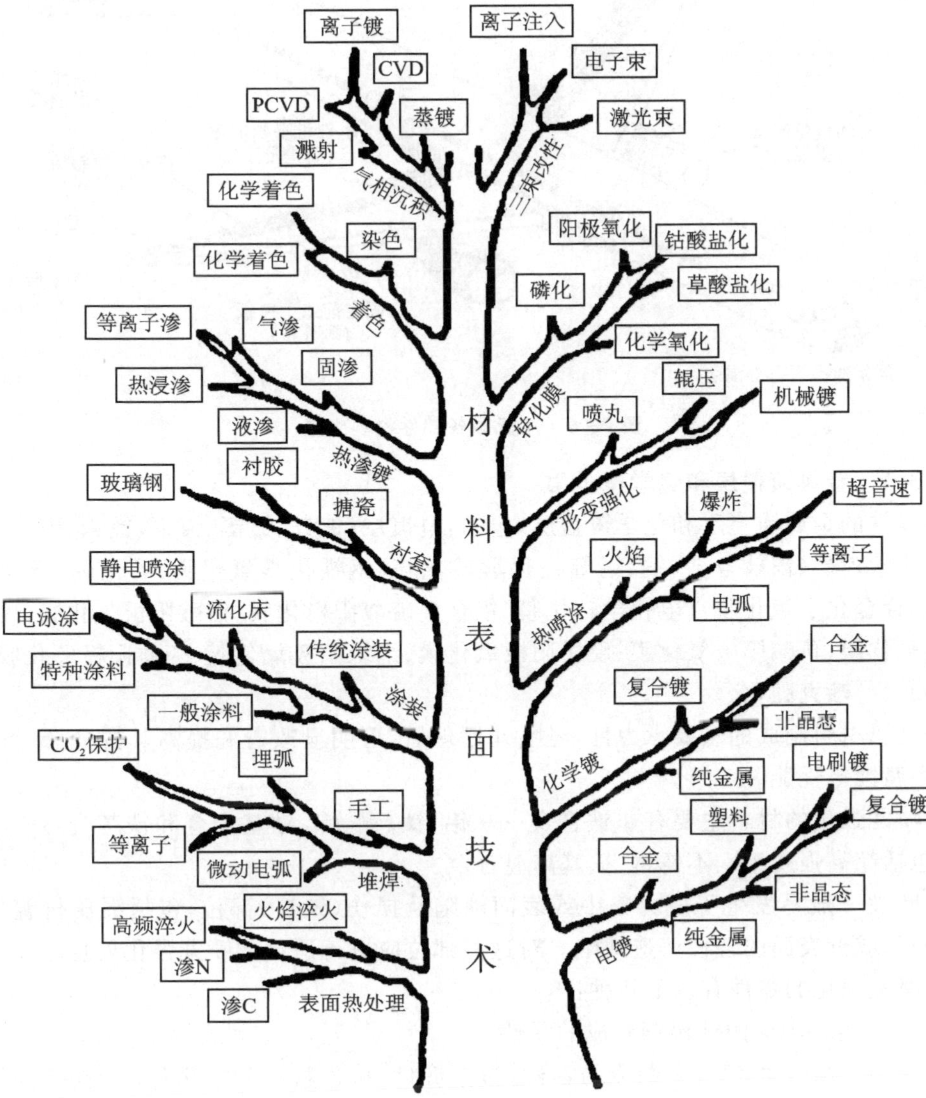

图 9-5　材料表面技术种类

以热喷涂为例，其特点有：①可在各种基材上制备各类涂层；②基体 T 低：＜200 ℃，变形小，热影响区浅；③操作灵活：可喷涂各种规格和形状的基材，特别是大面积涂层；④涂层厚度范围宽：几十微米至数毫米；⑤容易控制，成本低。

热扩渗工艺特点有：扩渗层与基体金属之间是冶金结合，结合强度高，扩渗层不易脱落；表面渗层硬度高，芯部塑性和韧性好。但其也有一定局限性，如时间长、生产效率低、能耗高。

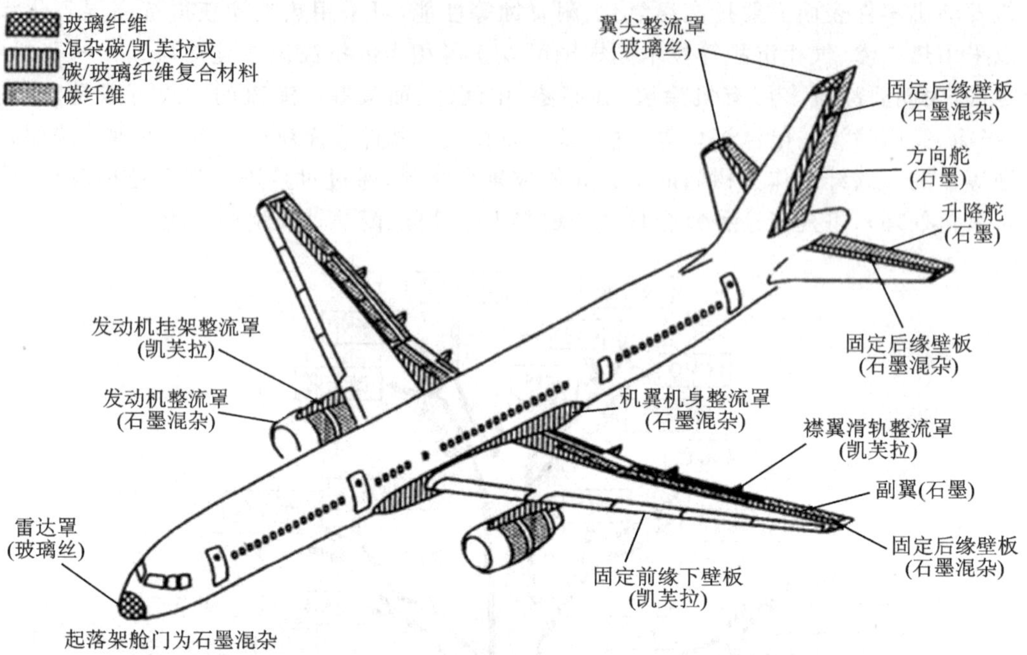

图 9-6 飞行器各部件材料组成

9.2.3.1 金属镀覆层和化学覆盖层

飞机零件的金属镀覆层和化学覆盖层，包括：电镀层（镀锌、镀镉、镀铜、镀镍、镀铬、镀镉钛合金等）、化学镀层（镍磷合金、铜、锡等）、化学转化膜（钢铁化学氧化膜、磷化膜、不锈钢钝化膜、铝及铝合金化学氧化膜）、电化学转化膜（铝合金硫酸阳极化膜、铬酸阳极氧化膜（硼硫酸）、磷酸阳极氧化膜、草酸阳极氧化膜、硬质阳极氧化膜、绝缘阳极氧化膜、瓷质阳极氧化膜）。

9.2.3.2 喷丸强化

各种金属材料制成的重要承力件，经喷丸处理后，可明显改善和提高其抗疲劳、抗腐蚀疲劳、抗应力腐蚀等性能。

适于喷丸强化的材料主要有非铁合金——铝、钛、铜、镍、钴基合金和铁基合金——铸钢、结构钢（包括超高强度钢）、不锈钢、铁基高温合金。

构件断裂一般易发生于应力集中或表面缺陷及损伤（缺口）部位，包括锻压折叠、焊接缺陷、铸造表面或近表面的各种铸造缺陷。对这些部位应进行适当的喷丸强化处理。

需要喷丸强化的零件有以下几种：

① $\sigma_b \geqslant 1\ 240$ MPa 的结构钢制成的零件。

② $\sigma_b > 400$ MPa 的铝合金制成的零件，包括锻件、机加板材和挤压件的关键表面以及经最终机械加工和热处理后可达到的部位，应进行彻底喷丸。但应注意：喷丸表面一般不进行切削加工，为满足装配要求的切削加工去除量不应超过 0.076 mm。

③ 表面电镀铬、镍、镍-镉、镉-钛等的各种高强度或超高强度钢零件，在电镀前应进行表面喷丸强化处理。

④ 各种焊接件的焊缝，包括焊缝 20～30 mm 以内的基体金属，在焊接后应进行喷丸处理。

9.2.3.3 激光表面淬火

美国已用激光表面淬火取代渗氮、渗碳等化学热处理方法来处理飞机、导弹零件。激光相变硬化技术在我国的航空、航天等行业已获得部分应用。激光表面淬火技术与构件类型、材料等有关。

采用激光表面淬火的材料主要是钢铁和铸铁材料，一些有色金属如铝合金、钛合金等也可进行激光表面强化处理。激光表面淬火最适用于表面局部需要硬化的零件。对零件的许多特殊部位，如槽壁、槽底小孔、盲孔、深孔、腔筒内壁等，凡是激光束能照到的部位均可处理，还可进行大型零件局部表面氧化及形状复杂零件的氧化处理。

9.2.3.4　表面扩散渗入

表面扩散渗入处理是将工件放入一定的活性介质中，使金属元素或非金属元素扩散到工件表层中，改变表层化学成分，从而获得所需的组织和性能。与电镀等表面处理工艺相比，其特征如下：涂层与金属基体之间没有明显的分界面，涂层与金属基体的结合是冶金结合，它们的成分、组织和性能是逐渐变化的。而在电镀等表面处理过程中，没有明显的原子扩散的冶金过程，表层与金属基体在化学成分、组织和性能方面有着明显的分界面，在外力作用下易于脱落。

金属表面扩散侵入处理主要采用的方法有钢铁渗锌、钢铁渗铝、钢铁渗铬和镍/钴基高温合金表面渗铝。

1. 钢铁渗锌

渗锌是防止钢铁件腐蚀的方法，广泛用于复杂形状的构件。渗层厚度均匀，能保持被渗件的力学性能，变形量很小。与电镀锌、热镀锌、热喷涂锌相比具有较高的硬度和耐磨性。海水周浸试验表明，其耐蚀性比热镀锌和电镀锌高。

2. 钢铁渗铝

钢零件渗铝层在大气和一般介质中有较高的抗蚀性，有良好的抗高温氧化性能，显著提高了在硫化氢高温气流中的抗氧化性能。需要耐 950 ℃下高温的零件以及同时需要抗氧化耐腐蚀的零件均可渗铝。

3. 钢铁渗铬

渗铬钢材耐大气腐蚀，常温下只有在 SO_2 饱和环境中才会有轻微腐蚀，在潮湿和含 NaCl 环境中也有良好的耐蚀性。渗铬主要用于要求抗腐蚀和受摩擦的零件。

4. 镍/钴基高温合金表面渗铝

镍/钴基高温合金表面渗铝可以不同程度地提高合金的高周疲劳性能和零件在燃气腐蚀条件下的疲劳寿命。渗铝层用于防止镍、钴基高温合金制燃气轮机热端部件的氧化、腐蚀，如 Al 渗层主要用于涡轮盘的防护。

9.2.3.5　离子注入

离子注入是指离子束射到固体材料以后，受到固体材料的抵抗而速度慢慢减低下来，并最终停留在固体材料中的这一现象。其基本原理是：用能量为 100 keV 量级的离子束入射到材料中去，离子束与材料中的原子或分子将发生一系列物理的和化学的相互作用，入射离子逐渐损失能量，最后停留在材料中，并引起材料表面成分、结构和性能发生变化，从而优化材料表面性能，或获得某些新的优异性能。此项技术由于其独特而突出的优点，已经在半导体材料掺杂，金属、陶瓷、高分子聚合物等的表面改性上获得了极为广泛的应用，取得了巨大的经济效益和社会效益。

离子注入技术可有效改善金属耐磨、抗氧化性能和表面摩擦特性，提高表面硬度，如氮和碳注入可改善 Ti-6Al-4V 钛合金及多种钢的抗磨损特性。氮注入钛中，磨损率下降了两个数量级，摩擦系数从 0.48 降到 0.15。离子注入技术还可改善金属耐腐蚀性能。如军用飞机推进器中的腐蚀主要发生在滚珠与轴承环的接触处，点蚀坑成为疲劳断裂源，而轴承钢注入钼+碳和钼+氮就具有很好的抗腐蚀特性，还具有保持轴承尺寸稳定和抗滚动接触疲劳的特点。

9.2.4 飞行器防护涂层体系

飞机蒙皮涂层体系多数为双层防护体系，其底漆采用结合力和耐蚀性能良好的环氧聚酰胺涂层，面漆主要采用耐候性、耐化学介质及耐久性较好的脂肪族聚氨酯涂层。

底漆是整个涂层体系中极为重要的基础，应具有下列特点：①对基体表面有很好的附着力；②底漆应对涂装的表面有良好的润湿性，粘度不能太高；③底漆中含有具有阴极保护作用的颜料，如锌粉等；④底漆的基料和颜料具有屏蔽作用，能减少水、氧、离子的渗透。

面漆的性能是关系涂层体系总体性能的关键，其主要作用如下：①它是整个防腐涂层的第一道关口，阻挡外界腐蚀介质渗透入涂层中；②装饰和标志作用，飞机的外观色调是靠涂层体系的面漆来体现的；③其他功能，如隐身飞机依靠隐身涂层达到隐身的目的。

如今，欧美各国防护涂层体系向环保型、柔韧性、多功能体系等方向发展。选用的底漆和面漆有：高性能水基环氧底漆、聚氨酯弹性底漆、无毒缓蚀底漆、自底漆面漆、抗雨蚀涂层等。

9.2.4.1 脱水防锈剂

脱水防锈剂也是一种新型防护涂层，有较强的渗透性，可以进入极小的缝隙和孔内，溶剂挥发后将结构表面的水分和盐分置换出来，并覆盖一层具有防腐蚀作用的膜层。海军飞机的腐蚀是从结构连接处开始的，装配后，将脱水防锈剂喷洒在易于凝露的区域，尤其是结构连接处，形成防腐蚀膜层。1997 年部署在波斯湾某航母上的 7 架 ES－3A 型反潜机，2000 年在大西洋舰队、太平洋舰队的几十架 S－3B 型反潜机均采用了 ACF－50 脱水防锈剂，飞机腐蚀率大大降低。

9.2.4.2 金属材料缓蚀剂

以适当浓度和形式存在于环境(介质)中时，可以防止或减缓材料腐蚀的化学物质或复合物，因此缓蚀剂也可称为腐蚀抑制剂。其用量很小(0.1%～1%)，效果显著。可以有效保护金属材料的环境腐蚀失效。缓蚀剂的缓蚀机理在于表面的成膜，迅速在金属表面上形成一层密而实的膜，是获得缓蚀成功的关键。缓蚀剂有固体、气相、液体等，可用于中性(锅炉水、循环冷却水)、酸性(盐酸，酸溶液)和气体环境(气相缓蚀剂)。

按照化学组分，可分为无机缓蚀剂、有机缓蚀剂和聚合物类缓蚀剂。无机缓蚀剂主要包括铬酸盐、亚硝酸盐、硅酸盐、钼酸盐、钨酸盐、聚磷酸盐、锌盐等。有机缓蚀剂主要包括膦酸(盐)、膦羧酸、琉基苯并噻唑、苯并三唑、磺化木质素等一些含氮氧化合物的杂环化合物。聚合物类缓蚀剂主要包括聚乙烯类、聚天冬氨酸等一些低聚物的高分子化学物。

从抑制腐蚀部位，可分为阳极型、阴极型和混合型缓蚀剂。阳极型缓蚀剂：在金属表面阳极区与金属离子作用，生成氧化物或氢氧化物膜覆盖在阳极。这样就抑制了金属的溶解，阳极反应被控制，阳极被钝化。无机强氧化剂属于此类缓蚀剂，是通过抑制腐蚀反应的阳极过程来达到缓蚀的目的。阴极型缓蚀剂：抑制电化学阴极反应的化学药剂，与金属表面的阴极区反应，反应产物在阴极沉积成膜，随膜增厚，阴极释放电子的腐蚀反应被阻挡。混合型缓蚀剂：某些含氮、含硫或羟基、具有表面活性的有机缓蚀剂，其分子中有两种性质相反的极性基团，能吸附在清洁的金属表面形成单分子膜，既能在阳极成膜，也能在阴极成膜。阻止水中溶解氧向金属表面的扩散，起缓蚀作用，巯基苯并噻唑、苯并三唑、十六烷胺等属于此类缓蚀剂。

根据缓蚀剂形成的保护膜的类型，分为氧化膜型、沉积膜型和吸附膜型。氧化膜型缓蚀剂是指在金属材料表面的阳极区形成一层致密的氧化膜保护材料不腐蚀。沉淀膜型缓蚀剂是指由锌、钙阳离子与碳酸根、磷酸根和氢氧根阴离子在水中、于金属表面的阴极区反应而沉积成膜(阴极型缓蚀剂),不如氧化膜的效果好。吸附膜型缓蚀剂多为有机缓蚀剂,具有极性基因,被金属表面电荷吸附,在整个阳极和阴极区域形成一层单分子膜,阻止或减缓相应腐蚀电化学反应。

9.2.4.3　航空用憎水剂与憎水处理防护技术

飞机部件在组装、运输等过程中易造成表面涂层的破损划伤,一些零部件的连接形成的缝隙等都是环境介质侵蚀的通道和发生腐蚀的敏感区域。可用环氧有机硅涂层、聚氨酯涂层等进行修复,但是这些树脂涂料粘度大,损伤的细节位置(缝隙)不容易修复。

憎水剂是一种稀的液体,有很好的渗透性,可以修复涂层的破损划伤细节缝隙处,并且可以得到明显的憎水效果表面(不易积水),有效抑制涂层破损划伤处的腐蚀过程,提高组装零件缝隙处的耐腐蚀性能。

9.2.5　飞行器腐蚀维护修理技术

飞行器腐蚀维护修理技术包括清洗、缓蚀、腐蚀修复等控制腐蚀发生发展的关键技术。主要腐蚀修复技术包括清洗剂、缓蚀剂、涂层、电刷镀等。应用飞机专用清洗剂、缓蚀剂,可以进行腐蚀的快速维修,电刷阳极化技术可进行铝合金表面原位修理,低氢脆刷镀镉用于飞机起落架镀镉零部件修理。

针对海军飞机典型环境谱下考察缓蚀剂的有效性,选用 4 种缓蚀剂(AV8、AV8＋AVl00D、AV30、AVl5),对 2A12 铝合金、30CrMnSiA 钢板铆接和螺接试样(共 6 组、66 件)在典型加速试验环境下试验,试验结果如表 9－5 所列。试验结果表明,铝合金铬酸阳极化＋铬酸盐封闭＋TB06－9 聚氨酯底漆＋TS70－60 磁漆,装配后喷涂 AVl5(或 AV30)缓蚀剂,防护有效期可高于 5 年。图 9－7 所示是采用喷涂缓蚀剂对腐蚀零件进行维修处理的表面形貌,缓蚀剂用于飞机结构装配件最后一道防护,可有效增强已有防护体系,在飞机维护中用于防护涂层的损伤处。

表 9－5　海军飞机典型环境谱下材料-缓蚀剂的有效性

材　料	试　件	表面防护	缓蚀剂	有效期
2A12	AA	铝合金铬酸阳极化＋铬酸盐封闭＋TB06－9 聚氨酯底漆＋TS70－60 磁漆	AV8	略高于 3 年
	AB		AV8＋AV100D	略高于 5 年
	AC		AV30	略高于 5 年
	AD		AV15	高于 5 年
	AE		不涂缓蚀剂	略高于 3 年
30CrMnSiA	GA	吹砂、磷化处理＋H06－2 铁红环氧酯底漆	AV8	不到 3 年
	GB		AV8＋AV100D	不到 5 年
	GC		AV30	不到 5 年
	GD		AV15	不到 5 年
	GE		不涂缓蚀剂	不到 2 年

注:表中有效期按加速试验采用的当量环境/载荷谱评估。

9.2.6　环境耐久性评价及改进措施

在服役环境谱研究基础上,综合开展户外暴晒(如图 9－8 所示为佛罗里达州暴晒场)及实验室模拟加速试验,建立环境模拟加速试验谱;环境模拟加速试验谱中材料、防护体系、关键

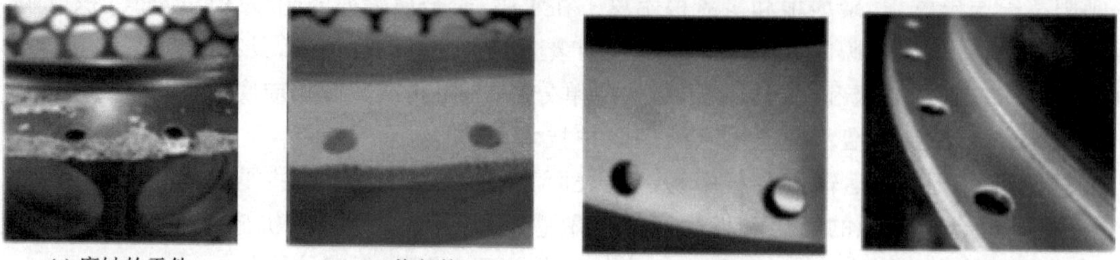

(a) 腐蚀的零件　(b) 修复前　(c) 冷喷涂后　(d) 完成后

图 9-7　喷涂缓蚀剂的表面变化

（易腐蚀）结构件环境耐久性数据比较充分，可为整机防护体系改进提供依据。

这些技术将以往的“发现腐蚀—修复腐蚀”的模式转变为“预测腐蚀—管理腐蚀”的模式，根据预测结果决定飞机维护和管理策略。

图 9-8　ATLAS 佛罗里达州暴晒场

飞行器在使用维护中要注意腐蚀预防与控制，主要包括预防性和补救性控制措施：

① 加强日常维护中的腐蚀检查，应依据具体的服役环境和使用情况，有针对性制定腐蚀检查大纲和周期。在沿海和内陆湿热地区服役的飞机，腐蚀检查周期以 7～10 天为宜；在比较干燥的内陆地区，腐蚀检查周期可为 10～15 天。

② 冲洗过程中会冲洗掉部分润滑油、机油、密封剂和腐蚀抑制化合物，因此，冲洗后应重新添加润滑油、脂和涂敷缓蚀剂，并要特别注意缝隙和搭接区域的彻底清洗和干燥。由使用环境和污染程度确定飞机的清洗周期，轻微腐蚀地区的冲洗周期为 90 天，中等腐蚀地区为 45 天，严重腐蚀地区为 15 天，舰载机每次飞行后冲洗。

③ 根据损伤程度进行不同的防护处理。轻微可允许腐蚀损伤：腐蚀没有超过飞机结构修理手册中规定的容许极限，一般只需按飞机结构修理手册进行简单防护处理；中等腐蚀损伤：腐蚀损伤刚好接近容许极限，需要进行补强修复，修复后应缩短检查间隔，加强监控；严重腐蚀损伤：腐蚀损伤已影响到飞机正常使用和飞行安全，已不能局部补强修复，必须进行部件更换。当外场维护中发现这类腐蚀损伤时，应进行专题研究解决。

9.2.7　典型腐蚀控制设计案例

图 9-9 所示的“黑鹰”UH-60 直升机，是美国西科斯基飞机公司制造的一种多用途运输直升机，用于战术运输及救援、侦察、指挥、电子战和反潜战等，该机型于 1974 年 10 月首飞，起飞重量为 9 185 kg，水平尾翼呈梯形。图 9-10 所示的“海鹰”SH-60B，于 1979 年 12 月首飞，起飞重量为 9 926 kg，该机型水平尾翼呈矩形，尾段可折叠，旋翼刹车装备旋翼自动折叠系统，增加了紧急漂浮系统。

从“黑鹰”发展到“海鹰”，设计改进包括以下几方面：采用单件结构替代原来的多部件，减少异金属接触，避免缝隙腐蚀和接触腐蚀；采取了大量“三防”措施（见图 9－11），蒙皮防护涂层从多色迷彩伪装（380～900 nm）发展为海洋背景（700～2 600 nm）IR 光谱低反射伪装（底漆＜10％、面漆＜8％），“海鹰”MH－60S 直升机腐蚀防护控制结构上采用单一结构、高速加工；尾部传动轴凸缘进行阳极化；表面喷涂液体膜和抗蚀材料，局部用高速火焰喷涂，“三防”性能逐渐增强。

图 9－9　“黑鹰”UH－60

图 9－10　“海鹰”SH－60B

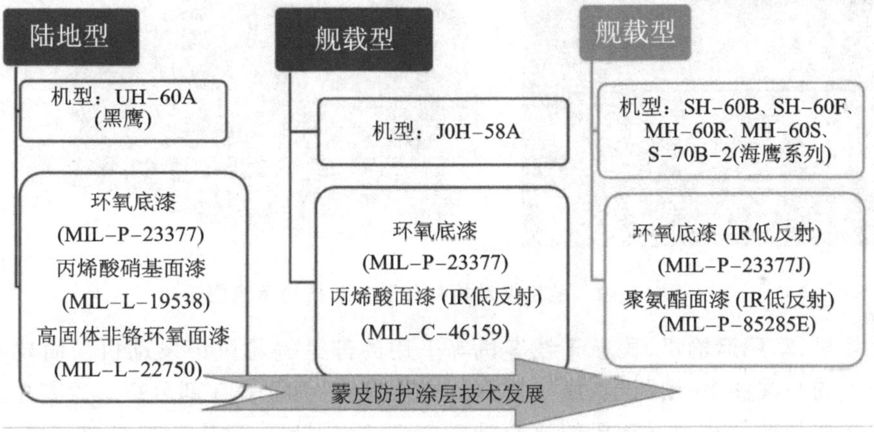

图 9－11　从“黑鹰”发展到“海鹰”的“三防”改进措施

习　题

1. 简述飞行器机体材料的腐蚀特点。

2. 什么是接触腐蚀？接触腐蚀的发生需要满足什么条件？基本防护措施有哪些？

3. 什么是点蚀？点蚀对材料有哪些危害？基本防护措施有哪些？

4. 什么是缝隙腐蚀？缝隙腐蚀形成的原因是什么？基本防护措施有哪些？

5. 什么是晶界腐蚀？晶界腐蚀形成的原因是什么？基本防护措施有哪些？

6. 什么是应力腐蚀？其具体表现形式包括哪些？基本防护措施有哪些？

7. 简述复合材料的腐蚀特性，选材时应考虑哪些因素？

8. 试从结构设计、零件防护、表面处理、防护涂层和维护修理等方面讨论飞行器的腐蚀控制方法和措施。

9. 如何实现从“发现腐蚀—修复腐蚀”模式到“预测腐蚀—管理腐蚀”模式的转变？

10. 以“黑鹰”和“海鹰”直升机为例，分析飞行器的防护性能提升体现在哪些方面？

第 10 章　航空发动机材料的腐蚀与防护

10.1　航空发动机概述

本章思维导图

航空发动机是一项高度复杂的系统工程，如图 10－1 所示，包括发动机总体，压气机、涡轮、控制等各分系统和叶片、机匣、齿轮等零部件的多个层次。包含了结构、强度、气动、燃烧、传热等众多学科与专业，要满足航空发动机在高温、高压、高转速的极端工况下的高可靠性工作，需要进行多轮设计循环与验证。

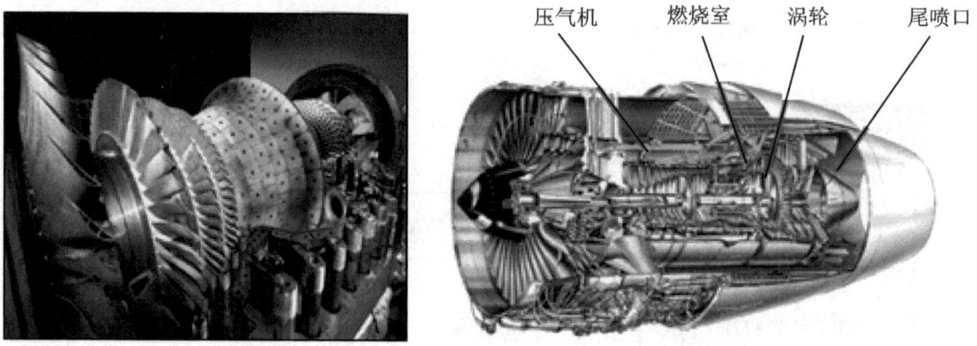

图 10－1　航空发动机外形及内部结构示意图

现代战斗机、军用运输机、民航干线客机等采用的都是涡轮风扇发动机。简单来说，涡扇发动机有 2 个同心圆涵道，由风扇、压气机、燃烧室、涡轮、喷管等 5 部分组成。其中压气机、燃烧室和涡轮又往往被合称为发动机的核心机。战斗机用涡扇发动机，与运输机、民航客机的区别主要在于风扇，客机的发动机一般采用大直径风扇，可降低耗油率；战斗机的发动机风扇直径一般较小，以进行超声速飞行。

图 10－2 所示为涡扇发动机与涡喷发动机的结构。对于涡扇发动机，空气从进气口流入，经过压气机压缩后，在燃烧室与煤油混合燃烧，高温高压燃气经由涡轮、喷管膨胀，最后高速从尾喷口喷出。涡扇发动机的推力一部分来自喷出燃气所产生的反作用力；另一部分是涡轮驱动风扇，风扇旋转驱动空气，经由发动机外涵道喷出的反作用力。对于涡喷发动机，工作原理与涡扇发动机类似，喷出的高温燃气一部分能量用于提供动力，一部分能量用于带动涡轮旋转，压气机的动力就是来源于涡轮的旋转。

航空发动机是飞机的关键部件，是衡量飞机发展水平的重要标志之一。不同推重比航空发动机的相关参数如表 10－1 所列。随着航空发动机推重比的增加，航空发动机燃烧室、涡轮机和压气机等的温度大幅提升，尤其是涡轮进口温度几乎以每年 15 ℃的速度增加。推重比为 10 的一级航空发动机涡轮前进口温度(TIT)已达到 1 950 K 左右，推重比为 12～15 的发动机的 TIT 将达到 2 100 K 以上，而推重比为 15～20 的发动机将达到 2 350 K 以上。

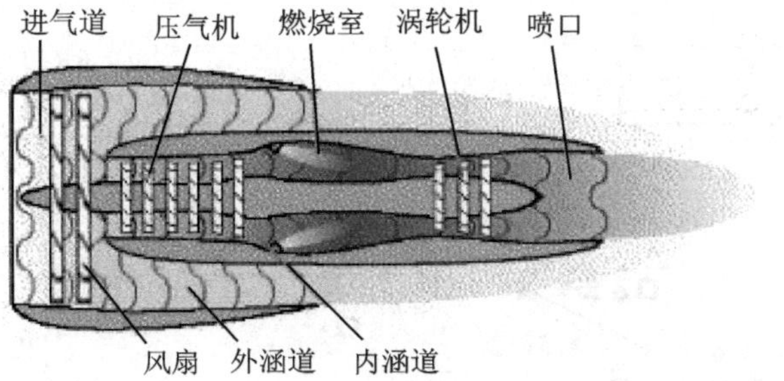

(a) 涡扇发动机

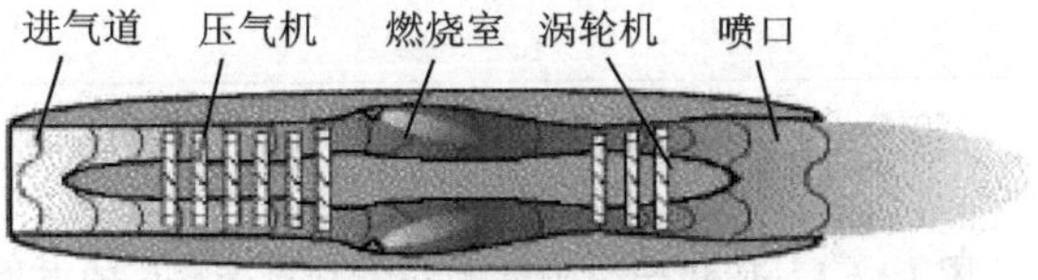

(b) 涡喷发动机

图 10－2　涡扇发动机与涡喷发动机结构示意图

表 10－1　不同推重比航空发动机的相关参数

项　目	Ⅱ	Ⅲ	Ⅳ	Ⅴ
推重比	5～6	7～8	9～10	15～20
涡轮前温度/K	1 250～1 400	1 600～1 750	1 850～1 950	2 250～2 350
压气机出口温度/K	650～700	800～900	850～950	950～1 200
涡轮盘工作温度/K	873	923	973	1 053～1 223
材料类型	变形高温合金	变形高温合金；粉末冶金高温合金	粉末冶金高温合金；纤维增强超合金；变形高温合金	双性能粉末冶金高温合金；纤维增强超合金；TiAl 合金；陶瓷和 C/C (1 093～1 371 ℃)

19 世纪以来，航空发动机的研制从未间断：1903 年，莱特兄弟研制出了推重比为 0.11 的水冷式发动机；第二次世界大战诞生了推重比为 1.0 的活塞式发动机；到目前已经诞生了推重比为 10.0 的喷气式发动机。图 10－3 所示为 1949—2010 年航空发动机推重比的发展历程。

目前世界各国仍在致力于先进航空发动机的研制。F－35 飞机使用的，也是世界上唯一可以满足 F－35 性能要求的发动机就是普惠公司研制的 F119－PW－100 发动机，F119－PW－100 也是人类历史上第一型推重比超过 10 的航空动力系统。为提高推力，增加了发动机的空气流量和涵道比，提高了发动机的工作温度。为了获得短距起飞和垂直着陆能力，垂直起降型增加了新颖的升力风扇、三轴承旋转喷管、滚转控制喷管。其 3 级风扇采用超中等展弦比、前掠叶片、线性摩擦焊的整体叶盘和失谐技术，在保持原风扇的高级压比、高效率、大喘振裕度和轻质量的同时，将风扇的截面面积增加了 10%～20%。

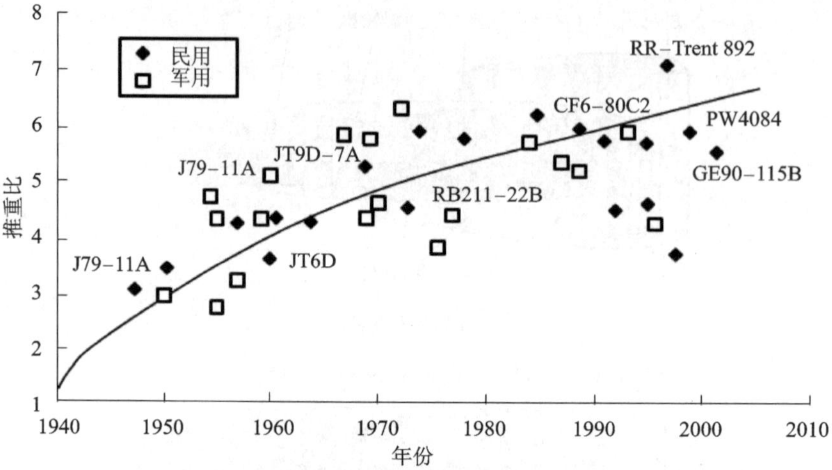

图 10-3　1940—2010 年航空发动机推重比的发展

10.2　航空发动机材料的腐蚀失效

10.2.1　航空发动机材料的腐蚀类型

正是由于现代航空发动机不断追求高推重比、高压比和高涡轮前温度等性能指标，使得腐蚀损伤所占比例不断增加。美军对 1664 件发动机事故的调查表明，腐蚀因素直接造成的事故占 15%，国内外因航空发动机腐蚀危机飞行安全的案例成千上万，事故也常有发生，损失达百亿美元。

飞机停放在机场时，发动机遭受的腐蚀与飞机机构相似，有电偶腐蚀、缝隙腐蚀、点蚀、晶间腐蚀等电化学腐蚀；发动机处于工作状态时，由于高温、振动、气动及载荷因素的联合作用，除电化学腐蚀存在外，还引起高温氧化、热腐蚀、冲蚀、低熔点金属致脆、微动腐蚀、腐蚀疲劳、应力腐蚀、碳腐蚀、钛合金零件的高温燃烧等特殊腐蚀失效，随航空发动机热端部件的工作温度愈来愈高，与高温环境相关的腐蚀破坏更为严重。

1. 电化学腐蚀

飞机在地面停放时因机场腐蚀环境和发动机零部件的具体结构，导致各类电化学腐蚀发生。发动机处于运行状态时，电化学腐蚀则发生在发动机的冷端部件，如风扇、低压压气机叶片和盘等。

用于制造发动机风扇、压气机叶片及盘、涡轮叶片及盘等的材料有铝合金、钛合金、不锈钢、镍基合金等易钝化材料，因此，在含 Cl^- 的潮湿环境，尤其是海洋环境（气压高、盐雾大、湿度大），易发生点蚀。而对于风扇或压气机转子叶片因易遭受砂石、尘埃、雨滴的冲刷，表面更易破坏，产生点蚀的倾向更大。当点蚀坑正好处在叶片等转动部件的最大交变应力幅部位时，则会促进疲劳裂纹的萌生与扩展，使发动机构件的疲劳强度大大降低。

2. 应力腐蚀

发动机零部件的应力腐蚀一般有两种，一是发动机开动期间发生在冷端部件上，另一种是发动机停车期间由残余应力造成的。不论是由哪一种形式造成的，均促进转动部件的疲劳失效。

某涡喷型发动机一级压气机转子叶片由 $Cr_{17}Ni_2$ 马氏体和铁素体双相不锈钢制造，出现应力腐蚀损伤而导致成百片叶片疲劳断裂失效，造成一等事故 2 起，损坏发动机 12 台，使 4 905 台发动机约 15 万片一级转子叶片全部报废更换，损失十分严重。

涡轮盘榫槽槽底也曾因应力腐蚀的原因而出现开裂现象，主要发生在飞机停放地面发动机停车期间，由槽底部残余应力和机场潮湿大气中 Cl^-、S^{2-} 等腐蚀性离子联合作用造成的。统计表明，沿海地区使用的涡轮榫槽槽底裂纹比在内地使用的涡轮盘高出近 3 倍。同时槽底应力腐蚀和发动机运行过程中的疲劳交替作用，共同促进槽底裂纹的扩展，导致涡轮盘的报废。发动机冷端转动部件（盘、叶片、轴等）也曾因发动机工作过程中的交变应力和腐蚀环境的共同作用而产生腐蚀疲劳失效。

3. 高温腐蚀

在高温、高压和高速燃气流冲刷联合作用下的航空燃气涡轮热端部件，其失效形式因温度而异。当航空燃气涡轮工作温度低于 800 ℃时，机械疲劳为主要失效形式（当腐蚀环境恶劣时，800 ℃以下的腐蚀也可成为主要失效形式）；在 1 000 ℃以上时，则以蠕变、氧化和热疲劳（单独或联合作用）为主；在 800～1 000 ℃范围内，各种形式的腐蚀失效均可能发生，但热腐蚀最易产生，尤其是在海洋环境下工作的燃气涡轮，更易在此温度范围内发生热腐蚀。当环境温度 950～1 000 ℃或发动机使用的燃料及进入的空气含污染杂质低时，高温氧化是燃气涡轮发动机热端部件失效主要形式。

10.2.2 航空发动机高温腐蚀

高温腐蚀是金属材料在高温下与环境介质发生反应引起的破坏。由于高温环境多种多样，因此金属在高温环境中的腐蚀形态、机理、速度和产物各不相同。通常根据腐蚀介质将高温腐蚀分为三类：

① 高温气态介质腐蚀（高温氧化）。腐蚀介质包括单质气体分子、非金属化合物气态分子、金属化合物气态分子和金属盐气态分子。这类腐蚀开始阶段存在金属与气体的化学反应，随后伴随较厚氧化膜的成长。

② 高温液态介质腐蚀（热腐蚀）。包括高温液态金属腐蚀和熔盐腐蚀等。腐蚀介质包括液态熔盐和低熔点金属氧化物。

③ 高温固体介质腐蚀（高温磨蚀）。是金属在腐蚀性固态颗粒冲刷下发生的高温腐蚀。腐蚀介质包括金属与非金属固态粒子、氧化物灰分和盐颗粒等。

由于飞机工作环境的多种多样，航空发动机的高温腐蚀情况也多种。一般来说，上述三种腐蚀均会发生。作为航空发动机的主要腐蚀失效形式，研究高温腐蚀的腐蚀机制具有十分重要的意义，目前主要的功能防护涂层如热障涂层等就是依据高温腐蚀原理设计的。

涡轮部件高温合金的氧化行为受合金成分、表面状态、环境温度、气流和应力等因素的影响。根据形成氧化膜的成分、生长动力学及其形貌，大致分为两类：一是形成 Al_2O_3；二是形成 Cr_2O_3 氧化膜。合金中 Cr 与 Al 的比例是决定氧化膜类型的主要因素。Cr 与 Al 的原子比大于 4，形成 Cr_2O_3 氧化膜；比值小于 4，形成 Al_2O_3 氧化膜。对镍基高温合金，形成 Cr_2O_3 氧化膜的条件是含 Cr 质量分数必须大于 0.15，含 Al 质量分数小于 0.05；而含 Al 质量分数为0.05 或略高一些的合金，则形成 Al_2O_3 氧化膜。如图 10 - 4 所示，Al_2O_3 氧化膜的生长动力学接近对数规律，氧化速率较低，膜连续且较薄，紧靠基体金属，在氧化膜下通常无内氧化发生，膜与基体金属的结合强度较低，因此在交变温度和其他机械应力作用下，容易从基体表面剥落，但抗氧化能力高于 Cr_2O_3 氧化膜。Cr_2O_3 氧化膜生长动力学一般符合抛物线规律，氧化膜生长速率较快,在氧化膜下通常有 Al 的内氧化发生,膜与基体金属的结合强度高于 Al_2O_3 氧化膜,抗热腐蚀性能也优于 Al_2O_3 氧化膜。

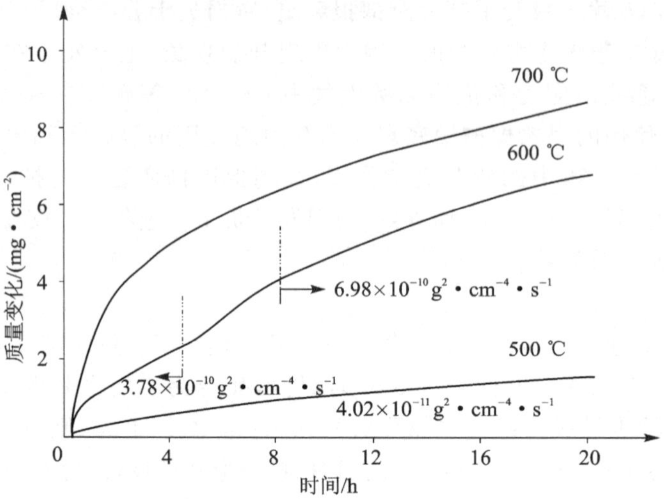

图 10-4 涡轮部件氧化膜的生长规律

随飞机压气机和涡轮的工作温度不断提高,为提高材料的高温强度有时需牺牲其抗腐蚀性,由此导致沿海和海上飞行的飞机发动机屡屡出现各种因盐雾和海水而引起的故障——热腐蚀。这是由于发动机进气口吸入的盐雾中的 NaCl 和燃料中含有的硫及其他燃气成分在高温下反应生成硫酸钠,硫酸钠与氯化钠沉积在发动机高温合金零部件表面彼此作用,形成助熔剂,导致叶片表面 Cr_2O_3 或 Al_2O_3 氧化膜熔化而失去对基体的保护作用,从而使基体高温合金遭受严重腐蚀。图 10-5 所示为 K17G 合金叶片叶盆面的热腐蚀形貌图。

热腐蚀分为低温(600~884 ℃)热腐蚀和高温(884~1 000 ℃)热腐蚀。热腐蚀对涡轮零部件造成的破坏比一般氧化严重得多,如使叶片进、排气边及承受高压的叶盆表面产生“瘤”状或深坑状局部腐蚀破坏,导致发动机叶片寿命降低 90%以上。

在许多情况下,发生高温腐蚀的同时还伴有气流的冲刷和固体微粒的摩擦,即“高温磨蚀-腐蚀”作用。这时由于腐蚀产物不断被磨耗而起不到保护作用,产生的破坏往往比没有腐蚀更为严重。因此,对于燃气涡轮的叶片,在遭受燃气引起的热腐蚀的同时,气流、碳粒盒尘埃的冲刷也会加剧发动机的破坏。

图 10-5 K17G 合金叶片叶盆面热腐蚀形貌

10.3 航空发动机材料的防护涂层

10.3.1 航空发动机涂层体系

目前航空发动机的高温腐蚀控制途径包括:

1. 研制可用于更高使用温度的新型高温合金或新一代高温合金单晶叶片材料

航空发动机用材不断更新,如图 10-6 所示,早期用铝合金取代镁合金作为发动机材料,

20 世纪 60 年代后用镍基合金和钛合金逐步取代钢，直至近些年来碳纤维复合材料、钛铝金属间化合物、金属基复合材料和陶瓷基复合材料等的应用，使发动机的耐蚀性和抗高温性能大大提高。

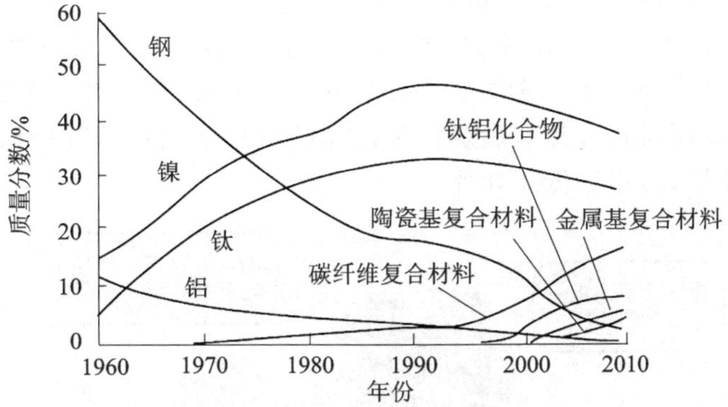

图 10－6　航空发动机用材的发展趋势

2. 设计新型高冷效空气冷却系统

目前国内外广泛采用的是开式冷却方法，即冷却空气从压气机引入，冷却涡轮后排入涡轮通道与燃气混合。该方案比较简单，结构上容易实现，而且不用额外负载大量的冷却气。缺点是引走了部分经过压气机压缩的空气，消耗能量，而且随着增压比和飞行速度的增加，冷却空气本身温度升高，冷却效果变差。

如图 10－7 所示，对于不同的冷却方式，其基本的冷却原理是空气从叶片下部进入叶片内部，通过冷却通道对叶片的内表面进行有效的冷却，然后由叶片上的小孔流出对叶片外表面进行冷却保护。

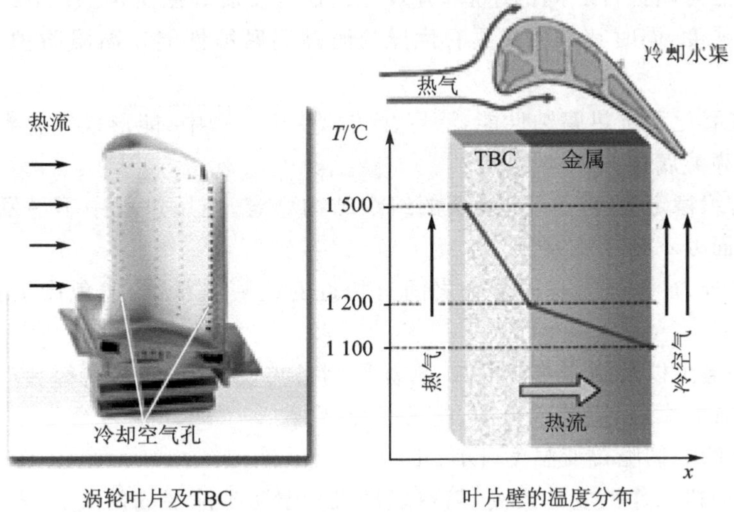

图 10－7　航空发动机冷却系统及其工作原理

3. 采用高温防护涂层技术

高温防护涂层对于提高发动机材料的耐温性能进而提高航空发动机的总体性能具有举足轻重的作用。目前，铝化物涂层、改性铝化物涂层、MCrAlY 涂层及热障涂层在航空发动机上均得到广泛应用。随着高性能、长寿命新型机种的研制开发，高温环境下涂层与基体材料相互作用愈来愈强烈，在选择涂层时应将涂层与基体作为一个整体来考虑。加强新型高温防护涂层的制备方法、涂层服役过程中微观组织结构变化及寿命预测等方面的应用研究，对大幅提高航空发动机综合性能和服役寿命具有重要意义。

航空发动机的不同部件因工作环境和承受载荷差异，其所用涂层多种多样，共同组成航空发动机的涂层系统（见图 10－8）：耐磨涂层主要用于压气机叶片；封严涂层用于机匣、叶片顶端等；热障涂层用于高压涡轮叶片和燃烧室等；抗高温腐蚀涂层主要用于高压叶片等；除此之外还有抗低温腐蚀涂层，常用于低压叶片。

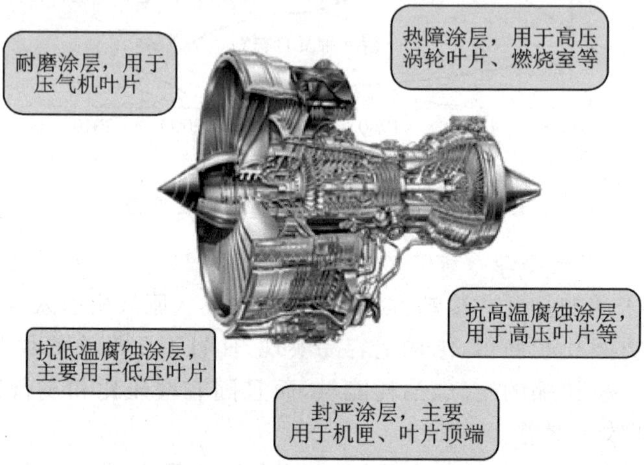

图 10－8　航空发动机涂层体系

高温腐蚀是航空发动机最常见的腐蚀类型，而为了弥补高温合金抗高温腐蚀性能的不足，解决高温力学性能与耐蚀性之间的矛盾，有效的途径是发展高温防护涂层，使航空发动机内部保持足够的高温强度，同时其表面又具有优异的耐高温腐蚀性能。高温防护涂层应尽可能满足以下要求：

① 优良的抗氧化和抗热腐蚀性能：涂层在实际使用过程中，能形成完整致密的氧化膜，保护合金基体免受高温腐蚀。

② 良好的组织稳定性：高温下，涂层的组织结构稳定，使用过程中不易发生相变退化，并且在与基体的界面处不形成有害相。

③ 良好的结合力：涂层与基体合金之间有相近的线膨胀系数，避免涂层在热应力作用下开裂。

④ 涂层内缺陷少以及制备工艺简单：在涂层制备与使用中，涂层内都会产生缺陷，例如金属夹杂物、内部孔洞、微裂纹、界面分离、组分变化等。

⑤ 涂层具有低的韧脆转变温度（DBTT）。

随着航空发动机工作温度的提高，航空发动机高温防护涂层的发展历程从铝化物涂层、改性铝化物涂层发展到 MCrAlY 系列涂层（M 为 Co、Ni 或者 Co＋Ni）和热障涂层，还有后来出现的环境障涂层，如表 10－2 及图 10－9 所示。

表 10-2　航空发动机高温防护涂层的常见种类和制备方法

涂层类型	扩散型涂层	包覆型涂层	热障涂层	环境障涂层
常见涂层	铝化物、改进型铝化物涂层	MCrAlY 涂层	粘接层和陶瓷层体系	Si + 莫来石/BSAS + BSAS/稀土硅酸盐
制备方法	渗镀、料浆包渗、固渗、真空蒸发、扩散渗镀、化学气相沉积	真空蒸发沉积、低压等离子喷涂、磁控溅射	面层多采用等离子喷涂、电子束物理气相沉积	综合应用等离子喷涂等多种技术
应用部位	转子叶片、导向叶片	转子叶片、导向叶片	燃烧室加热筒体、转子叶片、导向叶片	燃烧室内衬等部位

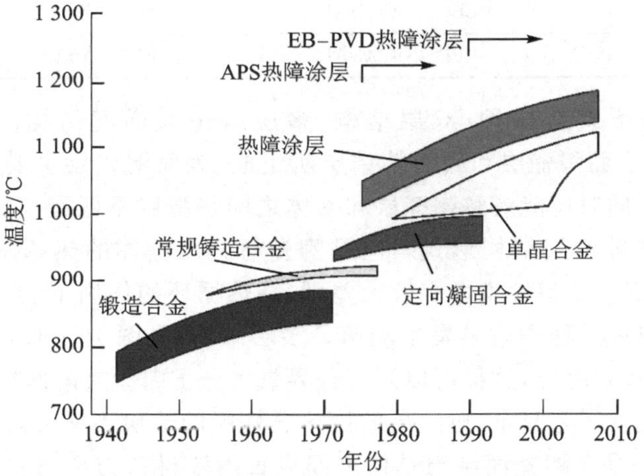

图 10-9　航空发动机工作温度的发展

目前，根据高温防护涂层的发展历史，人们习惯将高温防护涂层中铝化物涂层称为第一代涂层，改性的铝化物涂层称为第二代涂层，MCrAlY 包覆涂层称为第三代涂层，热障涂层称为第四代涂层。

其中热障涂层具有耐高温(1 200 ℃)、低热导率、热扩散率适中、高抗热振率、高相稳定性、良好的粘结力、高腐蚀抗力和高侵蚀抗力等优良性能，成为发展先进航空发动机的关键技术。在燃气涡轮上施加热障陶瓷涂层具有多重优越性：提高发动机、燃气轮机的涡轮前进口温度，进而提高其性能，提高燃油效率，延长其使用寿命。

下面将主要从热障涂层和可磨耗封严涂层角度进一步介绍航空发动机高温防护涂层系统。

10.3.2　热障涂层

美国 NASA - Lewis 研究中心为了提高燃气涡轮叶片、火箭发动机的抗高温和耐腐蚀性能，早在 20 世纪 50 年代就提出了热障涂层概念，并于 20 世纪 80 年代初在涂层的材料选择和制备工艺上取得了重大突破。

热障涂层的研制基本经历了三代变化，如表 10-3 所列。第一代热障涂层是 NASA 通过 APS 制备的 MSZ 面层、MCrAlY 底层，被 J75 燃烧室首次应用；第二代热障涂层是 P&W、R&R、GEAE 制备的 YSZ 面层(APS)、NiCoCrAlY 底层(LPPS)，被应用于 JT9D、PW2000、

PW4000、V2500、RB21、EJ200、CF6－50 等发动机的涡轮叶片；第三代热障涂层是 P&W、R&R、GEAE、SNECMA 制备的 YSZ 面层(EB－PVD)、NiCoCrAlY 或 Pt－NiAl 底层，应用于 PW2000、JT9D－7R4、V2500、F119、CFM56－7、F414、M88－2 等发动机的涡轮叶片。

表 10－3 航空发动机高温防护涂层的发展

TBC	年 份	粘接层	陶瓷层	涂层结构
早期燃烧器涂层	1963	火焰喷涂 Ni－Al	APS 22MSZ	陶瓷/粘结层
	1973	APS Ni－Cr/Al	APS 22MSZ	陶瓷/粘结层
	1974	APS CoCrAlY	APS 22MSZ	梯度涂层
	1980	APS NiCoCrAlY	APS 22MSZ	陶瓷/粘结层
第一代	1984	APS NiCoCrAlY	APS 7YSZ	陶瓷/粘结层
第二代	1982	LPPS NiCoCrAlY	APS 7YSZ	陶瓷/粘结层
第三代	1987	LPPS NiCoCrAlY	EB－PVD 7YSZ	陶瓷/粘结层

热障涂层的结构形式有三种：双层结构、多层结构和梯度结构。其中双层结构(见图 10－10(a))主要由表面陶瓷层和底面粘结层所组成，表面陶瓷层主要起隔热作用，粘结层除了抗氧化和抗腐蚀，同时还能缓解陶瓷层和基体之间热膨胀不匹配。这种结构制备方法简单，是目前最常见的热障涂层结构形式。但是陶瓷与金属基体的热膨胀系数(Thermal Expansion Coffecient，TEC)及弹性模量有较大差别，在热循环的作用下会在涂层界面处产生较大应力，导致涂层在热震过程中过早发生脱落。多层结构(见图 10－10(b))是在双层结构的基础上设置了隔热层和封阻层，这样可以减缓外界氧气分子向涂层内部扩散的速率，减轻粘结层的氧化程度，但其制备工艺复杂，对涂层的抗热震性能的改善不明显，应用十分有限。梯度结构(见图 10－10(c))是在陶瓷面层与基体之间设置陶瓷材料与金属材料的复合层，使得陶瓷面层的成分和结构呈连续的梯度变化，从而有效减小面层与基体之间的热应力，改善涂层的结合力和抗热震性能，但是该结构不适用于热膨胀系数较大的材料，而且施工重复性较差，这在一定程度上限制了其应用。

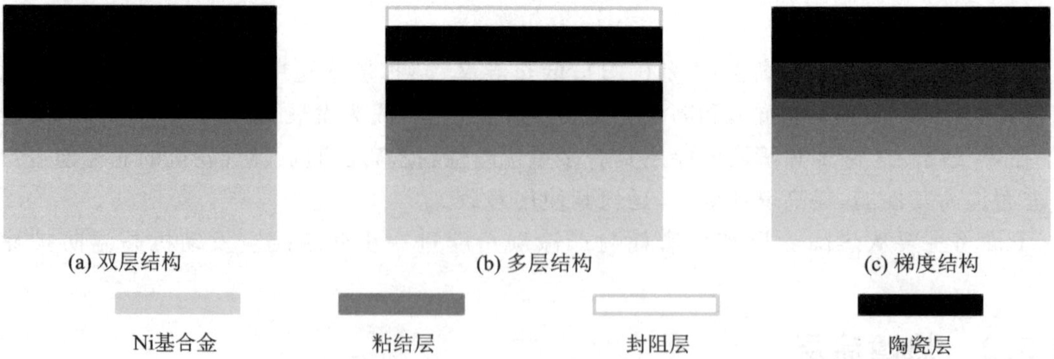

图 10－10 热障涂层结构示意图

在热障涂层中，粘结层起增强结合力和抗氧化性作用，通常选用的材料为 MCrAlY(M＝Fe、Co、Ni 或 Ni－Co)，如表 10－4 所列。其 Ni－Co 是基体元素。Al 是生成 Al_2O_3 的必需元素，高 Al 含量能延长高温氧化条件下涂层的寿命，但使其脆性增加，因此 Al 的质量分数控制在 8%～12%，并向低 Al 含量方向发展。Cr 主要用来提高粘结层的抗氧化和耐腐蚀能力。在高温条件下，粘结层中 Al 优先氧化完毕后，Cr 继续在 Al_2O_3 膜与粘结层之间形成 Cr_2O_3 膜，起到屏蔽基体合金的作用，并促进 Al_2O_3 膜的生成，但 Cr 会降低涂层的韧性，应在保证抗氧化及抗腐蚀性的前提下，使 Cr 含量尽可能低。Y 质量分数一般在 1%以下，起到细化晶粒、提高 Al_2O_3 膜与基体结合力的作用，可改善涂层的热震性、降低粘结层的氧化速率。

表 10-4 几种粘结层材料对比

材料体系	存在的主要问题	对策措施
NiCrAlY	抗氧化、抗热腐蚀性能不足	添加微量元素 Si，弱化层间元素互扩散，减缓 TGO 的增长速率
NiCrAlYSi	与单晶合金基体热膨胀不匹配； 基本中二次反应区存在	添加微量元素 Co 和 Hf，提高热膨胀系数，改善力学性能和抗氧化性能
NiCoCrAlYHf	涂层中拓扑密堆相(TCP)易于析出	添加微量元素 Ta 等，稳定涂层晶格，提高涂层/基体间适配性

热障涂层的基本设计思想就是利用陶瓷的高耐热性、高抗腐蚀性和低导热性，实现对基体合金材料的保护。因此热障涂层陶瓷层材料必须满足以下要求：熔点高、在室温和使用温度区间没有相变、与高温合金有相近的热膨胀系数、导热系数低、耐腐蚀、化学稳定性好、抗烧结等优点。同时满足这些要求的陶瓷材料不多，传统的有氧化锆、莫来石($3Al_2O_3 \cdot 2SiO_2$，Mullite)和氧化铝。其中 ZrO_2 由于具有与 Ni 基高温合金基体接近的热膨胀系数、低导热系数、高熔点、高热反射率、良好的化学稳定性等优点而成为热障涂层材料的首选。但因其稳定性较差，不适合直接作为陶瓷面层材料，因此主要选用 6%～8% Y_3O_2 和部分稳定的 ZrO_2(YSZ)作为陶瓷面层的材料，该成分由美国 NASA 在 20 世纪 70 年代首先提出，其材料在试验中具有最佳性能。

热障涂层的发展已经有 60 多年的历史，热障涂层的制备工艺也在不断地改进。目前，制备热障涂层的方法主要包括：①等离子喷涂(Plasma Spraying，PS)；②电子束物理气相沉积(EB-PVD)；③液相等离子喷涂(Solutions Precursor Plasma Spray，SPPS)；④高速火焰喷涂(High Velocity Oxygen Fuel，HVOF)；⑤激光熔覆(Laser Cladding，LC)；⑥等离子物理气相沉积(PS-PVD 或 LPPS-TF)；⑦化学气相沉积(CVD)；⑧电泳沉积(ElectroPhoretic Deposition，EPD)。

等离子喷涂是以高温等离子火焰为热源，将粉末材料熔融后喷向基体，其快速冷却后凝固在基体上，粒子之间互相咬合在一起形成涂层，如图 10-11 所示。等离子体喷涂技术具有温度高(中心温度 9 000 ℃以上)、结构均匀、成膜性好等优点，适用于一切具有熔点的金属。近年来该技术发展迅猛，成为制备热障涂层的主要技术之一。利用等离子喷涂技术制备的 YSZ 热障涂层，片层间有效结合面积一般 50%以下，剩余的层间间隙可有效提高涂层的隔热性能，但在一定程度上降低了其抗热震性能。目前，该技术被广泛应用在制备航空发动机的导向叶片、燃烧室壁、尾喷管等静止部件上。等离子喷涂涂层在应用时仍存在一系列问题：一方面涂层中容易产生裂纹，致密度不高；另一方面由于陶瓷层材料和金属黏结层材料的热膨胀系数差异较大，涂层与基体的结合力不强，容易出现脱落、失效等问题。针对以上问题，可考虑从制备工艺上加以改进，比如将等离子喷涂和激光熔覆技术相结合，以制备出致密度高与结合力好的热障涂层。

电子束物理气相沉积是在真空蒸发技术上发展而来的，以高能量密度的电子束为热源，将待蒸发材料加热至熔融雾化状态后，通过电磁场的作用进行偏转，蒸发至基材表面，凝结形成涂层，其设备和涂层结构如图 10-12 所示。该技术因蒸发速率快、环保、无污染，已成为制备

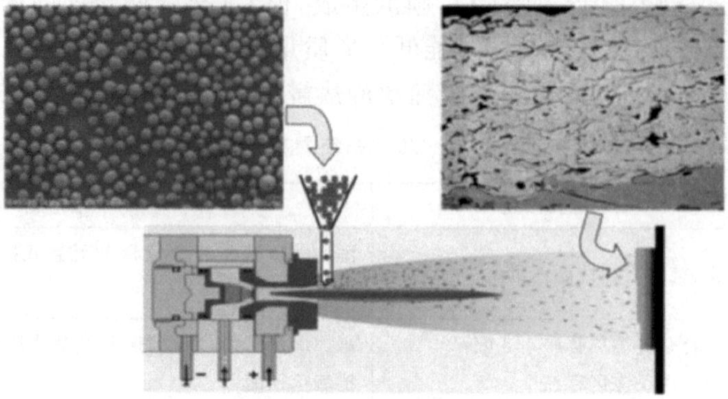

图 10-11 PS 示意图

热障涂层最普遍的方法之一。但是当基材形状较复杂时，蒸发粒子无法均匀、平整地沉积在基体表面，导致其扩散能力降低，沉积层的致密度不高，这就是 EB-PVD 技术中存在的阴影效应。而且该技术对基材的加热温度要求较高(通常在 800 ℃以上)，使得基材的装炉量较低，增加了工艺成本。此外，由于所制涂层为柱状晶体结构，容易造成一些反应活性元素、氧化性气体等沿柱状晶体穿透涂层，对基体造成侵蚀。将等离子辅助沉积技术与电子束物理气相沉积技术相结合，是解决以上问题的一条新思路，不仅制备过程容易控制，而且可以克服阴影效应，提高喷涂颗粒的扩散能力，获得致密度较高、光洁度更好的涂层，这也是 EB-PVD 技术研究和发展的热点方向之一。

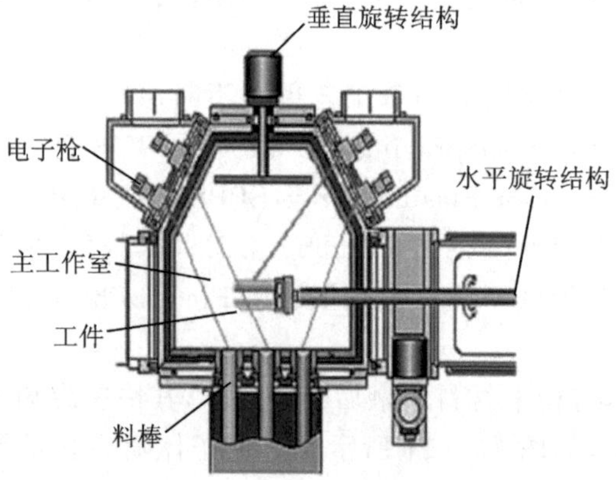

(a) EB-PVD设备

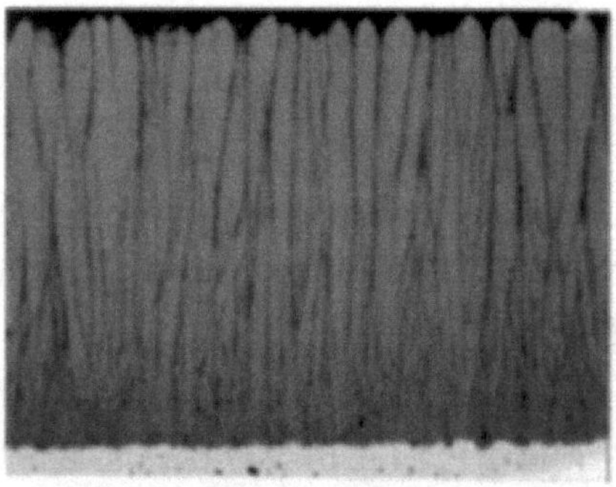

(b) 热障涂层的典型结构

图 10-12 EB-PVD 设备与热障涂层的典型结构

液相等离子喷涂是将混合均匀的前驱体盐溶液喷入等离子火焰中，利用高温等离子焰流作为反应器，使固体颗粒发生熔化、结晶等一系列反应，形成稳定的纳米涂层材料，如图 10-13 所示。其中前驱体溶液的溶剂可以是一种或几种溶液组成(主要为水、乙醇和其他有机溶剂)。SPPS 涂层具有更高、更均匀的孔隙率，可以提高涂层材料的热稳定性。

高速火焰喷涂包括丝材火焰喷涂和粉末火焰喷涂，制备热障涂层多以粉末喷涂为主，以氧气和燃料燃烧时产生的火焰作为热源，一般以乙炔为燃料热源，现在也可以选择使用丙烷、丙烯、煤气、氢气或天然气等气体热源，或者使用煤油、汽油和乙醇等液体燃料。选择哪种燃料要从实用性、方便性和经济性综合考虑。喷涂过程中，喷枪由气阀引入燃料和氧气，混合气体在喷嘴处产生火焰，原料粉末随气流进入火焰被加热熔化，然后在气流和焰流的作用下喷射到基

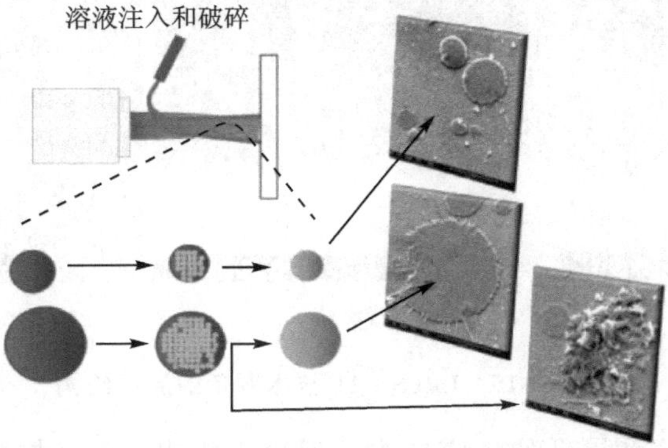

图 10-13　SPPS 涂层沉积机理

材表面形成涂层。

激光熔覆是以激光束为热源将涂覆在基体表面的涂层材料融化并快速凝固，获得所需涂层。相比于传统涂层技术，激光熔覆在制备陶瓷涂层时冷却速度非常快，属于非平衡结晶，这有利于获得高强度的细晶甚至纳米晶组织。但需要指出，激光熔覆由于强烈的热应力作用容易造成涂层开裂，并且激光参数对涂层质量的影响非常复杂，因此熔覆层的质量很难控制。基于此，未来的激光熔覆技术制备高性能陶瓷涂层向着工艺简单、质量可控的方向发展。

等离子物理气相沉积技术是结合等离子喷涂与物理气相沉积技术发展起来的一种新型的薄膜与涂层制备技术，其设备如图 10-14 所示。我国在 PS-PVD 方面研究进展很快，2013 年北京航空航天大学从瑞士 Medicoat 公司引进我国第一台大功率 PS-PVD 设备。PS-PVD 技术一般采用枪内送粉的方式，喷涂粉末被直接注入喷枪内的等离子射流中，这样有利于粉末的加热熔化和气化。等离子喷枪一般配有 2 个或 4 个送粉口，可以同时注入单路或多路粉末。同时，PS-PVD 装配了相关监测装置，其中原子发射光谱仪用于表征等离子体性质及粉末气化程度，红外照相仪及热电偶监测基体温度。采用 LPPS-TF 技术制备的涂层包括层状、柱状和层柱复合状结构，如图 10-15 所示。

图 10-14　LPPS-TF 设备及三种焰流对比

化学气相沉积是一种借助于多元气体在加热零件表面发生化学反应，由此获得所需涂层的工艺。采用 CVD 技术制备涂层时，由于反应气体的流动可使涂层元素到达复杂零件或腔体零件的任何部位，因此该工艺最大的特点是具有极高的表面涂覆率，并且目前没有一种工艺能将之取代。CVD 技术在制备陶瓷涂层时能均匀涂覆在任何形状复杂的零件表面，所获得的涂层纯度高、致密度高，并且与基体结合良好，如图 10-16 所示。相比于 PVD 技术，CVD 技

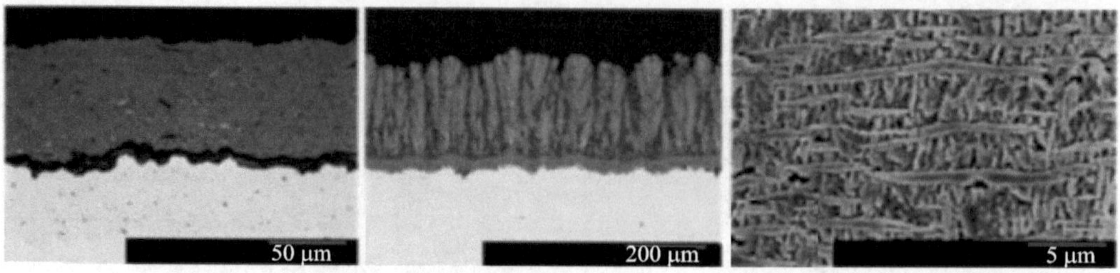

(a) 层 状　　(b) 柱 状　　(c) 层柱复合状

图 10－15　LPPS－TF 技术制备的涂层结构

术还具有更高的生产效率和更低的生产成本。但也需指出，CVD 技术反应温度较高，容易导致涂层与基体结合不牢或基体变形。此外，CVD 技术常伴随着有毒有害气体产生，如果处理不当，会对健康和环境造成损害。因此，未来的 CVD 技术在制备高性能陶瓷涂层时的发展方向是低温、环保。

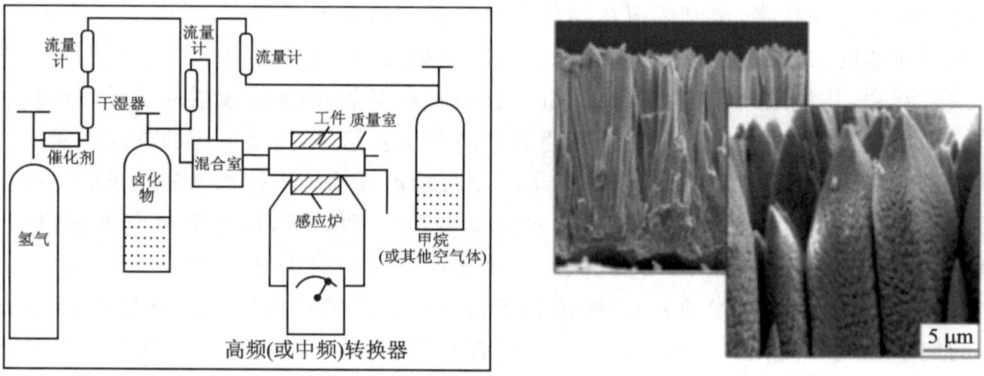

图 10－16　CVD 示意图与涂层结构

电泳沉积的基本原理是带电胶体粒子在电场作用下发生定向移动，根据 DLVO 理论，电介质浓度的增加可诱发胶体体系的聚沉，外电场的作用可使电极附近电解质浓度增加，其结果相当于降低了电极附近的 Zeta 电位，从而使带电粒子在电极(工件)表面发生沉积。电泳沉积最大的优点就是工艺简单，成本低；沉积过程是非线形的，能够沉积形状复杂的工件；沉积的厚度和速率可通过外加电压和沉积时间调节，而且涂层的成分和微观结构可控。电泳沉积的不足之处在于涂层的结合强度低，易剥落。

10.3.3　可磨耗封严涂层

航空工业的迅速发展对航空发动机提出了越来越高的要求，大推力、高效率、低油耗已成为发动机设计和制造的总体目标。在航空发动机压气机转子与静子之间，如转子叶片顶端与机匣间，整流器内环和转子鼓筒间，转子前、后端面与机匣间都存在着漏气损失，严重地影响了压气机的效率。研究发现，叶尖间隙对压气机和涡轮机效率、耗油率、发动机功率有很大影响，如图 10－17 所示。数据显示，航空发动机的涡轮叶尖间隙与叶片长度比(Δ/L)每增加 1%，发动机整体效率下降 1.5%，油耗上升 3%；压气机径向间隙每增加 0.076 mm，发动机的单位油耗量将增加 1%，而燃油消耗占据一架飞机营业成本的 53%。

发动机在高速运行中离心力和热膨胀作用会使得发动机叶片变形伸长；零部件的加工和装配存在一定的偏差；飞机变速和着陆引起的振动会促使零部件产生一定的位移。由于上述原因，无法将叶片与机匣的径向间隙控制为零，总要预留2～3 mm的间隙以防止叶片与机匣发生干摩擦。这种过大径向间隙不仅会使发动机效率降低，严重时会导致发动机的气动特性在加速时遭到破坏，引发喘振，影响发动机的运行稳定性与安全性，径向间隙如图10-18所示。为解决上述问题，用于减小发动机叶片尖端与机匣之间间隙的气路封严技术就成为提高发动机性能的关键手段。

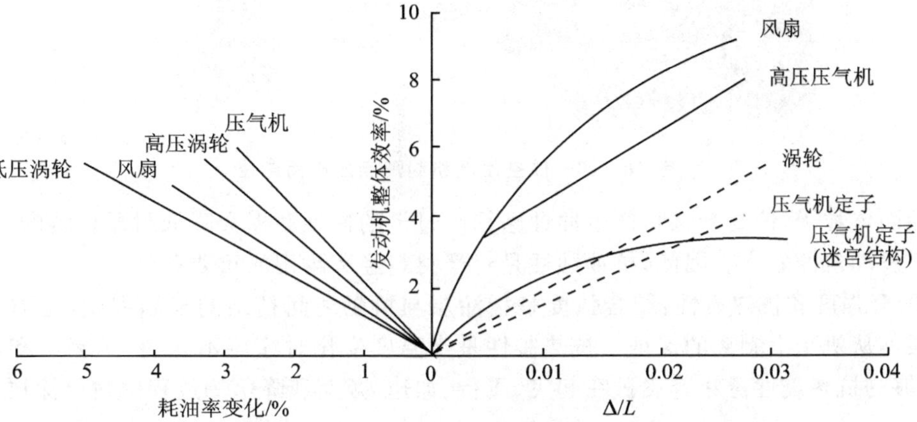

图10-17　径向间隙对涡轮风扇发动机效率及耗油率的影响

图10-18　径向间隙损失示意图

常用的气路封严主要有：蜂窝封严、镶块封严、金属毡封严、多孔条封严、浆状铸型封严和可磨耗涂层封严几种方式。前4种方法需要通过焊接与机匣连接，制备工艺及返修较为复杂。浆状铸型法由于其后续热处理工艺实现困难，限制了其广泛应用。目前，先进航空发动机主要采用热喷涂制备的可磨耗封严涂层进行气路封严。

可磨耗封严涂层一般是采用热喷涂技术在压气机机匣内表面喷涂耐高温、抗氧化、质软多孔，能够与压气机叶片尖端形成一对可磨耗封严磨损副的涂层。在运行过程中能形成理想的径向气流间隙，获得最大压差，从而提高发动机效率，降低能耗，简化气路密封结构设计，延长使用寿命。可磨耗封严涂层应用于航空发动机风扇、压气机和涡轮等部位，如图10-19所示。

封严涂层需在服役过程中面临高温、高速气流冲刷和叶片刮削的综合作用，一方面防止发动机叶片与机匣之间发生干摩擦，另一方面减小二者之间的间隙，减少发动机内部高压气流的泄露，实现气路封严，以提高发动机性能，减少油耗。因此，要求封严涂层需具备以下性能：

① 可磨耗性：转子叶片的叶尖和封严材料相互作用时，封严材料本身被磨损和刮削，可在不损伤叶片的前提下，获得发动机实际工作状态下的最小间隙。

② 抗冲蚀性：飞机在飞行时，进入发动机的高速气流会对封严材料产生强烈的冲刷作用，

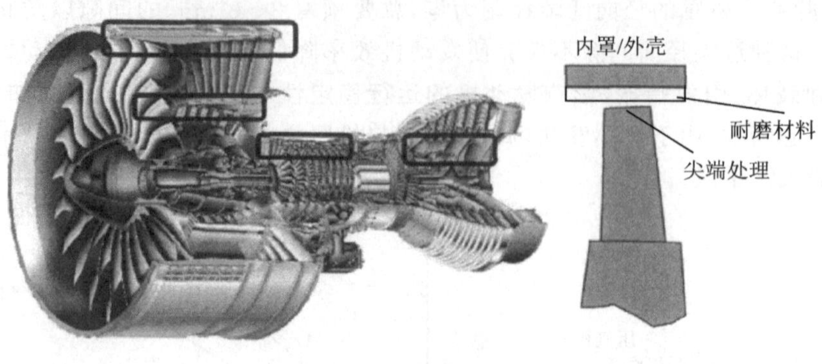

图 10-19　航空发动机封严涂层应用部位

空气中的固体粒子，使封严材料产生冲蚀磨损。过量的冲蚀磨损会降低封严材料的封严效果，从而降低发动机的效率。因此，抗冲蚀性是封严材料经久耐用的重要条件。

③ 结合强度和抗热震性：结合强度是指涂层与机匣之间粘结的牢固程度，足够的结合强度是涂层不从机匣上剥离的保证。抗热震性是当温度变化时涂层不开裂、不剥层和不剥落的能力，足够的抗热震性意味着飞机在起飞、飞行、加速、减速和降落等过程中封严涂层不会轻易失效。

④ 其他性能：低的摩擦系数，抗粘着性，高的化学稳定性，高的整体强度。

国外在 20 世纪 50 年代就开始对封严涂层进行研究，根据发动机使用的不同部位和服役温度，已有 20 多种可磨耗封严涂层材料，如美国 Metco 公司生产的 Metco307、Metco310 等。国内对可磨耗封严涂层的研究起步于 20 世纪 70 年代后期，开始主要是研制与进口粉料具有相同化学组成的粉体，随后中国科学院过程工程研究所和北京矿冶研究总院等单位开始生产具有自己牌号的可磨耗封严粉体。生产的可磨耗封严粉体已大量应用于我国多种型号的航空发动机，逐步取代进口粉体。

图 10-20 描述了叶片及涂层材料的使用温度及其技术水平。在低温（<500 ℃）部位，通常采用 Ni-石墨、Al-石墨、AlSi-聚酯、AlSi-BN、AlSi-石墨等；在中温（500～800 ℃）部位，多采用 Ni-硅藻土、NiCr-石墨、NiCrAl-膨润土等；在高温（>850 ℃）部位，常采用 NiCrAl-

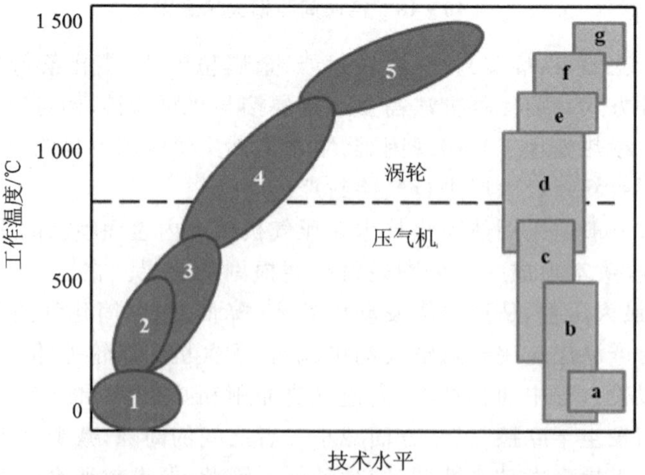

1—聚合物；2—AlSi-聚合物；3—具有固体润滑剂的金属基体；
4—MCrAlYs；5—陶瓷；a—纤维增强聚合物；b—钛；c—钢；
d—超强合金；e—定向凝固叶片；f—单晶刀片；g—氧化物弥散强化高温合金

图 10-20　叶片及涂层材料的使用温度及其技术水平

硅藻土、NiCrAl-煤泡石等，合金-改性 ZrO_2 可用于 1 600 ℃的封严。

制造热喷涂粉末的方法主要有：气体雾化法、水雾化法、熔炼粉碎法、烧结粉碎法、聚合制粉法以及包覆法。

① 气雾化法——将原料熔化，然后用高压、高速雾化流体将其破碎而制备粉末的方法，根据雾化流体的种类分为气体雾化法与水雾化法。

② 熔炼粉碎法——将原料熔化后制成铸锭，然后通过机械破碎而获得粉末的方法。

③ 烧结粉碎法——将细微粉末烧结成块体后，再经机械粉碎制备粉末的工艺。

④ 聚合制粉法——采用有机胶黏剂将微细原料粉末制备成浆料，通过造粒装置将微细粉末聚合在一起构成粒度适合于热喷涂的粉末。

⑤ 包覆法——通过化学、电化学或机械方法在金属或非金属颗粒表面包覆其他金属或非金属的方法。制备热喷涂包覆复合粉末常用的方法有加氢还原法和机械融合法。

包覆法制备的金属陶瓷粉体性能稳定，参数易控制，更适合热喷涂工艺。包覆法制备的粉体为金属相将非金属相完全包裹的复合粉体，能有效防止非金属相喷涂过程的烧损和氧化，同时能使通过喷涂制备的涂层金属相和非金属相分布地更为均匀。中国科学院过程工程研究所研制的镍包石墨粉体的表面与截面形貌图如图 10－21 所示，具有一定厚度的镍将球形石墨核心完全包裹。

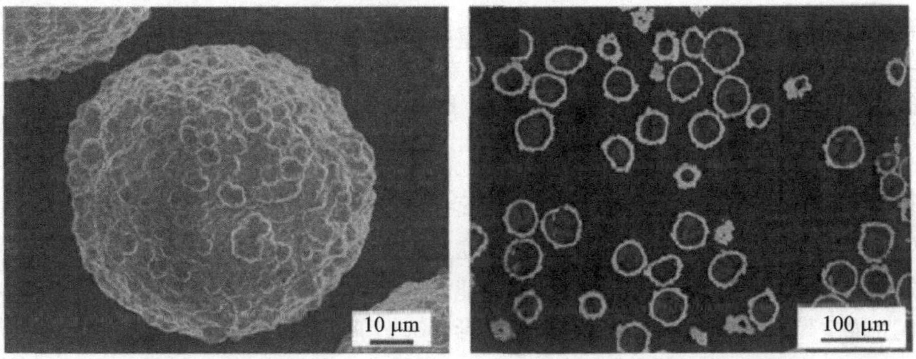

(a) 镍包石墨粉体表面　　(b) 镍包石墨粉体截面

图 10－21　镍包石墨粉体材料的表面与截面 SEM 形貌图

目前航空发动机上使用的可磨耗封严涂层主要通过热喷涂工艺制备。热喷涂技术是利用喷涂设备提供的热源将喷涂材料（粉体或线材）加热至熔化或半熔化状态，形成熔滴或塑态颗粒，并在高速气流的带动下以一定的速度喷射沉积到经过预处理的基体表面，形成涂层的方法。根据热源和粉体材料形态的不同，主要的粉末热喷涂技术有：火焰喷涂、等离子喷涂、爆炸喷涂和超音速火焰喷涂。依据涂层的特点，目前可磨耗封严涂层主要采用火焰喷涂和等离子喷涂两种工艺。

综上所述，飞行器和发动机的腐蚀与防护是一个系统工程，贯穿设计、研究、制造、使用和维护全过程，表现为：

① 需要设计、研究、制造、使用、维护等部门密切配合、通力合作。

② 使飞机和发动机的结构设计更适应特殊环境的需求，提高整机的环境适应性和防腐蚀能力。

③ 根据结构设计和选材需求，采用新材料、新工艺研制、提高表面防护技术水平。

④ 与制造部门、飞机及发动机使用和维护部门共同努力，落实制造过程、使用过程、维护

修理过程中的腐蚀控制、表面防护和维护维修技术和方法。

随着航空发动机向高推重比、高进气口温度方向发展，部件的耐高温能力被赋予了更高的要求。涡轮外环块是发动机的关键部件，它与涡轮叶片对磨形成动密封，进而提高发动机的效率。随着发动机工作温度的提高，常用的铝基、镍基的封严涂层如 Ni－石墨，AISi－聚酯等封严涂层使用温度已经不能满足发动机的使用要求，高温可磨耗封严涂层的研制已经成为航空发动机向更高效率发展的制约因素之一。

为满足需求，GE 公司研制了以 β－NiAl 金属间化合物为金属相、以聚酯为润滑相的高温可磨耗封严涂层材料。在 850 ℃下具有优异的可磨耗性，在 900 ℃下具有优异的抗氧化性能，使用寿命可达 24 000 h。Sulzer Metco 公司研制了一种高温封严涂层，在 CoNiCrAlY 粉末中添加适量聚苯酯和固体润滑剂 h－BN，聚酯的加入提高了涂层的孔隙率，降低了涂层的硬度；h－BN 的加入使得涂层具有良好的润滑性能，提高了涂层的可磨耗性能。

尽管如此，新型航空发动机仍对涂层提出了很高的要求，各国也正致力于高温隔热可磨耗封严涂层材料的研究，在一定程度上减少热腐蚀、应力腐蚀及环境因素等对结构部件的影响，为飞行安全保驾护航。

习　题

1. 航空发动机的工作原理是什么？什么是航空发动机的推重比？为什么要提高推重比？如何提高？

2. 结合所学知识，分析航空发动机材料属于哪种结构材料，并简述航空发动机材料的发展历程。

3. 航空发动机常见的腐蚀类型有哪些？简要分析航空发动机高温腐蚀机理。

4. 列举几种航空发动机高温腐蚀的控制途径。

5. 简述航空发动机涂层体系的组成和功能。

6. 简述航空发动机高温防护涂层的常见种类及发展历程。

7. 高温防护涂层应满足什么样的要求？

8. 热障涂层有几种结构类型？不同类型的热障涂层有何差异？

9. 试用表格的形式总结热障涂层的制备方法、设备及优缺点。

10. 能否将航空发动机中叶片与机匣的径向间隙控制为零？为什么？过大的径向间隙会造成什么样的影响？

11. 封严涂层的基本性能要求有哪些？

12. 制备可磨耗封严涂层热喷涂粉末的方法有哪些？哪一种方法最适合热喷涂？为什么？

参考文献

[1] 彭艳萍. 航空结构材料发展综述[J]. 材料工程,1993 (12): 1-4,46.
[2] 李红英,汪冰峰,赵辉,等. 航空航天用先进材料[M]. 北京:化学工业出版社,2019.
[3] 梁文萍,王少刚. 航空航天工程材料[M]. 北京:北京航空航天大学出版社,2016.
[4] 傅恒志,沈军,骆良顺,等. 航空航天材料定向凝固[M]. 北京:科学出版社,2015.
[5] 陈德厚,刘才穆. 航空航天飞机结构材料的应用及发展[J]. 材料工程,1989(6):2-7.
[6] 唐见茂. 航空航天材料发展现状及前景[J]. 航天器环境工程,2013(2):115-121.
[7] 曹运红. 航空航天材料结构的现状和未来发展[J]. 飞航导弹,1988(10):61-63.
[8] 邹武装. 钛手册[M]. 北京: 化学工业出版社,2012.
[9] 莱因斯,皮特尔斯. 钛与钛合金[M]. 陈振华,等译. 北京: 化学工业出版社,2005.
[10] 莫畏. 钛[M]. 北京:冶金工业出版社,2008.
[11] Boyer R R ,Briggs R D . The use of β titanium alloys in the aerospace industry[J]. Journal of Materials Engineering and Performance,2005,14(6):681-685.
[12] BANIA P J. Beta titanium alloys and their role in the titanium industry[J]. JOM,1994, 46(7):16-19.
[13] 金和喜. 航空用钛合金研究进展[J]. 中国有色金属学报,2015(2):280-292.
[14] Banerjee D, Williams J C. Perspectives on Titanium Science and Technology[J]. Acta Materialia,2013,61(3):844-879.
[15] Geetha M, Singh A K, Asokamani R, et al. Ti based biomaterials, the ultimate choice for orthopaedic implants—A review[J]. Progress in Materials Science,2009,54(3):397-425.
[16] 朱知寿,商国强,王新南,等. 航空用钛合金显微组织控制和力学性能关系[J]. 航空材料学报,2020,40(3):1-10.
[17] Dimitriu S ,Dobrescu M ,Vasilescu M . Titanium and titanium-based alloys for aerospace[J]. Metalurgia International,2009,14(7):14-18.
[18] 雷霆. 钛及钛合金[M]. 北京:冶金工业出版社,2018.
[19] 黄旭,朱知寿,王红红. 先进航空钛合金材料与应用[M]. 北京:国防工业出版社,2012.
[20] Peters M, Kumpfert J, Ward C H, et al. Titanium Alloys for Aerospace Applications [J]. Advanced Engineering Materials,2003,5(6):419-427.
[21] 黄旭,李臻熙,高帆,等. 航空发动机用新型高温钛合金研究进展[J]. 先进高温材料,2014,7:70-75.
[22] 王玉敏,张国兴,张旭,等. 连续 SiC 纤维增强钛基复合材料研究进展[J]. 金属学报,2016,52:1170.
[23] 王涛,赵宇新,付书红,等. 连续纤维增强金属基复合材料的研制进展及关键问题[J]. 航空材料学报,2013,33(2):87-96.
[24] 刘世锋,宋玺,薛彤,等. 钛合金及钛基复合材料在航空航天的应用和发展[J]. 航空材料学报,2020,40(3):83-100.

[25] 吕维洁. 原位自生钛基复合材料研究综述[J]. 中国材料进展,2010,29(4):41-48.
[26] Kothari K,Radhakrishnan R,Wereley N M. Advances in gamma titanium aluminides and their manufacturingtechniques[J]. Progress in Aerospace Sciences,2012,55:1-16.
[27] Banerjee R,Gen A,Collins P C,et al. Comparison of microstructural evolution in laser-deposited and arc-melted In-Situ Ti-TiB composites[J]. Metallurgical & Materials Transactions A,2004,35(7):2143-2152.
[28] 张长江.(TiB+TiC)/Ti 复合材料高温变形行为及组织性能研究[D]. 哈尔滨:哈尔滨工业大学,2013.
[29] Ibrahim I A,Mohamed F A,Lavernia E J. Paniculate Reinforced Metal Matrix Composites-A Review[J]. Journal of Materials Science,1991,26(5):1137-1156.
[30] Muhammad D H,Harshpreet S,He Zhen,et al. Titanium metal matrix composites: An overview[J]. Composites Part A,2019,121:418-438.
[31] 吕维洁,张荻. 原位合成钛基复合材料的制备、微结构及力学性能[M]. 北京:高等教育出版社,2005.
[32] Ranganath S. A review on particulate-reinforced titanium matrix composites[J]. Journal of Materials Science,1997,32(1):1-16.
[33] 张绪虎,单群,陈永来,等. 钛合金在航天飞行器上的应用和发展[J]. 中国材料进展,2011,30(6):28-32.
[34] 郁炎,蒋鹏,李士凯. 国内外低温钛合金的开发与应用现状[J]. 材料开发与应用,2014,29(6):118-122.
[35] 钱九红. 航空航天用新型钛合金的研究发展及应用[J]. 稀有金属,2000,24(3):218-223.
[36] 王运锋,何蕾,郭薇. 飞机用钛材的发展现状及趋势[J]. 新材料产业,2015,264(11):71-75.
[37] 刘世锋,宋玺,薛彤,等. 钛合金及钛基复合材料在航空航天的应用和发展[J]. 航空材料学报,2020,40(3):83-100.
[38] 邹武装. 钛及钛合金在航天工业的应用及展望[J]. 中国有色金属,2016(1):70-71.
[39] 张卫,解念锁. 钛及钛合金的发展与应用研究[J]. 科技创新导报,2011(7):71.
[40] 杨冬雨,付艳艳,惠松骁,等. 高强高韧钛合金研究与应用进展[J]. 稀有金属,2011,35(4):575-580.
[41] 朱知寿. 航空结构用新型高性能钛合金材料技术研究与发展[J]. 航空科学技术,2012(1):5-9.
[42] 王庆如. Ti-15-3 钛合金的应用研究[J]. 材料工程,1996(12):16-19.
[43] 何锋,张利军,任淑平,等. 钛合金在航天工业中的应用及其材料价格差异化原因分析[J]. 世界有色金属,2018,509(17):16-19,21.
[44] 黄旭. 航空用钛合金的发展与建议[J]. 新材料产业, 2010(8):36-37.
[45] 曲玉福,袁晓光,谢华生,等. 低温钛合金的研究应用现状及发展趋势[J]. 机械工程与自动化,2009(1):189-191.
[46] 戴圣龙,张坤,杨守杰,等. 先进航空铝合金材料与应用[M]. 北京:国防工业出版社,2011.
[47] 潘复生,张丁非. 铝合金及应用[M]. 北京:化学工业出版社,2006.
[48] 王祝堂. 变形铝合金热处理工艺[M]. 长沙:中南大学出版社,2011.

[49] 邱惠中,吴志红. 航天用高性能金属材料的新进展[J]. 宇航材料工艺,1996(2):18-23.

[50] Fred, Kimock. Improving Aerospace Engines with Advanced Materials——CERAMICS AND METAL ALLOYS SURVIVE HIGH TEMPERATURES[J]. Products Finishing,2010, 75(3):12-15.

[51] 王祝堂. 航空航天器用铝材手册[M]. 长沙:中南大学出版社,2015.

[52] 尹洪峰,魏剑. 复合材料[M]. 北京:冶金工业出版社,2010.

[53] 陶杰,赵玉涛,潘蕾,等. 金属基复合材料制备新技术导论[M]. 北京:化学工业出版社,2007.

[54] 王荣国,武卫莉,谷万里. 复合材料概论[M]. 哈尔滨:哈尔滨工业大学出版社,2004.

[55] 赵玉涛,戴起勋,陈刚. 金属基复合材料[M]. 北京:机械工业出版社,2007.

[56] 巩建国,唐彬彬,韩丽. 铝基复合材料研究现状[J]. 热加工工艺,2014,43(4):23-27.

[57] 张国定,赵昌正. 金属基复合材料[M]. 上海:上海交通大学出版社,1996.

[58] 刘兵,彭超群,王日初,等. 大飞机用铝合金的研究现状及展望[J]. 中国有色金属学报,2010,20(9):1705-1715.

[59] 徐进军,康唯,都昌兵. 航空航天铝锂合金及其成形技术的研究现状和发展趋势[J]. 兵器材料科学与工程,2017,40(3):138-143.

[60] 张春波,王祝堂. 航空航天器铸造铝合金(2)[J]. 轻合金加工技术,2012,40(12):9-21.

[61] 张春波,王祝堂. 航空航天器铸造铝合金(3)[J]. 轻合金加工技术,2013,41(1):1-41.

[62] 杨守杰,戴圣龙. 航空铝合金的发展回顾与展望[J]. 材料导报,2005,19(2):76-80.

[63] 王祝堂. 铝材在国产大飞机上的应用[J]. 轻合金加工技术,2016,44(11):1-8.

[64] 熊艳才. 铝合金精密铸造技术在航空工业中的应用和发展[C]. 特种铸造及有色合金(年会专刊),2011:278-281.

[65] 孟松,刘刚,方杰,等. 铝合金新材料在载人密封舱主结构中的应用研究进展[J]. 航天器环境工程,2015,32(6):571-576.

[66] 郑卓阳,程仁寨,肖栋,等. 铝锂合金的发展、特点与其在客机结构上的应用[C]. 中国铝加工产业年度大会论文集,2018:1012-1022.

[67] 尹嘉明,马鹏程,陈永来,等. 铝锂合金的发展及在运载火箭贮箱的应用[J]. 兵器材料科学与工程,2020,43(3):137-141.

[68] 李劲风,郑子樵,陈永来,等. 铝锂合金及其在航天工业上的应用[J]. 宇航材料工艺,2012(1):13-19.

[69] 吴秀亮,刘铭,臧金鑫,等. 铝锂合金研究进展和航空航天应用[J]. 材料导报,2016,38(28):571-578.

[70] 余东梅. 铝锂合金在航空结构设计中的应用[J]. 铝加工,2018(6):4-9.

[71] 李成功,巫世杰,戴圣龙,等. 先进铝合金在航空航天工业中的应用与发展[J]. 中国有色金属学报,2002(12):14-21.

[72] 杨富强,熊慧,任柏峰,等. 先进铝锂合金的发展及应用[J]. 世界有色金属,2018,514(22):1-5.

[73] 孙洁琼,张宝柱. 先进铝锂合金的特点及其在民用飞机上的应用[J]. 航空工程进展,2013,4(2):158-163.

[74] 徐心宇,王祝堂. 长征五号火箭燃料箱铝合金打造[J]. 轻合金加工技术,2017,45(6):11-13.

[75] 鄢东洋,郭彦明,董曼红等. 贮箱结构用2A14和2219铝合金的特性研究与分析[J]. 导弹与航天运载技术,2019(3):102-107.
[76] 刘正,张奎,曾小勤. 镁基轻质合金理论基础及其应用[M]. 北京:机械工业出版社,2002.
[77] 张津,章宗和. 镁合金及应用[M]. 北京:化学工业出版社,2004.
[78] 陈振华. 变形镁合金[M]. 北京:化学工业出版社,2005.
[79] 陈振华. 耐热镁合金[M]. 北京:化学工业出版社,2007.
[80] Polmear I J. Magnesium alloys and applications[J]. Metal Science Journal,1994,10(1):1-16.
[81] Liwa R E, Balawender T, Hadasik E, et al. Metal Forming of Lightweight Magnesium Alloys for Aviation Applications[J]. Archives of Metallurgy & Materials, 2017, 62(3):1559-1566.
[82] RASHAD M,PAN F,TANG A,et al. Development of magnesium-graphene nanoplatelets composite [J]. Journal of Composite Materials,2014,49(3): 285-293.
[83] ALI M,HUSSEIN M A,AL-AQEELI N. Magnesium-based composites and alloys for medical applications: A review of mechanical and corrosion properties [J]. Journal of Alloys and Compounds,2019,792: 1162-1190.
[84] LEE C J,HUANG J C,HSIEH P J. Mg based nano-composites fabricated by friction stir processing [J]. Scripta Materialia,2006,54(7): 1415-1420.
[85] Dash D, Samanta S, Rai RN. Studies on Synthesis of Magnesium Based Metal Matrix Composites (MMCs) [J]. Materials Today: Proceedings, 2018, 5(9):20110-20116.
[86] 冯艳,陈超,彭超群,等. 镁基复合材料的研究进展[J]. 中国有色金属学报,2017,27(12):2385-2407.
[87] Rupesh Chalisgaonkar. Insight in applications, manufacturing and corrosion behaviour of magnesium and its alloys – A review [J]. Materials Today: Proceedings, 2020, 26: 1060-1071.
[88] Weiler J P. Exploring the concept of castability in magnesium die-casting alloys. Journal of Magnesium and Alloys, 2020, 9: 102-111.
[89] Maksoud I A, Ahmed H, Roedel J. Investigation of the effect of strain rate and temperature on the deformability and microstructure evolution of AZ31 magnesium alloy [J]. Materials Science & Engineering A, 2009, 504(12):40-48.
[90] A F F, A S H, B Z M, et al. Experimental study on tensile property of AZ31B magnesium alloy at different high strain rates and temperatures[J]. Materials & Design, 2014, 57:10-20.
[91] 张丁非,彭建,丁培道,等. 镁及镁合金的资源、应用及其发展现状[J]. 材料导报,2004,18(4):72-76.
[92] 陈群志,康献海,刘健光,等. 军用飞机腐蚀防护与日历寿命研究[J]. 中国表面工程,2010,23(4):1-6.
[93] 陈跃良. 海军飞机结构腐蚀控制及强度评估[M]. 北京:国防工业出版社,2009.
[94] 刘文珽. 飞机结构腐蚀(老化)控制与日历延寿技术[M]. 北京:国防工业出版社,2010.
[95] 李雷,胡春红,薛磊. 飞机腐蚀与防护[J]. 科技信息,2011,00(23):116.
[96] 何业东,齐慧滨. 材料腐蚀与防护概论[M]. 北京:机械工业出版社,2005.

[97] 刘大响.一代新材料，一代新型发动机：航空发动机的发展趋势及其对材料的需求[J].材料工程，2017，45(10)：1-5.

[98] 张良栋，隆小庆. 航空发动机高温氧化腐蚀与保护[J].全面腐蚀控制，2002，16(3)：3-7.

[99] 隆小庆.航空发动机高温部件热腐蚀机理的探讨[J].全面腐蚀控制，2003，17(2)：9-13，26.

[100] 李美栓.金属的高温腐蚀[M].北京：冶金工业出版社，2001.

[101] 李铁藩.金属高温氧化和热腐蚀[M].北京：化学工业出版社，2003.

[102] Prakash S. Hot corrosion of alloys and coatings[J]. Developments in High Temperature Corrosion and Protection of Materials，2008(6)：164-191.

[103] 叶远珩.航空发动机腐蚀防护与控制[J].军民两用技术与产品，2017(2)：52.

[104] 邹葆华.刍议航空发动机的腐蚀问题及控制措施[J].中国新技术新产品，2014(3)：188.

[105] 柳文林，徐可君，段成美.军用航空发动机的腐蚀及腐蚀控制[J].腐蚀科学与防护技术，2005(2)：116-118.

[106] 张永刚，廖建樟.某型发动机燃气涡轮工作叶片热腐蚀问题分析[J].现代工业经济和信息化，2020(2)：110-111.

[107] 朱晨，于建海，郭亚飞，等.航空发动机热障涂层存在的问题及其发展方向[J].表面技术，2016(1)：13-19.

[108] 李民，程玉贤.航空发动机用高温防护涂层研究进展[J].中国表面工程，2012(1)：16-21.

[109] 孙勇汉，张斌，陈礼顺.航空发动机涂层技术研究及进展[J].航空制造技术，2013(9)：84-87.

[110] Hongming Z，Danqing Y I，Zhiming Y U，et al. Research Status and Development Tendency of Thermal Barrier Coatings[J]. Materials Review，2006.

[111] Miller R A. Current status of thermal barrier coatings — An overview[J]. Surface & Coatings Technology，1987，30(1)：1-11.

[112] 武洪臣，高巍.航空发动机涂层技术及应用[J].航空制造技术，2013(9)：80-83.

[113] 周晶.航空金属材料腐蚀问题与防治对策[J].中国设备工程，2020(6)：65-67.

[114] 张玉.浅析航空金属材料的腐蚀问题与防治对策[J].山海经(教育前沿)，2019(10)：352.

[115] 刘纯波，林锋，蒋显亮.热障涂层的研究现状与发展趋势[J].中国有色金属学报，2007(1)：1-13.

[116] 于海涛，牟仁德，谢敏，等.热障涂层的研究现状及其制备技术[J].稀土，2010(5)：83-88.

[117] 周宏明，易丹青，余志明，等.热障涂层的研究现状与发展方向[J].材料导报，2006，20(3)：4-8.

[118] 彭睿，常振东，孙莉莉.航空发动机新型热障涂层研究进展[J].航空工程进展，2020，11(3)：308-315.

[119] 胡旋烨，黄国胜，李相波，等.热障涂层制备工艺的综述[J].热加工工艺，2017，46(24)：6-9，13.

[120] 雷冰.航空发动机封严涂层腐蚀行为及防护技术研究[D].北京：中国科学院大学，2014.

[121] 张俊红，鲁鑫，何振鹏，等.航空发动机可磨耗封严涂层技术研究及性能评价[J].材料工程，2016(4)：94-109.

[122] 陈凌云.航空发动机新型可磨耗封严涂层耐热蚀性能研究[D].北京：北京科技大学，2018.